"十四五"职业教育国家规划教材

新形态立体化精品系列教材

Office办公应用立体化教程

Office 2016 | 微课版

艾华 傅伟 / 主编

严尔军 褚梅 朱宇 / 副主编

人民邮电出版社

北京

图书在版编目（CIP）数据

Office办公应用立体化教程 : Office 2016 : 微课版 / 艾华，傅伟主编. -- 北京 : 人民邮电出版社，2022.1（2024.6重印）
新形态立体化精品系列教材
ISBN 978-7-115-58695-7

Ⅰ. ①O… Ⅱ. ①艾… ②傅… Ⅲ. ①办公自动化－应用软件－教材 Ⅳ. ①TP317.1

中国版本图书馆CIP数据核字(2022)第027807号

内 容 提 要

Office 系列软件是现代办公的基础软件，广泛应用于各行各业。本书重点讲解 Office 2016 中 Word 2016、Excel 2016、PowerPoint 2016 3 个常用组件的使用方法。

本书采用“项目—任务”模式展开讲解，通过“项目实训”和“课后练习”提高学生对软件功能的掌握程度，通过“技巧提升”强化学生的综合应用能力，加深学生对软件使用方法的认知。本书还将职业场景引入课堂案例，让学生提前了解实际工作内容。

本书适合作为高等院校、职业院校 Office 办公课程的教材，也可作为各类办公自动化培训学校的教材，还可供 Office 办公软件初学者自学使用。

◆ 主　　编　艾　华　傅　伟
副 主 编　严尔军　褚　梅　朱　宇
责任编辑　马小霞
责任印制　王　郁　焦志炜

◆ 人民邮电出版社出版发行　　北京市丰台区成寿寺路 11 号
邮编　100164　　电子邮件　315@ptpress.com.cn
网址　https://www.ptpress.com.cn
三河市兴达印务有限公司印刷

◆ 开本：787×1092　1/16
印张：15　　2022 年 1 月第 1 版
字数：362 千字　　2024 年 6 月河北第 6 次印刷

定价：59.80 元

读者服务热线：(010)81055256　印装质量热线：(010)81055316
反盗版热线：(010)81055315
广告经营许可证：京东市监广登字 20170147 号

前　言 PREFACE

科技发展需要人才，而人才培养靠教育，党的二十大报告指出“教育、科技、人才是全面建设社会主义现代化国家的基础性、战略性支撑。”为了进一步推动高等教育均衡发展，提升大学生的专业技能与实践能力，积极服务科教兴国战略、人才强国战略、创新驱动发展战略，各大高校在课程的设置与开发方面逐渐表现出注重职业能力的培养，着力造就拔尖创新型人才的特点。同时，各高校坚持立德树人根本任务，将素质教育更多地融入专业课程，增强人文素养知识，培养学生的创新精神、团队精神等。

鉴于此，我们认真总结教材编写经验，深入调研各类高校的教材需求，组织了一个具有丰富教学经验和实践经验的作者团队编写了本套教材，以帮助高校培养优秀的职业技能型人才。

本书以“提升学生的就业能力”为导向，从教学方法、教材特色、平台支撑和教学资源4个方面体现出自己的特点，具体如下。

教学方法

本书采用“情景导入→任务→项目实训→课后练习→技巧提升”5段教学法，将职业场景、软件知识、行业知识进行有机整合，各个环节联系紧密，浑然一体。

- **情景导入。**本书从日常办公中的场景入手，以主人公的实习情景为例，引入各项目的教学主题，让学生了解相关知识点在实际工作中的应用情况。本书设置的主人公有：米拉——职场新进人员；洪钧威——人称老洪，是米拉的直属上司及职场引路人。
- **任务。**以来源于职场和实际工作中的任务为主线，将米拉的职场经历融入每一个课堂任务。每个任务中不仅讲解了该任务涉及的Office软件知识，还通过“职业素养”的形式介绍了与该任务相关的行业知识。在任务的实施过程中，穿插了“知识提示”“多学一招”小栏目，用于提升学生的软件操作技能，拓展学生的知识面。
- **项目实训。**结合任务中讲解的内容和实际工作需要，给出操作要求、提供操作思路及步骤提示，让学生独立完成操作，训练学生的动手能力。
- **课后练习。**结合各项目内容给出难度适中的上机操作题，让学生巩固所学知识。
- **技巧提升。**以各项目中涉及的知识为主线，深入讲解软件的相关知识，让学生更高效地操作软件，学到软件的更多高级功能。

教材特色

为了全面、详细地讲解Office办公软件，推动教学职场化和教材实践化，以及培养学生的职业能力，本书从以下4个方面做了变革。

- **立德树人。**本书依据专业课程的特点，采取了项目式结构，每个项目开头设有“学习目标”“素质目标”，还选取大量包含中华传统文化、爱国情怀和科学精神等元素的项目案例，力求激发学生的爱国热忱，培养学生的专业精神、职业精神、工匠精神，提高学生的创新意识和责任担当意识，做到“学、思、用贯通”与“知、信、行统一”相融合。

- **校企合作。**本书采用了校企合作模式，由云科未来科技（北京）有限公司提供真实的项目案例，由具有丰富教学经验的高校教师执笔，对理论与实践进行充分的融合，体现了“做中学，做中教”的教学理念。
- **产教融合。**本书通过真实的职场人员的办公情景，强化学生的实践能力与综合应用能力，培养学生的职业素养与职业技能。
- **配备微课。**本书是新形态立体化教材，为每一个任务的操作步骤都录制了微课视频，教师可以通过计算机和移动终端进行线上和线下混合式教学。

平台支撑

人民邮电出版社充分发挥在线教育方面的技术优势、内容优势和人才优势，经过潜心研究，为读者提供了一种“纸质图书+在线课程”相配套、全方位学习Office办公自动化技术的方案。读者可根据个人需求，利用图书和“微课云课堂”平台上的在线课程进行碎片化、移动化的学习，以便快速、全面地掌握办公自动化技术及与之相关的其他软件。

读者可以扫描封面上的二维码或者直接登录“微课云课堂”（www.ryweike.com）→用手机号码注册→在用户中心输入本书激活码（62d62e53），将本书提供的微课资源添加到个人账户，获取永久在线观看本课程微课视频的权限。

此外，购买本书的读者还将获得一年期的、价值168元的VIP会员资格，可免费学习50000个微课视频。

教学资源

本书的教学资源包括以下几种类型。

- **素材文件与效果文件：**包含本书案例涉及的素材文件与效果文件。
- **模拟试题库：**包含丰富的Office办公应用类试题，教师可灵活组合出不同的试卷。
- **PPT课件和教案：**包括PPT课件和Word文档等格式的教案，以便教师开展教学工作。
- **拓展资源：**包含Word教学素材和模板、Excel教学素材和模板、PowerPoint教学素材和模板、教学演示动画等。

特别提醒：上述教学资源可在人民邮电出版社人邮教育社区（http://www.ryjiaoyu.com）中搜索书名后下载。

虽然编者在编写本书的过程中倾注了大量心血，但恐百密之中仍有疏漏，恳请广大读者不吝赐教。

编者

2023年5月

目　录 CONTENTS

项目三 Word特殊版式设计与批量制作……65

项目四 Excel基础操作……87

项目五 Excel表格编辑与美化……105

项目六

Excel数据计算与管理…… 127

项目七

Excel图表分析…………… 152

项目八

PowerPoint演示文稿制作与编辑……………………… 172

项目九

项目十

项目一

Word基础与编辑美化

情景导入

米拉正式进入职场。第一天上班时，老洪向她介绍了岗位工作职责和未来一周的工作事项，要求她熟练使用Word的基本功能进行文档的编辑和美化，包括创建“儿童教育宣传册”文档、编辑“四大发明”文档、美化“招聘启事”文档等。

学习目标

- **掌握Word的基础操作**

包括启动与退出Word、新建文档、输入文本、保存文档、保护文档和关闭文档等操作。

- **掌握编辑和美化文档的操作**

掌握选择文本、修改与删除文本、移动与复制文本、查找与替换文本，以及设置文本和段落格式、设置项目符号和编号、设置边框和底纹等操作。

素质目标

- 培养学生对Word的学习兴趣。
- 帮助学生树立正确的学习观，抓住学习的重点。
- 培养学生的职业素养，提升学生的职业技能。
- 培养学生操作Word文档的基本能力。

任务一 创建“儿童教育宣传册”文档

一、任务描述

老洪要求米拉制作“儿童教育宣传册”文档，用于宣传儿童教育的重要性。米拉了解到，宣传册中除了必需的文字介绍外，还要有一定的设计感。因此，米拉准备通过模板来创建“儿童教育宣传册”文档。为了防止他人随意查看文档，米拉还为文档设置了密码。本任务完成后的参考效果如图1-1所示。

效果所在位置 效果文件\项目一\任务一\儿童教育宣传册.docx

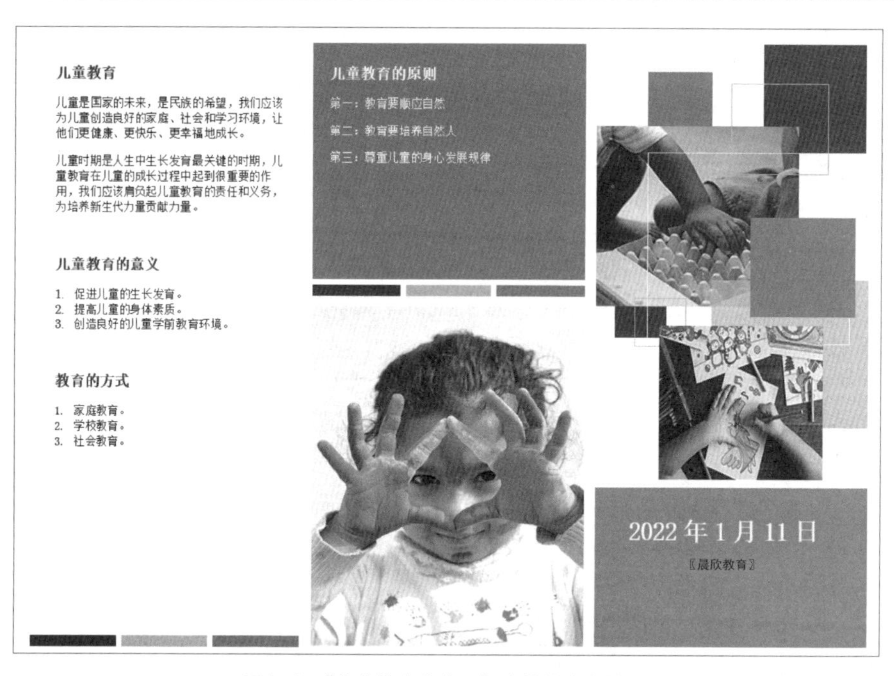

图1-1 “儿童教育宣传册”文档的参考效果

职业素养 **宣传册的作用和类型**

宣传册是一种视觉表现形式，也是一种宣传载体，用于宣传和传递信息。宣传册中包含文字、图片等视觉元素，它通过美观的视觉设计来快速吸引人们的注意力。宣传册可以根据其宣传内容和宣传形式的差异分为不同的类型，如政策宣传册、工艺宣传册、企业宣传册等。

二、任务实施

（一）新建文档

启动Word 2016后，可以新建空白文档，在空白文档中可以直接输入并编辑文本，或利用系统提供的多种格式和内容都已设计好的文档模板，快速生成多种专业的文档。

1. 新建空白文档

在实际操作中，有时需要在多个空白文档中编辑文本，这时可以新建多个空白文档。具体操作如下。

（1）在Word 2016工作界面中单击快速访问工具栏中的“新建空白文档”

按钮，新建空白文档“文档2”。

（2）单击“文件”选项卡，在弹出的窗口中选择“新建”选项，在“新建”界面中单击“空白文档”选项，系统将新建一个名为“文档3”的空白文档，如图1-2所示。

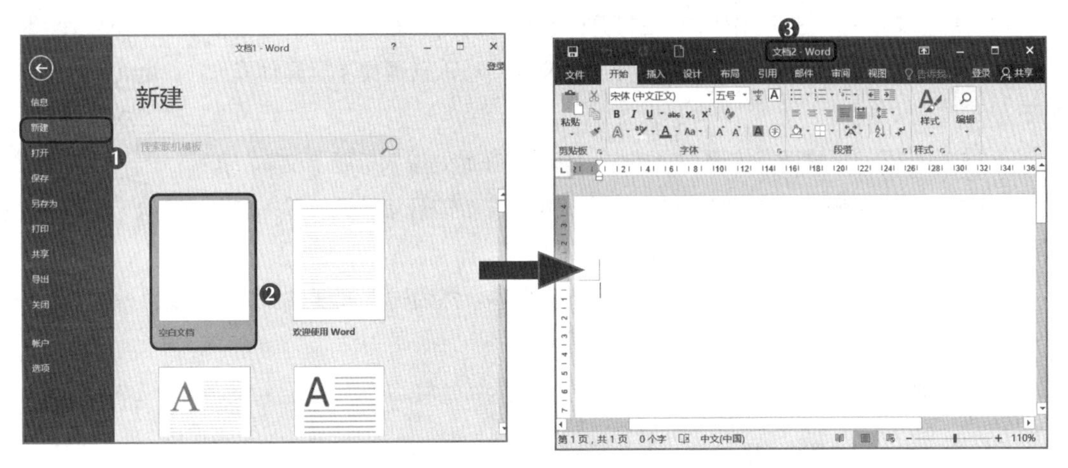

图1-2 新建空白文档

2. 新建基于模板的文档

Word 2016提供了许多模板，如信函、公文等。用户可以创建基于模板的文档，只需稍做修改便可快速制作出需要的文档，从而节省时间。下面新建一个基于“教育宣传册”模板的文档，具体操作如下。

（1）单击“文件”选项卡，在弹出的窗口中选择“新建”选项，拖动窗口中的垂直滚动条查看并选择合适的模板，或在搜索框中输入模板关键字以搜索联机模板。这里在搜索框中输入“教育宣传册”文本，单击“搜索”按钮开始搜索联机模板。

（2）系统将显示搜索到的联机模板，选择需要的联机模板，单击“创建”按钮。

（3）系统将下载该联机模板并新建文档，用户可根据提示在相应的位置单击并输入新的文档内容，如图1-3所示。

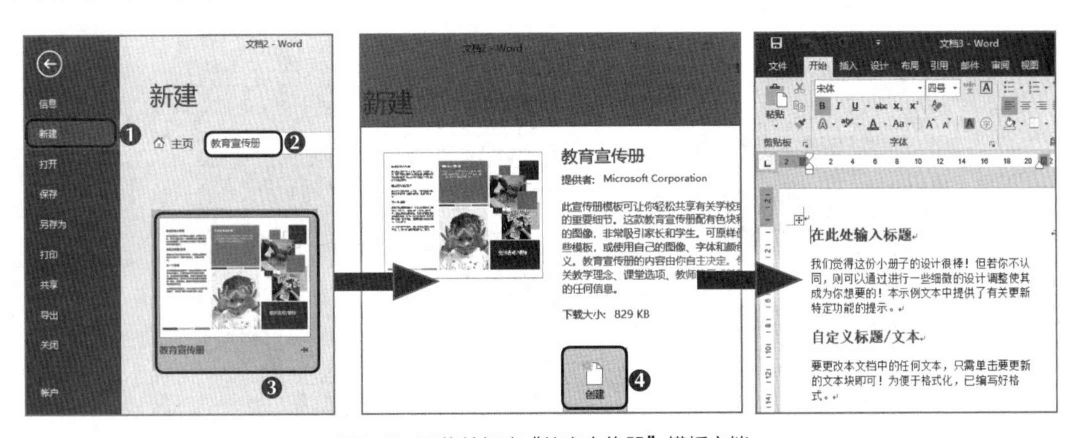

图1-3 下载并新建“教育宣传册”模板文档

（二）输入文本

在Word文档中不仅可以输入普通文本，还可以输入日期、时间、特殊符号等。

1. 输入普通文本

输入普通文本的方法非常简单，在打开的文档中的文本插入点“I”后直接输入文本即可。下面在新建的“教育宣传册”文档中输入普通文本，具体操作如下。

（1）在新建的“教育宣传册”文档中，选择“在此处输入标题”文本，按【Delete】键将其删除，此时文本插入点会定位到文档的开始位置，输入文本“儿童教育”。输入文本时，文本插入点会自动后移。

（2）使用相同的方法删除模板中的下一段文本，然后输入需要的文本，如图1-4所示。按【Enter】键换行，继续输入文本，如图1-5所示。

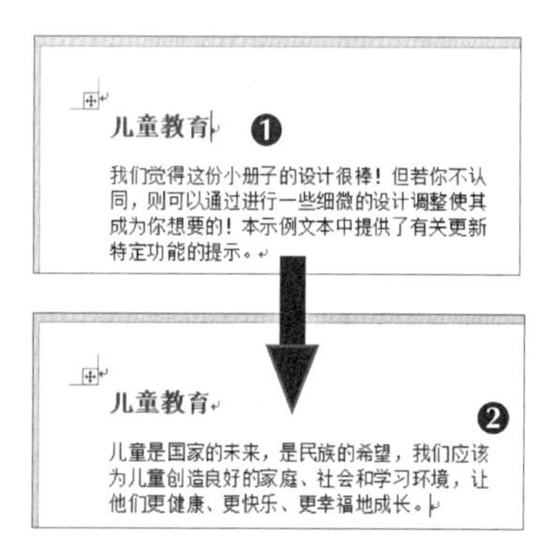

图1-4　输入标题文本

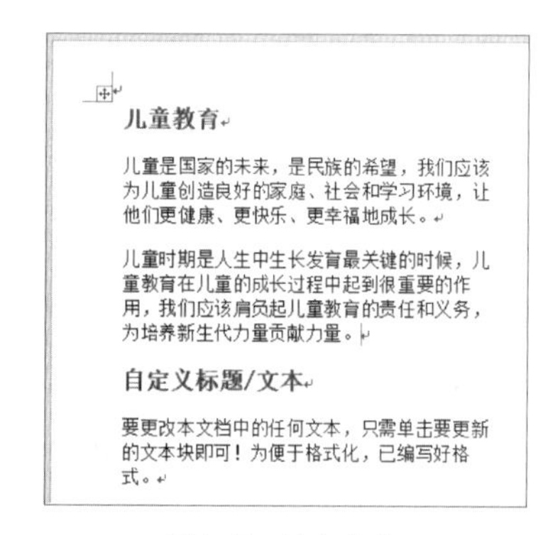

图1-5　输入文本

（3）选择“自定义标题/文本”文本，按【Delete】键将其删除，输入文本“儿童教育的意义”。按【Enter】键换行，输入带有编号的文本“1.促进儿童的生长发育。”如图1-6所示。

（4）按【Enter】键换行，此时，由于Word 2016具有自动编号功能，所以系统会自动在下一段开始处添加编号“2.”，在编号后继续输入相应的文本。用相同的方法继续输入其他文本，如图1-7所示。

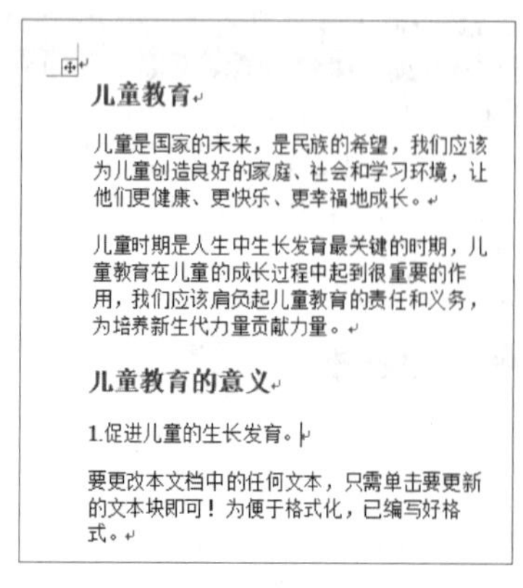

图1-6　输入带有编号的文本

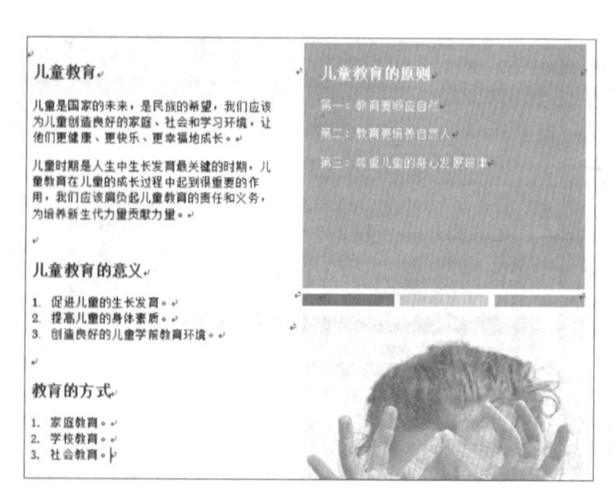

图1-7　输入其他文本

知识提示 启用 Word 2016 的"即点即输"功能

文本插入点默认位于每一行的开头，启用"即点即输"功能可定位到文本插入点的位置。单击"文件"选项卡，在弹出的窗口中选择"选项"选项，打开"Word 选项"对话框，选择"高级"选项，选中☑ 启用"即点即输"(C)复选框，单击确定按钮即可启用"即点即输"功能。

2. 输入日期和时间

微课视频

输入日期和时间

要在Word文档中输入当前日期和时间，可使用"日期和时间"对话框。下面在文档中输入日期，具体操作如下。

（1）选择文档右下方的"组织名称/徽标"文本，按【Delete】键将其删除，单击"插入"选项卡，在"文本"组中单击"日期和时间"按钮。

（2）在打开的"日期和时间"对话框的"语言（国家/地区）"下拉列表中选择所需的语言，这里保持默认设置，在"可用格式"列表框中选择"2022年1月11日"选项，单击确定按钮，如图1-8所示。若选择时间选项，则可在文档中插入时间，应根据具体情况灵活选择。返回文档可以看到插入日期后的效果。

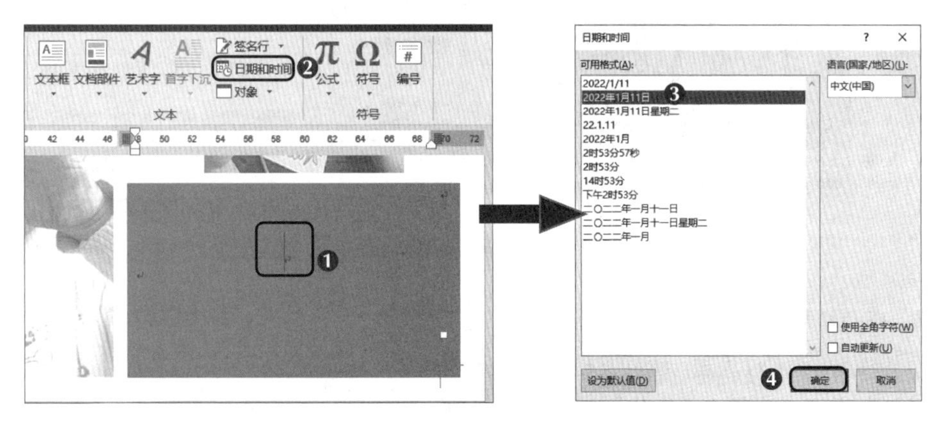

图1-8 使用"日期和时间"对话框输入日期

知识提示 自定义时间格式

要自定义时间格式，可在"日期和时间"对话框的"语言（国家/地区）"下拉列表中选择所需的语言，在"可用格式"列表框中选择所需的时间格式，如"12:39:14 PM"，完成后单击确定按钮应用设置。

3. 输入特殊符号

文档中普通的标点符号可直接通过键盘输入，而一些特殊的符号需通过"符号"对话框输入。下面在文档中输入符号"〖""〗"，具体操作如下。

（1）在文档中的日期"2022年1月11日"后按【Enter】键，将文本插入点定位到下一行的空白处，然后单击"插入"选项卡，在"符号"组中单击"符号"按钮Ω，在弹出的下拉列表中选择"其他符号"选项。

（2）在打开的“符号”对话框的“字体”下拉列表中选择“(普通文本)”选项，在“子集”下拉列表中选择“CJK符号和标点”选项，在下方的列表框中选择“〖”选项，然后单击 插入(I) 按钮将该符号插入文档中，如图1-9所示。

多学一招

使用软键盘输入符号

使用软键盘也可输入各类符号，方法为：单击输入法状态条中的软键盘图标，在弹出的下拉列表中选择符号类型，在打开的软键盘中可看到该符号类型下的所有特殊符号，将鼠标指针移到要输入的符号上，当鼠标指针变为形状时，单击该符号或按键盘上相应的键，即可输入该符号。

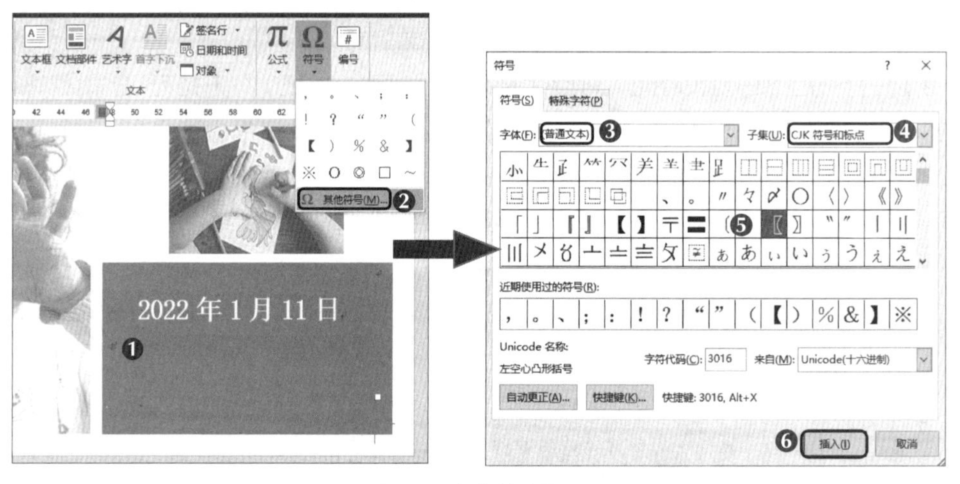

图1-9　插入特殊符号

（3）在“符号”对话框中选择其他符号，这里选择“〗”选项，单击 插入(I) 按钮，然后单击 关闭 按钮关闭该对话框，返回文档。在插入的两个符号之间输入公司名称“晨欣教育”，然后在“开始”选项卡中单击“字体”组中的“居中”按钮，使文本居中对齐，效果如图1-10所示。

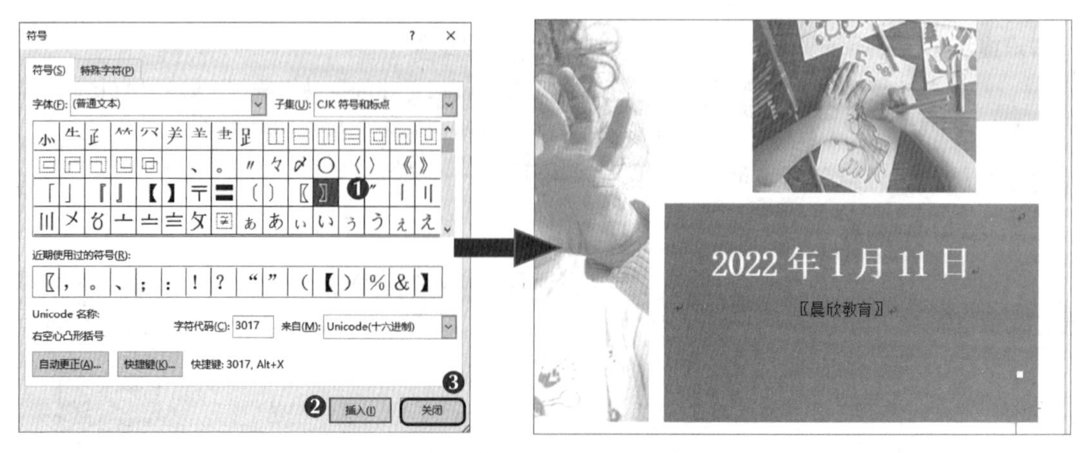

图1-10　输入符号和文本

（三）保存文档

为了方便以后查看和编辑文档，应将创建的文档保存到计算机中。若需编辑保存过的文档，但又不想影响文档中已有的内容，则可以另存编辑后的文档。下面将前面编辑的文档以“儿童教育宣传册”为名进行保存，具体操作如下。

（1）单击“文件”选项卡，在弹出的窗口中选择“保存”选项，在打开的“另存为”界面中选择“浏览”选项。

（2）打开“另存为”对话框，在上方的下拉列表中选择相应的保存路径，在“文件名”文本框中输入文档名称“儿童教育宣传册”，单击保存(S)按钮。

（3）在Word工作界面的标题栏中即可看到文档名发生了变化，如图1-11所示。

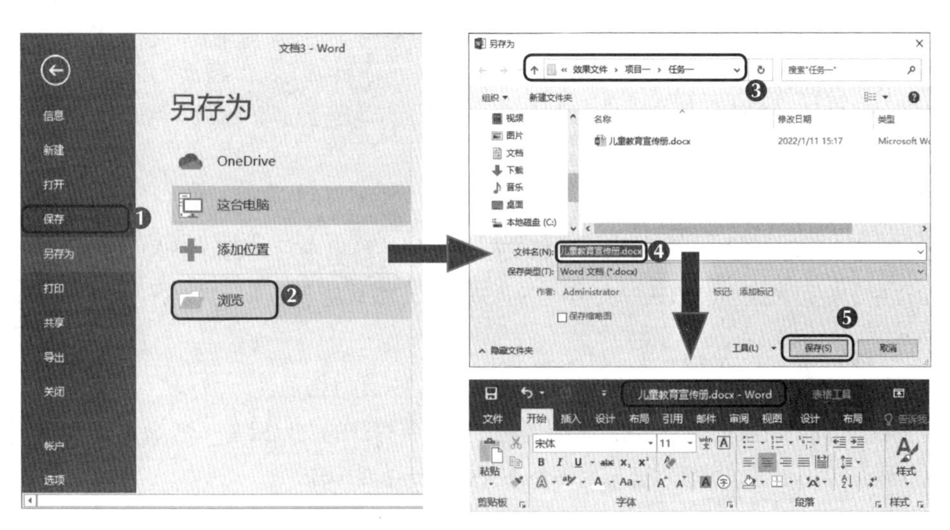

图1-11　保存文档

（四）保护文档

在Word中为了防止他人查看文档信息，可对文档进行加密保护。下面为“儿童教育宣传册”文档设置打开密码“123456”，具体操作如下。

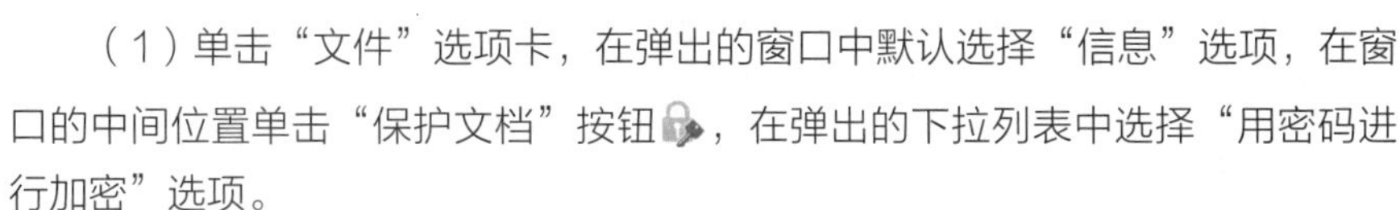

（1）单击“文件”选项卡，在弹出的窗口中默认选择“信息”选项，在窗口的中间位置单击“保护文档”按钮，在弹出的下拉列表中选择“用密码进行加密”选项。

（2）在打开的“加密文档”对话框的“密码”文本框中输入密码“123456”，单击确定按钮。在打开的“确认密码”对话框的“重新输入密码”文本框中再次输入密码“123456”，单击确定按钮。具体操作流程如图1-12所示。

（3）单击“返回”按钮返回文档编辑界面，在快速访问工具栏中单击“保存”按钮保存设置。关闭该文档后再次打开该文档，系统将打开“密码”对话框，在文本框中输入正确密码后，单击确定按钮才能打开该文档。

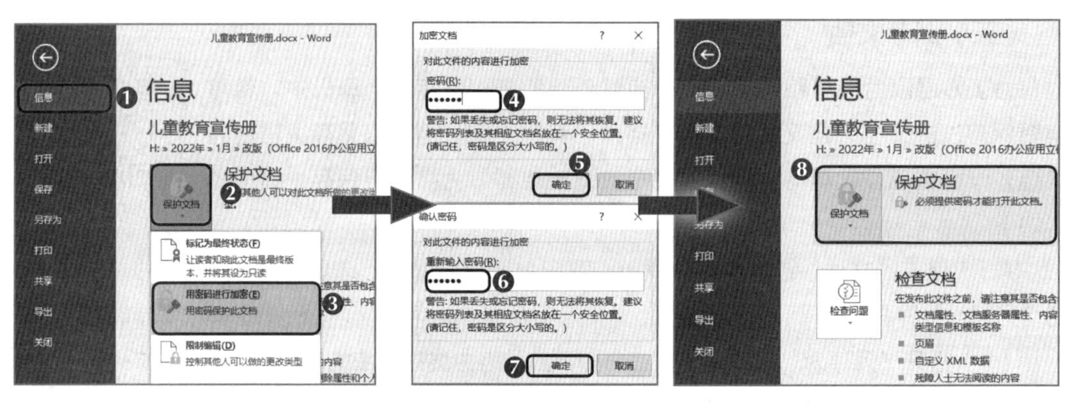

图1-12　加密文档

知识提示　　**密码设置技巧**

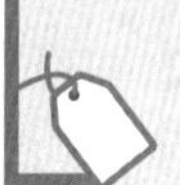

文档的保护密码最好由字母、数字、符号组成。密码长度应大于等于6个字符。另外，记住密码也很重要，如果忘记文档的保护密码，将无法打开文档。

（五）关闭文档

在文档中完成文本的输入与编辑，并将文档保存到计算机中后，若不想退出Word程序，则可关闭当前编辑的文档。下面关闭“儿童教育宣传册”文档，具体操作如下。

微课视频

关闭文档

（1）单击“文件”选项卡，在弹出的窗口中选择“关闭”选项。

（2）若打开的文档有多个，则只关闭当前文档。若打开的文档只有一个，则关闭文档后，Word工作界面将显示为图1-13右图所示的效果。

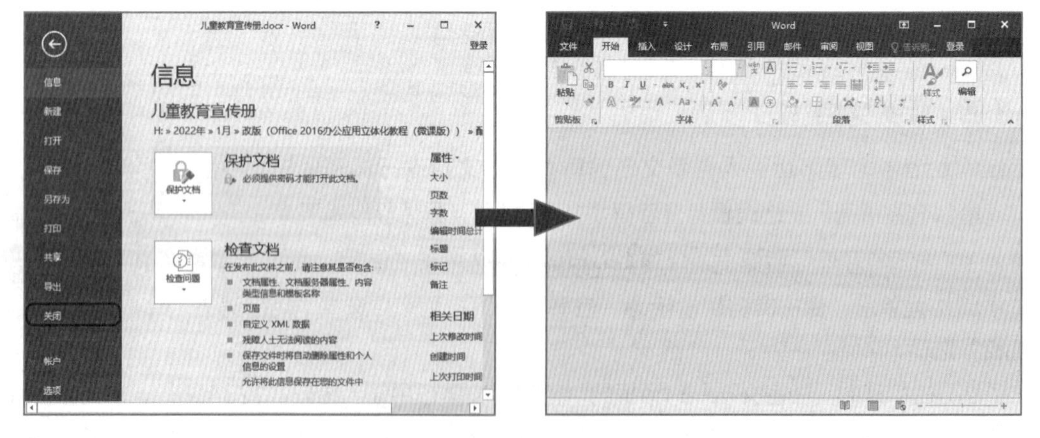

图1-13　关闭文档

多学一招　　**关闭文档的其他方法**

按【Alt+F4】组合键；或在标题栏的任意位置单击鼠标右键，在弹出的快捷菜单中选择“关闭”命令，即可关闭文档。

任务二　编辑“四大发明”文档

一、任务描述

米拉的同事准备在会议上分享我国的四大发明，于是让米拉帮忙编辑“四大发明”文档，为分享做准备。老洪为米拉支招，让米拉检查同事提供的草稿中的文本错误，并修改或删除多余的文字，完成后的参考效果如图1-14所示。

图1-14　“四大发明”文档参考效果

素材所在位置　素材文件\项目一\任务二\四大发明.docx

效果所在位置　效果文件\项目一\任务二\四大发明.docx

职业素养　　**“四大发明”的内容和作用**

四大发明包括造纸术、指南针、火药、印刷术，是中国古代具有代表性的智慧成果和科学技术。四大发明对中国古代的政治、经济、文化的发展具有巨大的推动作用，其经各种途径传至西方，提高了中华民族影响力，对世界文明的发展也产生了巨大的影响。

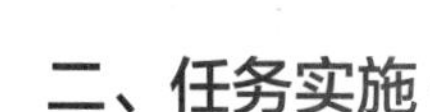

二、任务实施

（一）打开文档

要查看或编辑保存在计算机中的文档，必须先打开该文档。打开文档有多种方法，可以在保存文档的位置双击文件图标打开文档，也可以在Word工作界面中打开所需文档。下面以在Word工作界面中打开“四大发明”文档为例进行讲解，具体操作如下。

（1）启动Word 2016，然后单击“文件”选项卡，在弹出的窗口中选择“打开”选项，或按【Ctrl+O】组合键，在打开的“打开”界面中选择“浏览”选项。

（2）打开“打开”对话框，在对话框上方的下拉列表中选择文件路径，在中间的列表框中选择文件，完成后单击 打开(O) 按钮打开所选文档，如图1-15所示。

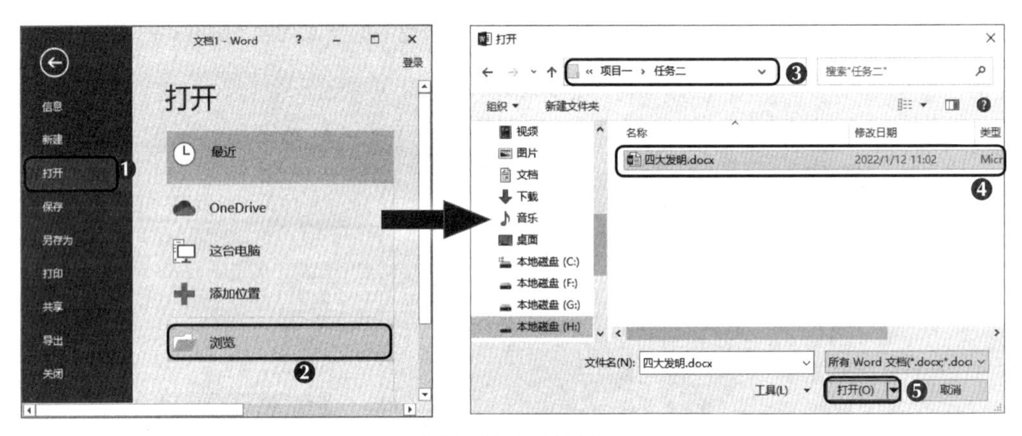

图1-15　打开文档

（二）选择文本

当需要对文档内容进行修改、删除、移动与复制、查找与替换等编辑操作时，必须先选择要编辑的文本。在Word中选择文本有以下几种方法。

- **选择任意文本：** 在需要编辑的文本的开始位置单击以定位文本插入点，然后按住鼠标左键不放并拖动鼠标指针到文本结束处，释放鼠标左键，可选择该部分文本，选择后的文本呈灰底黑字显示，如图1-16所示。
- **选择一行文本：** 除了可用选择任意文本的方法选择一行文本外，还可将鼠标指针移动到该行左边的空白位置，当鼠标指针变成形状时单击，可选择一行文本，如图1-17所示。

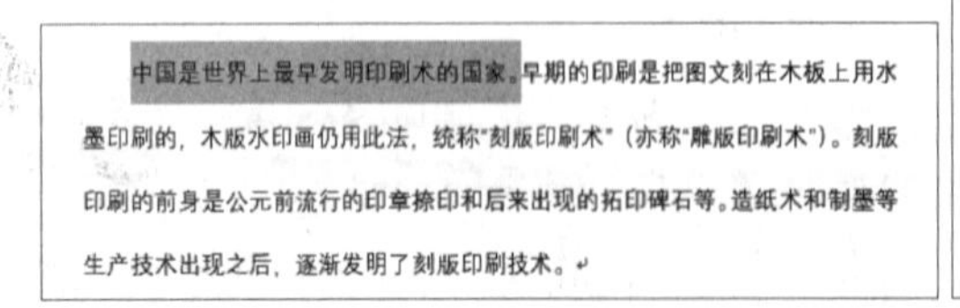

中国是世界上最早发明印刷术的国家。早期的印刷是把图文刻在木板上用水墨印刷的，木版水印画仍用此法，统称"刻版印刷术"（亦称"雕版印刷术"）。刻版印刷的前身是公元前流行的印章捺印和后来出现的拓印碑石等。造纸术和制墨等生产技术出现之后，逐渐发明了刻版印刷技术。

图1-16　选择任意文本

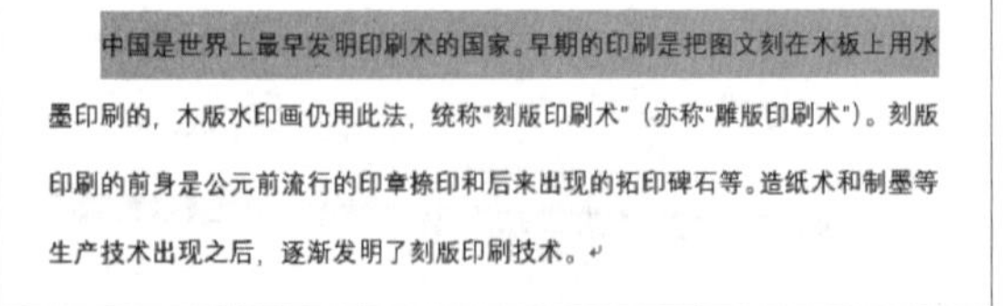

中国是世界上最早发明印刷术的国家。早期的印刷是把图文刻在木板上用水墨印刷的，木版水印画仍用此法，统称"刻版印刷术"（亦称"雕版印刷术"）。刻版印刷的前身是公元前流行的印章捺印和后来出现的拓印碑石等。造纸术和制墨等生产技术出现之后，逐渐发明了刻版印刷技术。

图1-17　选择一行文本

- **选择一段文本：** 除了可用选择任意文本的方法选择一段文本外，还可将鼠标指针移动到段落左边的空白位置，当鼠标指针变为形状时双击，或在该段文本中的任意位置连续单击3次，可选择整段文本，如图1-18所示。
- **选择整篇文档：** 在文档中将鼠标指针移动到文档左边的空白位置，当鼠标指针变成形状时，连续单击3次；或将文本插入点定位到文本的起始位置，按住【Shift】键不放，单击文本的结束位置；或直接按【Ctrl+A】组合键，可选择整篇文档，如图1-19所示。

中国造纸术的起源同丝絮有着渊源关系。

中国是世界上最早发明印刷术的国家。早期的印刷是把图文刻在木板上用水墨印刷的，木版水印画仍用此法，统称"刻版印刷术"（亦称"雕版印刷术"）。刻版印刷的前身是公元前流行的印章捺印和后来出现的拓印碑石等。造纸术和制墨等生产技术出现之后，逐渐发明了刻版印刷技术。

图1-18　选择一段文本

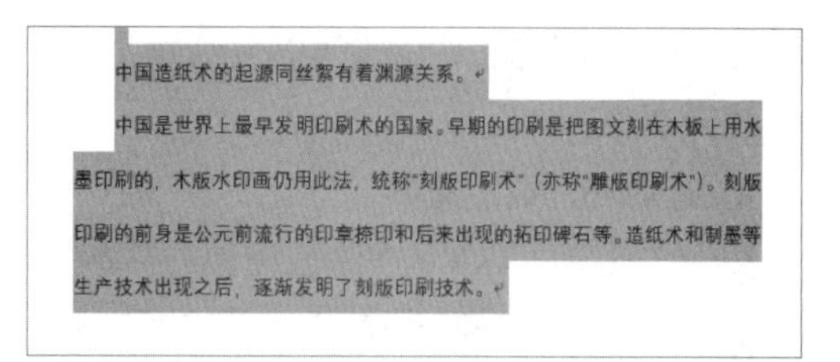
中国造纸术的起源同丝絮有着渊源关系。

中国是世界上最早发明印刷术的国家。早期的印刷是把图文刻在木板上用水墨印刷的，木版水印画仍用此法，统称"刻版印刷术"（亦称"雕版印刷术"）。刻版印刷的前身是公元前流行的印章捺印和后来出现的拓印碑石等。造纸术和制墨等生产技术出现之后，逐渐发明了刻版印刷技术。

图1-19　选择整篇文档

多学一招　　**选择不连续文本和取消选择**

选择部分文本后，按住【Ctrl】键不放，可以继续选择不连续的文本。另外，要取消选择操作，单击已选择文本外的任意位置即可。

（三）修改与删除文本

在Word文档中可修改输入错误的文本，修改文本的方式主要有插入文本、改写文本、删除不需要的文本等。

1. 插入或改写文本

在文档中若漏输了相应的文本，或需修改输入错误的文本，可分别在插入和改写状态下完成这两个操作。下面在"四大发明"文档中插入并改写文本，具体操作如下。

（1）在状态栏上单击鼠标右键，在弹出的快捷菜单中选择"改写插入"命令，状态栏中将显示出目前的状态，默认为"插入"，表示当前文档处于插入状态。

（2）将文本插入点定位到"四大发明的说法，源自英国汉学家"文本后，输入破折号"——"，文本插入点后面的内容将随文本的插入自动向后移动，如图1-20所示。

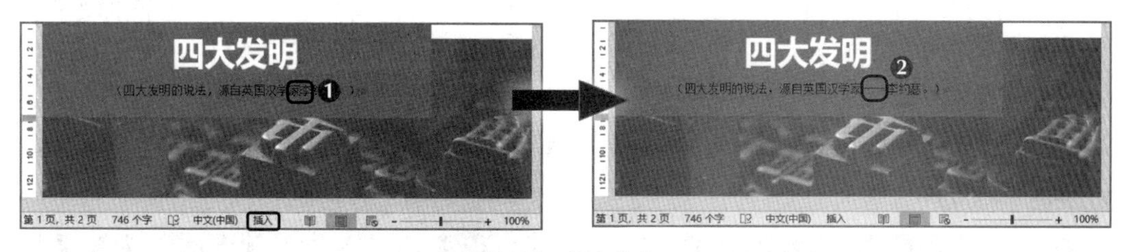

图1-20　插入文本

（3）在状态栏中单击 插入 按钮切换至改写状态，将文本插入点定位到"最初均制成粉末状，"文本后，输入文本"后来"，原来的文本"以后"会被输入的文本"后来"替换，如图1-21所示。

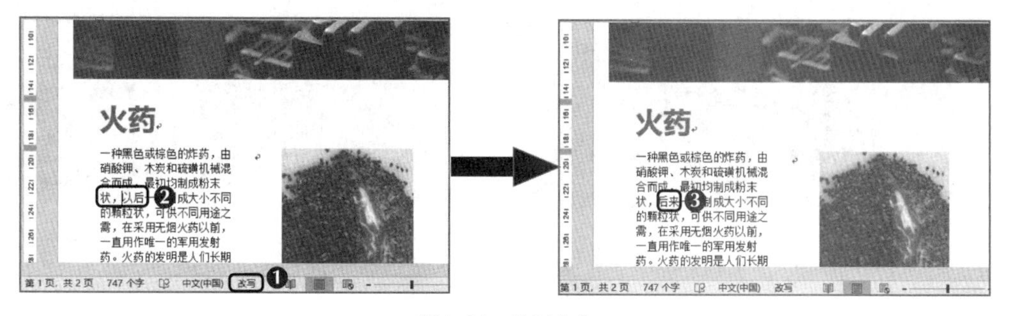

图1-21　改写文本

（4）单击状态栏中的 改写 按钮或按【Insert】键切换至插入状态，避免下次在输入文本时自动改写文本。

2. 删除不需要的文本

如果在文档中输入了多余或重复的文本，则可将不需要的文本从文档中删除。下面在“四大发明”文档中删除不需要的文本，具体操作如下。

（1）将文本插入点定位到第2页的“在长期的生产实践中，”文本前，然后拖动鼠标指针到“最早的指南针是司南。”文本后，释放鼠标左键，以选择该段文本。

（2）按【Delete】键删除选择的文本，如图1-22所示。若未选择文本，则按【Delete】键可删除文本插入点后的文本，按【BackSpace】键可删除文本插入点前的文本。

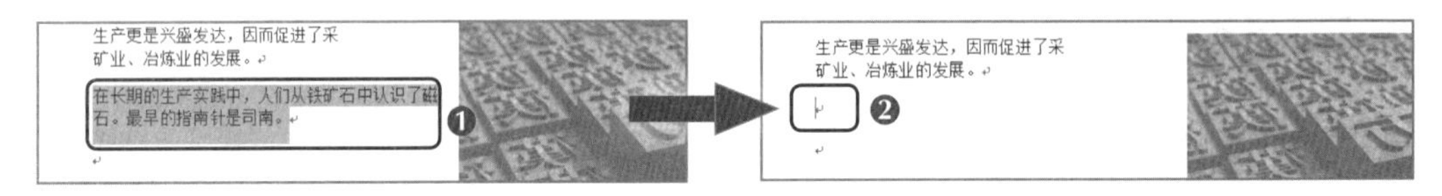

图1-22 删除不需要的文本

（四）移动与复制文本

在Word文档中可将某些文本移动到另一个位置，从而改变文本的先后顺序。若要保持原文本位置不变并复制该文本到其他位置，则可通过复制操作在多个位置输入相同文本，避免重复输入。

1. 移动文本

微课视频
移动文本

移动文本是指将选择的文本移动到另一个位置，原位置将不再保留该文本。下面在“四大发明”文档中移动文本，具体操作如下。

（1）选择第1页开头的“（四大发明的说法源自英国汉学家——李约瑟。）”文本，单击“开始”选项卡，在“剪贴板”组中单击“剪切”按钮。

（2）将文本插入点定位到第2页末尾的蓝色底纹上，在“开始”选项卡的“剪贴板”组中单击“粘贴”按钮下方的按钮，在弹出的下拉列表中选择“只保留文本”选项，如图1-23所示。

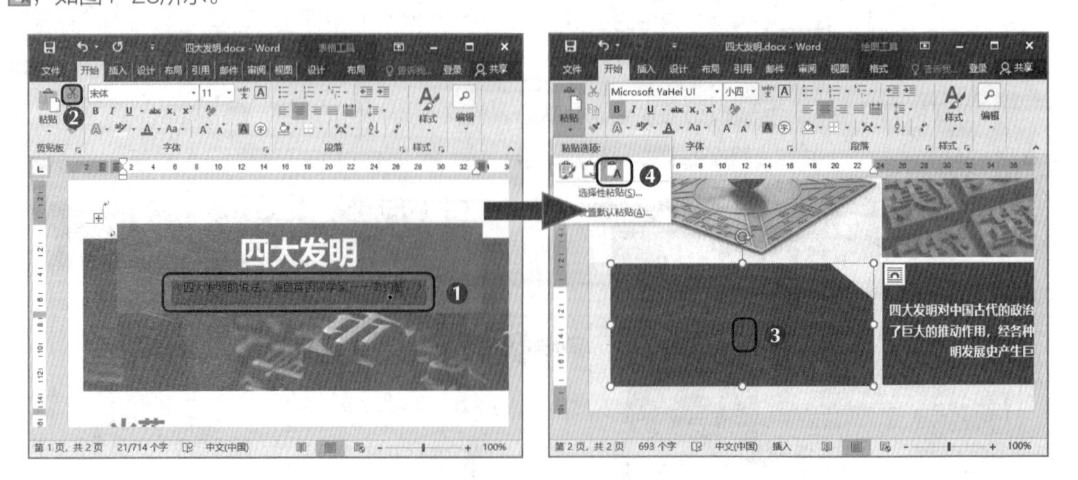

图1-23 剪切并粘贴文本

（3）完成移动文本的操作，然后删除该段文本开头的“（”和结尾的“）”符号，效果如图1-24所示。

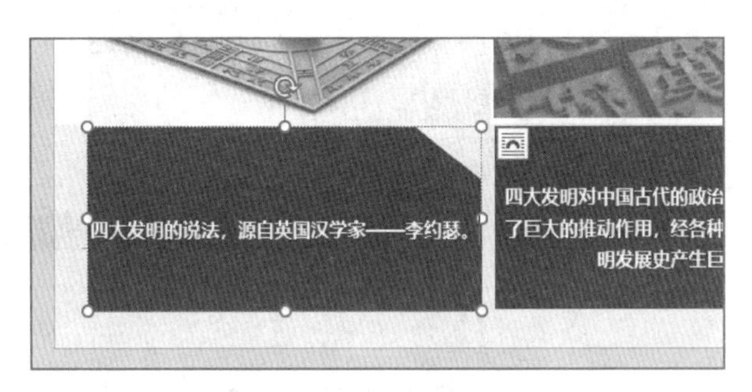

图1-24　移动文本后的效果

> **多学一招**　　**拖动鼠标或使用组合键移动文本**
>
> 选择需要移动的文本，将其拖动到目标位置；或按【Ctrl+X】组合键，将选择的文本剪切到剪贴板中，然后将文本插入点定位到目标位置，按【Ctrl+V】组合键粘贴文本。

2．复制文本

复制文本的操作与移动文本的操作相似，只是移动文本后，原位置将不再保留该文本；而复制文本后，原位置仍保留该文本。下面在“四大发明”文档中复制文本，具体操作如下。

（1）选择第2页中的“我国古代劳动人民”文本中的“劳动”文本，在“开始”选项卡的“剪贴板”组中单击“复制”按钮。

（2）将文本插入点定位到下一段的“这说明中国古代人民”文本中的“古代”文本后，在“开始”选项卡的“剪贴板”组中单击“粘贴”按钮，如图1-25所示。

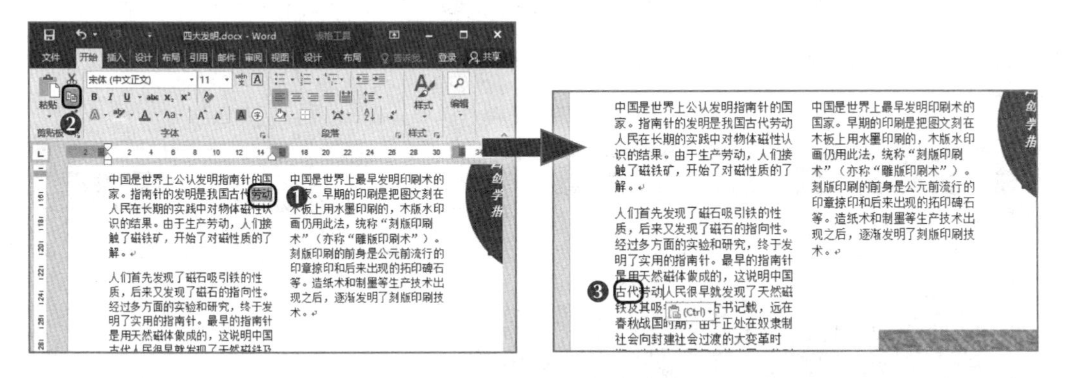

图1-25　复制并粘贴文本

> **多学一招**　　**拖动鼠标或使用组合键复制文本**
>
> 选择需要复制的文本，按住【Ctrl】键将其拖动到目标位置；或按【Ctrl+C】组合键，将选择的文本复制到剪贴板中，然后将文本插入点定位到目标位置，按【Ctrl+V】组合键粘贴文本。

（3）完成复制文本的操作，效果如图1-26所示。

图1-26　复制文本后的效果

知识提示　　**“粘贴选项”按钮的作用**

移动与复制文本后，文字旁边都会出现一个“粘贴选项”按钮(Ctrl)▾，单击该按钮，在弹出的下拉列表中可以选择不同的粘贴方式，如保留源格式、合并格式和只保留文本等。

（五）查找与替换文本

在一篇长文档中要查看某个字词的位置，或要将某个字词全部替换为另外的字词，如果逐个查找并修改将花费大量的时间，且容易漏改，此时可使用Word的查找和替换功能快速完成。

1. 查找文本

使用查找功能可以在文档中查找任意字符，如中文、英文、数字和标点符号等。下面在“四大发明”文档中查找文本“早知”，具体操作如下。

（1）将文本插入点定位到文档的开头位置，单击“开始”选项卡，在“编辑”组中单击查找按钮右侧的▾按钮，在弹出的下拉列表中选择“高级查找”选项。

（2）在打开的“查找和替换”对话框的“查找内容”文本框中输入“早知”文本，然后单击查找下一处(F)按钮，系统将查找文本插入点后第一个符合条件的文本，如图1-27所示。

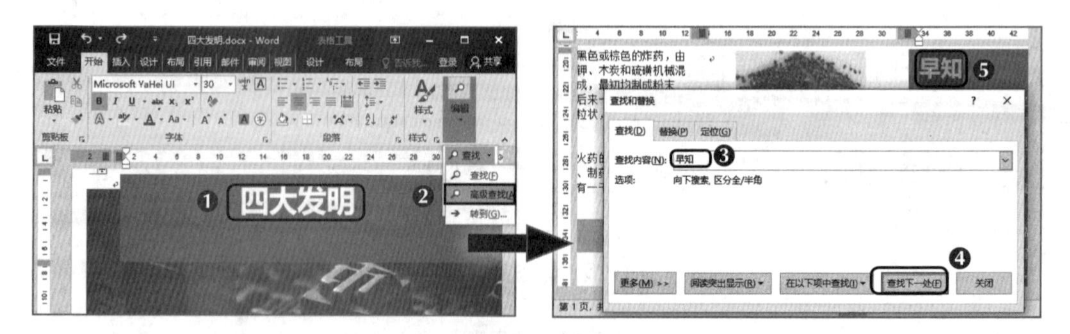

图1-27　查找第一个符合条件的文本

（3）单击在以下项中查找(I)▾按钮，在弹出的下拉列表中选择“主文档”选项，系统将自动在文档中查找相应的文本，并在对话框中显示出与查找条件相匹配的文本的总数目，如图1-28所示。

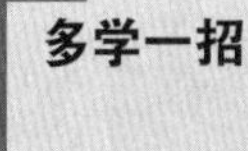

多学一招 **设置查找和替换条件**

在"查找和替换"对话框中单击 更多(M) >> 按钮，可展开更多搜索选项，如查找时区分大小写、使用通配符、是否查找带有格式的文本等。

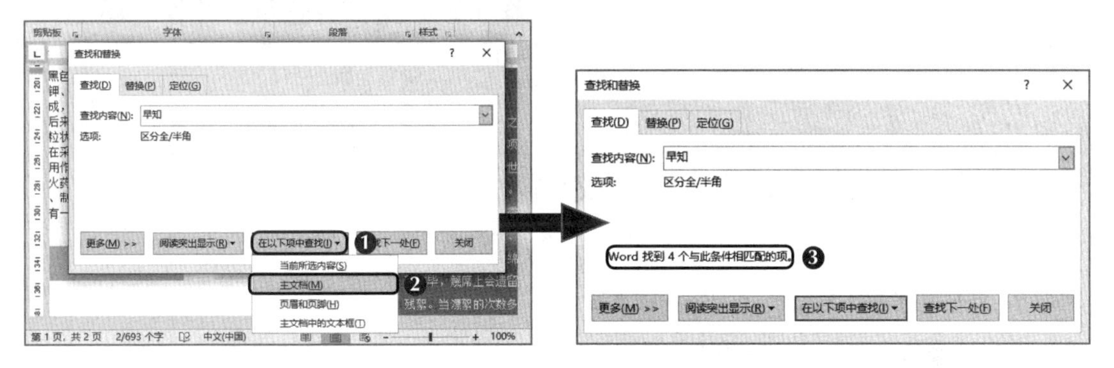

图1-28 查找文档中符合条件的所有文本

2. 替换文本

替换文本就是将文档中查找到的内容修改为另一个字或词。下面在"四大发明"文档中将"早知"文本替换为"造纸术"文本，具体操作如下。

（1）将文本插入点定位到文档的开头位置，在"开始"选项卡的"编辑"组中单击 替换 按钮。

（2）打开"查找和替换"对话框，在"替换"选项卡的"查找内容"文本框中保持"早知"文本不变，在"替换为"文本框中输入"造纸术"文本，然后单击 替换(R) 按钮，系统将自动在文档中找到文本插入点后第一个符合条件的文本，如图1-29所示。

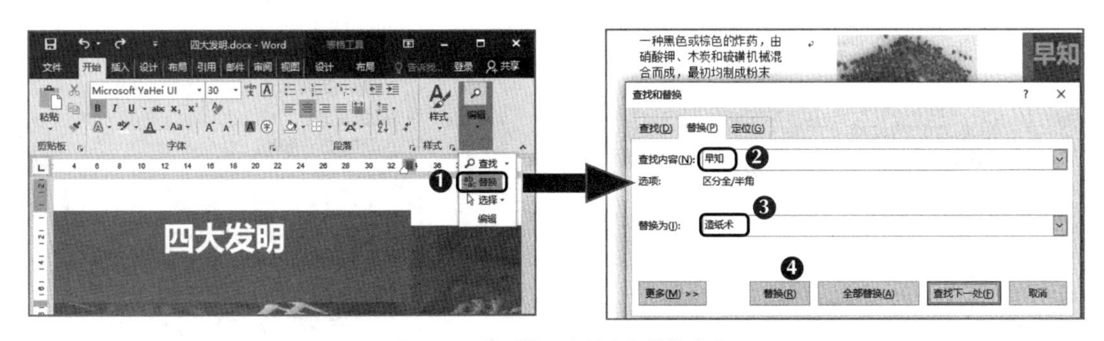

图1-29 找到第一个符合条件的文本

（3）单击 替换(R) 按钮可将第一个"早知"文本替换为"造纸术"文本，单击 全部替换(A) 按钮可将文档中剩余的所有"早知"文本都替换成"造纸术"文本，并弹出提示对话框提示替换的数量，单击 确定 按钮确认替换文本，如图1-30所示。

（4）关闭对话框，返回文档可以看到替换文本后的效果。

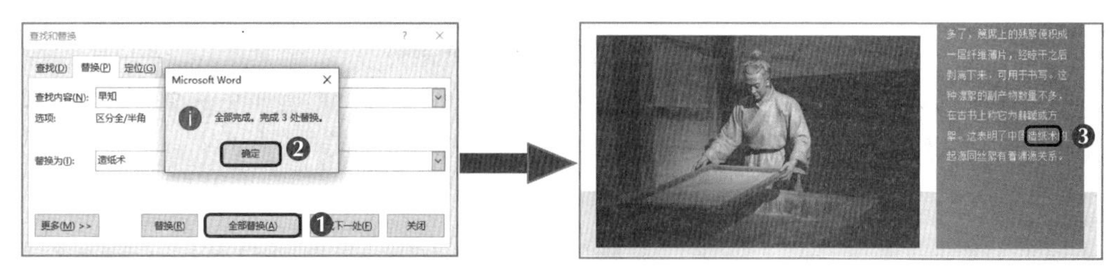

图1-30 替换所有符合条件的文本

任务三 美化“招聘启事”文档

一、任务描述

公司近来业务量增加，准备招聘一位销售总监，于是安排米拉对以前的“招聘启事”文档进行美化处理，使其效果更加精美，以吸引优秀的人才。公司领导明确规定，招聘内容要主次分明、效果美观。米拉很快将文档美化完毕，美化前后的对比效果如图1-31所示。

素材所在位置 素材文件\项目一\任务三\招聘启事.docx
效果所在位置 效果文件\项目一\任务三\招聘启事.docx

创新科技有限责任公司招聘
创新科技有限责任公司是以数字业务为龙头，集电子商务、系统集成、自主研发于一体的高科技公司。公司集中了大批高素质的、专业性强的人才，立足于数字信息产业，提供专业的信息系统集成服务、GPS应用服务。在当今数字信息化高速发展的时机下，公司正虚席以待，诚聘天下英才。
招聘信息
招聘岗位：销售总监 1人
招聘部门：销售部
要求学历：本科以上
薪酬待遇：面议
工作地点：北京市海淀区
岗位要求
具有四年以上国内IT、市场综合营销管理经验。
熟悉电子商务，具有良好的行业资源背景。
具有大中型项目开发、策划、推进、销售的完整运作管理经验。
具有极强的市场开拓能力、沟通能力和协调能力，敬业，有良好的职业操守。
联系电话：010-51686***
应聘信箱：chuang***@163.com
联系人：张先生、梁小姐

创新科技有限责任公司招聘

创新科技有限责任公司是以数字业务为龙头，集电子商务、系统集成、自主研发于一体的高科技公司。公司集中了大批高素质的、专业性强的人才，立足于数字信息产业，提供专业的信息系统集成服务、GPS应用服务。在当今数字信息化高速发展的时机下，公司正虚席以待，诚聘天下英才。

- 招聘信息
  - 招聘岗位：销售总监 1人
  - 招聘部门：销售部
  - 要求学历：本科以上
  - 薪酬待遇：面议
  - 工作地点：北京市海淀区
- 岗位要求
  1. 具有四年以上国内IT、市场综合营销管理经验。
  2. 熟悉电子商务，具有良好的行业资源背景。
  3. 具有大中型项目开发、策划、推进、销售的完整运作管理经验。
  4. 具有极强的市场开拓能力、沟通能力和协调能力，敬业，有良好的职业操守。

联系电话：010-51686***
应聘信箱：chuang***@163.com
联系人：张先生、梁小姐

图1-31 “招聘启事”文档美化前后的对比效果

职业素养　　**编写“招聘启事”文档的注意事项**

在编写“招聘启事”文档前，要先了解公司需要招聘的职位、招聘方式、面试地点、提供的薪水和岗位要求等，以方便求职者参考。在制作“招聘启事”这类文档时，内容要简明扼要，应直截了当地说明需求，内容主要包括标题、岗位要求、需要的专业及人数、待遇、应聘方式等。

二、任务实施

（一）设置字体格式

默认情况下，在文档中输入的文本都采用系统默认的字体格式。不同的文档需要不同的字体格式，因此在完成文本的输入后，可以设置文本的字体格式，包括文本的字体、字号和颜色等。文档的字体格式一般通过“字体”组、“字体”对话框和浮动工具栏进行设置。下面在“招聘启事”文档中使用不同的方法设置文本的字体格式，具体操作如下。

（1）打开素材文档“招聘启事”，选择标题文本，将鼠标指针移动到浮动工具栏上，在“字体”下拉列表中选择“华文琥珀”选项，如图1-32所示。

（2）在“字号”下拉列表中选择“二号”选项，如图1-33所示。

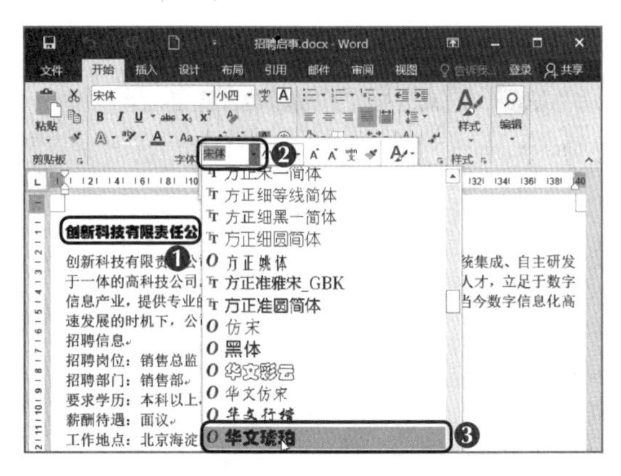

图1-32　在浮动工具栏中设置字体

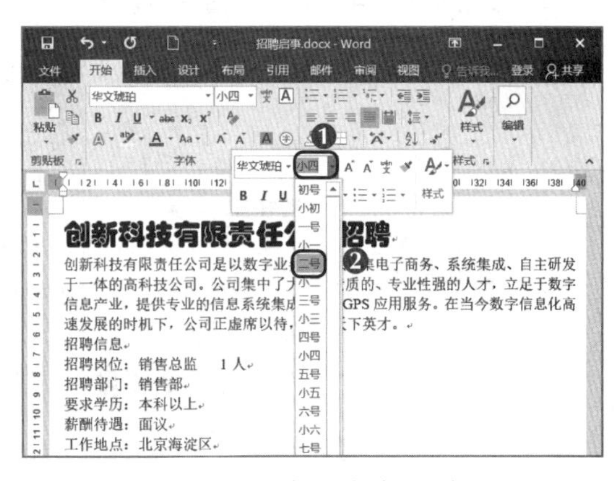

图1-33　在浮动工具栏中设置字号

（3）选择标题中的“招聘”文本，单击“开始”选项卡，在“字体”组的“字号”下拉列表中选择“小初”选项，如图1-34所示。

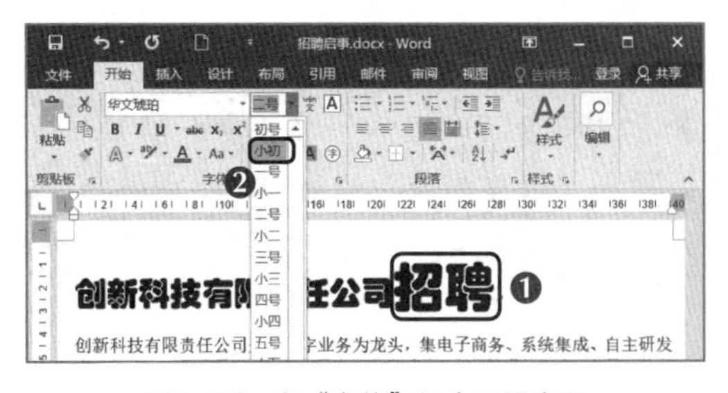

图1-34　在“字体”组中设置字号

（4）保持文本处于选择状态，在“开始”选项卡的“字体”组中单击“倾斜”按钮 *I*，然后单击“颜色”按钮，在弹出的下拉列表中选择“红色”选项，如图1-35所示。

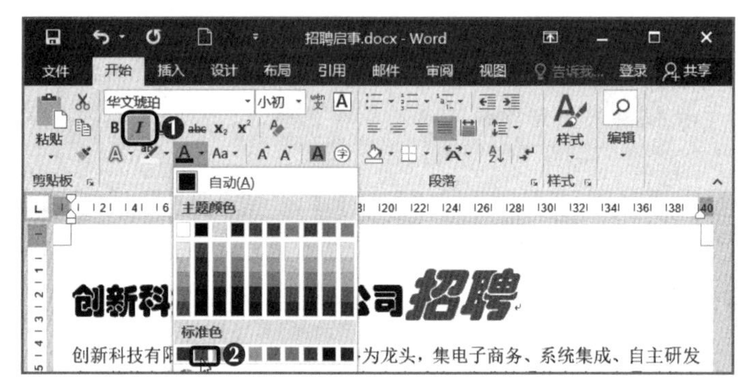

图1-35 在“字体”组中设置字体样式与文字颜色

（5）选择正文文本，在“开始”选项卡的“字体”组中将字号设置为“四号”，然后按住【Ctrl】键，选择“招聘信息”和“岗位要求”文本，单击鼠标右键，在弹出的快捷菜单中选择“字体”命令。

（6）打开“字体”对话框的“字体”选项卡，在“字形”列表框中选择“加粗”选项，在“字号”列表框中选择“三号”选项，在“字体颜色”下拉列表中选择“红色”选项，完成后单击 确定 按钮即可看到效果，如图1-36所示。

图1-36 通过“字体”对话框设置字体格式

多学一招 **其他字体格式的设置**

在“开始”选项卡的“字体”组中单击“下划线”按钮 U，可为文本设置下划线；单击“增大字号”按钮或“减小字号”按钮，可将选择的文本字号增大或减小。在浮动工具栏和“字体”对话框中均可找到相应的设置选项。

（二）设置段落格式

段落可以包含文字、图形及其他对象，回车符↵是段落结束的标记。设置段落的对齐方式、缩进值、行间距、段间距等，可以使文档的结构清晰、层次分明。设置段落格式通常通过“段落”组和“段落”对话框来实现。下面在“招聘启事”文档中设置文本的段落格式，具体操作如下。

（1）选择标题文本，在“开始”选项卡的“段落”组中单击“居中”按钮，如图1-37所示。

（2）选择最后三行文本，在“开始”选项卡的“段落”组中单击“右对齐”按钮，如图1-38所示。

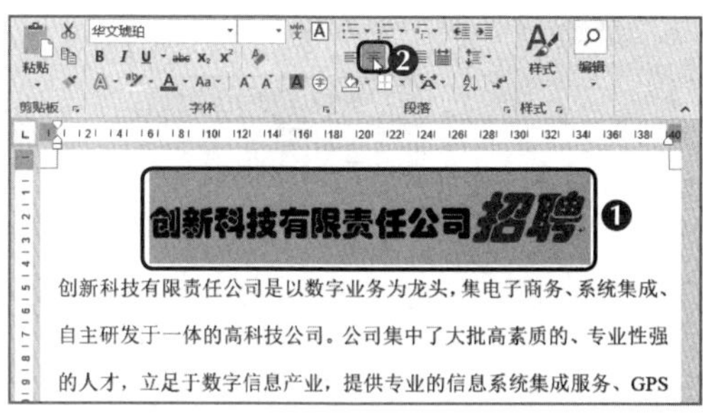

图1-37　设置居中对齐

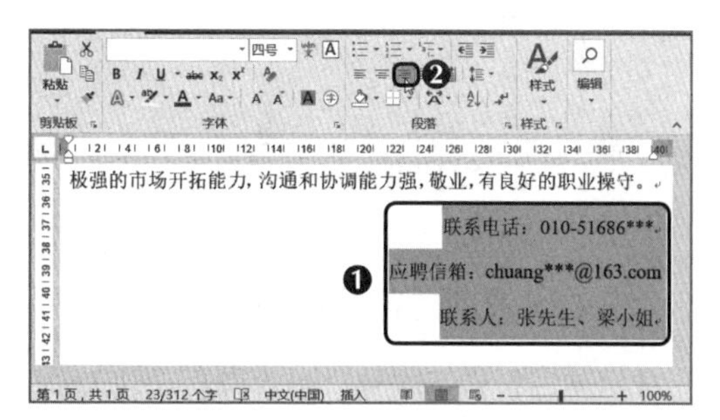

图1-38　设置右对齐

（3）选择除标题和最后三行文本之外的文本，单击“段落”组右下角的对话框扩展按钮。

（4）打开“段落”对话框，在“缩进和间距”选项卡的“特殊格式”下拉列表中选择“首行缩进”选项，其右侧的“缩进值”微调框中将自动显示“2字符”，单击确定按钮，返回文档，设置首行缩进后的效果如图1-39所示。

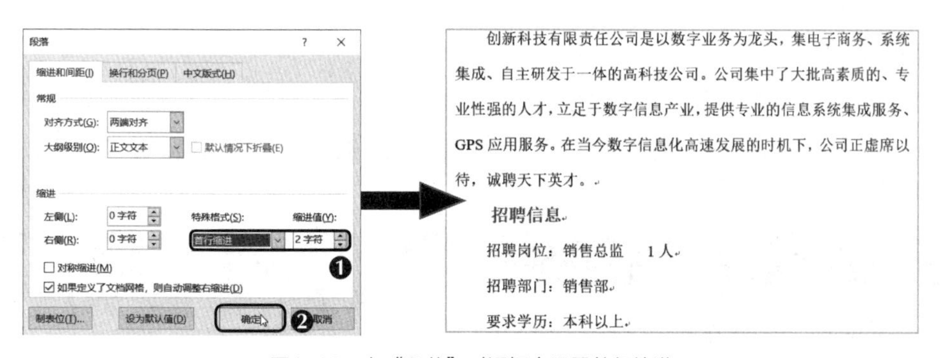

图1-39　在“段落”对话框中设置首行缩进

（5）选择第1段文本，打开“段落”对话框，单击“缩进和间距”选项卡，在“行距”下拉列表中选择“最小值”选项，在其右侧的“设置值”微调框中输入“0磅”，单击确定按钮。

（6）缩小行距后，在“开始”选项卡的“字体”组中单击“增大字号”按钮A˄，将选择的文本增大一个字号。然后使用相同的方法，将最后三行文本的行距设置为“0磅”，并增大字号，最终效果如图1-40所示。

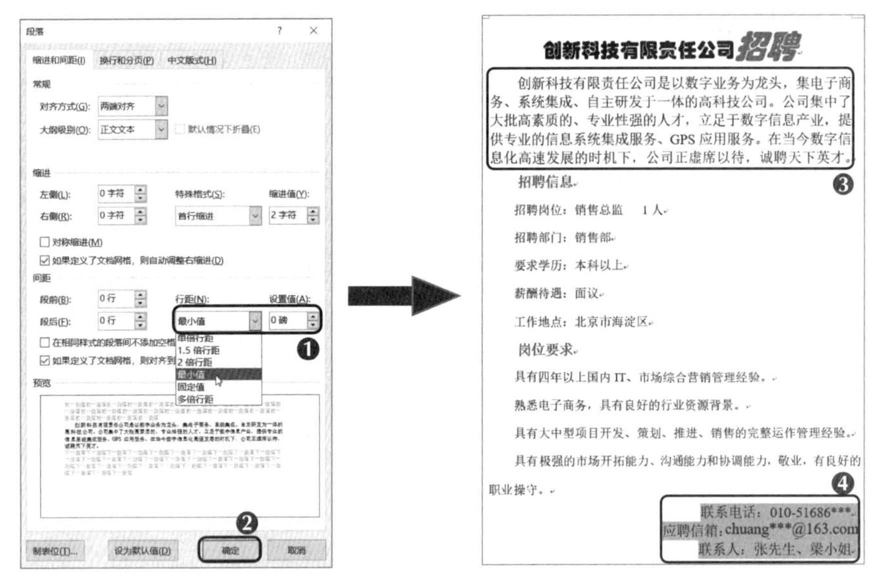

图1-40　设置行距并增大字号后的效果

（三）设置项目符号和编号

使用项目符号与编号，可为具有并列关系的段落添加“●”“★”“◆”等项目符号，也可添加“1. 2. 3.”或“A. B. C.”等编号，还可制作多级列表，使文档层次分明、条理清晰。下面在“招聘启事”文档中添加项目符号和编号，具体操作如下。

（1）选择正文的“招聘信息”文本，在按住【Ctrl】键的同时选择“岗位要求”文本。

（2）在“开始”选项卡的“段落”组中单击“项目符号”按钮右侧的按钮，在弹出的下拉列表中选择✧项目符号，如图1-41所示。

（3）选择“招聘信息”和“岗位要求”之间的文本，使用相同的方法添加➤项目符号；然后在“段落”组中多次单击“增加缩进量”按钮，让选择的文本向右缩进多个字符，效果如图1-42所示。

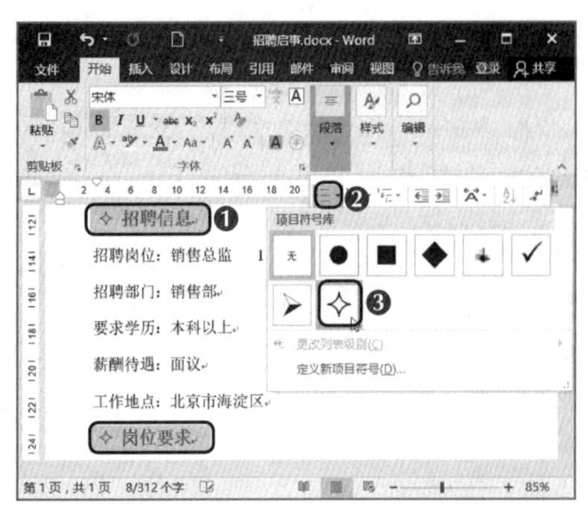

图1-41　添加项目符号

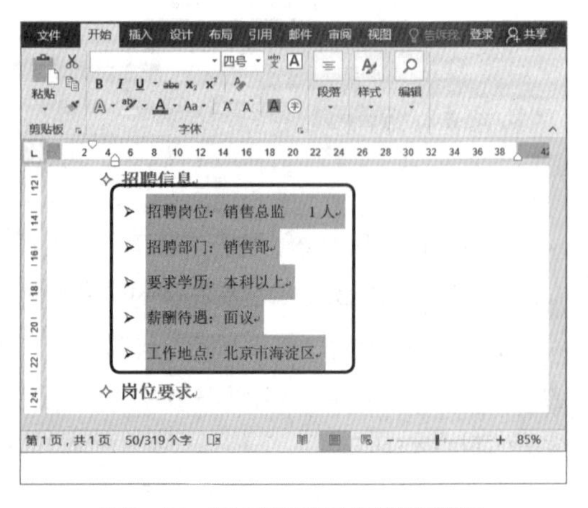

图1-42　添加项目符号并增加缩进量

（4）选择“岗位要求”下方的文本，在“段落”组中单击“编号”按钮右侧的按钮，在弹出的下拉列表中选择“1. 2. 3.”选项；然后多次单击“增加缩进量”按钮，让选择的文本向右缩进多个字符，效果如图1-43所示。

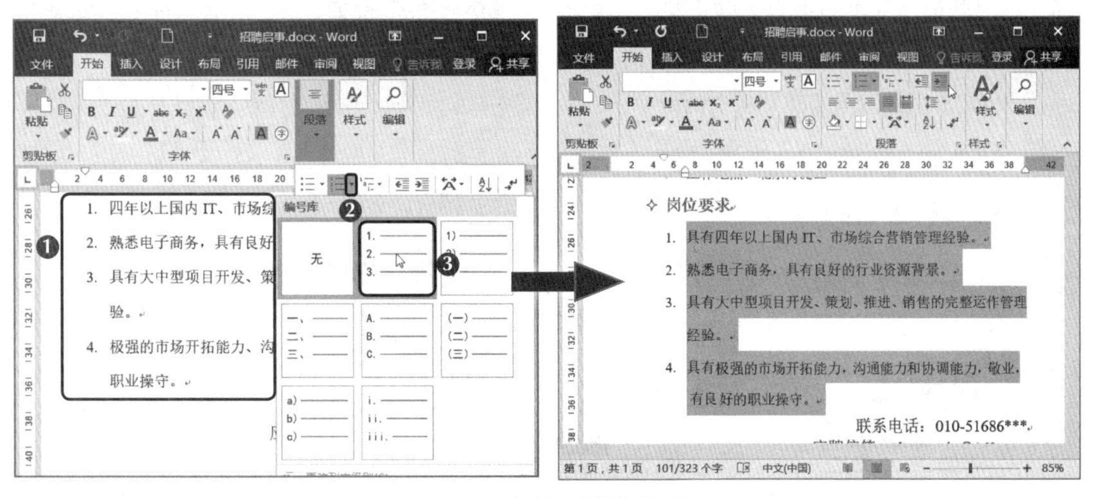

图1-43　添加编号并增加缩进量

（四）设置边框与底纹

在编辑Word文档的过程中，为文档设置边框和底纹可以突出重点文本，并达到美化文档的目的；但在实际操作过程中，不宜设置复杂的底纹或边框效果。下面在“招聘启事”文档中为“招聘信息”下的文本添加底纹，为“岗位要求”下的文本设置边框，具体操作如下。

（1）选择“招聘信息”下的文本，在“段落”组中单击“底纹”按钮，在弹出的下拉列表中选择“深蓝，文字2，深色25%”选项，添加底纹的效果如图1-44所示。

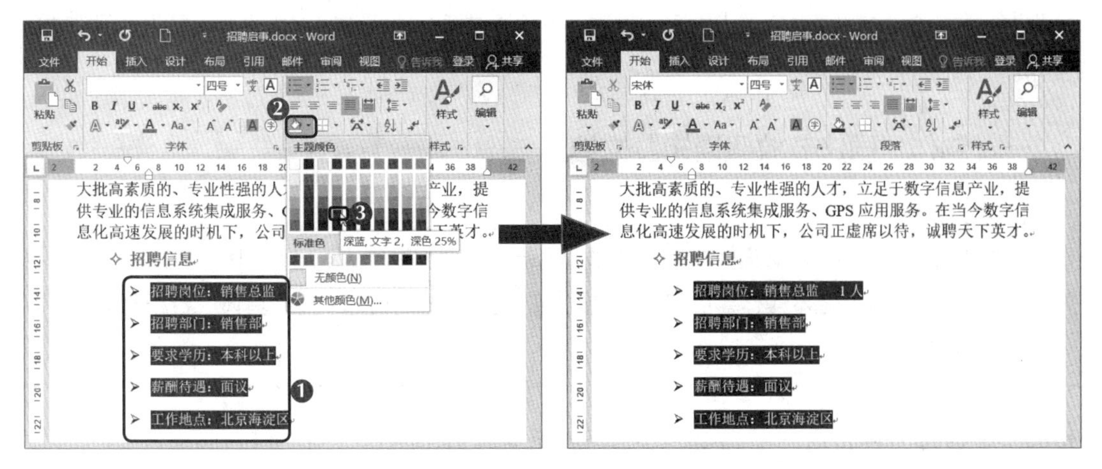

图1-44　设置底纹

（2）选择“职位要求”下的文本，在“段落”组中单击“边框”按钮，在弹出的下拉列表中选择“边框和底纹”选项。

（3）打开“边框和底纹”对话框，在“边框”选项卡的“设置”选项组中选择“阴影”选项，在“颜色”下拉列表中选择“深蓝，文字2，深色25%”选项，在“宽度”下拉列表中选择“0.25磅”选项，单击确定按钮。将文本插入点定位到“联系电话”文本前，按【Enter】键换行。设置边框后的效果如图1-45所示。

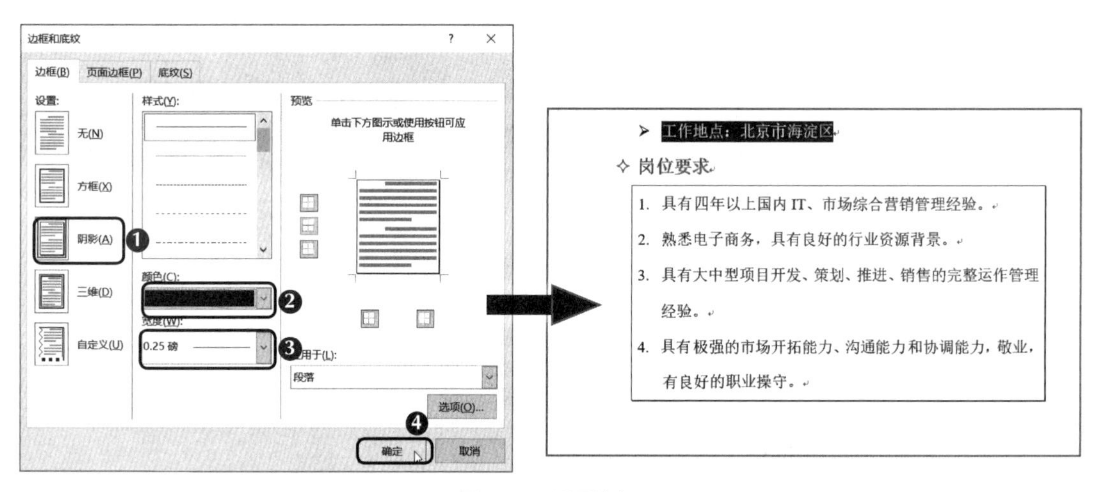

图1-45　设置边框

项目实训

本项目通过创建“儿童教育宣传册”文档、编辑“四大发明”文档和美化“招聘启事”文档3个任务，讲解了Word文档的基本编辑和美化操作。其中，打开文档、输入文本、修改文本等是日常办公中最基本的操作，读者应熟练掌握；替换文本、设置字体和段落格式、添加项目符号和编号则是必须掌握的操作，读者应重点学习和掌握。下面通过两个项目实训，帮助读者灵活运用本项目的知识。

一、制作“国庆节放假通知”文档

1. 实训目标

本实训的目标是制作放假通知文档，要求读者掌握启动与退出Word 2016、输入文本、保存文档、设置文本格式等基本操作。放假通知文档中应包括通知的目标人员、具体内容和落款等。本实训完成后的效果如图1-46所示。

效果所在位置　效果文件\项目一\项目实训\国庆节放假通知.docx

关于 2022 年国庆节放假安排的通知

各位同事：

正值国庆佳节来临之际，根据国家法定假期的规定，结合我公司的实际情况，现将我公司 2022 年国庆节放假安排通知如下。

一、国庆节放假安排：2022 年 10 月 1 日至 10 月 7 日放假，共 7 天。10 月 8 日（星期六）、10 月 9 日（星期日）上班。

二、国庆节期间，各部门要安排好节日期间的值班工作，值班人员要按时接班，认真负责，做好值班记录。

三、放假期间，各部门要妥善安排好值班，做好保障保卫工作，遇有重大突发事件，按规定及时报告并妥善处置。应急管理服务中心做好应急管理服务工作（值班电话：xxxxxxxx）。

四、放假之前，请各部门关好水电、锁好门窗等，做好安全防范工作。

五、国庆节期间，出游人员较多，为确保大家过一个轻松、愉快的假期，员工出行时要特别注意个人及家属的人身、财物等安全问题，提高防范意识，谨防上当受骗。

特此通知。

××有限公司

2022 年 9 月 28 日

图1-46 “国庆节放假通知”文档的效果

2. 专业背景

通知是上级对下级、组织对成员或平行单位之间部署工作、传达事情等使用的一种应用文。通知的写法有两种：一种以布告形式贴出，用于把事情通知到相关人员，如学生、观众等，通常不用称呼；另一种以书信的形式发给相关人员，其写作形式同普通书信一样，只要写明通知的具体内容即可。通知的标题、正文和结尾的写作格式如下。

- **标题：**有完全式和省略式两种。完全式包括制发机关、具体事由和“通知”两字；省略式（如《关于×××的通知》）则简单地通知内容，也可只写“通知”两字。
- **正文：**包括通知前言和通知主体。通知前言即制发通知的理由、目的、依据，如“为了解决×××的问题”“经×××批准”“现将×××通知如下”；通知主体则是通知的具体内容，要分条列项，结构分明。
- **结尾：**可意尽言止，不单写结束语；也可在主体内容之后用“特此通知”结尾；还可以用明确主题的文本结尾。

3. 操作思路

启动Word 2016，在新建的文档中输入文本，输入完成后保存文档并退出Word 2016，其操作思路如图1-47所示。

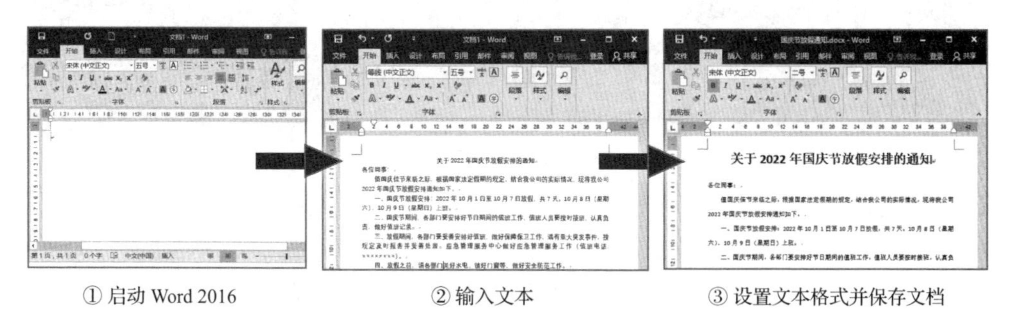

① 启动 Word 2016　② 输入文本　③ 设置文本格式并保存文档

图1-47 “国庆节放假通知”文档的操作思路

【步骤提示】

（1）单击“开始”按钮，在“开始”菜单中选择“W”/“Word 2016”命令，启动Word 2016。

（2）在新建的“文档1”空白文档中使用“即点即输”功能确定文本的对齐方式，并按顺序输入相应的文本。

（3）加粗标题，并设置标题文本的字号为“二号”，设置标题段落的段后间距为“1行”。

（4）设置其余段落的行距为“1.5倍行距”。

（5）在文档中单击“文件”选项卡，在弹出的窗口中选择“保存”选项，在打开的“另存为”对话框中将其以“国庆节放假通知”为名进行保存。

（6）在标题栏右侧单击“关闭”按钮，退出Word 2016。

二、编辑“中国传统节日”文档

1. 实训目标

本实训的目标是编辑“中国传统节日”文档。通过该实训，读者可掌握文档的编辑与美化方法，包括替换文本、设置文本的字体格式和段落格式，以及在文档中添加编号等操作。“中国传统节日”文档编辑后的效果如图1-48所示。

素材所在位置 素材文件\项目一\项目实训\中国传统节日.docx
效果所在位置 效果文件\项目一\项目实训\中国传统节日.docx

图1-48 “中国传统节日”文档编辑后的效果

2. 专业背景

中国传统节日是中华民族悠久历史文化的重要组成部分，其形式多样、内容丰富。在制作“中国传统节日”文档时，要注意表述清楚，直观展示我国的历史文化和传统节日的形成过程。

传统节日承载着我国悠久的历史文化，凝聚并影响着中华民族的价值观念、文化心理、生活方式和审美旨趣，制作“中国传统节日”文档，可以使我们增长知识，重视并弘扬传统文化。

3. 操作思路

将“传统节日文化”文本替换为“传统节日”文本，更改文本的字体格式与段落格式，并为小标题设置编号。其操作思路如图1-49所示。

① 替换文本　　② 设置字体格式和段落格式　　③ 添加编号

图1-49　编辑“中国传统节日”文档的操作思路

【步骤提示】

（1）将“传统节日文化”文本替换为“传统节日”文本。

（2）将标题文本的字体格式设置为思源黑体 CN Bold、初号、居中，将段前间距设置为“1.5行”，段后间距设置为“2行”。

（3）设置正文文本的字体格式为方正兰亭细黑、四号，首行缩进为“2字符”，行距为“1.5倍行距”。

（4）将小标题文本的字体格式设置为方正兰亭细黑、二号、加粗，段前间距和段后间距均设置为“1行”，然后为其添加编号。

课后练习

本项目主要介绍了制作与编辑Word文档的基础操作，包括Word 2016的基础知识，创建、编辑和美化文档的操作方法。通过下面两个课后练习，读者可以对制作各类Word文档有一个基本的了解。

1. 制作“工匠精神”文档

创建“工匠精神”文档，输入文本，并根据需要设置文档格式，最终效果如图1-50所示。

素材所在位置　素材文件\项目一\课后练习\工匠精神.txt
效果所在位置　效果文件\项目一\课后练习\工匠精神.docx

操作要求如下。

- 快速新建空白文档，并输入文本。
- 设置标题文本的字体格式为方正大标宋简体、二号、加粗，段落对齐方式为“居中”；设置正文内容的字体格式为宋体、四号，正文段落的格式为“首行缩进”。
- 选择相应的文本并设置编号。

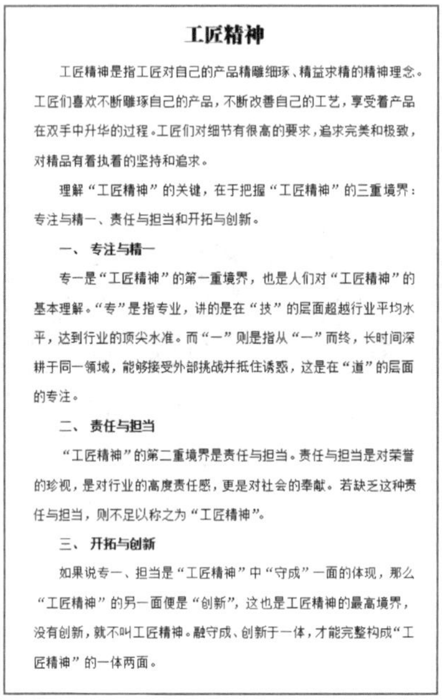

工匠精神

工匠精神是指工匠对自己的产品精雕细琢、精益求精的精神理念。工匠们喜欢不断雕琢自己的产品，不断改善自己的工艺，享受着产品在双手中升华的过程。工匠们对细节有很高的要求，追求完美和极致，对精品有着执着的坚持和追求。

理解“工匠精神”的关键，在于把握“工匠精神”的三重境界：专注与精一、责任与担当和开拓与创新。

一、专注与精一

专一是“工匠精神”的第一重境界，也是人们对“工匠精神”的基本理解。“专”是指专业，讲的是在“技”的层面超越行业平均水平，达到行业的顶尖水准。而“一”则是指从“一”而终，长时间深耕于同一领域，能够接受外部挑战并抵住诱惑，这是在“道”的层面的专注。

二、责任与担当

“工匠精神”的第二重境界是责任与担当。责任与担当是对荣誉的珍视，是对行业的高度责任感，更是对社会的奉献。若缺乏这种责任与担当，则不足以称之为“工匠精神”。

三、开拓与创新

如果说专一、担当是“工匠精神”中“守成”一面的体现，那么“工匠精神”的另一面便是“创新”，这也是工匠精神的最高境界，没有创新，就不叫工匠精神。融守成、创新于一体，才能完整构成“工匠精神”的一体两面。

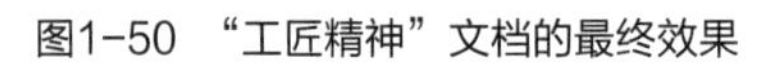
图1-50　“工匠精神”文档的最终效果

2. 编辑“会议安排”文档

打开素材文件中的“会议安排”文档，移动和修改文本，然后对文档进行编辑与美化，最终效果如图1-51所示。

素材所在位置　素材文件\项目一\课后练习\会议安排.docx
效果所在位置　效果文件\项目一\课后练习\会议安排.docx

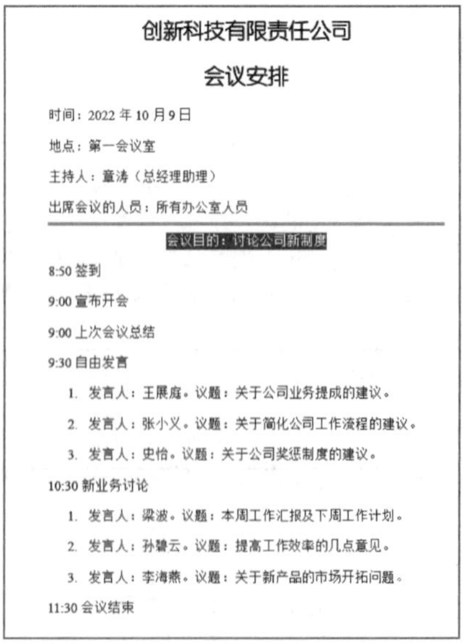

创新科技有限责任公司

会议安排

时间：2022年10月9日

地点：第一会议室

主持人：童涛（总经理助理）

出席会议的人员：所有办公室人员

会议目的：讨论公司新制度

8:50 签到

9:00 宣布开会

9:00 上次会议总结

9:30 自由发言

1. 发言人：王展庭。议题：关于公司业务提成的建议。
2. 发言人：张小义。议题：关于简化公司工作流程的建议。
3. 发言人：史怡。议题：关于公司奖惩制度的建议。

10:30 新业务讨论

1. 发言人：梁波。议题：本周工作汇报及下周工作计划。
2. 发言人：孙碧云。议题：提高工作效率的几点意见。
3. 发言人：李海燕。议题：关于新产品的市场开拓问题。

11:30 会议结束

图1-51　“会议安排”文档的最终效果

操作要求如下。

- 打开素材文件中的“会议安排”文档，将“会议目的：讨论公司新制度”文本移到“8:50签到”文本的上方。将9:30的第一个发言人“孙碧云”修改为“王展庭”。
- 设置标题文本的字体格式为方正准圆简体，二号，段落对齐方式为“居中”；将正文内容的字号设置为“四号”；为“会议目的”行设置边框与底纹，并将其居中显示。
- 在“发言人”文本前添加编号“1. 2. 3.”，并设置文本的缩进量。

技巧提升

1. 设置文档自动保存

为了避免在编辑文档时遇到停电或宕机等突发事件而造成数据丢失的情况，可以为文档设置自动保存时间，即每隔一段时间，系统会自动保存已编辑的文档内容。其方法为：在Word工作界面中，单击“文件”选项卡，在弹出的窗口中选择“选项”选项，在打开的对话框中单击“保存”选项卡，在右侧选中“保存自动恢复信息时间间隔”复选框，在其后的微调框中输入自动保存文档的间隔时间，然后单击 确定 按钮。注意，自动保存文档的时间间隔如果设置得太长，可能无法及时保存文档内容；设置的时间间隔太短，又可能因频繁地保存文档而影响文档内容的编辑，一般以10～15分钟为宜。

2. 删除为文档设置的保护密码

要删除为文档设置的保护密码，可先打开已设置保护密码的文档，单击“文件”选项卡，在弹出的窗口中选择“信息”选项，然后在窗口的中间位置单击“保护文档”按钮，在弹出的下拉列表中选择“用密码进行加密”选项，在打开的“加密文档”对话框中选择要删除的密码，按【Delete】键，最后单击 确定 按钮。

3. 修复并打开被损坏的文档

在Word中单击“文件”选项卡，在弹出的窗口中选择“打开”选项，在打开的对话框中选择需修复并打开的文档，单击 打开(O) 按钮右侧的按钮，在弹出的下拉列表中选择“打开并修复”选项。

4. 快速选择文档中格式相同的文本

利用“文本定位”功能选择文本，可以快速在文档中找到自己需要的文本，从而方便编辑文本。其方法为：在“开始”选项卡的“编辑”组中单击 选择 按钮，在弹出的下拉列表中选择“选择格式相似的文本”选项，即可在整篇文档中选择格式相同的文本。

5. 清除文本或段落中的格式

选择已设置格式的文本或段落，在“开始”选项卡的“字体”组中单击“清除格式”按钮，即可清除选择的文本或段落的格式。

6. 使用格式刷复制格式

选择带有格式的文本，在“开始”选项卡的“剪贴板”组中单击“格式刷”按钮，只可复制一次格式；双击“格式刷”按钮可复制多次格式，操作完成后需再次单击“格式刷”按钮退出格式刷状态。另外，在复制格式时，若选择了段落，则会将该段落中的文本和段落格式复制到目标段落中；若只选择了文本，则只会将文本格式复制到目标文本中。

项目二

Word图文混排与审编

情景导入

通过对Word基本操作的学习和部分文档的制作，米拉对Word的操作越来越熟练，因此，老洪将公司的一些文档编辑和排版工作也交给了米拉，包括制作业绩报告、改编员工手册等。米拉信心十足，并努力研究让文档版面更美观的排版方法。

学习目标

- **掌握图文混排的操作方法**

掌握形状的插入与编辑、表格的创建、文本框的使用、图表的创建、图片的插入与编辑等操作。

- **掌握编排长文档的操作方法**

掌握插入封面、应用主题与样式、使用大纲视图、使用题注和交叉引用、设置脚注和尾注、插入分页符与分节符、设置页眉与页脚、添加目录等操作。

- **掌握审校长文档的操作方法**

掌握使用文档结构图、使用书签定位目标位置、拼写与语法检查、统计文档字数或行数、添加批注、修订文档、合并文档等操作。

素质目标

- 让学生了解利用Word排版和审编文档的意义。
- 培养学生对文档排版的审美能力。
- 培养学生制作文档的专业能力。
- 帮助学生丰富见闻、积累知识，提升图文混排的创意能力。
- 培养学生细心、耐心的良好品质，提升学生审阅文档的能力。

任务一　制作“业绩报告”文档

一、任务描述

临近月末，公司要求米拉制作销售部的本月业绩报告，并且制作的业绩报告要图文并茂，能一眼看出谁的业绩是本月的第一名。米拉向老洪请教，老洪告诉米拉，所谓图文并茂地展示文档，就是在文档中添加图片、表格、图表等对象，这样既能突出展示相关内容，又能起到美化的作用。米拉根据老洪的指点完成了文档的制作，效果如图2-1所示。

素材所在位置　素材文件\项目二\任务一\logo.tif
效果所在位置　效果文件\项目二\任务一\业绩报告.docx

全叶实业有限公司业绩报告

销售部业绩统计

2022 年 2 月

项目 / 编号	员工姓名	本月业绩	收到资金	到账比例	提　成
CDSS 001	王　西	¥15,000	¥13,000	86.70%	¥1450
CDSS 002	刘　愉	¥13,500	¥11,500	85.10%	¥1355
CDSS 003	李　香	¥14,500	¥13,000	89.70%	¥1400
CDSS 004	赵　年	¥15,000	¥13,500	90.00%	¥1525
CDSS 005	刘　宇	¥16,000	¥15,000	93.80%	¥1750
CDSS 006	王　倩	¥18,000	¥13,500	75.00%	¥1525
CDSS 007	张萝宁	¥15,000	¥13,000	86.70%	¥1450

为了让大家一目了然，下面将本月业绩、到账比例和提成用图表的方式展现出来。

望大家继续努力，下一个月再创新高。

全叶实业有限公司财务处
2022-2-28

图2-1　“业绩报告”文档的效果

职业素养　　**“业绩报告”文档的制作要领**

业绩报告是常见的办公文档，要通过数据“说话”并展示业绩。数据一般不宜通过文字展示，最好通过表格和图表展示。公司不同、销售的产品不同，每个表格包含的内容也有所不同。本业绩报告主要体现每个员工的本月业绩、收到的资金、到账比例和提成等，整个表格用浅绿色作为底色，看起来清新、自然。

二、任务实施

（一）插入并编辑形状

为了使办公文档更美观，Word 2016提供了多种形状绘制工具，使用这些工具可绘制出线条、正方形、椭圆形、箭头等图形，并可对其进行编辑与美化。在形状中可以输入和编辑文本，使文本更突出，并可随意移动文本。下面通过新建"业绩报告"文档并插入形状来讲解形状的编辑方法，具体操作如下。

（1）启动Word 2016，在新建的空白文档中输入文档标题，将标题文本的格式设置为黑体、二号、加粗、居中，然后将文档名称保存为"业绩报告"。

（2）单击"插入"选项卡，在"插图"组中单击"形状"按钮，在弹出的下拉列表中选择"矩形"选项，如图2-2所示。

（3）当鼠标指针变成十形状时，将鼠标指针移动到标题文本的左下方，然后向右下方拖动鼠标指针，绘制出所需的形状，如图2-3所示。

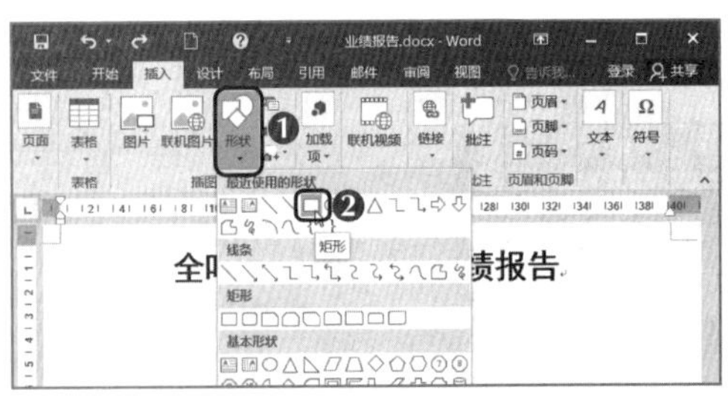

图2-2　插入矩形

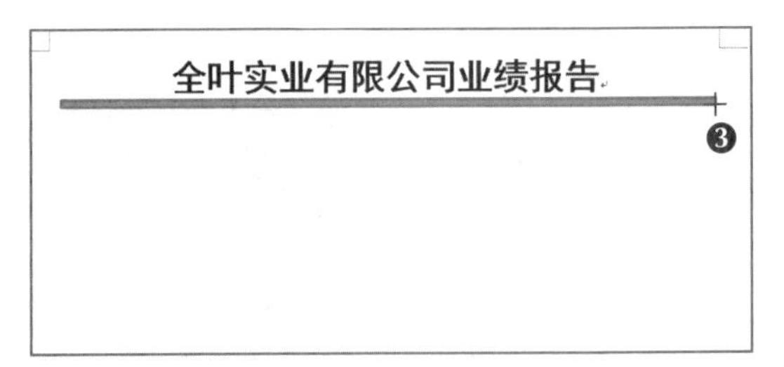

图2-3　绘制矩形

（4）绘制完成后，单击"格式"选项卡，在"大小"组的"高度"微调框中将形状高度设置为"0.1厘米"，在"形状样式"组中单击形状填充按钮，在弹出的下拉列表中选择"深蓝，文字2，深色25%"选项，如图2-4所示。

（5）在"形状样式"组中单击形状轮廓按钮，在弹出的下拉列表中选择"无轮廓"选项，取消其轮廓，如图2-5所示。

图2-4　编辑形状

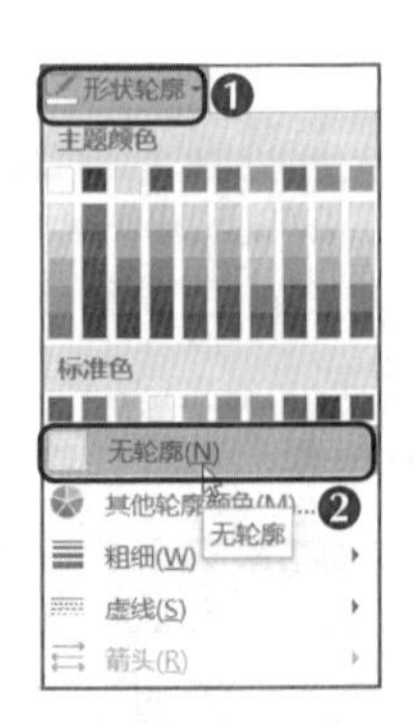

图2-5　取消轮廓

（6）使用相同的方法在矩形下方绘制矩形，然后在该矩形上单击鼠标右键，在弹出的快捷菜单中选择“添加文字”命令。

（7）输入“销售部业绩统计”文本，然后选择文本，在“字体”组中设置字号为“二号”，文本颜色为“黑色，文字1”，如图2-6所示。

（8）在“形状样式”组中单击形状填充按钮，在弹出的下拉列表中选择“无填充颜色”选项；单击形状轮廓按钮，在弹出的下拉列表中选择“无轮廓”选项，如图2-7所示。

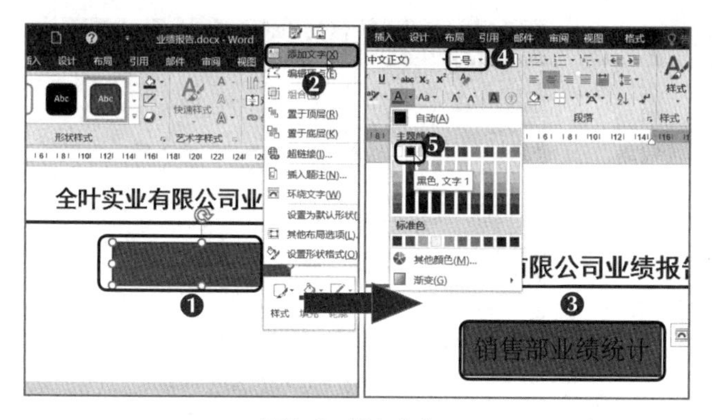

图2-6　输入文字

图2-7　取消形状的填充颜色和轮廓

（9）选择形状，按【Ctrl+C】组合键复制形状，按【Ctrl+V】组合键粘贴形状，然后将鼠标指针移到复制的形状上，当鼠标指针变为形状时，拖动鼠标将复制的形状移动到图2-8所示的位置。

（10）修改形状内的文本，将字号设置为“四号”，完成后的效果如图2-9所示。

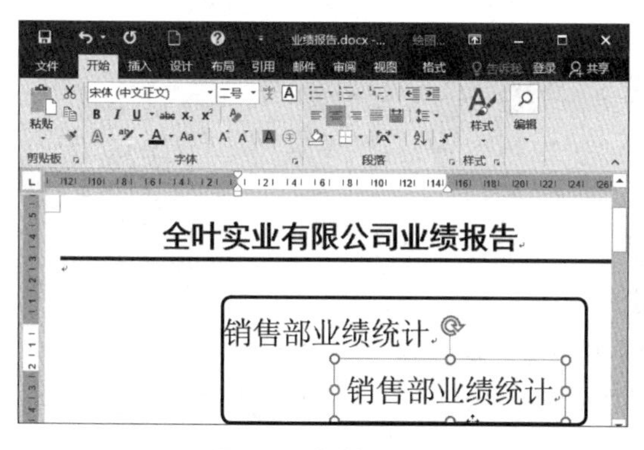

图2-8　移动复制形状

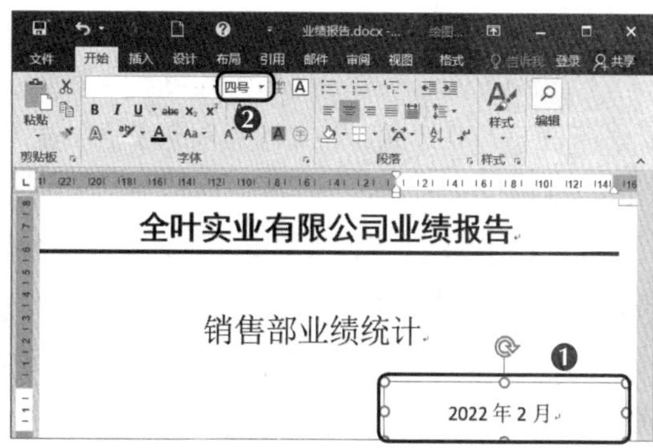

图2-9　修改形状内的文本

（二）创建表格

如果制作的Word文档除了文字内容外，还包含大量数据信息，就需要插入表格来对数据进行归类管理，使文档更加专业。在Word文档中插入表格后，输入数据信息，然后对表格进行编辑与美化，使其更加美观、合理。

1. 插入表格

在文档中创建表格前，需先明确要插入的表格有多少行、多少列，然后快速插入表格。下面在“业绩报告”文档中插入一个6列8行的表格，具体操作如下。

微课视频
插入表格

（1）将鼠标指针移到文本“2022年2月”的下方，双击以定位文本插入点。

（2）单击“插入”选项卡，选择“表格”组，单击“表格”按钮▦，在弹出的下拉列表中拖动鼠标指针以确定表格的行数和列数，当下拉列表中显示表格的列数和行数为“6×8”时，放开鼠标左键，如图2-10所示。

（3）返回文档，文本插入点处自动插入了一个6列8行的表格，如图2-11所示。

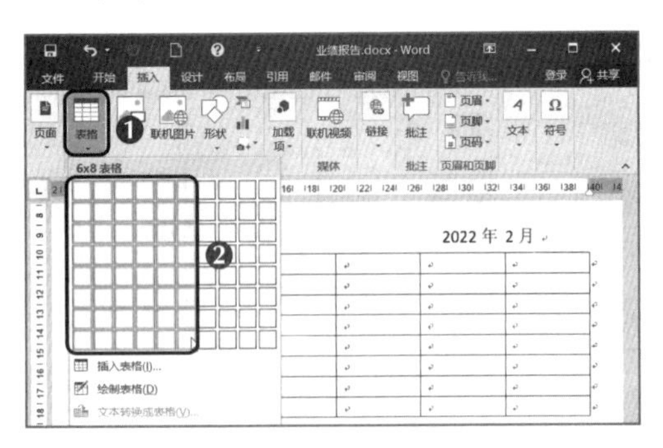

图2-10　选择插入表格的行数和列数

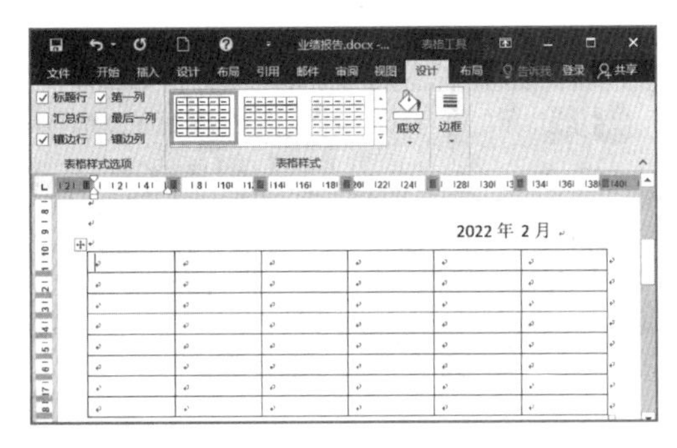

图2-11　插入的表格效果

多学一招　　**通过对话框插入表格**

单击“表格”按钮▦，在弹出的下拉列表中选择“插入表格”选项，打开“插入表格”对话框，在“行数”和“列数”微调框中输入行数和列数，也可插入对应行数与列数的表格。

2. 编辑表格

在文档中插入所需表格后，即可输入数据信息，然后对表格进行编辑与美化。下面在“业绩报告”文档插入的表格中输入数据，并对表格进行编辑与美化，具体操作如下。

（1）插入表格后，单击单元格以定位文本插入点，然后输入数据，并将单元格中数据的对齐方式设置为“居中”，效果如图2-12所示。

（2）将鼠标指针移到表格的任意一个单元格中并单击，表格左上角将显示⊞图标，单击该图标，选择整个表格；然后单击“设计”选项卡，在“表格样式”组中选择“网格表4”选项，应用该表格样式，如图2-13所示。

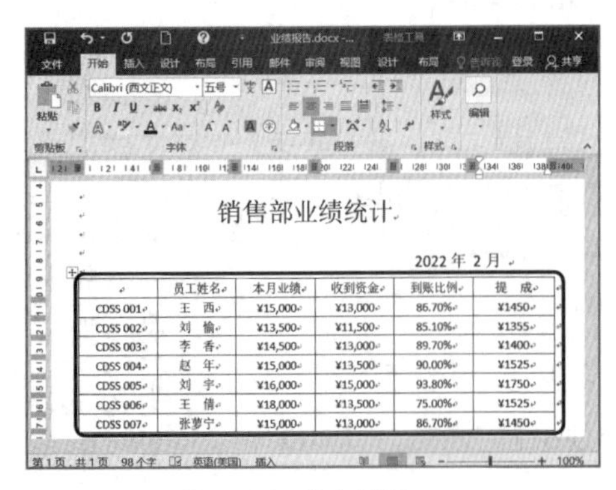

	员工姓名	本月业绩	收到资金	到账比例	提　成
CDSS 001	王　西	¥15,000	¥13,000	86.70%	¥1450
CDSS 002	刘　愉	¥13,500	¥11,500	85.10%	¥1355
CDSS 003	李　香	¥14,500	¥13,000	89.70%	¥1400
CDSS 004	赵　年	¥15,000	¥13,500	90.00%	¥1525
CDSS 005	刘　宇	¥16,000	¥15,000	93.80%	¥1750
CDSS 006	王　倩	¥18,000	¥13,500	75.00%	¥1525
CDSS 007	张梦宁	¥15,000	¥13,000	86.70%	¥1450

图2-12　输入数据

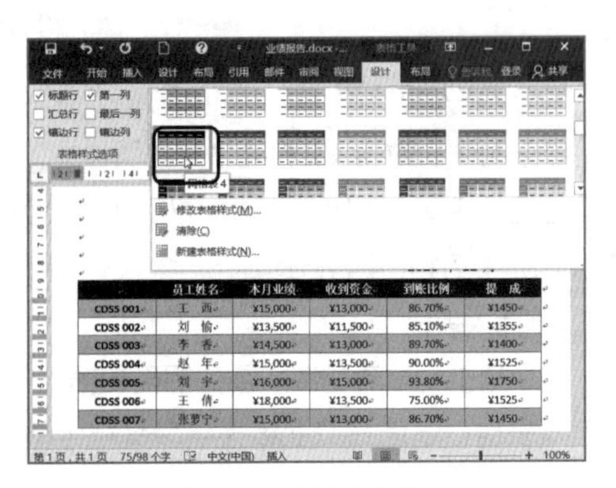

图2-13　应用表格样式

（3）将鼠标指针移到左上角的第一个单元格上，当鼠标指针变为形状时单击，选择该单元格。单击“设计”选项卡，选择“边框”组，设置“笔颜色”为白色；单击按钮，在弹出的下拉列表中选择“斜下框线”选项，在该单元格中添加斜线，如图2-14所示。

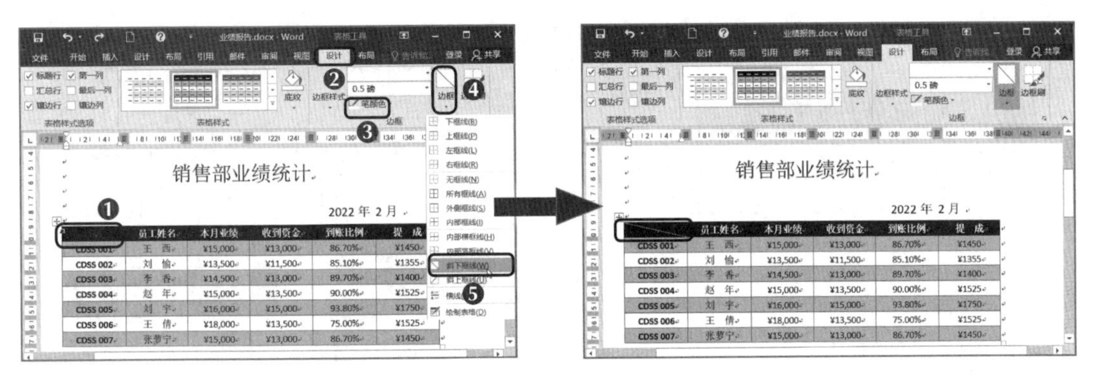

图2-14　添加表头斜线

（4）将鼠标指针移到第一行单元格下方的横线上，当鼠标指针变为形状时，向下拖动鼠标指针，增加第一行单元格的高度，如图2-15所示。

（5）将文本插入点定位到第一行的第二个单元格中，向右拖动鼠标指针选择第一行单元格中的文本。单击“布局”选项卡，选择“对齐方式”组，单击“水平居中”按钮，如图2-16所示。

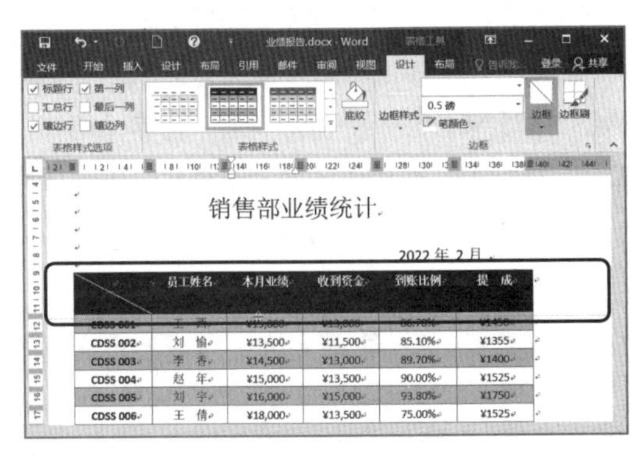

图2-15　调整行高

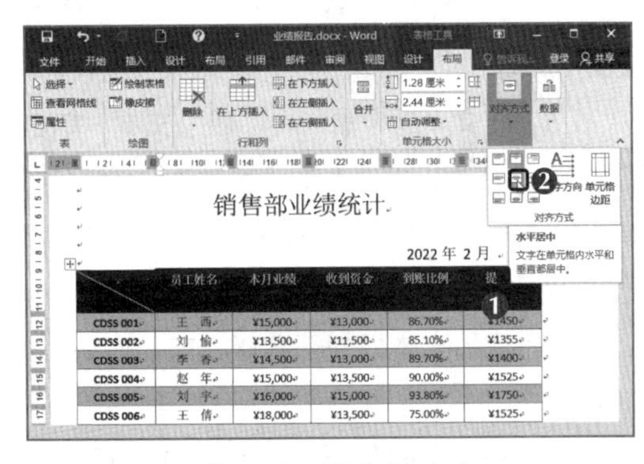

图2-16　设置对齐方式

知识提示

表格的编辑与汇总

在文档中创建表格后，其编辑与美化操作主要通过“设计”和“布局”选项卡完成，包括插入单元格、合并单元格、设置对齐方式，以及调整行高和列宽等，具体操作方法与Excel中的操作方法相同。

（三）使用文本框

文本框在Word文档中是一种特殊的版式，它可以置于页面中的任何位置。在文本框中输入文本，不会影响文本框外的其他对象。下面在“业绩报告”文档中插入并编辑文本框，具体操作如下。

（1）单击“插入”选项卡，选择“文本”组，单击“文本框”按钮，在弹出的下拉列表中选择“绘制文本框”选项，如图2-17所示。

（2）将鼠标指针移到需要绘制文本框的位置，当鼠标指针变为十形状时，拖动鼠标指针以绘制文本框，如图2-18所示。

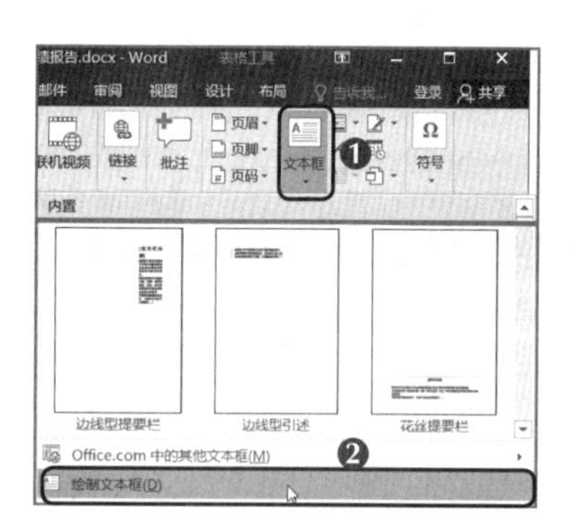

图2-17　选择“绘制文本框”选项

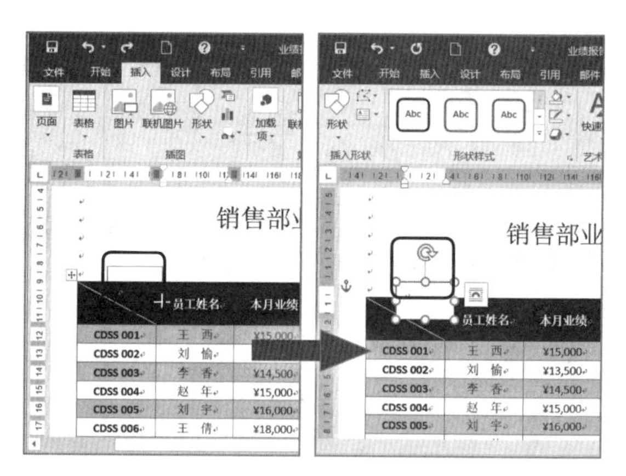

图2-18　绘制文本框

多学一招　　**插入 Word 2016 内置的文本框**

单击“插入”选项卡，选择“文本”组，单击“文本框”按钮，在弹出的下拉列表中可选择 Word 2016 中预设好样式的文本框。选择“绘制竖排文本框”选项可绘制竖排文本框，其中的文字呈竖排显示。

（3）在文本框中输入“项目”文本，单击“开始”选项卡，选择“字体”组，将字体格式设置为白色、加粗。单击文本框的边框可选择该文本框，在“格式”选项卡的“形状样式”组中单击“形状填充”按钮，在弹出的下拉列表中选择“无填充颜色”选项；单击“形状轮廓”按钮，在弹出的下拉列表中选择“无轮廓”选项，如图2-19所示。

（4）保持文本框处于选择状态，拖动鼠标将文本框移动到第一个单元格中斜线上方合适的位置。

（5）使用相同的方法绘制一个文本框，在其中输入“编号”文本，编辑文本框的样式，并将其拖动到合适的位置，效果如图2-20所示。

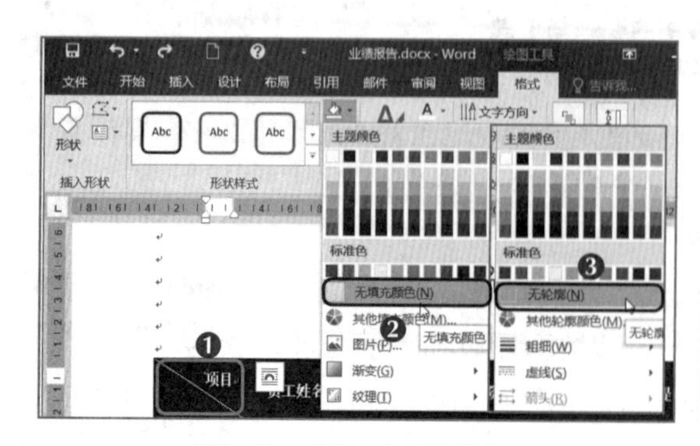

图2-19　编辑文本框的样式

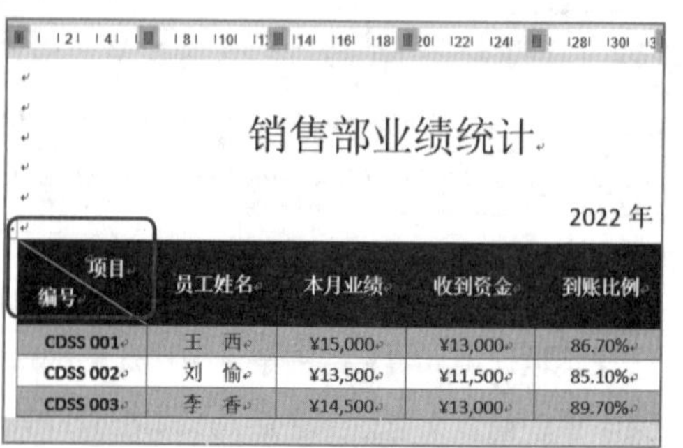

图2-20　绘制文本框并输入文本

（四）创建图表

在文档中，数据信息除了可以通过表格展示外，还可通过图表展示，使数据一目了然，方便用户更加直观地观察数据的变化趋势。下面在“业绩报告”文档中创建一个图表来展示业绩数据，具体操作如下。

（1）在表格下方输入第2段文本，然后单击“插入”选项卡，在“插图”组中单击“图表”按钮，打开“插入图表”对话框，选择“条形图”选项，在右侧的列表框中选择“簇状条形图”选项，单击确定按钮，如图2-21所示。

（2）系统将自动打开Excel表格，在该表格中输入图2-22所示的数据，关闭Excel表格即可得到需要的图表。

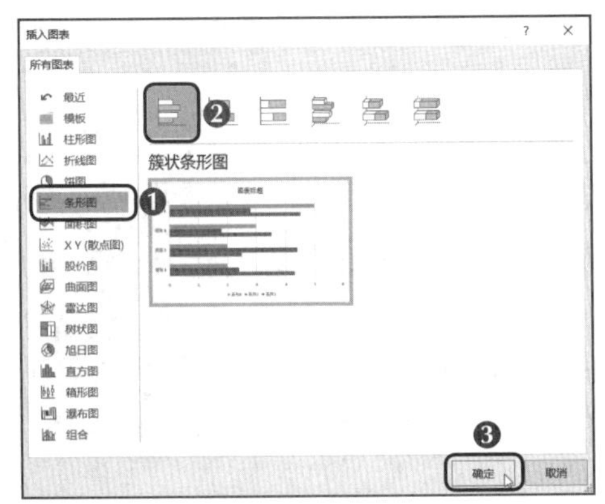

图2-21　选择图表类型

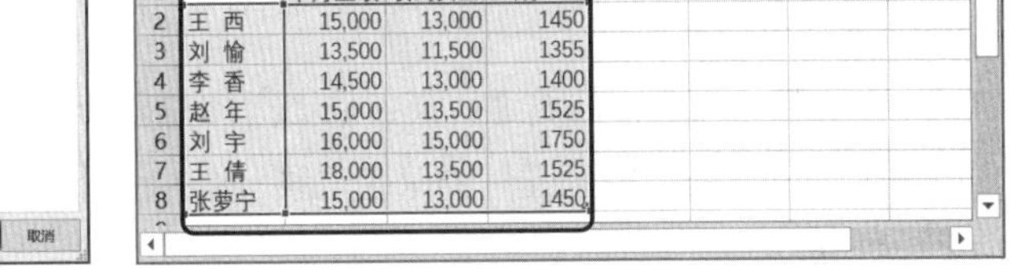

	A	B	C	D	E	F	G	H
1		本月业绩	收到资金	提成				
2	王 西	15,000	13,000	1450				
3	刘 愉	13,500	11,500	1355				
4	李 香	14,500	13,000	1400				
5	赵 年	15,000	13,500	1525				
6	刘 宇	16,000	15,000	1750				
7	王 倩	18,000	13,500	1525				
8	张萝宁	15,000	13,000	1450				

图2-22　输入数据

（3）保持图表处于选择状态，单击“设计”选项卡，在“图表样式”组中选择“样式7”选项，如图2-23所示。

（4）选择“图表布局”组，单击“快速布局”按钮，在弹出的下拉列表中选择“布局10”选项，对图表布局进行设置，如图2-24所示。

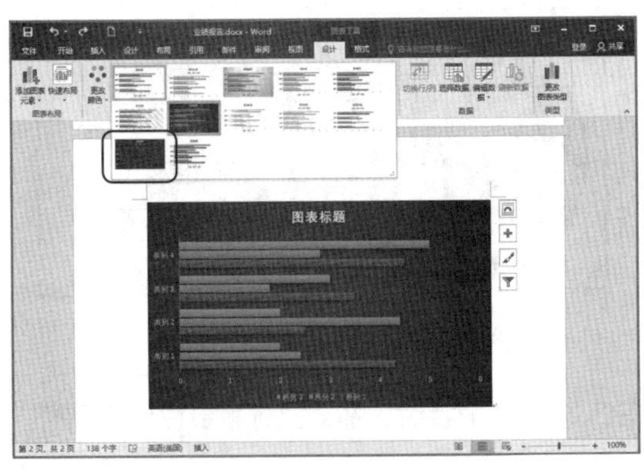

图2-23　应用图表样式

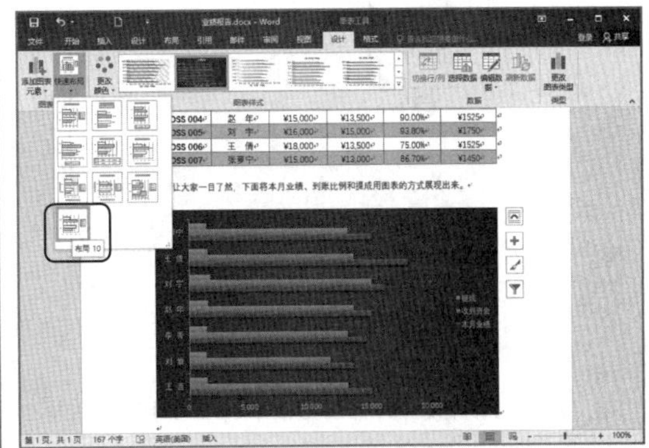

图2-24　设置图表布局

（5）单击蓝色的形状条，选择“本月业绩”系列形状，单击鼠标右键，在弹出的快捷菜单中选择“添加数据标签”命令，图表中会显示出“本月业绩”的数据信息，完成后的效果如图2-25

所示。

（6）在图表下方继续输入其他文本和部门落款、日期等。

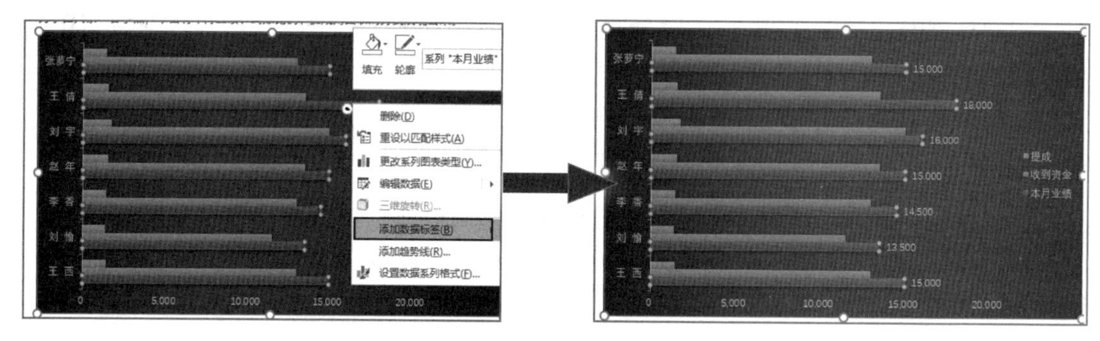

图2-25　显示数据信息

（五）插入并编辑图片

在文档中插入相应的图片，可以使展示的内容更具有说服力且更加直观。下面在“业绩报告”文档中插入公司的Logo，制作出更完善、专业的文档，具体操作如下。

（1）单击“插入”选项卡，在“插图”组中单击“图片”按钮，打开“插入图片”对话框，找到图片的保存位置，选择图片，单击插入(S)按钮，如图2-26所示。

（2）此时图片被插入文档，单击鼠标右键，在弹出的快捷菜单中选择“环绕文字”命令，在弹出的子菜单中选择“浮于文字上方”命令，将图片的显示方式设置为“浮于文字上方”，如图2-27所示。

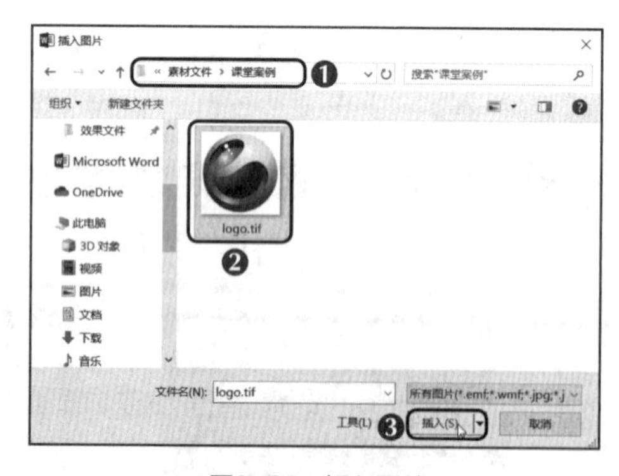

图2-26　插入图片

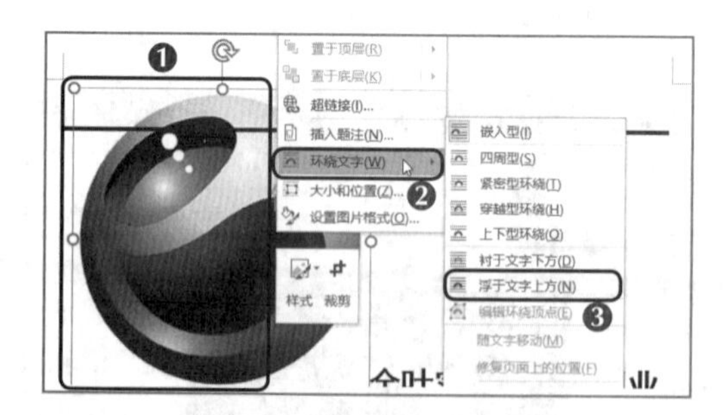

图2-27　更改图片的显示方式

（3）将鼠标指针移到图片的右下角，当鼠标指针变为形状时，拖动鼠标指针以缩小图片。拖动时，鼠标指针将变为十形状，如图2-28所示。

（4）将鼠标指针移到图片上，当鼠标指针变为形状时，拖动鼠标指针以移动图片，如图2-29所示。

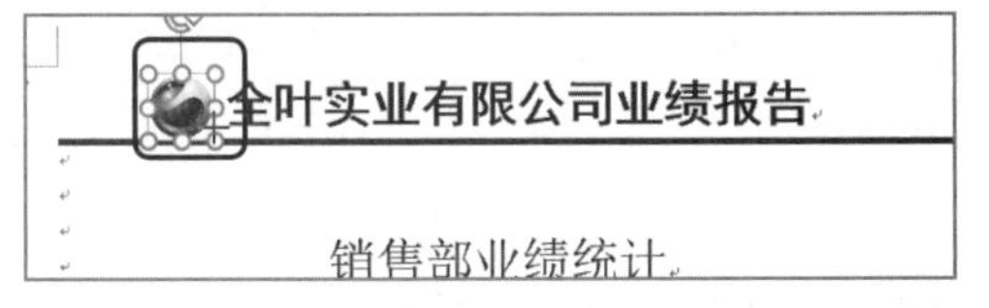

图2-28　调整图片大小

图2-29　移动图片位置

任务二　编排“员工手册”文档

一、任务描述

员工手册是企业内部的人事制度管理规范，其内容包括公司制度、公司编写员工手册的目的等。编排“员工手册”文档是行政人员的日常工作，老洪要求米拉对公司的“员工手册”文档进行编辑和排版，通过设置样式、添加目录、设置页眉和页脚等操作美化文档。米拉经过仔细研究和编排后终于完成文档的编排与美化，效果如图2-30所示。

素材所在位置　素材文件\项目二\任务二\员工手册.docx

效果所在位置　效果文件\项目二\任务二\员工手册.docx

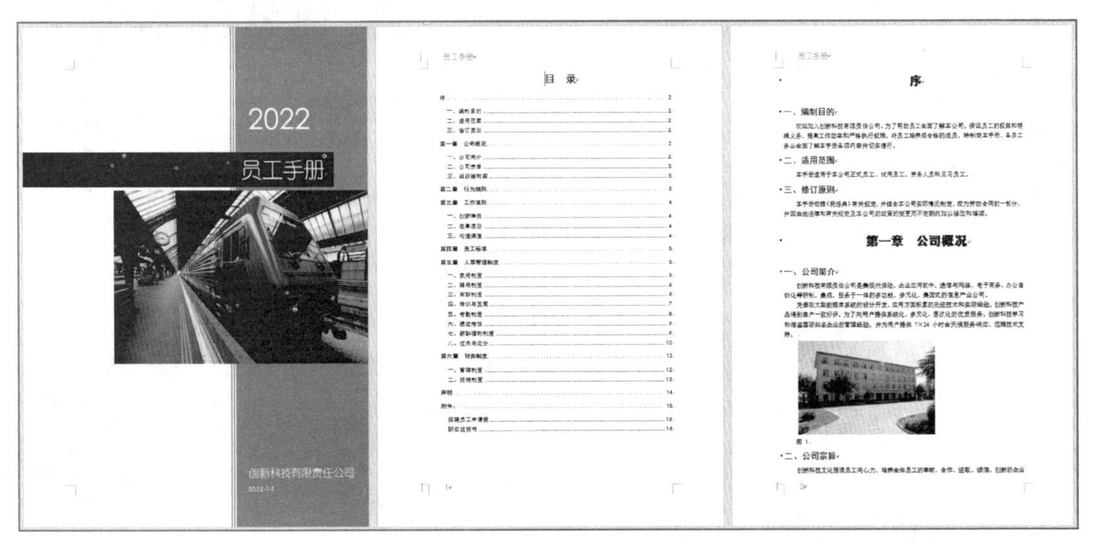

图2-30　“员工手册”文档的效果

职业素养　**认识员工手册**

员工手册是员工的行动指南。员工手册承载着树立企业形象、传播企业文化的功能。不同公司的员工手册的内容有所不同，但总体说来，它们大多包含前言、公司简介、培训开发制度、任职聘用制度、考核晋升制度、员工薪酬制度、员工福利制度、工作时间和行政管理制度等内容。

二、任务实施

（一）插入封面

在编排员工手册、报告和论文等长文档时，在文档的首页设置封面非常有必要。此时除了可以自行制作封面外，还可利用Word 2016提供的封面库快速插入精美的封面。下面在“员工手册”文档中插入“运动型”封面，具体操作如下。

（1）打开素材文档“员工手册”，单击“插入”选项卡，在“页面”组中单击“封面”按钮，在弹出的下拉列表中选择“运动型”选项，如图2-31所示。

（2）在文档的第一页插入封面，然后输入文档标题、公司名称，以及日期信息等。

（3）删除“作者”模块，然后选择公司名称模块中的内容，在“开始”选项卡的“字体”组中设置字号为“小二”，如图2-32所示。

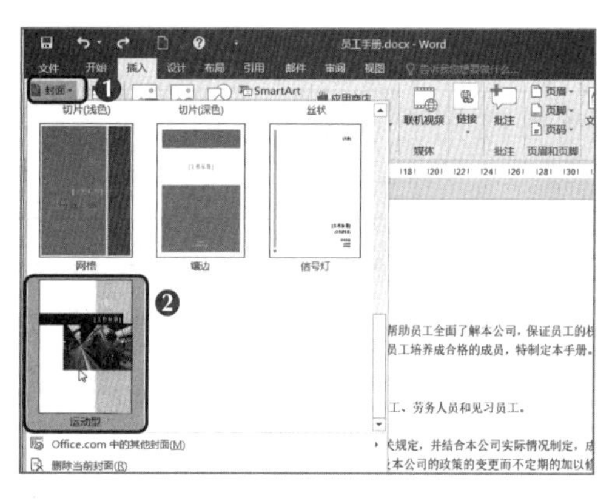

图2-31　插入封面

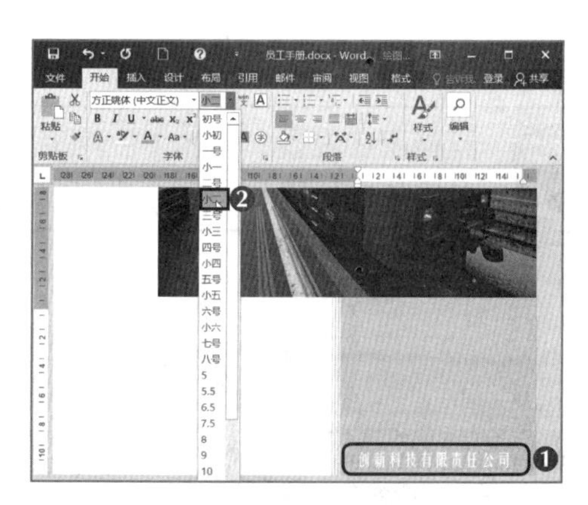

图2-32　修改封面

> **知识提示**　　**快速删除封面**
>
> 若对文档中插入的封面效果不满意或需要删除当前封面，可在“插入”选项卡的“页面”组中单击“封面”按钮，在弹出的下拉列表中选择“删除当前封面”选项。

（二）应用主题与样式

Word 2016提供了封面库、主题库和样式库，它们包含了预先设计好的各种封面、主题和样式，使用起来非常方便。

1. 应用主题

当需要让文档中的颜色、字体、格式等效果保持某一主题标准时，可将所需的主题应用于整个文档。下面在“员工手册”文档中应用“切片”主题，具体操作如下。

（1）单击“设计”选项卡，在“文档格式”组中单击“主题”按钮，在弹出的下拉列表中选择“切片”选项，如图2-33所示。

（2）返回文档，文档的封面和组织结构图的整体效果发生了变化，如图2-34所示。

多学一招 **应用了主题但无法改变字体等格式的原因**

由于本文档中的文字全部都是正文，没有设置其他格式或样式，所以无法通过应用主题的方式快速改变整个文档的字体。在后面讲解样式的使用后，便可通过应用主题快速改变设置了样式的文档字体。

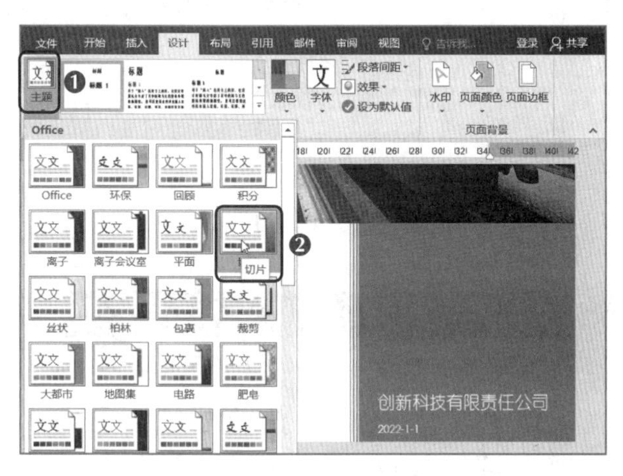

图2-33　选择主题

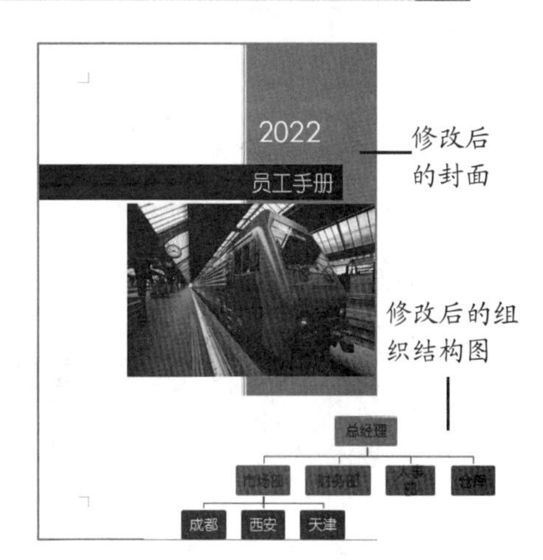

图2-34　发生变化的文档

多学一招 **修改主题效果**

在“文档格式”组中单击“颜色”按钮、“字体”按钮文、“效果”按钮，在弹出的下拉列表中选择所需的选项，可分别更改当前主题的颜色、字体和效果。

2. 应用并修改样式

样式即文本字体格式和段落格式等特性的组合。在排版时应用样式可以提高工作效率，且不必反复设置相同的文本格式，只需设置一次样式，即可将其应用到其他格式相同的所有文本中。下面在“员工手册”文档中应用“标题1”样式、“标题2”样式，然后修改“标题2”的样式，具体操作如下。

（1）选择正文第一行的“序”文本，或将文本插入点定位到该行，在“开始”选项卡的“样式”组的列表框右下方单击按钮，在弹出的下拉列表中选择“标题1”选项，如图2-35所示。

（2）用相同的方法在文档中为每一章的标题、“声明”文本、“附件：”文本应用“标题1”样式，效果如图2-36所示。

（3）使用相同的方法，为标题1下的子标题，如“一、编制目的”“二、报销制度”等标题应用“标题2”样式，如图2-37所示。

（4）将文本插入点定位到任意一个应用了“标题2”样式的标题中，系统会自动选择“样式”组列表框中的“标题2”选项，在“标题2”选项上单击鼠标右键，在弹出的快捷菜单中选择“修改”命令，如图2-38所示。

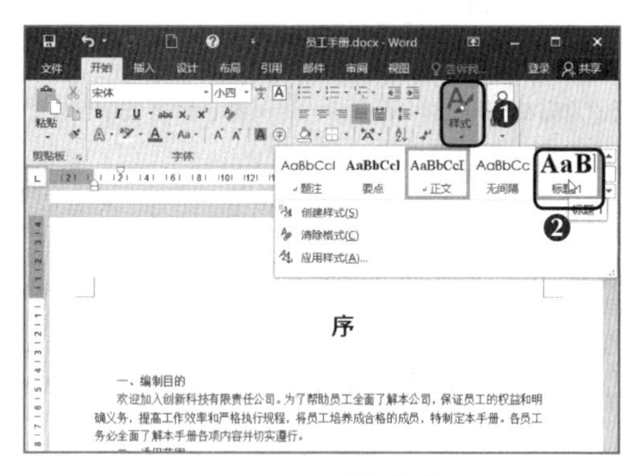

图2-35　选择样式

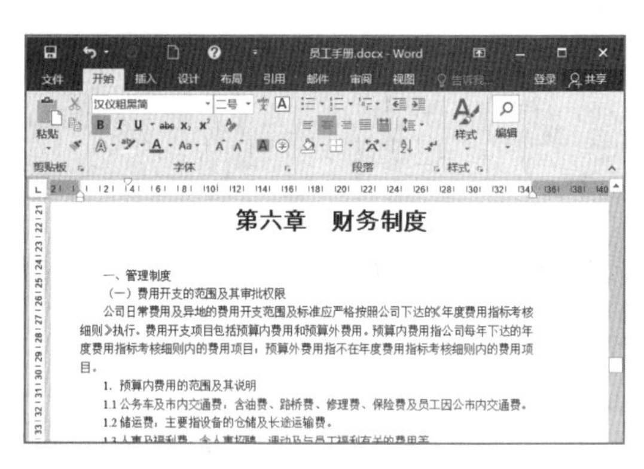

图2-36　应用样式后的效果

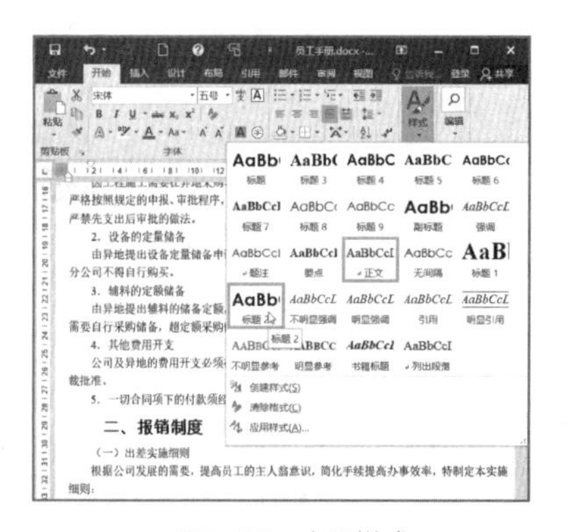

图2-37　应用样式

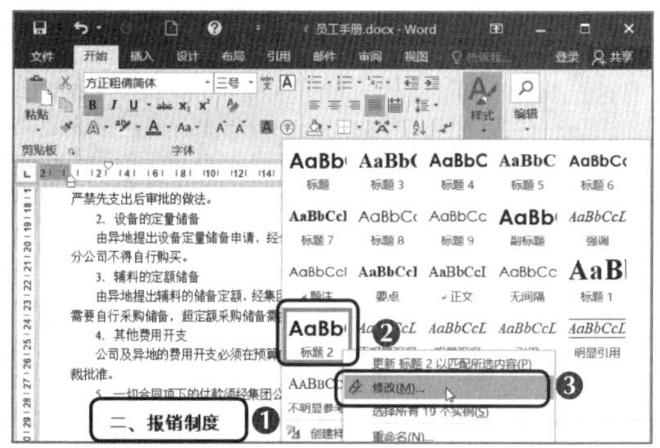

图2-38　选择“修改”命令

多学一招　　**新建样式**

如果在“样式”组的列表框中没有找到合适的样式，则可以单击列表框右下方的按钮，在弹出的下拉列表中选择“创建样式”选项；在打开的“根据格式设置创建新样式”对话框的“名称”文本框中输入样式名称，单击 修改(M)... 按钮，在打开的对话框中设置样式的参数。其中需要特别注意的是，在“样式基准”下拉列表中选择“标题”选项，可将该样式定义为标题样式。

（5）打开“修改样式”对话框，在“格式”选项组中设置字体为“黑体”，字号为“小三”，取消加粗效果；在左下方单击 格式(O) 按钮，在弹出的下拉列表中选择“段落”选项，如图2-39所示。

（6）打开“段落”对话框，在“缩进”选项组的“特殊格式”下拉列表中选择“（无）”选项，单击 确定 按钮，如图2-40所示。

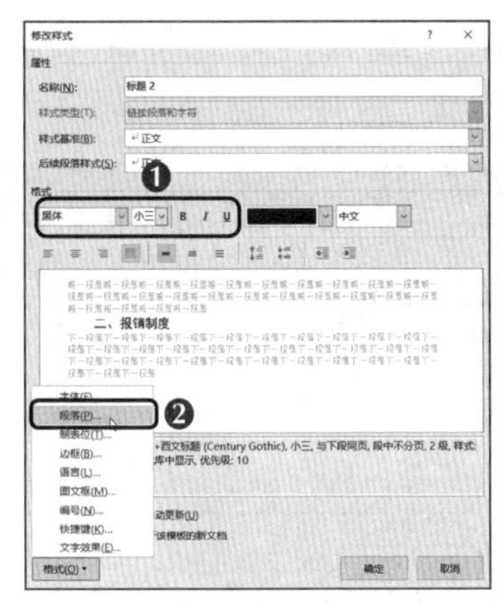

图2-39 设置字体

图2-40 设置段落的缩进

（7）返回“修改样式”对话框，选中☑自动更新(U)复选框，单击确定按钮，返回文档，可看到文档中应用了相同样式的文本已发生变化，如图2-41所示。

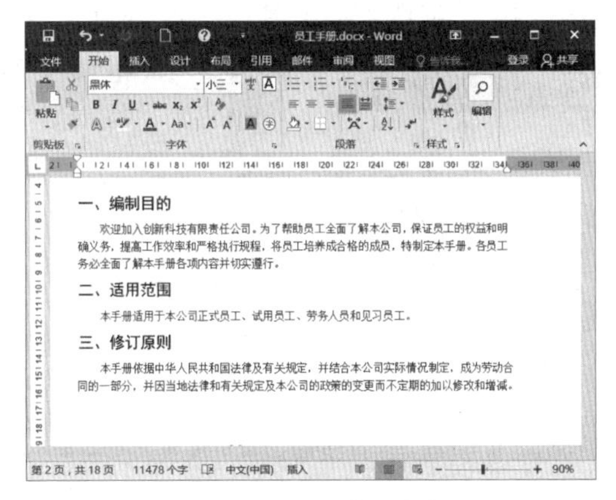

图2-41 修改样式后的效果

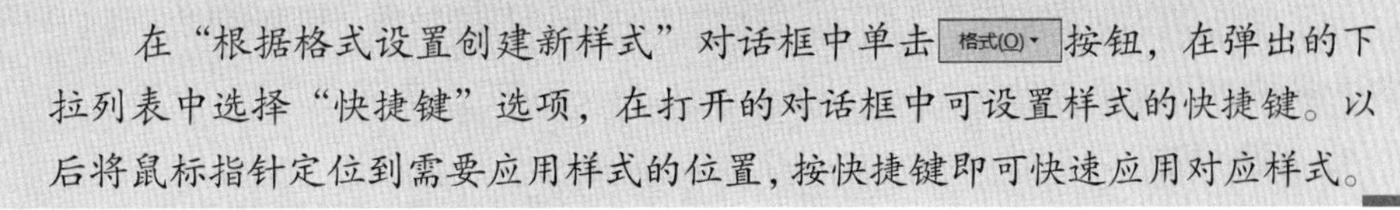

知识提示 快捷键的使用

在“根据格式设置创建新样式”对话框中单击格式(O)按钮，在弹出的下拉列表中选择“快捷键”选项，在打开的对话框中可设置样式的快捷键。以后将鼠标指针定位到需要应用样式的位置，按快捷键即可快速应用对应样式。

（三）用大纲视图查看并编辑文档

大纲视图就是对文档的标题进行缩进，以不同的级别展示标题在文档中的结构的视图。当一篇文档过长时，可使用Word 2016提供的大纲视图来组织并管理长文档。下面在“员工手册”文档中使用大纲视图查看并编辑文档，具体操作如下。

（1）单击“视图”选项卡，在“视图”组中单击大纲视图按钮，如图2-42所示。

（2）选择文档中的表格标题文本“招聘员工申请表”和“职位说明书”，

单击“大纲”选项卡，在“大纲工具”组的“正文文本”下拉列表中选择“2级”选项，为选择的文本应用对应的样式，如图2-43所示。

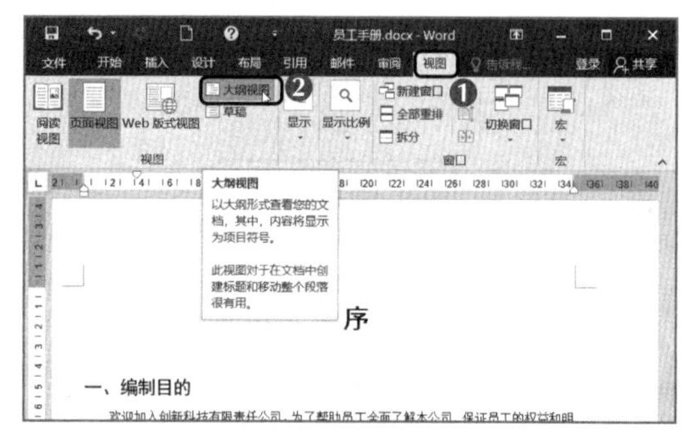

图2-42　进入大纲视图

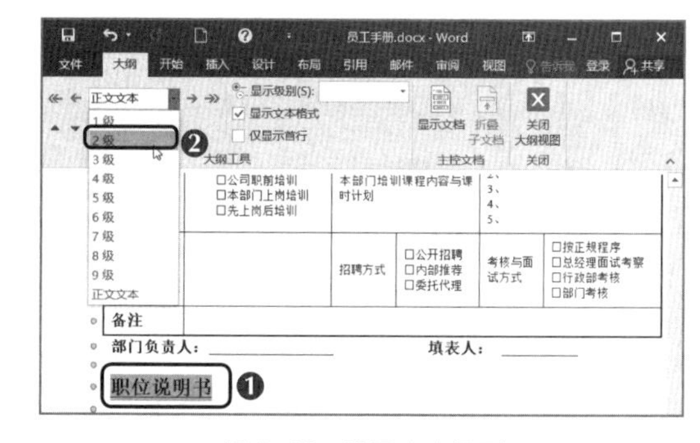

图2-43　设置文本级别

（3）单击“大纲”选项卡，在“大纲工具”组的“显示级别”下拉列表中选择“2级”选项，显示文档级别，如图2-44所示。

（4）单击“大纲”选项卡，在“关闭”组中单击“关闭大纲视图”按钮，如图2-45所示。

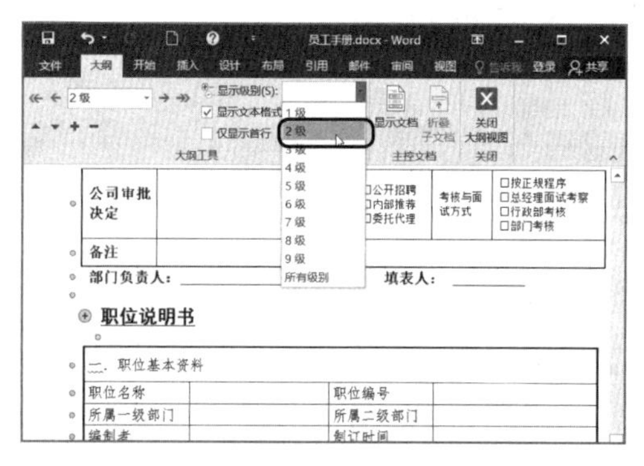

图2-44　显示文档级别

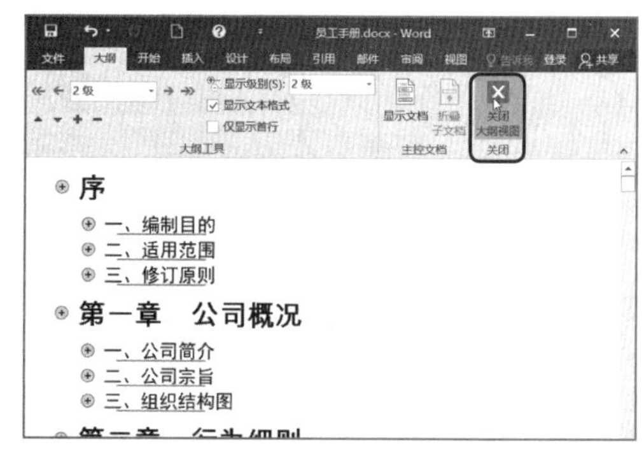

图2-45　关闭大纲视图

（四）使用题注和交叉引用

为了使长文档中的内容更有层次，以便对其进行更好的管理，可利用Word 2016提供的题注功能为多种对象编号，而且可以在不同的地方引用文档中的相同内容。

1. 插入题注

Word 2016提供的题注功能可用于为文档中的图形、公式、表格等对象统一编号。下面在“员工手册”文档中为办公楼图和组织结构图添加题注，具体操作如下。

（1）将文本插入点定位到办公楼图的后面，按【Enter】键换行，单击“引用”选项卡，在“题注”组中单击“插入题注”按钮。

（2）在打开的“题注”对话框的“标签”下拉列表中选择最能恰当地描述该对象的标签，如图表、表格、公式，这里没有适合的标签，单击新建标签(N)...按钮。

（3）打开“新建标签”对话框，在“标签”文本框中输入“图”，然后单击确定按钮，如图2-46所示。

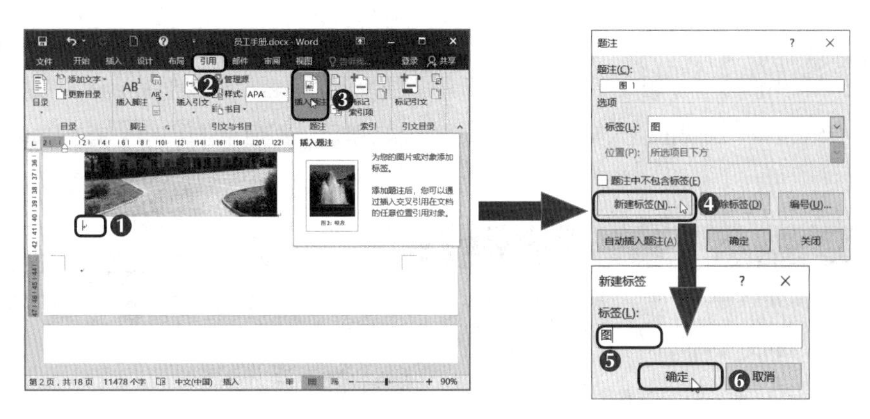

图2-46　新建标签

（4）返回“题注”对话框，在“题注”文本框中输入要显示在标签后的任意文本，这里保持默认设置，然后单击确定按钮插入题注，效果如图2-47所示。

（5）使用相同的方法，在组织结构图下方定位文本插入点，打开“题注”对话框，此时“题注”文本框将根据上一次编号的内容自动向后编号，如图2-48所示。

图2-47　为办公楼图编号

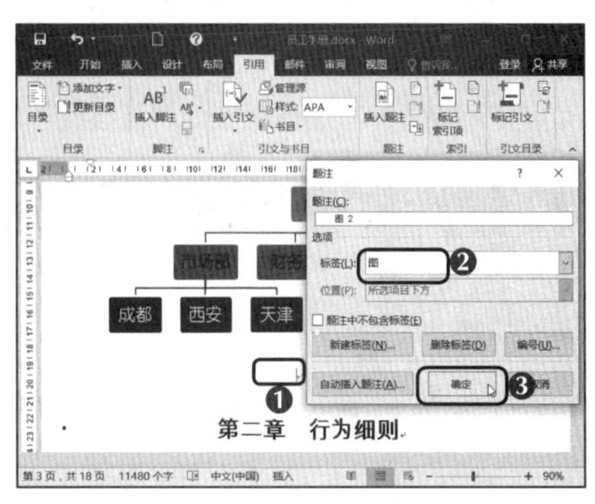

图2-48　为组织结构图编号

知识提示　　**自动插入题注的方法**

在“题注”对话框中单击自动插入题注(A)...按钮，打开“自动插入题注”对话框，在“插入时添加题注”列表框中选中需添加的题注项目对应的复选框，并设置位置和编号等，然后选择其他所需选项，单击确定按钮，即可自动插入题注。

2. 使用交叉引用

交叉引用可以对文档其他位置的内容进行引用。下面在“员工手册”文档中创建交叉引用，具体操作如下。

（1）在文档“第五章”中的“《招聘员工申请表》”和“《职位说明书》”文本后输入“（请参阅）”文本，然后将文本插入点定位到第一处“请参阅”文本后，单击“引用”选项卡，在“题注”组中单击“插入交叉引用”按钮。

（2）在打开的“交叉引用”对话框的“引用类型”下拉列表中选择“标题”选项，在“引用内容”下拉列表中选择“标题文字”选项，在“引用哪一个标题”列表框中选择“招聘员工申请表”选项，单击 插入(I) 按钮插入交叉引用，如图2-49所示，然后单击 关闭 按钮关闭“交叉引用”对话框。

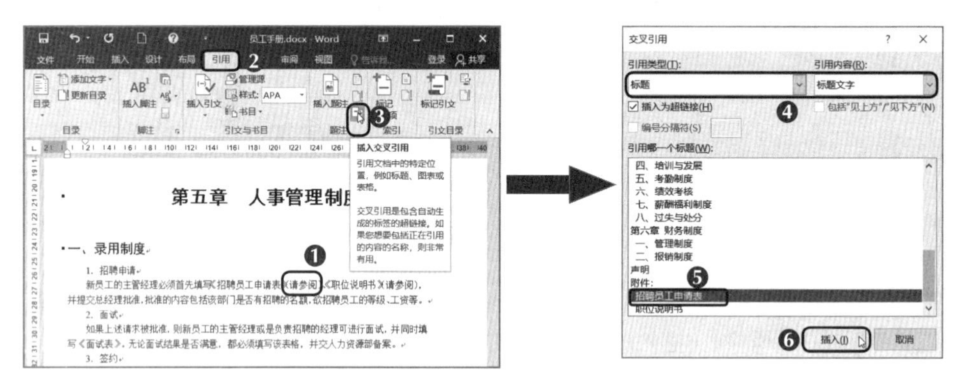

图2-49　设置交叉引用的内容

（3）将鼠标指针移到创建的交叉引用上，将显示“按住Ctrl并单击可访问链接”，即按住【Ctrl】键，在文档中单击该链接可快速切换到对应的页面，如图2-50所示。

（4）使用相同的方法在第二处“请参阅”后插入交叉引用，以便快速跳转到对应的页面。

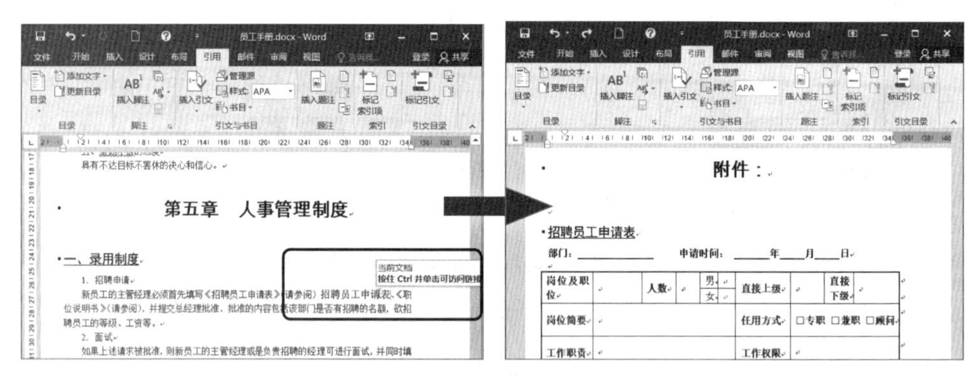

图2-50　交叉引用的效果

多学一招　　**插入交叉引用的另一种方法**

单击“插入”选项卡，在“链接”组中单击“插入交叉引用”按钮，打开“交叉引用”对话框，在其中选择需引用的类型及内容等，也可实现交叉引用的插入。

（五）设置脚注和尾注

脚注和尾注均可对文本进行补充说明。脚注一般位于页面的底部，可以作为文档中某处内容的注释；尾注一般位于文档的末尾，用于列出引文的出处等。下面在“员工手册”文档中设置脚注和尾注，具体操作如下。

（1）将文本插入点定位到需设置脚注的文本后，这里定位到第三章的电子邮箱后，在“引用”选项卡的“脚注”组中单击“插入脚注”按钮AB¹。

（2）此时系统会自动将文本插入点定位到该页的左下角，在此输入相应的内容即可插入脚注，如图2-51所示。完成后单击文档的任意位置，退出脚注编辑状态。

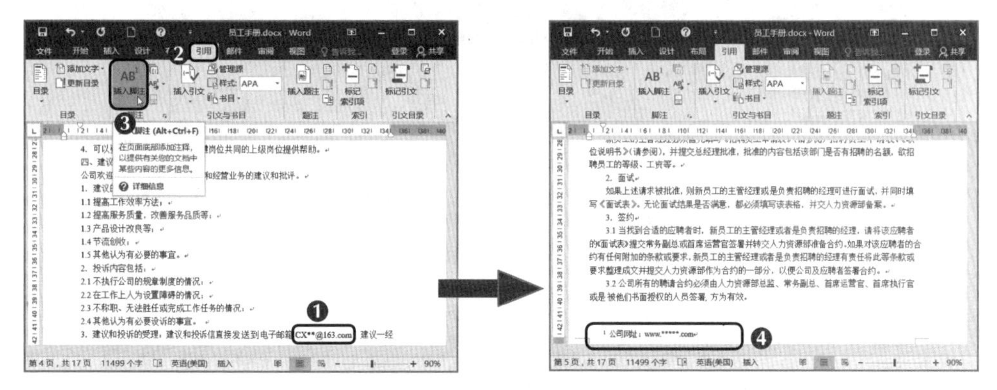

图2-51　插入脚注

（3）将文本插入点定位到文档中的任意位置，在“引用”选项卡的“脚注”组中单击“插入尾注”按钮。

（4）此时系统会自动将文本插入点定位到文档最后一页的左下角，在此输入公司地址和电话等内容即可插入尾注，如图2-52所示。完成后单击文档的任意位置，退出尾注编辑状态。

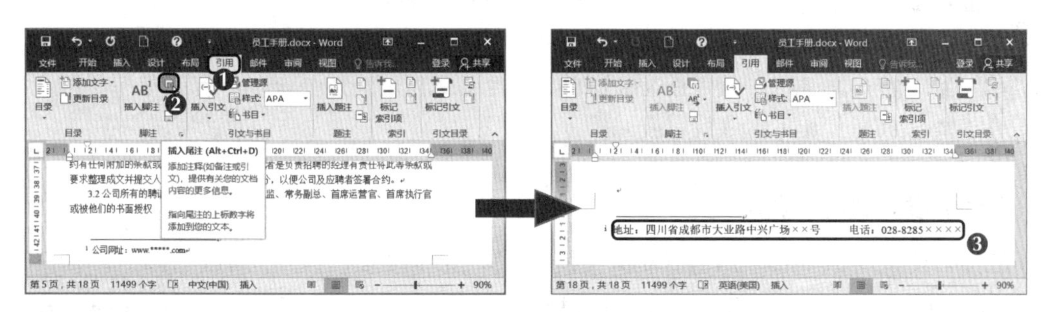

图2-52　插入尾注

知识提示　**详细设置脚注和尾注**

在“引用”选项卡的“脚注”组中单击右下角的对话框扩展按钮，打开“脚注和尾注”对话框，在其中可对脚注和尾注进行详细设置，如设置编号格式、自定义脚注和尾注的引用标记等。

（六）插入分页符与分节符

在默认情况下，输入完一页文本后，Word文档将自动分页；但在一些特殊情况下，需要在指定位置分页或分节，这就需插入分页符或分节符。分页符的插入方法与分节符的插入方法相同，下面在“员工手册”文档中插入分页符，将“序”及对应的文本单独放于一页，具体操作如下。

微课视频

插入分页符与分节符

（1）在文档中将文本插入点定位到需要插入分页符的位置，这里定位到“第一章”文本的上一段的末尾，在“插入”选项卡的“页面”组中单击“分页”按钮，如图2-53所示。

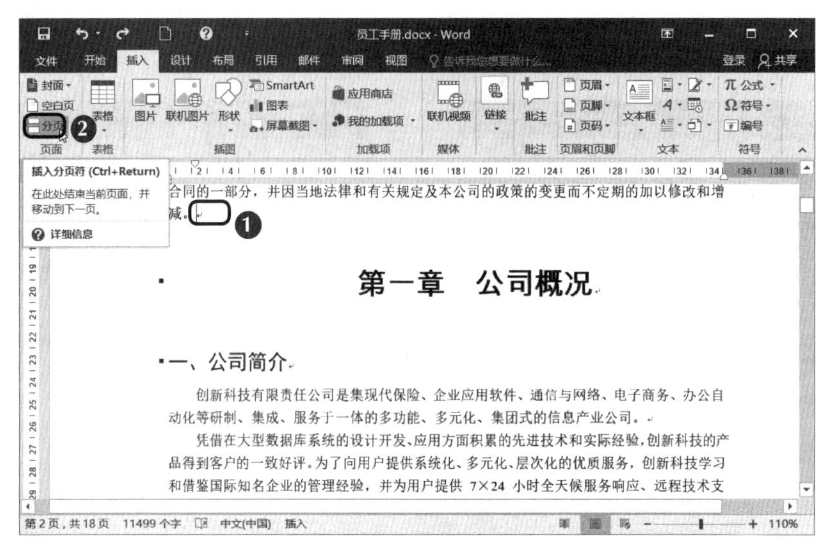

图 2-53　插入分页符

（2）返回文档可看到插入分页符后，正文内容自动跳到下一页显示。

知识提示　　**删除分页符或分节符**

要删除插入的分页符或分节符，可将文本插入点定位于上一页或上一节的末尾处，按【Delete】键；或将文本插入点定位于下一页或下一节的开始处，按【BackSpace】键。

（七）设置页眉与页脚

在一些较长的文档中，为了便于他人阅读，使文档传达更多的信息，可以添加页眉和页脚。设置页眉和页脚可快速在文档每个页面的顶部和底部区域添加固定的内容，如页码、公司Logo、文档名称、日期、作者名等。下面在“员工手册”文档中插入页眉与页脚，具体操作如下。

（1）单击“插入”选项卡，在“页眉和页脚”组中单击页眉按钮，在弹出的下拉列表中选择“边线型”选项，如图2-54所示。

（2）此时文本插入点会自动定位到页眉区域，且系统会自动输入文档标题。然后在“设计”选项卡的“页眉和页脚”组中单击页脚按钮，在弹出的下拉列表中选择“边线型”选项，如图2-55所示。

（3）此时文本插入点会自动定位到页脚区域，且可看见系统已经自动插入了页码。在“设计”选项卡中单击“关闭页眉和页脚”按钮，退出页眉和页脚编辑状态。返回文档可看到设置页眉和页脚后的效果，如图2-56所示。

图2-54 选择页眉样式

图2-55 选择页脚样式

员工手册 —— 页眉

2 —— 页脚

图2-56 设置页眉和页脚后的效果

知识提示 **自定义设置页眉和页脚**

双击页眉和页脚区域，可快速进入页眉和页脚编辑状态，在该状态下，可通过输入文本、插入形状、插入图片等方式来设置页眉、页脚的效果。如果需要为奇数页与偶数页设置不同的页眉和页脚效果，则可单击“页眉和页脚工具”的“设计”选项卡，选中☑奇偶页不同复选框，然后在奇数页和偶数页中分别设置需要的效果。

（八）添加目录

目录是一种常见的文档索引方式，一般包含标题和页码两个部分。通过目录，用户可快速知晓当前文档的主要内容，以及需要查询的内容的页码。

Word 2016提供了添加目录的功能，无须手动输入标题内容和页码，只需要为标题设置相应的样式，然后通过查找样式来添加内容及页码即可。因此，添加目录的前提是为标题设置相应的样式。下面在“员工手册”文档中添加目录，具体操作如下。

（1）将文本插入点定位到“序”文本前，单击“引用”选项卡，在“目录”组中单击“目录”按钮，在弹出的下拉列表中选择“自定义目录”选项，如图2-57所示。

（2）打开“目录”对话框，在“常规”选项组的“格式”下拉列表中选择“正式”选项，在“显示级别”微调框中输入“2”，单击 确定 按钮，如图2-58所示。

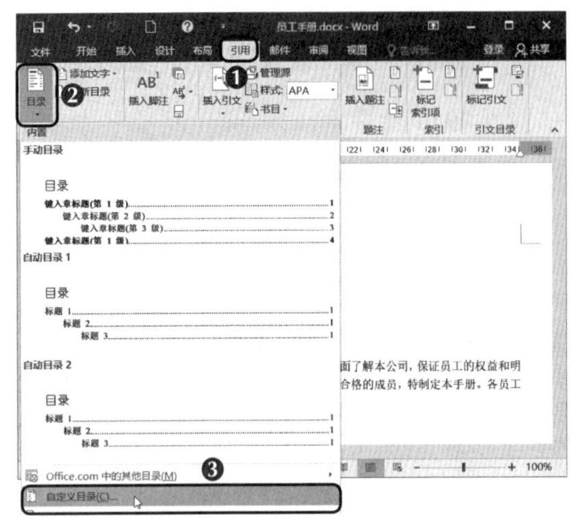

图2-57　选择“自定义目录”选项

图2-58　设置目录格式

（3）返回文档，可看到插入目录后的效果。在目录的第一行文本前添加一个空行，然后输入“目录”二字，设置其字体为“黑体”，字号为“小二”，对齐方式为“居中”，效果如图2-59所示。

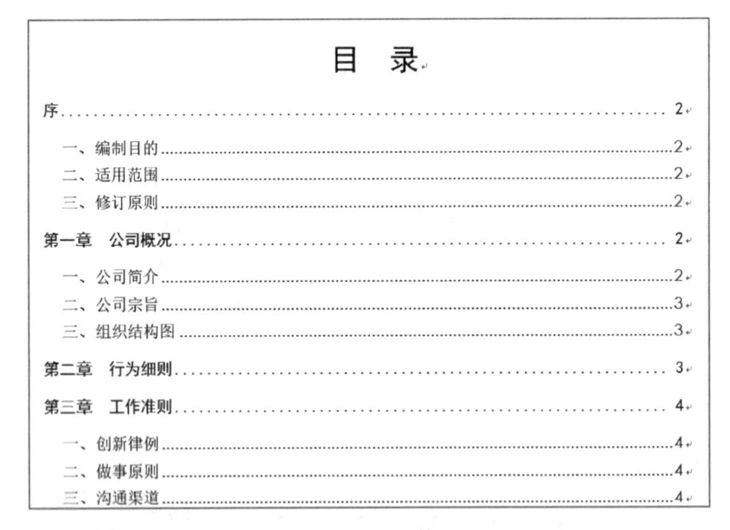
目　录

序 2
一、编制目的 2
二、适用范围 2
三、修订原则 2
第一章　公司概况 2
一、公司简介 2
二、公司宗旨 3
三、组织结构图 3
第二章　行为细则 3
第三章　工作准则 4
一、创新律例 4
二、做事原则 4
三、沟通渠道 4

图2-59　目录效果

任务三　审校“就职演讲”文档

一、任务描述

老洪让米拉在月度会议上发表自己的就职心得，于是米拉制作了一个“就职演讲”文档，制作完成后，米拉将该文档打印出来交给老洪审校。老洪却告诉米拉，在计算机上就可以完成文档的审校工作，如快速浏览和定位文档、检查拼写和语法、添加批注及修订文档内容等，而且软件与人工相比，出错的概率小很多。老洪一边说着，一边教米拉如何审校文档。文档审校完成后的效果如图2-60所示。

素材所在位置 素材文件\项目二\任务三\就职演讲.docx
效果所在位置 效果文件\项目二\任务三\就职演讲1.docx、就职演讲2.docx

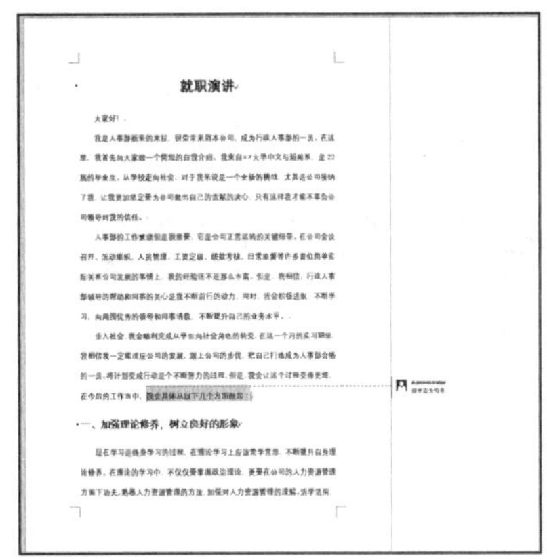

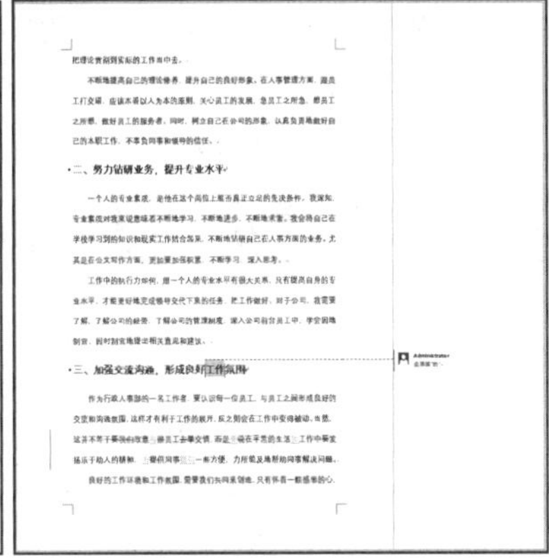

图2-60 “就职演讲”文档审校完成后的效果

职业素养 **就职演讲的含义和作用**

就职演讲是个人接受某种职务，在开始履行该职务的职责时，对自己在任职期间的打算、工作重点、工作目标、需要解决的问题、采取的措施、遵守的原则等内容发表的公开演讲。就职演讲是一种直接的自我宣传方式，既对自己进行了明确的约束，又塑造了自己的形象。

二、任务实施

（一）使用文档结构图查看文档

在Word 2016中，文档结构图即“导航”窗格，它是一个完全独立的窗格，由文档中不同等级的标题组成，显示了整个文档的层次结构，可用于对整个文档进行快速浏览和定位。下面在“就职演讲.docx”文档中使用“导航”窗格快速查看文档内容，具体操作如下。

微课视频
使用文档结构图查看文档

（1）打开素材文档“就职演讲”，单击“视图”选项卡，在“显示”组中选中☑ 导航窗格复选框。

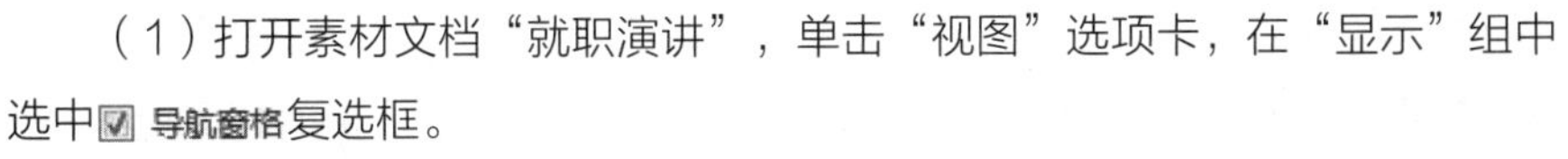

（2）在打开的“导航”窗格的“标题”选项卡中可以查看文档结构图，并通览文档的标题结构。在其中单击某个文档标题，可快速定位到相应的标题，以便查看该标题下的内容，如图2-61所示。

（3）在“导航”窗格中单击“页面”选项卡，可预览该文档的页面效果，完成后，在“导航”窗格的右上角单击×按钮，关闭“导航”窗格，如图2-62所示。

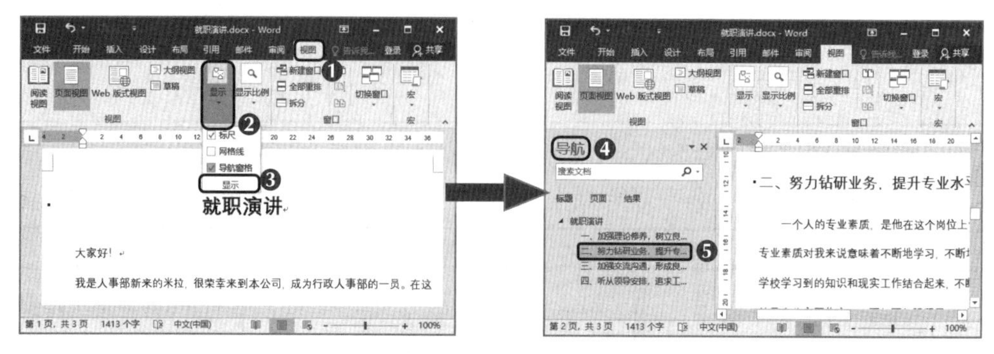

图2-61 使用文档结构图查看文档的标题结构

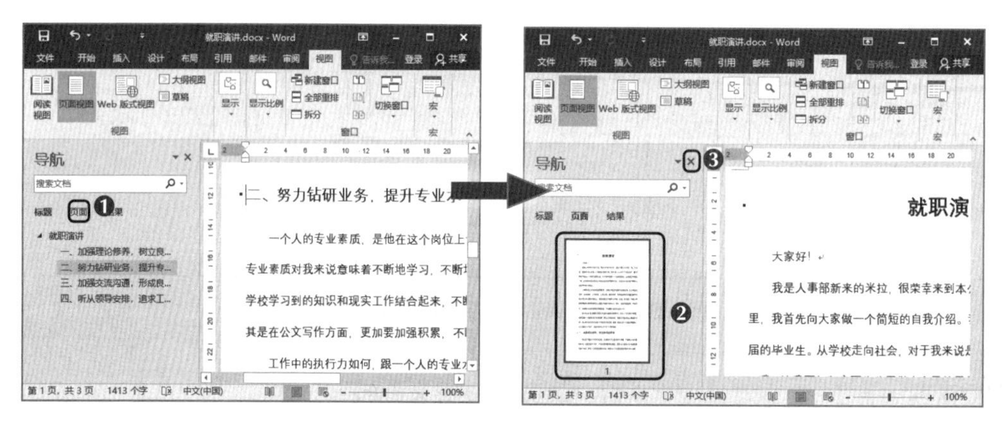

图2-62 使用文档结构图查看文档的页面效果并关闭“导航”窗格

知识提示 **“导航”窗格中没有内容的原因**

只有为文档的标题设置了“标题 1”“标题 2”等样式后，“导航”窗格中才会显示这些标题，否则“导航”窗格中将不会显示任何内容。

（二）使用书签快速定位到目标位置

书签是用来帮助记录重要内容的位置的一种符号，使用它可迅速找到目标位置。在编辑长文档时，手动滚动屏查找目标内容需要很长的时间，此时可利用书签功能快速定位到目标位置。下面在“就职演讲”文档中使用书签定位到目标位置，具体操作如下。

（1）选择要插入书签的内容，这里选择“一、加强理论修养，树立良好的形象”，然后单击“插入”选项卡，在“链接”组中单击“书签”按钮。

（2）在打开的“书签”对话框的“书签名”文本框中输入“要点1”，选中☑隐藏书签(H)复选框，然后单击添加(A)按钮，在文档中插入名为“要点1”的书签，如图2-63所示。

（3）在浏览文档的任意内容时，在“链接”组中单击“书签”按钮，打开“书签”对话框，在“书签名”列表框中选择“要点1”选项，单击定位(G)按钮，然后单击取消按钮，即可快速定位到书签所在的位置，如图2-64所示。

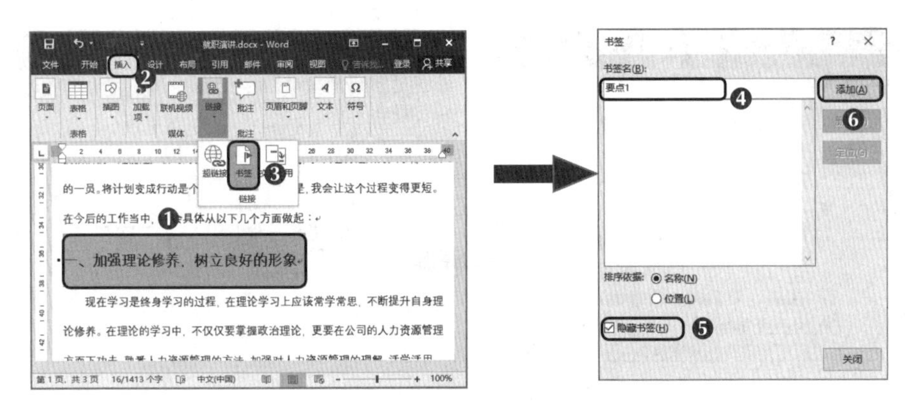

图2-63　添加书签

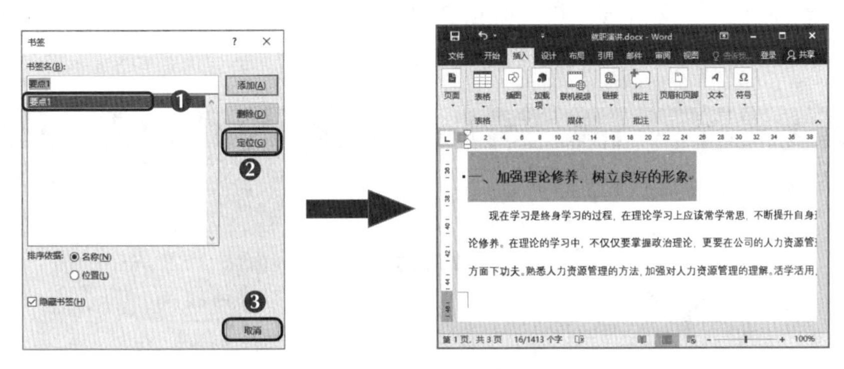

图2-64　定位书签

（4）使用相同的方法，为“二、”“三、”“四、”对应的内容新建书签，并将书签分别命名为“要点2”“要点3”“要点4”。

多学一招　　**通过“查找和替换”对话框定位书签**

在“查找和替换”对话框中单击“定位”选项卡，在“定位目标”列表框中选择“书签”选项，在“请输入书签名称”下拉列表中选择书签名称，完成后单击 定位(G) 按钮，也可以快速定位到书签所在的位置。

（三）拼写与语法检查

在输入文本时，有时文本下方会出现红色或绿色的波浪线，它表示Word 2016认为这些文本出现了拼写或语法错误。在一定的范围内，Word 2016能自动检测文本的拼写或语法有无错误，便于用户及时检查并纠正错误。下面在“就职演讲”文档中进行拼写与语法检查，具体操作如下。

（1）将文本插入点定位到文档第一行的开头，单击“审阅”选项卡，在“校对”组中单击“拼写和语法”按钮。

（2）在打开的“语法”窗格中可查看文档中存在的拼写和语法错误，如图2-65所示。

（3）“语法”窗格下方会提示语法错误的原因，若确定显示的错误无须修改，则可单击 忽略(I) 按钮忽略该错误。当需要修改时，可直接在文档中将其修改为正确的拼写或语法，这里将“区”修改为“去”。

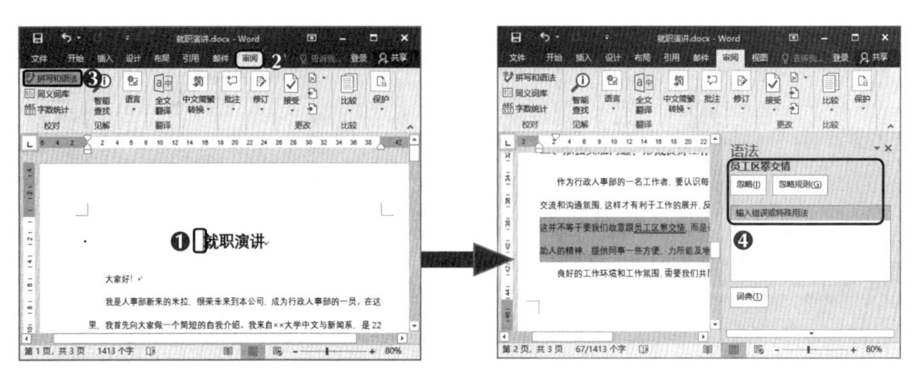

图2-65　查看拼写和语法错误

（4）修改完成后，再次单击“拼写和语法”按钮，将打开提示对话框，提示拼写和语法检查完成，单击确定按钮完成拼写与语法检查，如图2-66所示。

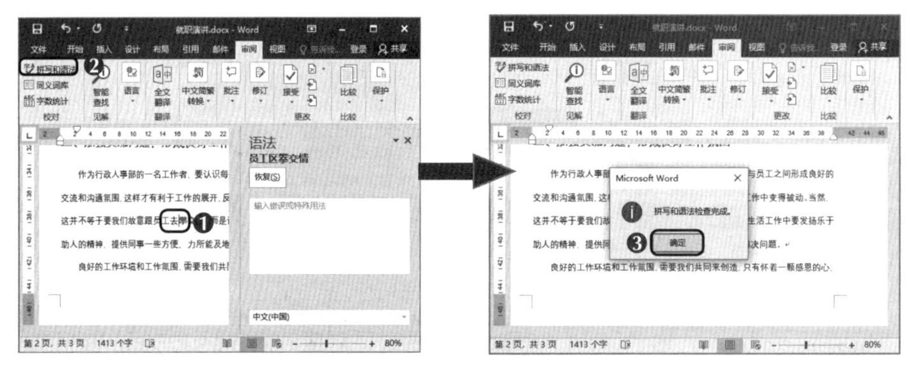

图2-66　修改拼写与语法错误

多学一招　　**在输入文本时，检查和修改语法错误**

在 Word 2016 中输入文本时，如果有语法错误，则系统默认会在输入的文本下方显示波浪线。若确定文本无误，则可在波浪线上单击鼠标右键，在弹出的快捷菜单中选择“忽略一次”命令，以取消波浪线；也可根据相关提示将其修改正确。

（四）统计文档字数或行数

在写论文或报告时，需要统计字数；或在制作一些文档时，需要统计当前文档的行数。可是这类文档一般都很长，手动统计会非常麻烦。此时可利用 Word 2016提供的字数统计功能统计整个文档、某一页、某一段的字数和行数。下面统计“就职演讲”文档中的字数和行数，具体操作如下。

（1）在文档中单击“审阅”选项卡，在“校对”组中单击“字数统计”按钮。

（2）在打开的“字数统计”对话框中可以看到文档的统计信息，如页数、字数、字符数和行数等，完成后单击关闭按钮，如图2-67所示。

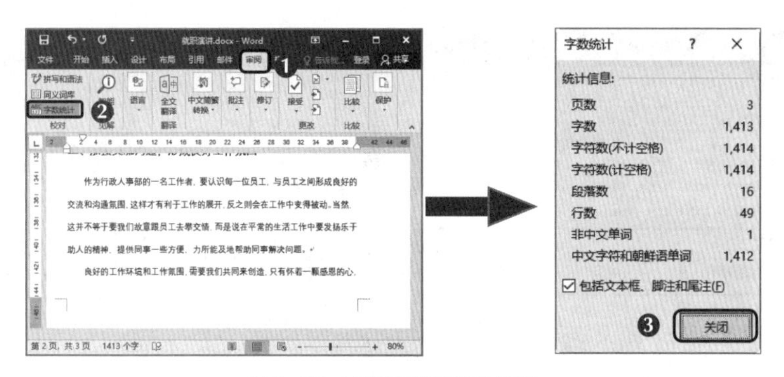

图2-67　查看文档的统计信息

知识提示　　**为每行添加行号**

在 Word 2016 中除了可以统计文档的行数外，还可以为每行添加行号。其方法是：单击“布局”选项卡，在“页面设置”组中单击“行号”按钮右侧的按钮，在弹出的下拉列表中选择“连续”选项，在文档每一行文本的前面添加一个行号。

（五）添加批注

上级在查看下级制作的文档时，如果需要对某处进行补充说明或提出建议，则可直接添加批注。下面在“就职演讲”文档中添加批注，具体操作如下。

（1）选择要添加批注的“我会具体从以下几个方面做起：”文本，单击“审阅”选项卡，在“批注”组中单击“新建批注”按钮。

（2）在文档中插入批注框，然后在批注框中输入对应的内容，完成后的效果如图2-68所示。

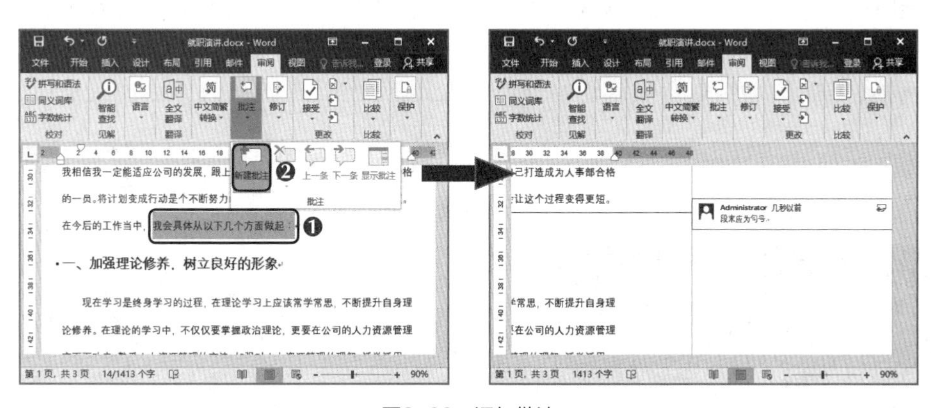

图2-68　添加批注

（3）将文本插入点定位到“形成良好工作氛围”文本中的“良好”文本后，单击“新建批注”按钮，插入批注框，并在批注框中输入对应的内容。

（4）在“修订”组中单击“显示标记”按钮，在弹出的下拉列表中，若“批注”选项前有✓图标，则表示显示批注。这里可取消选择该选项，以隐藏批注，如图2-69所示。

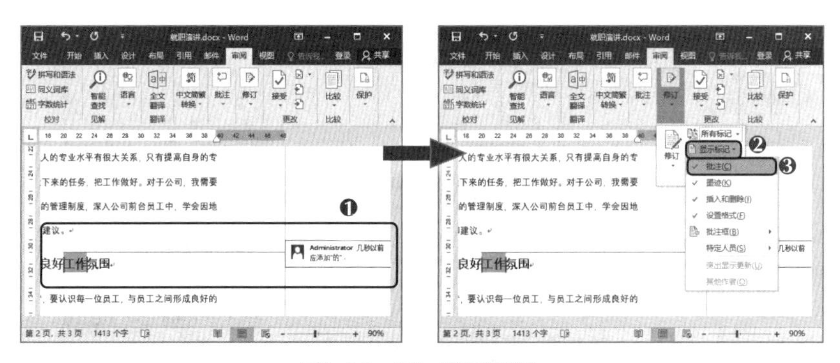

图2-69　添加并隐藏批注

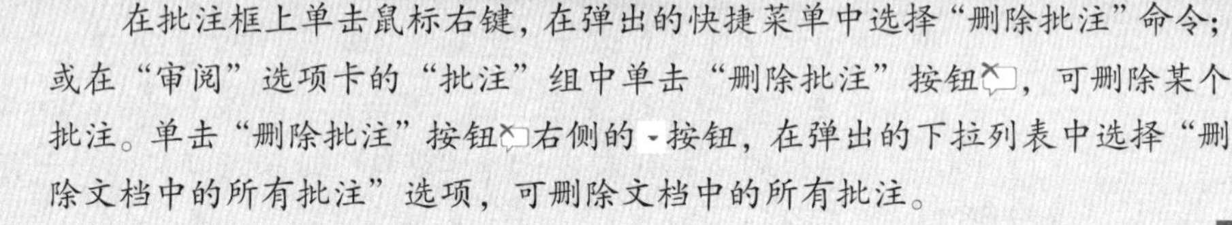

知识提示　　**删除批注**

在批注框上单击鼠标右键，在弹出的快捷菜单中选择“删除批注”命令；或在“审阅”选项卡的“批注”组中单击“删除批注”按钮，可删除某个批注。单击“删除批注”按钮右侧的按钮，在弹出的下拉列表中选择“删除文档中的所有批注”选项，可删除文档中的所有批注。

（六）修订文档

在对Word文档进行修订时，为了方便其他用户或原作者知道你对文档做的修改，可先设置修订标记来记录对文档的修改，然后进入修订状态对文档进行编辑操作，完成后，可通过修订标记显示所做的修改。下面在“就职演讲”文档中设置修订标记并修订文档，具体操作如下。

（1）单击“审阅”选项卡，单击“修订”组中右下角的对话框扩展按钮。

（2）在打开的“修订选项”对话框中单击“高级选项”按钮，打开“高级修订选项”对话框，在“颜色”下拉列表中选择“黄色”选项，其他选项保持默认设置，单击 确定 按钮，如图2-70所示。

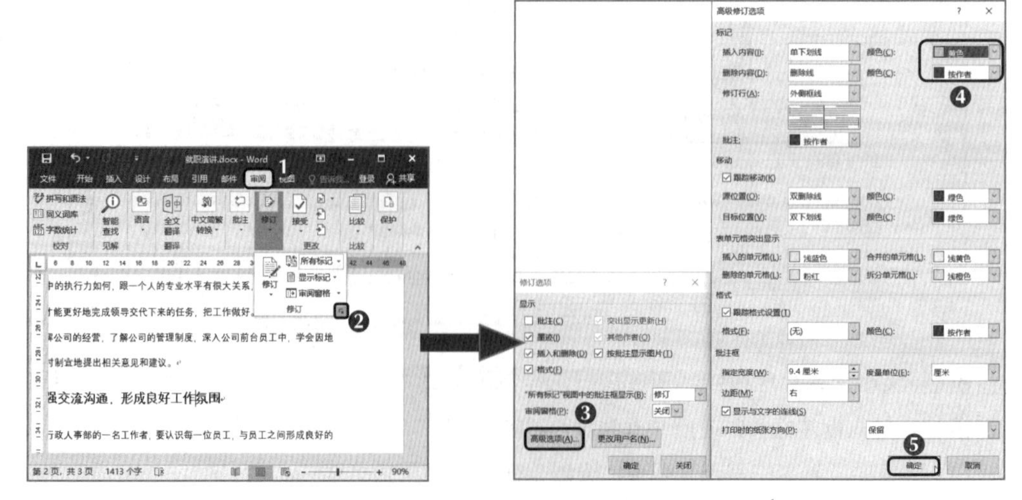

图2-70　设置修订标记

（3）返回文档，在“修订”组中单击“修订”按钮。

（4）将文本插入点定位到第2页最后一段的“当然，这并不等于”文本后，删除其后多余的文本，输入并修改对应的内容，输入的内容将按照设置的修订标记样式显示，如图2-71所示。操作完成后，再次单击“修订”按钮退出修订状态，并将该文档以“就职演讲1”为名另存到效果文件中。

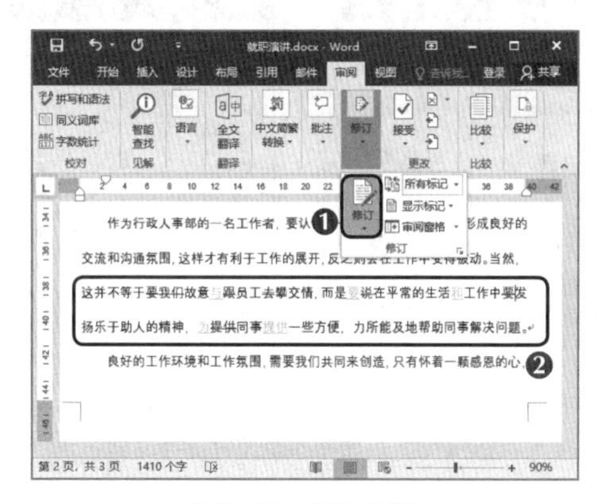

图2-71　修订文档

（七）合并文档

通常，报告、总结类文档需要同时发送给经理、主管等各级领导审校，这样修订记录会分别保存在多个文档中。整理时，如果想综合考虑所有领导的意见，就需要同时打开查看多个文档，这样很麻烦。此时，可利用Word 2016提供的合并文档功能，将多个文档的修订记录合并到一个文档中。下面将素材文件中的“就职演讲”文档和刚保存到效果文件中的“就职演讲1”文档中的修订记录合并到一个文档中，具体操作如下。

（1）单击“审阅”选项卡，在“比较”组中单击“比较”按钮，在弹出的下拉列表中选择“合并”选项。

（2）打开“合并文档”对话框，在“原文档”下拉列表中选择素材文件中的“就职演讲.docx”文档；在“修订的文档”下拉列表中选择效果文件中的“就职演讲1.docx”文档，单击 确定 按钮，如图2-72所示。

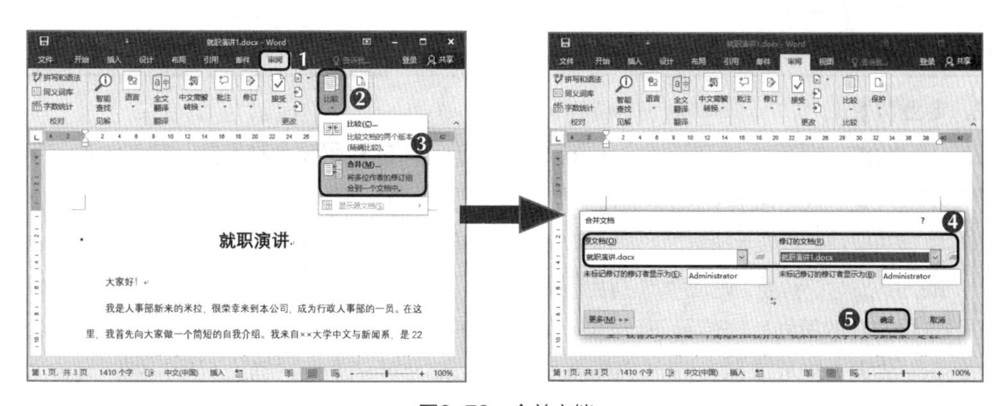

图2-72　合并文档

（3）系统会将这两个文档中的修订记录逐一合并到新建的“合并结果2”文档中，这样便可在其中同时查看所有修改意见并进行编辑操作。操作完成后，将该文档以“就职演讲2”为名另存到效果文件中，如图2-73所示。

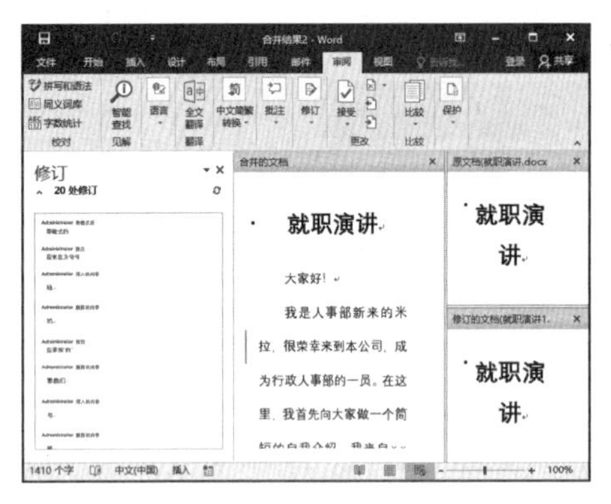

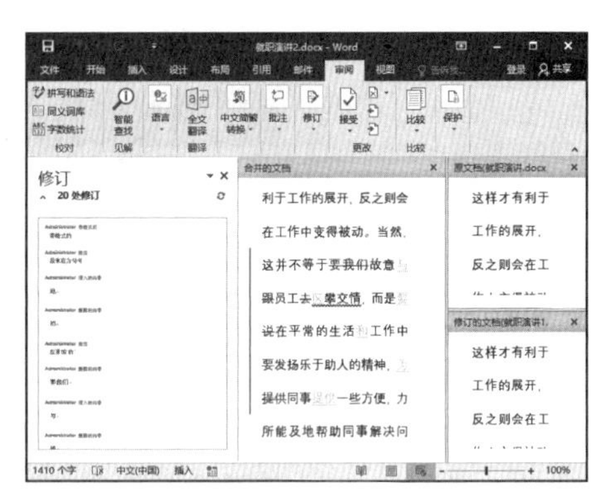

图2-73 查看修改意见并保存文档

项目实训

本项目通过制作“业绩报告”文档、编排“员工手册”文档、审校“就职演讲”文档3个任务，讲解了混排图文和编审文档的相关操作。其中，文本框和图片对象的使用，以及样式的应用、目录的插入、页眉和页脚的设置、批注的添加等操作是日常办公中经常会用到的，读者应重点学习和把握。下面通过3个项目实训帮助读者灵活运用本项目的知识。

一、制作“宣传手册封面”文档

1. 实训目标

本实训的目标是制作宣传手册的封面，通过本实训读者可练习图文混排的方法，以及文本框、形状和图片的使用方法。在制作宣传手册的封面时，需要注意颜色和字体的搭配。本实训的最终效果如图2-74所示。

素材所在位置 素材文件\项目二\项目实训\封面插图.jpg
效果所在位置 效果文件\项目二\项目实训\宣传手册封面.docx

2. 专业背景

在现代办公中，宣传手册在塑造企业形象和营销产品中的作用越来越重要，精美的宣传手册封面有利于在第一时间吸引客户的注意。在制作宣传手册封面时，需要注意以下几个方面。

- **框架的规划：** 宣传手册封面的整体风格应该简洁大方，与宣传的产品相互呼应。如果宣传的产品为食品、饮料等，则应考虑使用亮丽的配色；如果是家居类产品，则应使用温馨的配色。
- **主要内容的策划：** 宣传手册封面中不可或缺的是标题和公司名称，还要包含能体现公司形象、主营方向或产品类别的宣传标语。另外，宣传手册封面应通过图片来指明宣传方向，让人一目了然。总之，要概括性地展示重要内容。

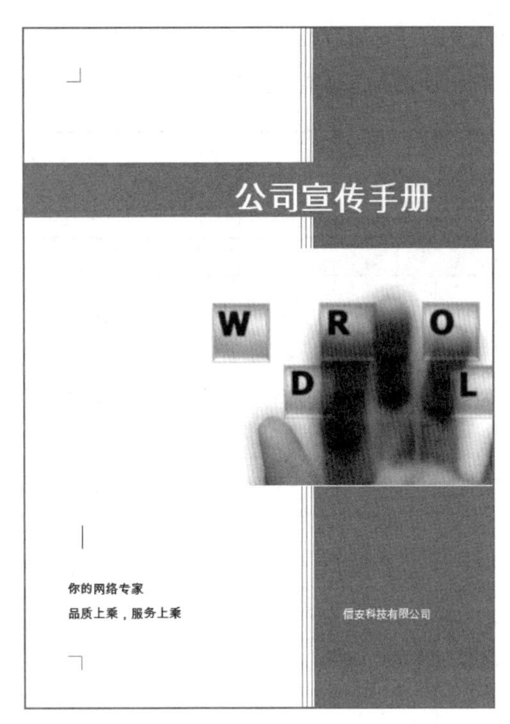

图2-74 “宣传手册封面”文档的最终效果

3. 操作思路

本实训中宣传手册封面的制作主要通过在文档中插入形状、图片和文本框等各类对象来实现，制作时需要灵活使用这些对象。先在文档右侧绘制形状和线条，并为它们设置填充颜色，完成框架的搭建；然后在上方插入形状，并在形状中输入标题；在下方插入文本框，在其中输入标语和公司名称；最后插入图片。

【步骤提示】

（1）新建文档并保存为“宣传手册封面”，在文档右侧绘制一个矩形，将其填充颜色设置为“水绿色”。

（2）紧邻矩形绘制线条，将线条的轮廓颜色设置为“绿色，个性色6”。单击“格式”选项卡，在“排列”组中单击“下移一层”按钮右侧的下拉按钮，在弹出的下拉列表中选择“置于底层”选项，将线条置于底层显示。

（3）在文档上方绘制一个矩形，输入封面标题，矩形的颜色为“浅蓝”，标题格式为华康简黑、加粗、初号。

（4）在文档底部插入两个文本框，分别输入标语和公司名称，标语字体为“方正粗倩简体”，公司名称字体为“方正粗宋简体”，最后插入并编辑图片。

二、制作“劳动合同”文档

1. 实训目标

本实训的目标是制作“劳动合同”文档，先在文档中应用封面与样式，然后使用大纲视图查看并编辑文档内容、设置页眉与页脚、添加目录、插入分页符与分节符，再检查拼写与语法错误，并使用文档结构图查看文档。本实训的最终效果如图2-75所示。

素材所在位置 素材文件\项目二\项目实训\劳动合同.docx
效果所在位置 效果文件\项目二\项目实训\劳动合同.docx

创新科技有限责任公司

劳动合同

米拉

2022-2-10

劳动合同

目录

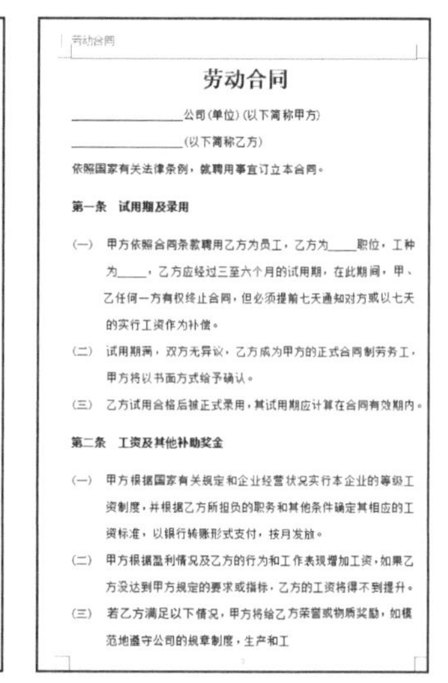

劳动合同

劳动合同

__________公司（单位）（以下简称甲方）

__________（以下简称乙方）

依照国家有关法律条例，就聘用事宜订立本合同。

第一条 试用期及录用

（一） 甲方依照合同条款聘用乙方为员工，乙方为____职位，工种为____，乙方应经过三至六个月的试用期，在此期间，甲、乙任何一方有权终止合同，但必须提前七天通知对方或以七天的实行工资作为补偿。

（二） 试用期满，双方无异议，乙方成为甲方的正式合同制劳务工，甲方将以书面方式给予确认。

（三） 乙方试用合格后被正式录用，其试用期应计算在合同有效期内。

第二条 工资及其他补助奖金

（一） 甲方根据国家有关规定和企业经营状况实行本企业的等级工资制度，并根据乙方所担负的职务和其他条件确定其相应的工资标准，以银行转账形式支付，按月发放。

（二） 甲方根据盈利情况及乙方的行为和工作表现增加工资，如果乙方没达到甲方规定的要求或指标，乙方的工资将得不到提升。

（三） 若乙方满足以下情况，甲方将给乙方荣誉或物质奖励，如模范地遵守公司的规章制度，生产和工

图2-75 “劳动合同”文档的最终效果

2. 专业背景

劳动合同是劳动者与用人单位之间确立劳动关系、明确双方权利和义务的协议。订立劳动合同时应当遵守如下原则。

- **合法原则：**劳动合同必须依法以书面形式订立，做到主体合法、内容合法、形式合法、程序合法。只有合法的劳动合同才能产生相应的法律效力。任何一方面不合法的劳动合同都是无效合同，不受法律承认和保护。
- **协商一致原则：**在合法的前提下，劳动合同的订立必须是劳动者与用人单位双方协商一致的结果，是双方“合意”的表现，不能是单方意愿的结果。
- **合同主体地位平等原则：**在劳动合同的订立过程中，当事人双方的法律地位是平等的。劳动者与用人单位不会因为各自性质的不同而处于不平等的地位，任何一方不得对他方进行胁迫或强制命令，用人单位严禁对劳动者进行强加限制或强迫命令。只有真正做到地位平等，才能使订立的劳动合同具有公正性。
- **等价有偿原则：**劳动合同是一种双方有偿合同，劳动者承担和完成用人单位分配的劳动任务，用人单位付给劳动者一定的报酬，并负担劳动者的保险金额。

3. 操作思路

在文档中应用封面与样式、使用大纲视图查看并编辑文档内容、设置页眉与页脚、添加目录、插入分页符与分节符、检查拼写与语法错误、使用文档结构图查看文档等，其操作思路如图2-76所示。

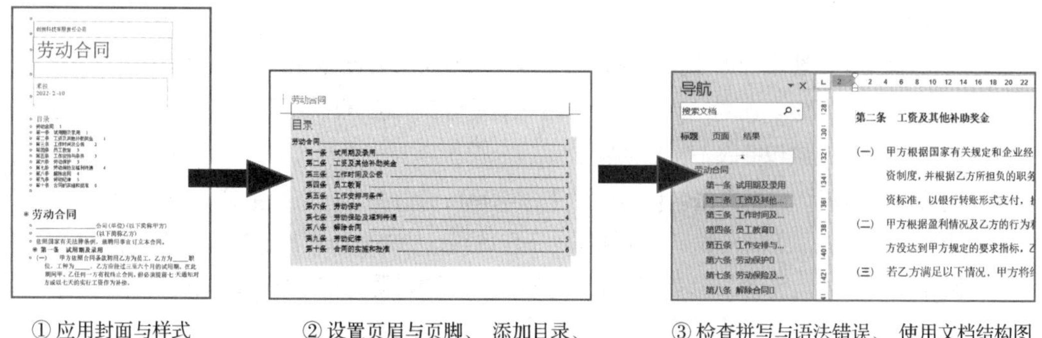

① 应用封面与样式　　② 设置页眉与页脚、添加目录、插入分页符与分节符　　③ 检查拼写与语法错误、使用文档结构图查看文档

图2-76　制作“劳动合同”文档的操作思路

【步骤提示】

（1）打开素材文档“劳动合同”，在首页插入“边线型”封面，为文档标题应用“标题”样式，修改标题字号为“一号”，使用大纲视图将“第一条”“第二条”……文本的级别设置为“二级”。

（2）分别插入“边线型”页眉、“镶边”页脚，在文档标题前插入“自动目录1”目录样式，并在目录后插入分页符。

（3）将文本插入点定位到文档第一行的开头，单击“审阅”选项卡，在“校对”组中单击“拼写和语法”按钮，进行拼写和语法检查，并修改错误的文本。

（4）单击“视图”选项卡，在“显示”组中选中“导航窗格”复选框，在打开的“导航”窗格的“标题”选项卡中查看文档结构图，并单击相应的文档标题，快速定位到该标题，以便查看该标题下的文档内容。

三、编排及批注“岗位说明书”文档

1. 实训目标

本实训的目标是编排及批注“岗位说明书”文档。本实训可让读者厘清文档内容的关系，掌握为文档添加标题与目录等操作。由于文档中需要添加的具体内容较多，所以直接添加批注可以方便文档的原始制作者进行修改。本实训的最终效果如图2-77所示。

素材所在位置　素材文件\项目二\项目实训\岗位说明书.docx
效果所在位置　效果文件\项目二\项目实训\岗位说明书.docx

图2-77　“岗位说明书”文档的最终效果

2. 专业背景

岗位说明书用于表明企业期望员工做什么，以及规定员工应该做什么、应该怎么做和在什么样的情况下履行自己的职责。在编制岗位说明书时，要保证其内容简单明了，尽量使用浅显易懂的表述方式。岗位说明书应该包括以下主要内容。

- **岗位基本资料：**包括岗位名称、岗位工作编号、汇报关系、直属主管、所属部门、工资等级、工资标准、所辖人数、工作性质、工作地点、岗位分析日期、岗位分析人等。
- **岗位工作概述：**简要说明岗位的工作内容，并逐项说明岗位工作活动的内容，以及各活动内容所占时间的百分比、活动内容的权限、执行的依据等。
- **岗位工作责任：**包括直接责任与领导责任，要逐项列出任职者的工作职责。
- **岗位工作资格：**从事该项岗位工作必须具备的基本资格条件，主要有学历、个性特点、体力要求及其他方面的要求。
- **岗位发展方向：**根据需要，可加入岗位发展方向的内容，明确企业内部不同岗位间的相互关系，有利于员工明确发展目标，将自己的职业生涯规划与企业发展结合在一起。

3. 操作思路

先为文档添加两个标题；然后依次为各个大标题、子标题设置样式，并修改样式以达到需要的效果；再添加目录。由于文档需要添加的具体内容较多，所以最后添加批注，便于文档的原始制作者进行修改。其操作思路如图2-78所示。

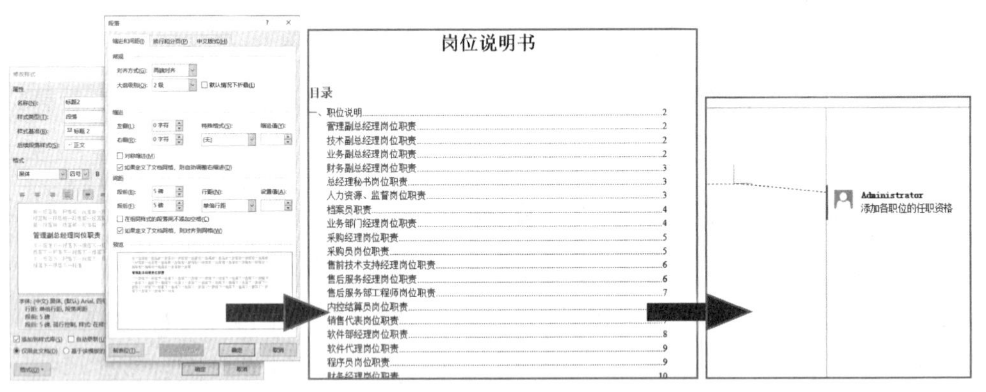

① 添加标题并设置新样式　　② 添加目录　　③ 添加批注

图2-78　编辑及批注“岗位说明书”文档的操作思路

【步骤提示】

（1）在“岗位说明书”标题下方添加“一、职位说明”文本，在“会计核算科”文本前添加“二、部门说明”文本。

（2）为“一、职位说明”文本应用“标题1”样式。为“管理副总经理岗位职责”文本新建一个名为“标题2”的样式，设置样式类型为“段落”，样式基准为“标题2”，设置后续段落的样式为“正文”；设置文字格式为黑体、四号；设置段前、段后间距均为“5磅”，行距为“单倍行距”。

（3）依次为各个标题应用样式。

（4）在文档标题下方添加目录，并为其应用“自动目录1”样式。

（5）在“一、职位说明”文本中选择“说明”文本，插入批注，输入“添加各职位的任职资格”文本。

课后练习

本项目主要介绍了文档中图文混排的方法和文档的编排与审校方法，其中实现图文混排的操作较为简单。通过课堂案例和项目实训中的操作，读者能够熟练掌握文本框、形状、表格等对象的使用方法。下面主要通过编排“行业认证代理协议书”文档和审校“毕业论文”文档两个课后练习，帮助读者进一步熟悉文档的编排与审校方法和相关的知识点。

1. 编排“行业认证代理协议书”文档

打开“行业认证代理协议书”文档，在其中编排文档内容、设置样式、添加目录等，完成后的效果如图2-79所示。

素材所在位置 素材文件\项目二\课后练习\行业认证代理协议书.docx
效果所在位置 效果文件\项目二\课后练习\行业认证代理协议书.docx

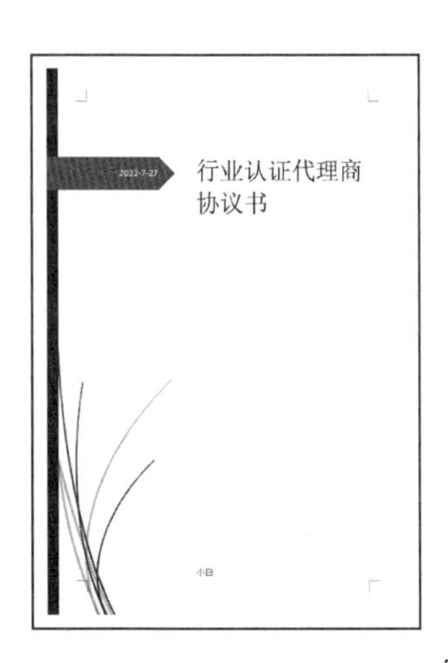

2022-7-27

行业认证代理商协议书

小白

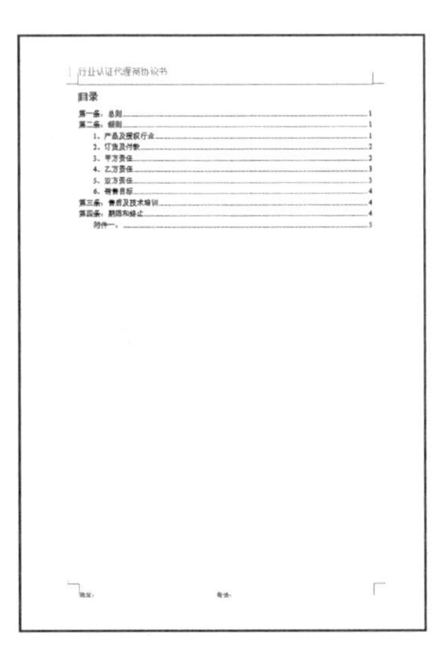

行业认证代理商协议书

目录

第一条：总则......1
第二条：细则......1
1、产品及授权行业......1
2、订货及付款......2
3、甲方责任......3
4、乙方责任......3
5、双方责任......3
6、销售目标......4
第三条：售后及技术培训......4
第四条：期限和终止......4
附件一：......5

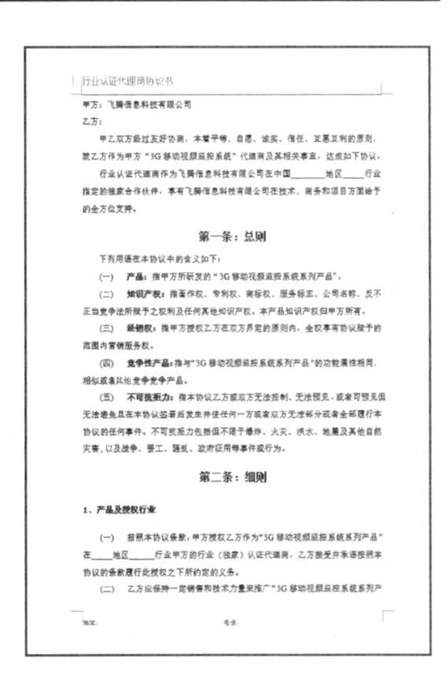

行业认证代理商协议书

甲方：飞腾信息科技有限公司

乙方：

甲乙双方经过友好协商，本着平等、自愿、诚实、信任、互惠互利的原则，就乙方作为甲方“3G移动视频监控系统”代理商及其相关事宜，达成如下协议。

行业认证代理商作为飞腾信息科技有限公司在中国______地区____行业指定的独家合作伙伴，享有飞腾信息科技有限公司在技术、商务和项目方面给予的全方位支持。

第一条：总则

下列用语在本协议中的含义如下：

（一） **产品：**指甲方所研发的“3G移动视频监控系统系列产品”。

（二） **知识产权：**指著作权、专利权、商标权、服务标志、公司名称、反不正当竞争法所赋予之权利及任何其他知识产权，本产品知识产权归甲方所有。

（三） **经销权：**指甲方授权乙方在双方界定的原则内，全权享有协议赋予的范围内营销服务权。

（四） **竞争性产品：**指与“3G移动视频监控系统系列产品”的功能属性相同、相似或者其他竞争竞争产品。

（五） **不可抗拒力：**指本协议乙方或双方无法控制、无法预见，或者可预见但无法避免且在本协议签署后发生并使任何一方或者双方无法部分或者全部履行本协议的任何事件。不可抗拒力包括但不限于爆炸、火灾、洪水、地震及其他自然灾害，以及战争、罢工、骚乱、政府征用等事件或行为。

第二条：细则

1、产品及授权行业

（一） 按照本协议条款，甲方授权乙方作为“3G移动视频监控系统系列产品”在____地区_____行业甲方的行业（独家）认证代理商，乙方接受并承诺按照本协议的条款履行此授权之下所约定的义务。

（二） 乙方应保持一定销售和技术力量来推广“3G移动视频监控系统系列产

地址： 电话：

图2-79 “行业认证代理协议书”文档的效果

操作要求如下。

- 打开“行业认证代理协议书”文档，为相应的标题应用样式，使用大纲视图设置文档内容的级别，完成后插入封面。
- 插入“边线型”页眉，自定义页脚中的文本包含“地址”和“电话”；然后插入目录，并在需要换页显示的位置插入分页符。
- 在“销售目标”文本下第一段的结尾创建交叉引用，以便引用标题“附件一：”，然后在附件一中的表格下方插入题注。

2. 审校“毕业论文”文档

在“毕业论文”文档中审校文档内容，包括使用文档结构图、设置修订标记并修订文档内容等操作，完成后的效果如图2-80所示。

素材所在位置 素材文件\项目二\课后练习\毕业论文.docx、毕业论文1.docx
效果所在位置 效果文件\项目二\课后练习\毕业论文.docx、毕业论文1.docx

操作要求如下。

- 打开“毕业论文”文档，使用文档结构图查看文档，然后添加批注，并检查拼写与语法错误，保存编辑后的“毕业论文”文档。
- 打开“毕业论文1”文档，设置修订标记并修订文档内容；打开上一步保存的“毕业论文”文档，将两个文档中多个用户的修订结果合并到一个文档中，并将其保存为“毕业论文1”文档。

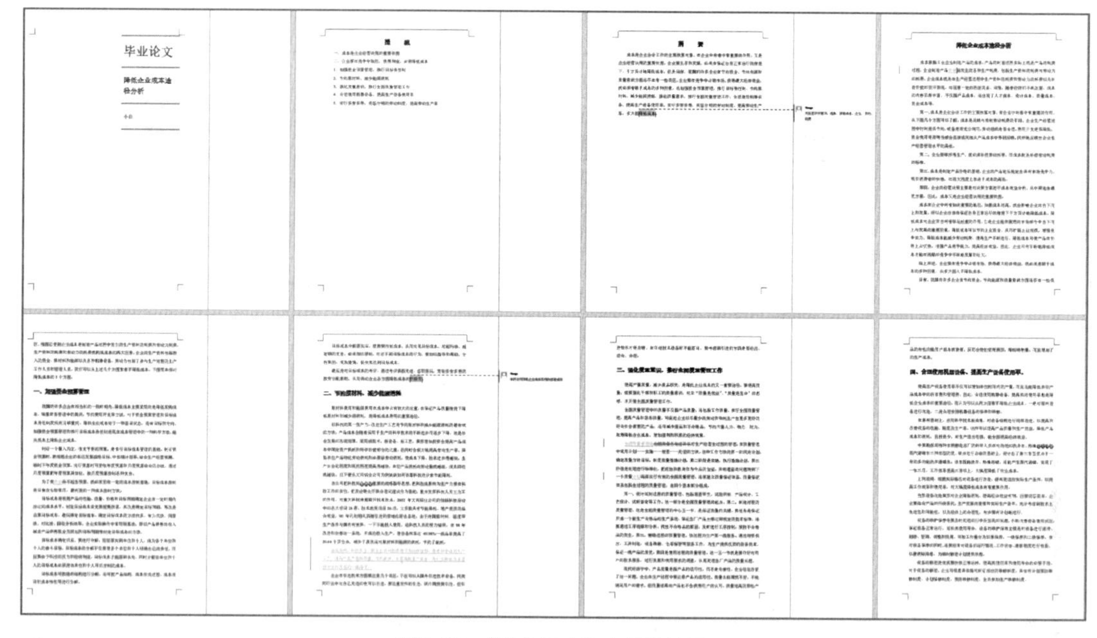

图2-80 “毕业论文”文档的效果

技巧提升

1. 在Word中转换表格与文本

在Word中，用户可根据需要将表格转换为文本，或将文本转换为表格。

- **将表格转换为文本：** 选择整个表格，在“布局”选项卡的“数据”组中单击“转换为文本”按钮，在打开的“表格转换成文本”对话框中选中“制表符(T)”单选按钮，然后单击“确定”按钮。
- **将文本转换为表格：** 选择需转换为表格的文本，在“插入”选项卡的“表格”组中单击“表格”按钮，在弹出的下拉列表中选择“文本转换成表格”选项，在打开的“将文字转换成表格”对话框的“列数”微调框中输入表格的列数，在“‘自动调整’操作”选项组中选中◉根据窗口调整表格(D)单选按钮，在“文字分隔位置”选项组中选中◉制表符(T)单选按钮，完成后单击确定按钮。

2. 删除插入的对象

在文档中单击插入的图片等对象，若第一次单击只定位了文本插入点或选择了该对象的某个部分，则可再次单击该对象的边框以选择整个对象，然后按【Delete】键将其从文档中删除。

3. 在“样式”列表框中显示或隐藏样式

打开一个Word文档，“样式”列表框中的样式可能较少，只有“标题1”样式，而没有“标题2”“标题3”等其他的样式，这时可以通过以下操作将其他样式显示在“样式”列表框中。

（1）单击“开始”选项卡，在“样式”组中单击右下方的对话框扩展按钮，打开“样式”窗格。

（2）单击“样式”窗格下方的“管理样式”按钮，打开“管理样式”对话框，如图2-81所示。

（3）单击“推荐”选项卡，在样式列表框中选择一种样式，如选择“标题2”选项，然后单击下方的显示(W)按钮，可在列表框中显示“标题2”样式；单击使用前隐藏(U)按钮和隐藏(H)按钮，可将样式隐藏起来，设置完成后单击确定按钮。

4. 将设置的样式应用于其他文档

为一个文档设置完样式后，要将这些样式应用到其他的文档，除了可以将文档设置为模板文档之外，还有一种很简单也很容易操作的方法，即将文档另存为一个扩展名为“.docx”的文档，然后删除其中的所有文字内容并保存。再次打开这个文档，在里面输入需要的文本，即可直接通过“样式”列表框选择已经设置过的样式。

5. 设置页码的起始数

有些大型文档是由多个子文档组成的，在一个子文档中插入的页码，可能不是由默认的“1”开始的，此时可以自定义页码的起始数。双击页眉或页脚区域，进入页眉、页脚设置状态，单击“设计”选项卡，在“页眉和页脚”组中单击“页码”按钮，在弹出的下拉列表中选择“设置页码格式”选项，打开“页码格式”对话框，选中◉起始页码(A):单选按钮，并在其右侧的微调框中输入起始页码，单击确定按钮，如图2-82所示。

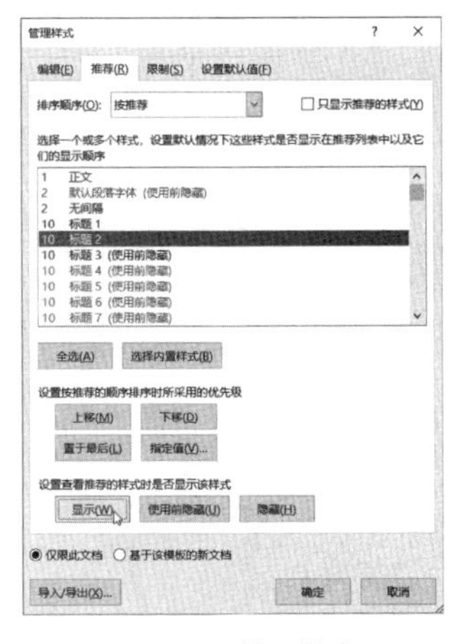

图2-81 管理样式

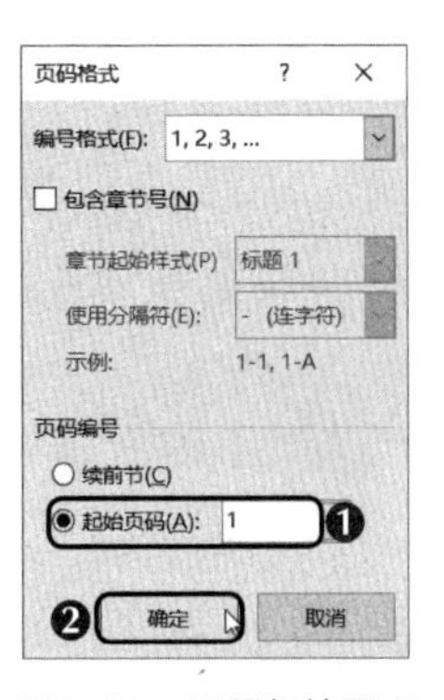

图2-82 设置起始页码

6. 取消页眉上方的横线

双击页眉或页脚区域，进入页眉、页脚设置状态，有时并未设置任何内容，退出页眉、页脚设置状态后，却发现页眉上方多了一条横线。此时，可以再次进入页眉、页脚设置状态，选择页眉中的空白字符，单击“开始”选项卡，在“段落”组中单击田·按钮，在弹出的下拉列表中选择“无框线”选项，退出页眉、页脚设置状态后，发现横线已经消失。

7. 设置批注人的姓名

添加批注时，可以发现批注由两部分组成：一部分是冒号前的内容，另一部分是冒号后的内容。冒号前的内容表示批注人的姓名及批注序号，冒号后的内容表示批注的具体内容。在实际工作中，如果一个文档由多人批注过，那么该如何知晓这个批注是由谁添加的呢？其实可以设置批注人的姓名，在Word文档中，单击“文件”选项卡，在弹出的窗口中选择“选项”选项，打开“Word选项”对话框，默认选择左侧的“常规”选项卡，在“对Microsoft Office进行个性化设置”选项组的“用户名”和“缩写”文本框中输入缩写人名，单击确定按钮。此后添加批注时，冒号前将显示设置的缩写人名。

项目三

Word特殊版式设计与批量制作

情景导入

米拉制作文档越来越得心应手，无论是普通文档的输入与编辑，还是长文档的审编，都不在话下。这不，老洪又安排米拉设计“企业文化”宣传单，现在，米拉一门心思地想着怎样才能制作出独树一帜的“企业文化”宣传单来……

学习目标

- **掌握特殊排版的操作方法**

如分栏排版、首字下沉、双行合一、合并字符、设置页面背景，以及预览并打印文档等操作。

- **掌握批量制作文档的操作方法**

如创建中文信封、合并邮件、批量打印信封等操作。

素质目标

- 帮助学生熟练掌握Word 2016的编排功能，提升编排文档的操作能力。
- 培养学生的美学素养，提升学生编排文档的审美能力。
- 帮助学生养成实事求是、精益求精的工作态度。

任务一 编排“企业文化”文档

一、任务描述

老洪要求米拉对“企业文化”文档进行编排设计，制作出美观且能体现企业理念的宣传单，便于公司员工查看并贯彻企业的行为准则。米拉通过Word 2016中的特殊版式设计功能，如首行缩进、分栏排版等设计出了新颖、美观的“企业文化”文档，效果如图3-1所示。

素材所在位置 素材文件\项目三\任务一\企业文化.docx、背景.jpg
效果所在位置 效果文件\项目三\任务一\企业文化.docx

图3-1 “企业文化”文档的效果

职业素养 **“企业文化”的内涵**

企业文化是在一定的条件下，在企业生产经营和管理活动中创造的具有该企业特色的精神财富和物质形态。它包括文化观念、价值观念、企业精神、道德规范和行为准则等，其中价值观念是企业文化的核心。

企业文化是企业的灵魂，是推动企业发展的不竭动力。

二、任务实施

（一）分栏排版

分栏排版是一种常用的排版方式，它被广泛应用于具有特殊版式的文档，如报刊、图书和广告单等印刷品中。使用分栏排版功能可以制作出别具特色的文档版面，使整个页面更具观赏性。下面在“企业文化”文档中将正文内容设置为3栏显示，具体操作如下。

（1）打开“企业文化”文档，将文本插入点定位到“企业文化”文本前，按两次【Enter】键换行。选择“企业文化”文本，设置文本的字体格式为方正大标宋简体、初号、加粗、右对齐。按【Enter】键换行，输入文本“<<砥砺前行·扬帆起航”，设置文

本的字体格式为方正小标宋简体、二号、加粗、浅蓝、右对齐，效果如图3-2所示。

（2）选择下面的3段正文内容，单击“布局”选项卡，在“页面设置”组中单击分栏按钮，在弹出的下拉列表中选择“三栏”选项，如图3-3所示。

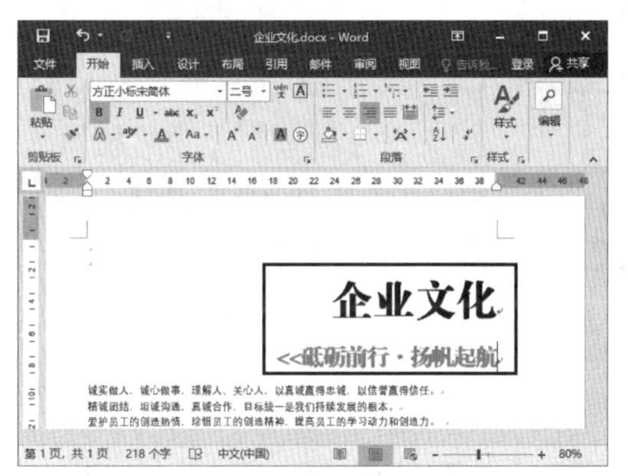

图3-2　设置文本格式

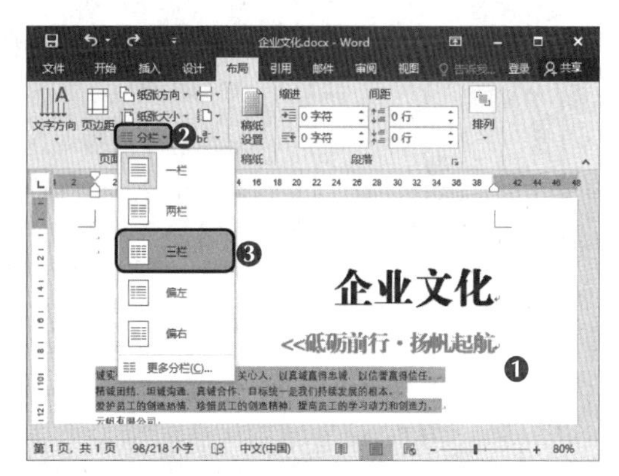

图3-3　选择“三栏”选项

（3）返回文档可看到所选文本以3栏显示。保持这3栏文本处于选择状态，设置分栏文本的字体格式为思源黑体 CN Light、四号，效果如图3-4所示。

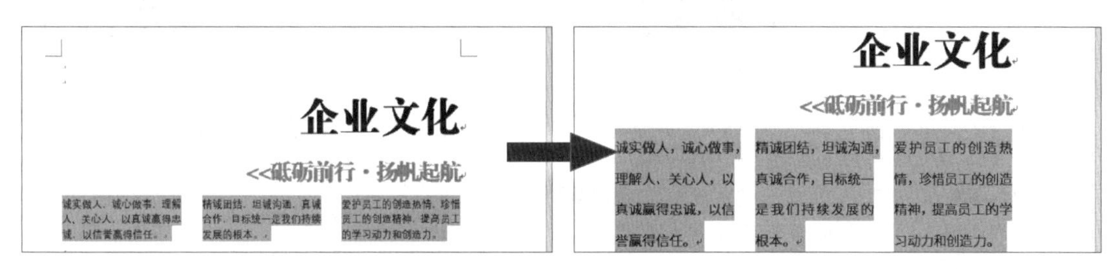

图3-4　3栏排版的效果

> **多学一招**　　**更多栏排版**
>
> 一般情况下使用两栏排版，但有特殊要求时，可在“分栏”下拉列表中选择“更多分栏”选项，在打开的“分栏”对话框的“栏数”微调框中自定义栏数，还可设置栏间距。

（二）首字下沉

在Word 2016中，首字下沉是将段落首字放大并嵌入显示，以突出显示段落首字，使其更加醒目。下面在“企业文化”文档中设置首字下沉，下沉行数为“2”，具体操作如下。

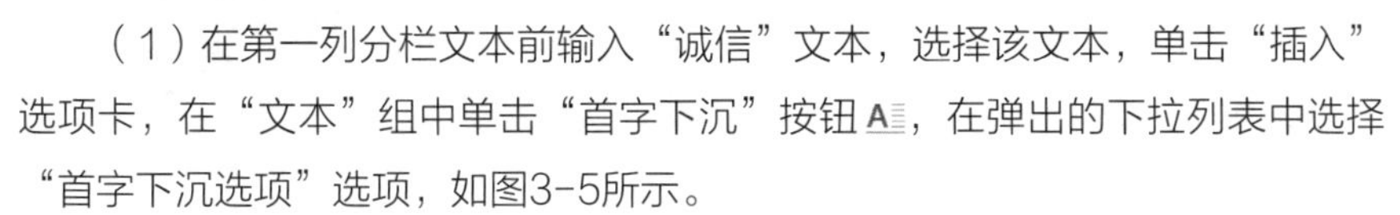

（1）在第一列分栏文本前输入“诚信”文本，选择该文本，单击“插入”选项卡，在“文本”组中单击“首字下沉”按钮，在弹出的下拉列表中选择“首字下沉选项”选项，如图3-5所示。

（2）打开“首字下沉”对话框，在“位置”选项组中选择“下沉”选项，在“下沉行数”微调框中输入“2”，单击确定按钮，如图3-6所示。

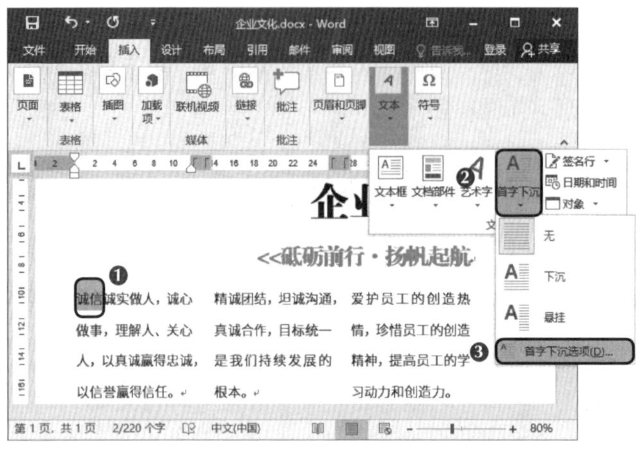

图3-5　选择“首字下沉选项”选项

图3-6　设置下沉参数

（3）返回文档，选择设置的首字下沉文本“诚信”，设置其字体格式为方正大标宋简体、浅蓝。使用相同的方法，在第二列分栏文本前设置首字下沉文本“团结”，在第三列分栏文本前设置首字下沉文本“创新”，效果如图3-7所示。

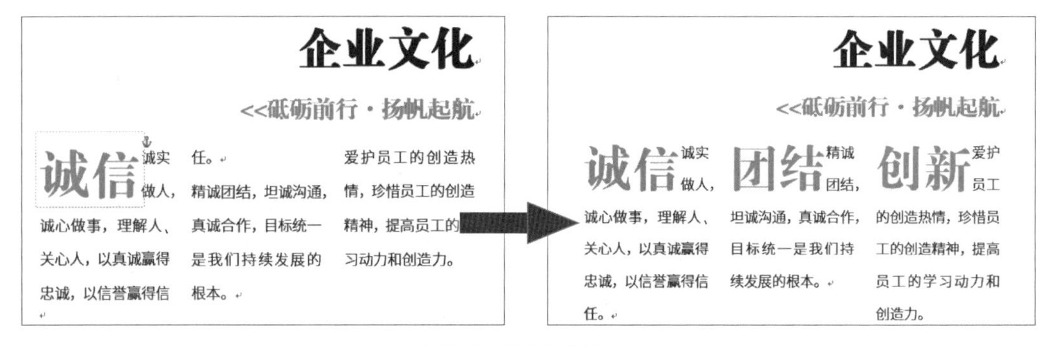

图3-7　首字下沉效果

知识提示　　**首字下沉的使用**

首字下沉中的“悬挂”是指文字下沉后单独作为一列显示。要取消文字的下沉效果，可选择对应的文字，在“首字下沉”对话框的“位置”选项组中选择“无”选项。

（三）设置双行合一

双行合一可以将多行文字以两行的形式显示在文档的一行中。使用双行合一可以制作出文字并排显示的效果。下面在“企业文化”文档中对段末的总结性文本进行双行合一操作，具体操作如下。

（1）选择最后一段文本，单击“开始”选项卡，在“段落”组中单击“中文版式”按钮，在弹出的下拉列表中选择“双行合一”选项。

（2）打开“双行合一”对话框，单击 确定 按钮返回文档，如图3-8所示。

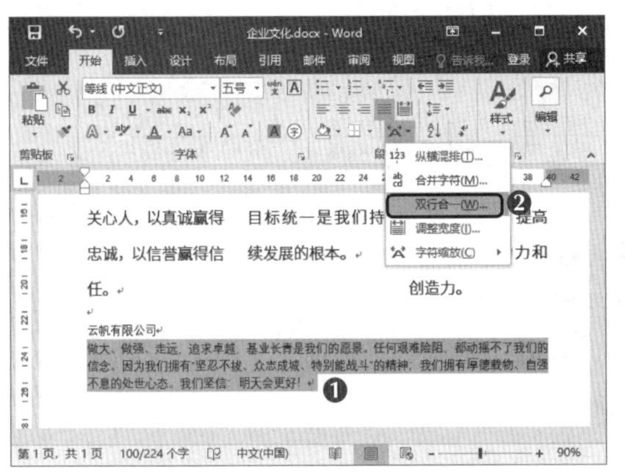

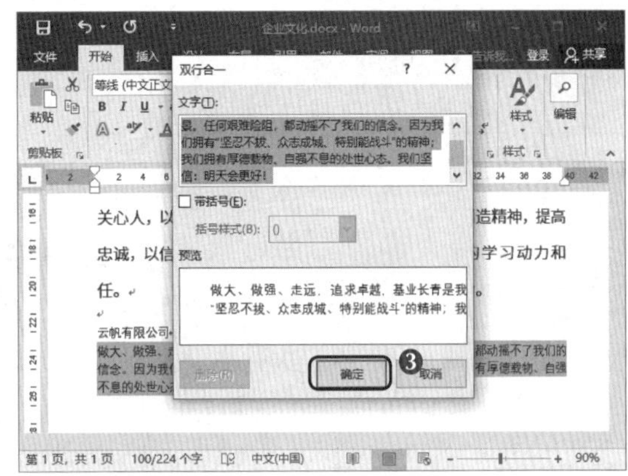

图3-8　设置双行合一

（3）选择设置的文本，设置文本的字体格式为三号、右对齐，效果如图3-9所示。

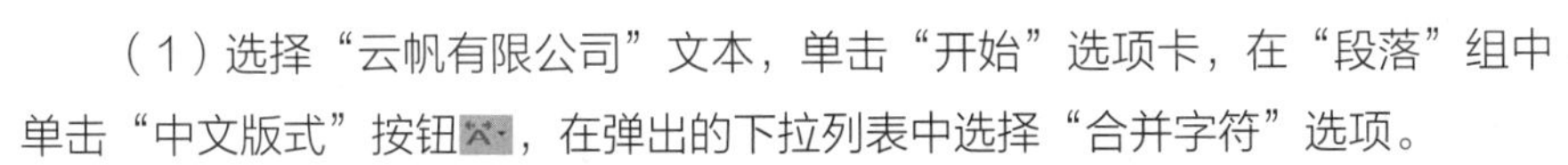
云帆有限公司

做大、做强、走远，追求卓越，基业长青是我们的愿景。任何艰难险阻，都动摇不了我们的信念。因为我们拥有"坚忍不拔、众志成城、特别能战斗"的精神；我们拥有厚德载物、自强不息的处世心态。我们坚信：明天会更好！

图3-9　查看效果

（四）合并字符

合并字符是指使多个字符占1个字符的宽度。设置合并字符的方法与设置双行合一的方法相似。下面在"企业文化"文档中对公司名称进行合并字符操作，制作出类似印章的效果，具体操作如下。

（1）选择"云帆有限公司"文本，单击"开始"选项卡，在"段落"组中单击"中文版式"按钮，在弹出的下拉列表中选择"合并字符"选项。

（2）打开"合并字符"对话框，在"字体"下拉列表中选择合并字符后文本的字体格式，这里选择"思源黑体 CN Bold"选项；然后在"字号"下拉列表中设置字号，这里输入"20"，单击确定按钮，如图3-10所示。

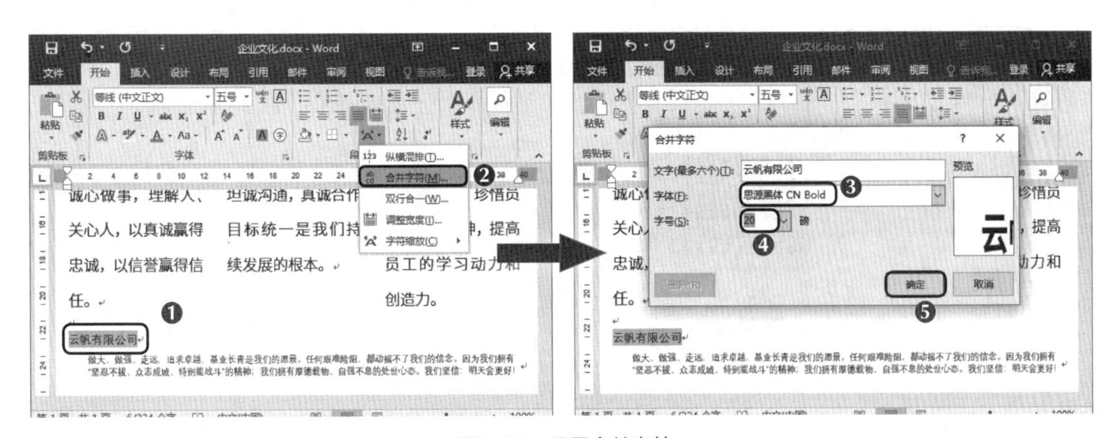

图3-10　设置合并字符

（3）返回文档，选择合并字符，在“段落”组中设置合并字符的填充颜色为“深红”，效果如图3-11所示。

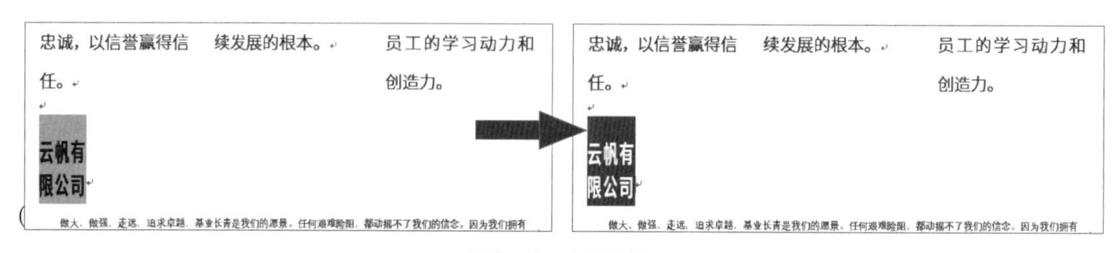

图3-11　查看效果

多学一招　　**中文版式**

在“开始”选项卡的“段落”组中单击“中文版式”按钮，弹出的下拉列表中还包括“纵横混排”“调整宽度”“字符缩放”等选项，它们的应用效果从字面上就很好理解。“纵横混排”是指将文字进行纵向和横向排列，“调整宽度”是指调整文字之间的距离，“字符缩放”是指将字符进行横向缩放。

（五）设置页面背景

为了使Word文档更加美观，可设置页面背景。设置页面背景时，不仅可以应用不同的颜色，还可使用图片或图案作为背景。下面为“企业文化”文档设置页面背景，具体操作如下。

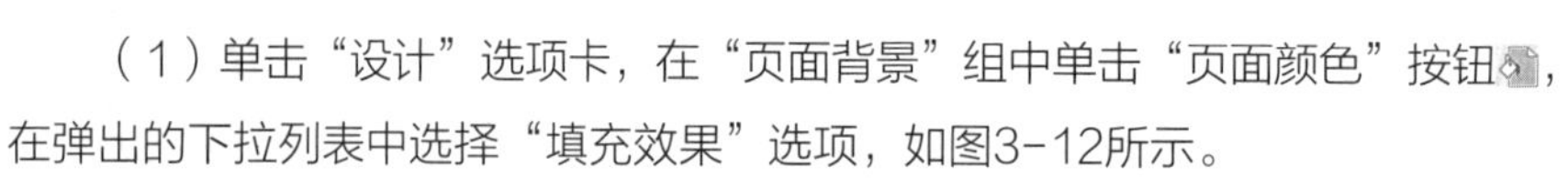

（1）单击“设计”选项卡，在“页面背景”组中单击“页面颜色”按钮，在弹出的下拉列表中选择“填充效果”选项，如图3-12所示。

（2）打开“填充效果”对话框，单击“图片”选项卡，单击选择图片(L)...按钮，如图3-13所示。

（3）打开“插入图片”对话框，选择“从文件”选项，打开“选择图片”对话框，在地址栏中选择图片的保存位置，然后选择“背景.jpg”图片，单击插入(S)按钮，如图3-14所示。

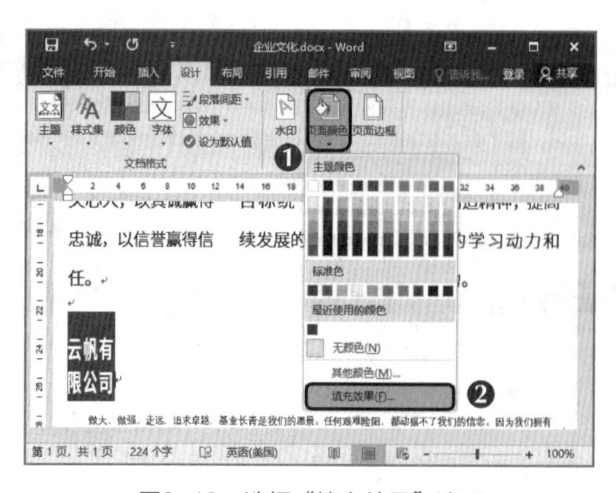

图3-12　选择“填充效果”选项

图3-13　选择图片

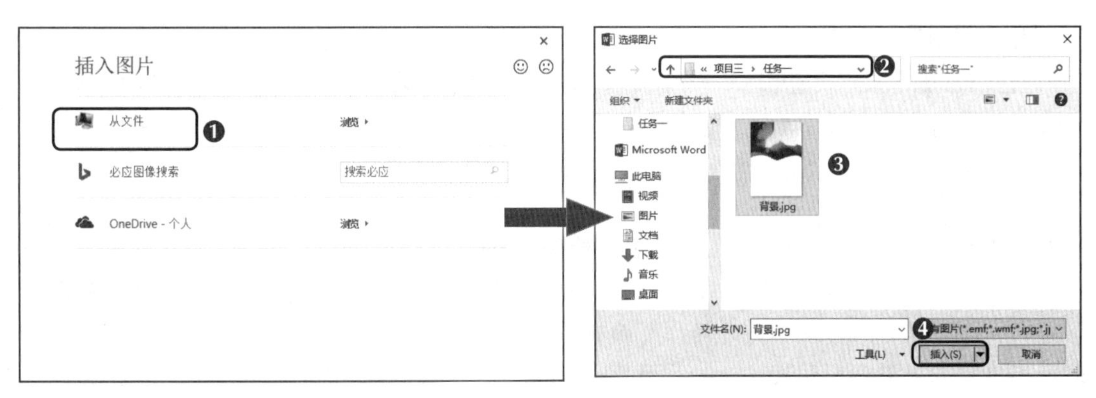

图3-14　插入图片

（4）返回到"填充效果"对话框中，单击 确定 按钮确认填充。根据页面中的显示效果适当调整文本的位置，调整完成后的效果如图3-15所示。

图3-15　设置图片背景后的效果

多学一招　　**其他填充方式**

在"设计"选项卡的"页面背景"组中单击"页面颜色"按钮，在弹出的下拉列表中选择颜色选项，可填充纯色背景。在"填充效果"对话框中选择"纹理""图案"选项卡，可填充纹理或图案背景，其填充方法与填充图片的方法相似。

（六）预览并打印文档

制作完成的文档可打印到纸张上。打印前需要先设置文档的打印效果，包括纸张、纸张大小、页边距等。设置完成后预览打印效果，确认效果无误后即可打印文档。

1. 设置纸张方向

设置纸张方向是指设置纸张的输出方向，文档默认的纸张输出方向为纵向。若要修改为横向，则可单击“布局”选项卡，在“页面设置”组中单击纸张方向按钮，在弹出的下拉列表中选择“横向”选项。

> **知识提示**　　**设置不同的纸张方向**
>
> 在Word 2016中可以设置部分页面的纸张方向，方法是：选择需设置纸张方向的内容，选择“页面布局”选项卡下的“页面设置”组，单击右下角的对话框扩展按钮，打开“页面设置”对话框，在“纸张方向”选项组中选择一个方向，在“应用于”下拉列表中选择“所选文字”选项。

2. 设置纸张大小

Word文档默认的纸张大小为“A4”，而书籍、宣传单等纸张的尺寸有大有小，因此，在实际工作中，应根据需要自定义纸张大小。设置纸张大小的方法有以下两种。

- **功能区设置：**单击“布局”选项卡，在“页面设置”组中单击纸张大小按钮，在弹出的下拉列表中选择纸张大小，如图3-16所示。
- **对话框设置：**在“布局”选项卡的“页面设置”组中单击对话框扩展按钮，或在“纸张大小”下拉列表中选择“其他页面大小”选项，打开“页面设置”对话框，单击“纸张”选项卡，在“纸张大小”下拉列表中选择纸张大小，如图3-17所示。

> **知识提示**　　**设置纸张大小的注意事项**
>
> 纸张大小一般按照实际打印纸张的大小设置，在选择纸张大小时，直接选择相应的纸张编号即可，无须重新设置纸张的高度和宽度，以防止打印出的文字出现偏差。

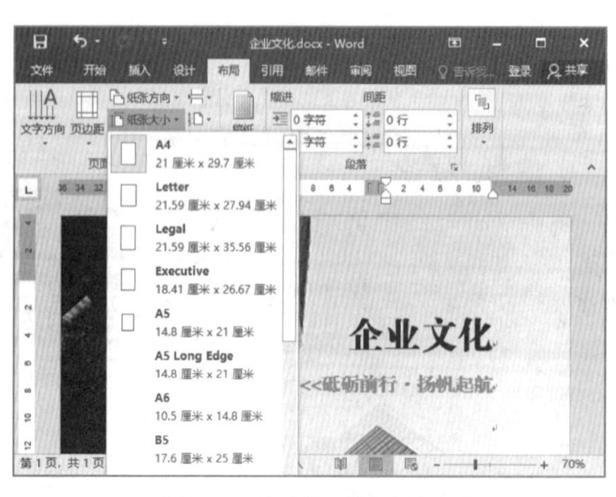

图3-16　在功能区选择纸张大小

图3-17　在对话框中选择纸张大小

3. 设置页边距

页边距，通俗地讲是指文字与页面边缘的距离，一般通过“页面设置”对话框设置。下面在“企业文化”文档中自定义页边距，具体操作如下。

（1）单击“布局”选项卡，在“页面设置”组中单击“页边距”按钮，在弹出的下拉列表中选择“自定义边距”选项，如图3-18所示。

（2）打开“页面设置”对话框，在“页边距”选项卡的“上”“下”“左”“右”微调框中输入页边距数值，这里分别输入“2厘米”“2厘米”“3厘米”“3厘米”，单击 确定 按钮，如图3-19所示。

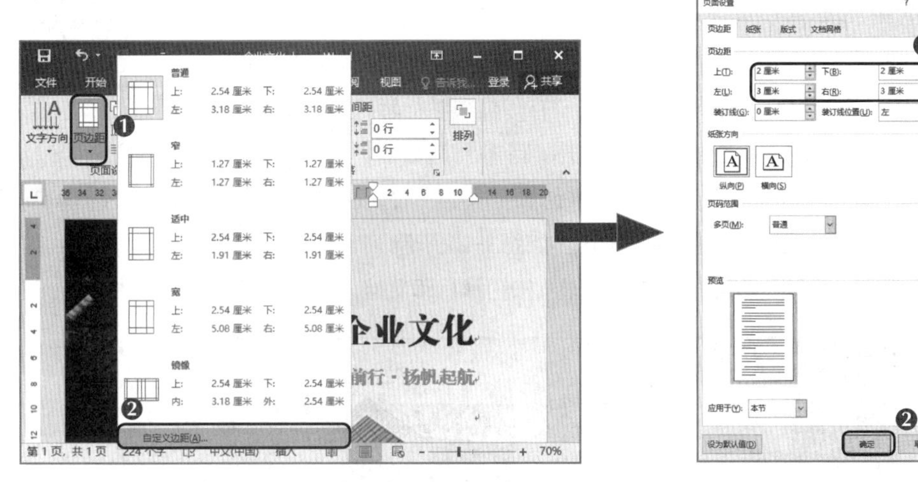

图3-18 选择“自定义边距”选项　　图3-19 设置上、下、左、右页边距

（3）返回文档可看到页边距发生了变化，效果如图3-20所示。

图3-20 设置页边距后的效果

多学一招　　设置页面的其他方法

在“布局”选项卡的“页面设置”组中单击“页边距”按钮，在弹出的下拉列表中可选择预设的页边距；另外，在“页面设置”对话框中单击“页边距”选项卡，在“纸张方向”选项组中可设置纸张方向。

4. 打印文档

微课视频
打印文档

完成打印前的设置后，可预览打印效果，确认无误后再打印。下面打印“企业文化”文档，具体操作如下。

（1）单击“文件”选项卡，在打开的窗口中选择“打印”选项，在右侧可预览打印效果。

（2）在“份数”微调框中输入打印份数，这里输入“20”。在“打印机”下拉列表中选择打印机，然后单击下方的“打印机属性”超链接，如图3-21所示。

（3）打开打印机属性对话框，单击“基本”选项卡，在“方向”选项右侧选中“纵向”单选按钮，在“介质类型”下拉列表中选择“厚纸”选项。然后单击“高级”选项卡，选中◉调整至纸张大小(Z)单选按钮，单击 确定 按钮，如图3-22所示。

（4）返回“打印”界面，单击“打印”按钮打印文档。

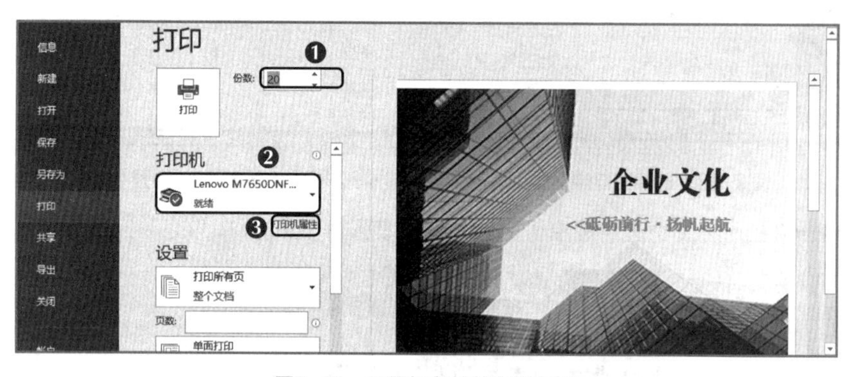

图3-21　设置打印份数和打印机

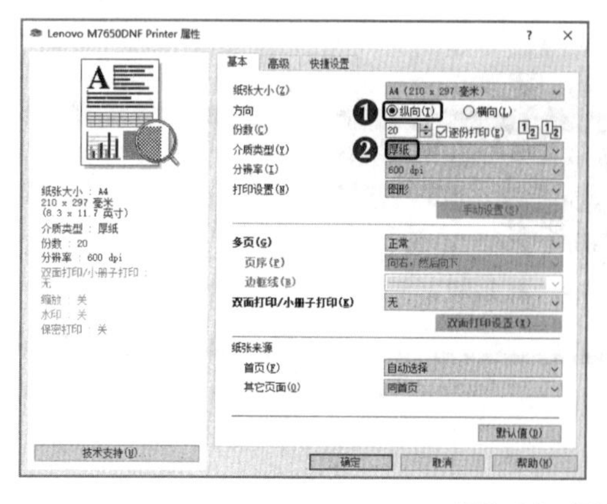

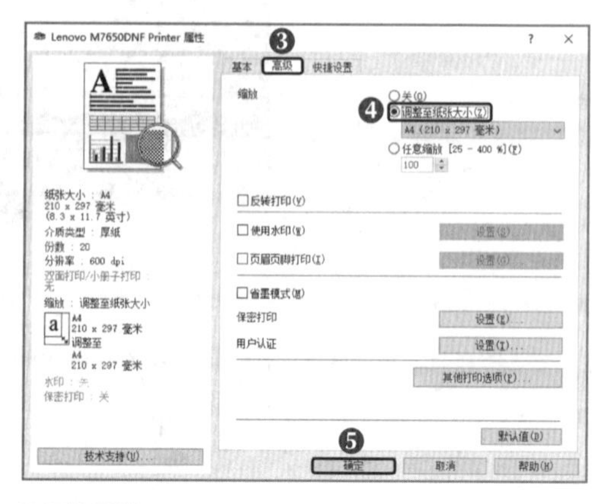

图3-22　设置打印机的属性

知识提示 **彩色打印**

要将文档的背景打印出来，需要单击“文件”选项卡，在弹出的窗口中选择“选项”选项，在打开的“Word 选项”对话框的“显示”选项卡中选中☑打印背景色和图像(B)复选框。此操作的前提是打印机具备彩色打印功能。

任务二 制作“信封”文档

一、任务描述

公司需向每个客户发送信函，为了节约时间，需要统一制作大量具有专业效果的信封，老洪让米拉通过“客户资料表”中的数据批量制作信函。制作完成后的参考效果如图3-23所示。

素材所在位置 素材文件\项目三\任务二\客户资料表.docx
效果所在位置 效果文件\项目三\任务二\信封.docx

公司名称	联系人	联系人职务	联系方式	通信地址	邮政编码
天成国际	张新杰	销售部经理	13599641***	成都高新南区天承大厦	610000
佳美电器连锁	刘力富	采购部科长	13871231***	北京一环路彩虹街 8#	100000
兴成实业	王凯	采购部科长	13145355***	成都高新西区创业大道3#	610000
星达科技有限公司	伍建波	技术部经理	13694585***	重庆南山阳光城 12F	400000
大丰汽车商城	孙佳乐	卖场经理	13138644***	成都高新西区创业大道16#	610000
丽人女性沙龙	李萌	公关部经理	13037985***	成都武侯大道 1#	610000
贪吃嘴食品	谢科	销售部经理	13245377***	重庆解放路金城商厦12#	400000
竞技体育用	景西平	销售部经理	13546855***	上海建设路体育商城 7F	200000

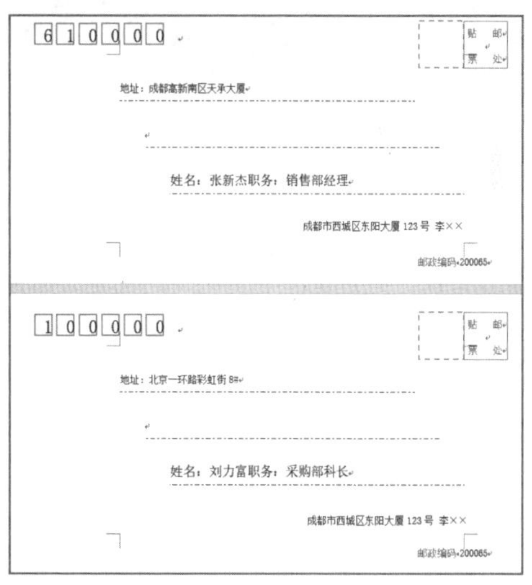

图3-23 通过“客户资料表”中的数据批量制作信函的参考效果

职业素养 **信函在企业间的沟通意义**

信函在企事业单位的公关事务活动中是不可缺少的传播工具。因为它是对外联系的一种正式形式，所以其语言、格式均要经过斟酌，才能发给对方，以免造成不良后果。信函在公关活动中是社会组织与其内外人员交流思想、信息，商洽各种事项等时使用的书信，其主要功能是建立与发展社会组织与公众之间的关系。

二、任务实施

（一）创建中文信封

在实际工作中，要为大量的客户邮寄信件，可使用Word 2016中的信封功能，即在“邮件”选项卡中创建中文信封、创建标签和合并邮件等。中文信封与外文信封在版式和文本输入次序上有所不同，为了满足中文用户的需要，Word 2016提供了多种中文信封样式，以方便用户使用。

1. 建立主文档

主文档是指用于存放每封信中含有相同内容的部分文本的文档。建立“信封”主文档，可以搭建信封的内容框架，在其中可以输入每封信中相同的部分文本。下面启动信封制作向导，按照向导的提示创建中文信封，具体操作如下。

（1）启动Word 2016，在新建的空白文档中单击“邮件”选项卡，在“创建”组中单击“中文信封”按钮。

（2）在打开的“信封制作向导”对话框的“开始”选项卡中单击下一步(N)>按钮，在“信封样式”选项卡的“信封样式”下拉列表中选择“国内信封-ZL（230×120）”选项，其他选项保持默认设置，然后单击下一步(N)>按钮，如图3-24所示。

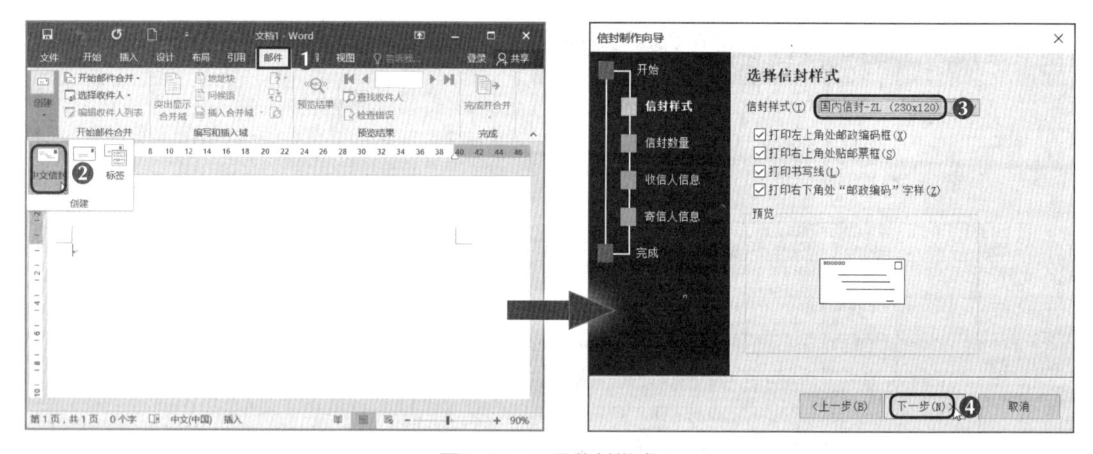

图3-24　设置信封样式

多学一招　　**自定义信封**

在“邮件”选项卡的“创建”组中单击“信封”按钮，在打开的“信封和标签”对话框的“信封”选项卡中可输入或编辑收信人地址、寄信人地址，还可设置信封尺寸、送纸方式和其他选项。

（3）在“信封数量”选项卡中选中◉键入收信人信息，生成单个信封(S)单选按钮，单击下一步(N)>按钮；在“收信人信息”选项卡中输入收信人的姓名、称谓、单位、地址、邮编，单击下一步(N)>按钮。

（4）在“寄信人信息”选项卡中输入寄信人的姓名、地址和邮编，单击下一步(N)>按钮，如图3-25所示。

（5）在“完成”选项卡中单击完成(F)按钮，退出信封制作向导，Word 2016将自动新建一个文档，页面大小为信封页面大小，其中的内容为前面输入的信封内容，如图3-26所示。

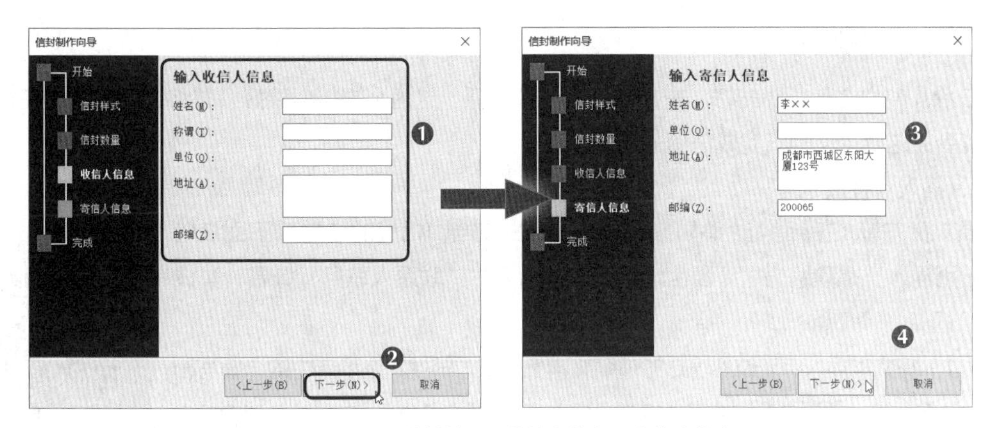

图3-25　设置信封数量、收信人信息和寄信人信息

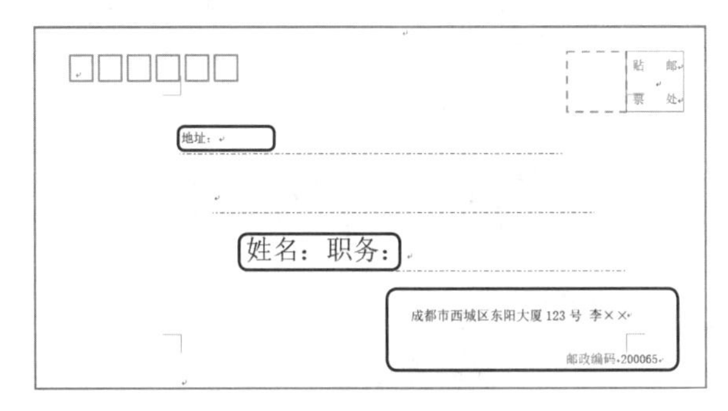

图3-26　创建的信封主文档

2. 准备并调用数据源

数据源是指每封信中含有的不同的、具有特定内容的部分文本。数据源的内容可从Word文档、Excel工作表、Access数据库和Outlook通讯录等中获取。下面调用一个已建立好的Word文档“客户资料表.docx”作为数据源，具体操作如下。

（1）在“邮件”选项卡的“开始邮件合并”组中单击“选择收件人”按钮，在弹出的下拉列表中选择“使用现有列表”选项。

（2）在打开的“选取数据源”对话框中选择数据源文档的保存路径并选择数据源文档“客户资料表.docx”，然后单击“打开(O)”按钮，如图3-27所示。

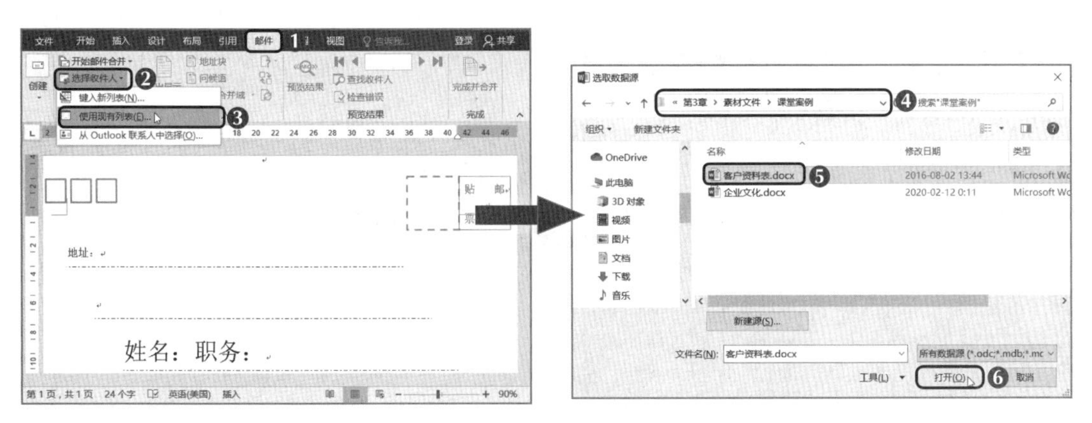

图3-27　调用数据源

（二）合并邮件

在合并邮件之前，要先将“主文档”和“数据源”这两个文档创建好，并将它们联系起来，然后才能合并这两个文档，完成信函的批量创建。

1. 插入合并域

插入合并域是指将数据源中的数据引用到主文档中相应的位置。下面在信封中分别插入“邮政编码”“通信地址”“联系人”“联系人职务”域名，具体操作如下。

微课视频
插入合并域

（1）将文本插入点定位到信封的邮编文本上，在“邮件”选项卡中的“编写和插入域”组中单击插入合并域按钮，打开“插入合并域”对话框，在“域”列表框中选择“邮政编码”选项，单击插入(I)按钮插入合并域，并调整合并域的大小。

（2）用相同的方法在信封的“地址：”“姓名：”“职务：”文本后，分别插入“通信地址”“联系人”“联系人职务”等合并域，如图3-28所示。

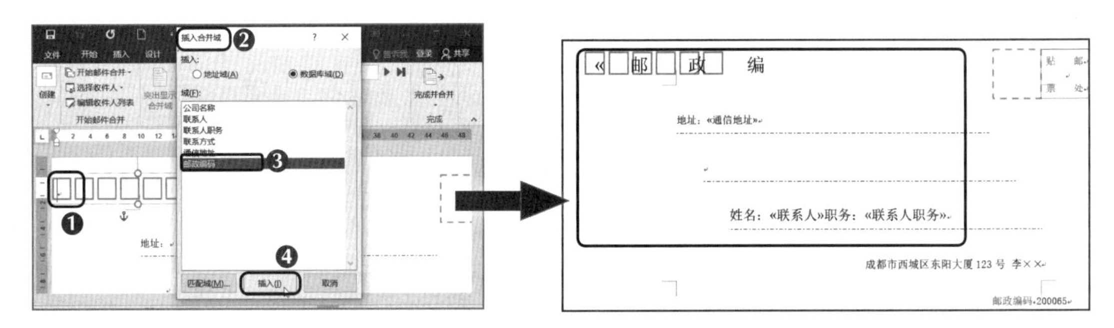

图3-28 插入合并域

2. 预览信封

插入合并域后，可预览信封效果，查看插入的合并域是否在合适的位置。下面预览信封效果，具体操作如下。

（1）在“邮件”选项卡的“预览结果”组中单击“预览结果”按钮。

（2）返回信封可看到插入的合并域变成了详细的邮政编码、地址、姓名和职务信息，如图3-29所示。

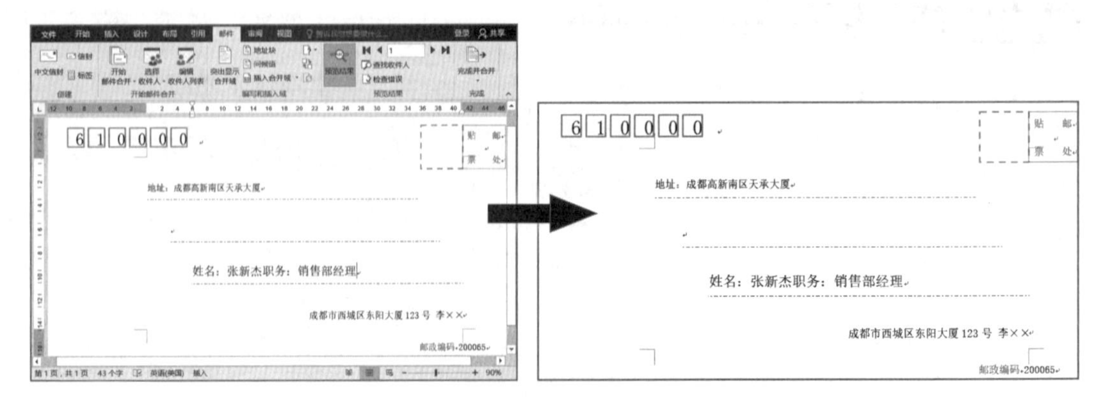

图3-29 预览信封

3. 完成并合并

通过前面的操作，只能查看第一条记录，要将全部记录合并到新文档中，可执行完成并合并操作。下面将全部记录合并到新文档中，具体操作如下。

（1）在“邮件”选项卡的“完成”组中单击“完成并合并”按钮，在弹出的下拉列表中选择“编辑单个文档”选项。

（2）在打开的“合并到新文档”对话框中选中 全部(A) 单选按钮，然后单击 确定 按钮，Word 2016将自动新建一个名为“信函1”的文档，在该文档中拖动垂直滚动条可依次查看全部记录，如图3-30所示。

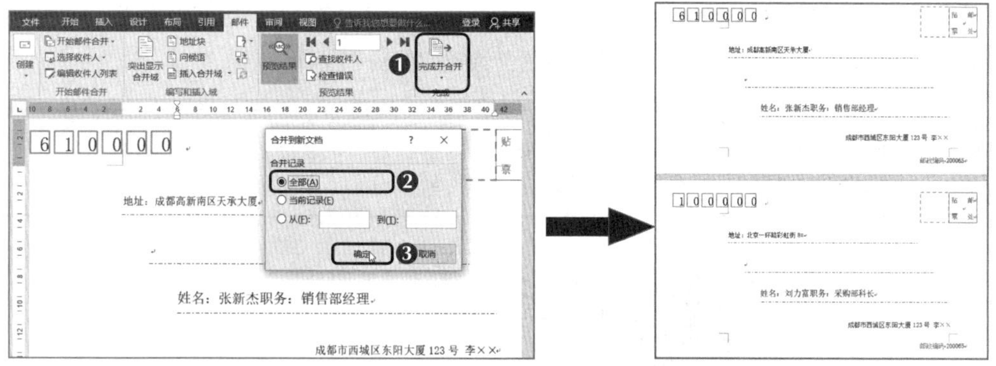

图3-30　完成并合并

（三）批量打印信封

邮件除了可以合并到新文档中，还可合并到打印机任务中，以便直接批量打印信封，将电子版信封中的信息快速打印到实际的纸质信封上。下面直接将邮件合并到打印机任务中，具体操作如下。

（1）在“邮件”选项卡的“完成”组中单击“完成并合并”按钮，在弹出的下拉列表中选择“打印文档”选项。

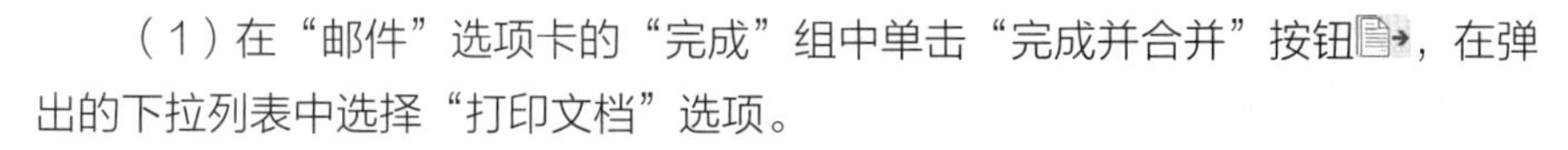

（2）在打开的“合并到打印机”对话框中选中“全部”单选按钮，然后单击 确定 按钮，在打开的“打印”对话框中保持默认设置，单击 确定 按钮，如图3-31所示。

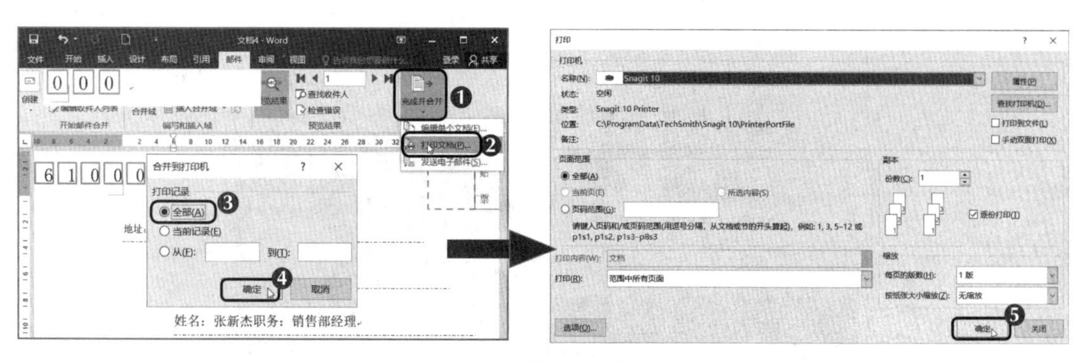

图3-31　批量打印信封

项目实训

本项目通过编排“企业文化”文档、制作“信封”文档两个任务，讲解了特殊排版和批量处理的相关操作。其中，分栏排版、设置页面背景、批量处理和打印文档等操作是日常办公中经常使用的，读者应重点学习和把握。下面通过两个项目实训帮助读者灵活运用本项目的知识。

一、编排“培训广告”文档

1. 实训目标

编排“培训广告”文档需要在文档中设置纸张大小、纸张方向、页边距和页面背景，然后设置特殊版式，完成后预览并打印文档。本实训的最终效果如图3-32所示。

素材所在位置 素材文件\项目三\项目实训\背景.png、培训广告.docx
效果所在位置 效果文件\项目三\项目实训\培训广告.docx

图3-32 “培训广告”文档的最终效果

2. 专业背景

广告是为了满足某种特定的需要，通过一定的形式或媒介，公开而广泛地向公众传递信息的宣传手段。广告的主要传播方式有报刊、广播、电视、电影、路牌、橱窗和印刷品等。在制作广告类文档时，应突出主题，传达产品独特和鲜明的个性，使产品与目标消费者建立起某种联系，从而顺利进入消费者的视野。

3. 操作思路

在文档中设置页面、设置特殊版式、设置合并字符等，完成后预览并打印文档，其操作思路如图3-33所示。

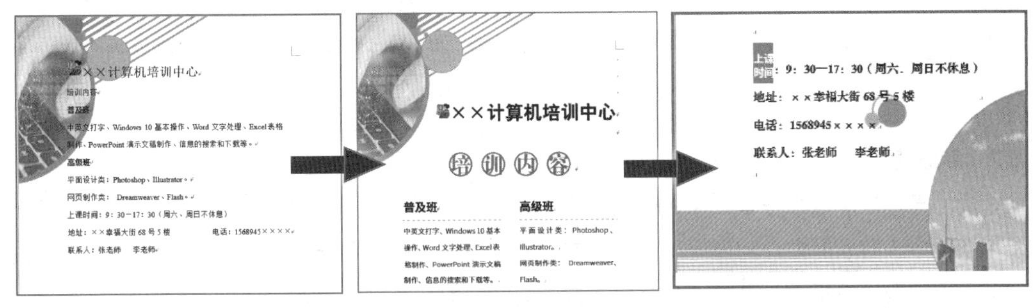

图3-33　编排“培训广告”文档的操作思路

【步骤提示】

（1）单击“设计”选项卡，在“页面背景”组中单击“水印”按钮，打开“水印”对话框，选中“图片水印(I)”单选按钮，单击“选择图片(L)...”按钮，在打开的对话框中选择“背景.png”图片，将其插入文档中，作为页面的水印背景。

（2）将“××计算机培训中心”文本的字体格式设置为汉仪大黑简、小初；将“培训内容”文本的字体格式设置为方正大标宋简体、初号，并将其设置为带圈字符。

（3）选择“培训内容”下的4段文本，将它们设置为两栏显示，设置栏宽度为“18字符”，栏间距为“5字符”，然后添加文字的上边框效果。

（4）为“上课时间”文本设置合并字符效果，设置剩余文本的字体格式为方正小标宋简体、四号。

（5）单击“文件”选项卡，在打开的窗口中选择“打印”选项，在窗口右侧预览打印效果，对预览效果满意后，在窗口上方单击“打印”按钮，开始打印。

二、制作“荣誉证书”文档

1. 实训目标

制作“荣誉证书”文档需要利用邮件合并功能将获奖人名单导入“荣誉证书”文档中，然后打印并发送文档。本实训的最终效果如图3-34所示。

素材所在位置 素材文件\项目三\项目实训\名单.docx、荣誉证书.docx
效果所在位置 效果文件\项目三\项目实训\荣誉证书.docx、信函1.docx

图3-34 “荣誉证书”文档的最终效果

2. 专业背景

荣誉证书是授予获奖单位或个人的奖励证明证件，用来表示对单位或者个人的认可或表扬，以鼓励单位或个人继续努力，向更好的方向发展。荣誉证书广泛应用于机关事业单位、公司、社会团体，但由于颁发单位不同，荣誉证书的格式也不同，一般没有硬性规定，只需注意语言简洁明了，写明获奖单位或个人的获奖时间、获奖缘由和所获奖项即可。

3. 操作思路

先将“名单”文档中的“获奖人”数据合并到“荣誉证书”文档中，然后根据“邮件合并分步向导”的提示合并邮件，再把邮件合并到新文档中，最后打印并发送“荣誉证书”文档。

【步骤提示】

（1）打开“荣誉证书”文档，单击“邮件”选项卡，在“开始邮件合并”组中单击“开始邮件合并”按钮，在弹出的下拉列表中选择“邮件合并分步向导”选项。

（2）在右侧打开的“邮件合并”窗格中单击“下一步：开始文档”超链接，继续单击“下一步：选择收件人”超链接，选择“名单”文档作为数据源。单击“下一步：撰写信函”超链接，单击“其他项目”超链接，在打开的“插入合并域”对话框中选择“联系人”，单击 插入(I) 按钮将“联系人”数据合并到“荣誉证书”文档的“同志：”文本前的下划线上。

（3）关闭“插入合并域”对话框，在“完成”组中单击“完成并合并”按钮，在弹出的下拉列表中选择“编辑单个文档”选项，在打开的对话框中保持默认设置，然后单击 确定 按钮，系统会自动新建一个名为“信函1”的文档，在该文档中拖动垂直滚动条可依次查看全部记录。

（4）在“荣誉证书”文档中单击“完成并合并”按钮，在弹出的下拉列表中分别选择“打印文档”和“发送电子邮件”选项，并进行相应的设置，单击 确定 按钮，即可批量打印并发送“荣誉证书”文档。

课后练习

本项目主要介绍了特殊版式的编排、页面背景的设置、打印文档，以及创建信封、合并邮件等知识，读者应加强对本项目内容的练习与应用。下面通过两个课后练习帮助读者巩固上述知识的应用方法。

1．制作“健康小常识”文档

为了倡导文明健康生活方式，现需制作“健康小常识”文档，先设置文档版式，然后添加图片并输入文本，再编辑并排版文档，最后添加形状作为装饰，最终效果如图3-35所示。

素材所在位置 素材文件\项目三\课后练习\背景.jpg
效果所在位置 效果文件\项目三\课后练习\健康小常识.docx

图3-35 “健康小常识”文档的最终效果

操作要求如下。

- 新建“健康小常识”文档，设置文档纸张大小为“22.3厘米×29.7厘米”，然后插入“背景.jpg”图片，设置图片的环绕方式为“衬于文字下方”。
- 输入标题文本，设置文本的字体格式为汉仪秀英体简、初号、居中，文本颜色为“RGB（51，153，102）”，输入正文文本，设置文本的字

体格式为汉仪书宋一简、三号，左侧和右侧均缩进“1字符”。

- 输入文本“关注要点”，设置文本的字体格式为60、加粗，然后选择文本，单击“开始”选项卡，在“字体”组中单击“带圈字符”按钮，为其设置带圈效果。
- 将文本插入点定位到带圈字符的下方，输入文本后将其设置为两栏，并设置文本的左缩进为“10字符”。
- 绘制4个椭圆形，将它们置于分栏文本的下方。

2. 制作“公益活动邀请函”文档

新建“公益活动邀请函”文档，以“客户档案表.xlsx”为数据源批量制作邀请函，参考效果如图3-36所示。

素材所在位置 素材文件\项目三\课后练习\邀请函.jpg、客户档案表.xlsx
效果所在位置 效果文件\项目三\课后练习\公益活动邀请函.docx、信函.docx

图3-36 “公益活动邀请函”文档的参考效果

操作要求如下。

- 新建“公益活动邀请函”文档，设置页面方向和纸张大小后，插入“邀请函.jpg”图片并置于文本下方，然后输入文本并设置文本格式，制作公益活动邀请函的外观。
- 将文本插入点定位在称谓后，启动信函制作向导，按照向导的提示在相应的位置插入“姓名”合并域。
- 将邀请函合并到一个文档中，并以“邀请函”为名进行保存。

技巧提升

1. 改变默认的文字方向

默认情况下，在Word文档中输入的文本将沿水平方向排列，但在制作一些特殊文档时，可设置文字方向使文字沿不同的方向显示。设置文字方向的方法为：在文档中单击“布局”选项卡，在“页面设置”组中单击“文字方向”按钮，在弹出的下拉列表中选择“垂直”选项，使文档中的文本都垂直排列；或选择“文字方向选项”选项，在打开的“文字方向-主文档”对话框的“方向”选项组中单击相应的文字框，设置文本在不同方向上的排列效果。

2. 设置纵横混排

设置纵横混排可以在同一个页面中改变部分文本的排列方向，如由原来的纵向变为横向、横向变为纵向，但它只适用于文字较少的情况。设置纵横混排的具体操作如下。

（1）选择需设置纵横混排的文本，在“开始”选项卡的“段落”组中单击“中文版式”按钮，在弹出的下拉列表中选择“纵横混排”选项。

（2）在打开的“纵横混排”对话框中保持默认设置，然后单击确定按钮，返回文档中即可看到所选的文字以纵横混排的方式排列。

3. 创建标签

在“邮件”选项卡的“创建”组中单击“标签”按钮，可创建各种标签，如邮件标签、磁盘标签和卡片标签等，最常用的是邮件标签，邮件标签即将收件人的地址和姓名等打印到标签页，然后贴到信封上使用。一些大型企业印制的专用信封中已经包含了寄件人信息，如企业的地址和联系方式等，此时通过邮件标签可以快速制作收件人信息。

4. 使用电子邮件发送文档

在Word 2016中，可将文档作为电子邮件的附件发送出去，具体操作如下。

（1）单击“文件”选项卡，在弹出的窗口中选择“共享”选项，在弹出的界面中选择“电子邮件”选项。

（2）在窗口右侧选择所需的邮件发送方式，例如，选择“作为附件发送”选项，在打开的电子邮件窗口中附加采用原文档格式的文档副本；选择“以PDF形式发送”选项，在打开的电子邮件窗口中附加.pdf格式的文档副本；选择“以XPS形式发送”选项，在打开的电子邮件窗口中附加.xps格式的文档副本。

（3）在打开的电子邮件窗口的“收件人”文本框中输入一个或多个收件人，并根据需要编辑主题行和邮件正文，“附件”文本框中将自动添加相应格式的文档副本，完成后单击“发送”按钮。

5. 以正文形式发送邮件

在Word 2016中不仅可以以附件形式发送邮件，还可以以正文形式发送邮件。以正文形式发送邮件的具体操作如下。

（1）单击“文件”选项卡，在弹出的窗口中选择“选项”选项，打开“Word选项”对话框，单击“快速访问工具栏”选项卡，在右侧的“从下列位置选择命令”下拉列表中选择“所有命令”选项，在列表框中选择“发送至邮件收件人”选项，依次单击添加(A) >>按钮和确定按钮，如图3-37所示。

（2）在快速访问工具栏中查看并单击“发送至邮件收件人”按钮，在打开的邮件发送窗口中单击收件人...按钮。

（3）打开的“选择姓名：联系人”对话框的右侧列表框中显示了Outlook Express通讯簿中的收件人地址，在“收件人”文本框中输入收件人地址，单击确定按钮，将收件人的电子邮件地址添加到“邮件收件人”列表框中，然后返回邮件发送窗口，单击发送副本(S)按钮，即可将电子邮件以正文的形式发送给收件人，如图3-38所示。

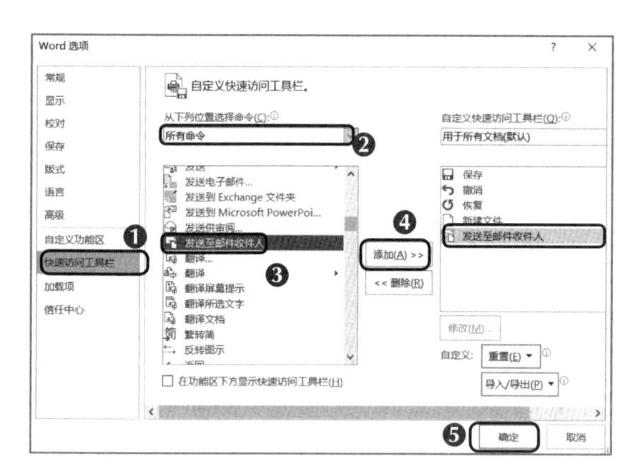

图3-37　添加“发送至邮件收件人”按钮

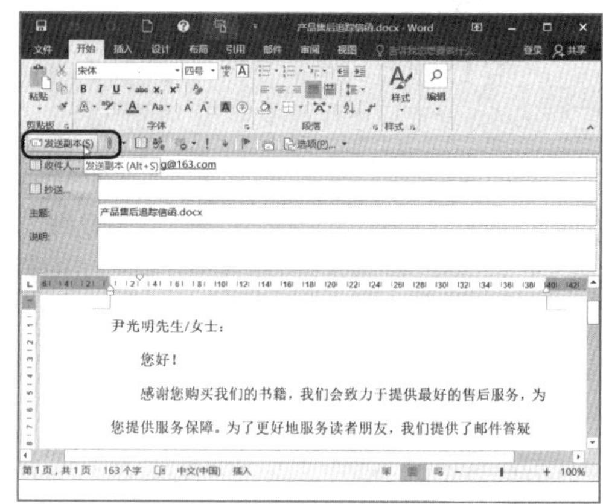

图3-38　添加收件人信息并发送邮件

项目四

Excel基础操作

情景导入

作为行政部门的工作人员，米拉已经能够独立完成公司各类文档的制作。除此之外，由于公司业务的需要，同时为了提升自己的办公水平，米拉主动承担了使用Excel表格制作“预约客户登记表”工作簿和“车辆管理登记表”工作簿的任务，帮助公司统计和管理业务信息。

学习目标

- **掌握制作表格、输入数据的操作**

掌握新建工作簿、选择单元格、输入数据、快速填充数据、保存工作簿等操作。

- **掌握工作表的各种操作方法**

掌握插入与重命名工作表，移动、复制与删除工作表，设置工作表标签的颜色，隐藏与显示工作表，保护工作表等操作。

素质目标

- 培养学生对Excel的学习兴趣。
- 培养学生举一反三的学习能力。
- 提升学生对Excel表格的基本操作能力。

任务一　制作“预约客户登记表”工作簿

一、任务描述

最近公司产品迎来销售旺季，越来越多的客户到公司咨询相关事宜。为了规范并管理公司的来访客户信息，老洪要求米拉制作一个“预约客户登记表”工作簿，对预约来公司拜访的客户进行登记，并要求米拉分类整理出客户信息，且表格内容要全面、详尽，信息展示要直观。米拉在查询了“预约客户登记表”的内容与作用后，很快便按照要求将其制作了出来，完成后的参考效果如

图4-1所示。

效果所在位置 效果文件\项目四\任务一\预约客户登记表.xlsx

	A	B	C	D	E	F	G	H	I	J
1	预约客户登记表									
2	预约号	公司名称	预约人姓	联系电话	接待人	预约日期	预约时间	事由	备注	
3	1	佳明科技	顾建	1584562**	莫雨菲	2022-03-20	9:30	采购		
4	2	腾达实业	贾云国	1385462**	苟丽	2022-03-21	15:45	设备维护	★★★	
5	3	顺德有限	关玉贵	1354563**	莫雨菲	2022-03-22	10:00	采购		
6	4	腾达实业	孙林	1396564**	莫雨菲	2022-03-23	10:25	采购		
7	5	新世纪科	蒋安辉	1302458**	苟丽	2022-03-23	16:00	质量检验	★	
8	6	宏源有限	罗红梅	1334637**	苟丽	2022-03-24	17:00	送货		
9	7	科华科技	王富贵	1585686**	章正翱	2022-03-25	11:30	送货		
10	8	宏源有限	郑珊	1598621**	章正翱	2022-03-26	11:45	技术咨询		
11	9	拓启股份	张波	1586985**	章正翱	2022-03-27	14:00	技术咨询		
12	10	新世纪科	高天水	1598546**	莫雨菲	2022-03-28	11:00	质量检验		
13	11	佳明科技	耿跃升	1581254**	章正翱	2022-03-28	14:30	技术培训		
14	12	科华科技	郑立志	1375382**	苟丽	2022-03-28	16:30	设备维护	★★★	
15	13	顺德有限	郑才枫	1354582**	苟丽	2022-03-29	15:00	技术培训		

图4-1 “预约客户登记表”工作簿的最终效果

职业素养 **“预约客户登记表”的内容与作用**

“预约客户登记表”是日常办公中常用的一类重要表格。“预约客户登记表”中的客户名称、公司名称、联系电话、预约日期和预约事宜等项目是必须记录的，缺少其中一项都有可能导致接待失败，从而造成公司的损失。“预约客户登记表”在工作中起提示作用，同时有利于工作顺利、及时地展开。

二、任务实施

（一）新建工作簿

要使用Excel制作表格，应先学会新建工作簿。新建工作簿有两种方法：一种是新建空白工作簿，另一种是新建基于模板的工作簿。

1. 新建空白工作簿

启动Excel 2016后，系统将自动新建一个名为“工作簿1”的空白工作簿。为了满足实际需要，用户还可以新建更多的空白工作簿。下面启动Excel 2016，并新建一个空白工作簿，具体操作如下。

（1）选择“开始”/“Microsoft Office”/“Excel 2016”菜单命令，启动Excel 2016。在Excel工作界面中单击“文件”选项卡，在弹出的窗口中选择“新建”选项，在“新建”界面中选择“空白工作簿”选项。

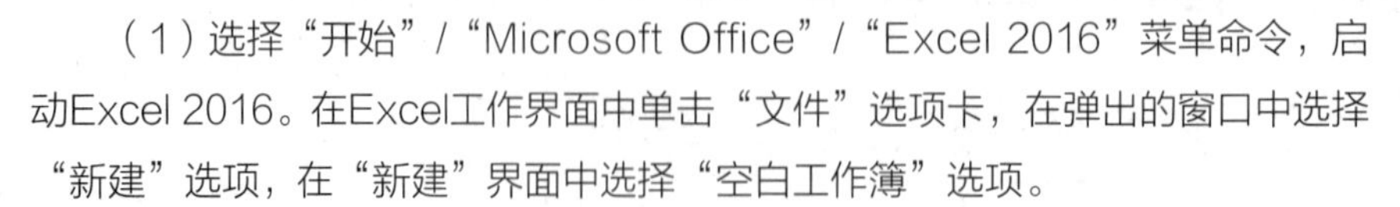

（2）系统将新建一个名为“工作簿2”的空白工作簿，如图4-2所示。

多学一招 **新建工作簿的其他方法**

按【Ctrl+N】组合键可快速新建空白工作簿。在桌面或文件夹中的空白位置单击鼠标右键，在弹出的快捷菜单中选择“新建”命令，在弹出的子菜单中选择“Microsoft Excel 工作表”命令，也可新建空白工作簿。

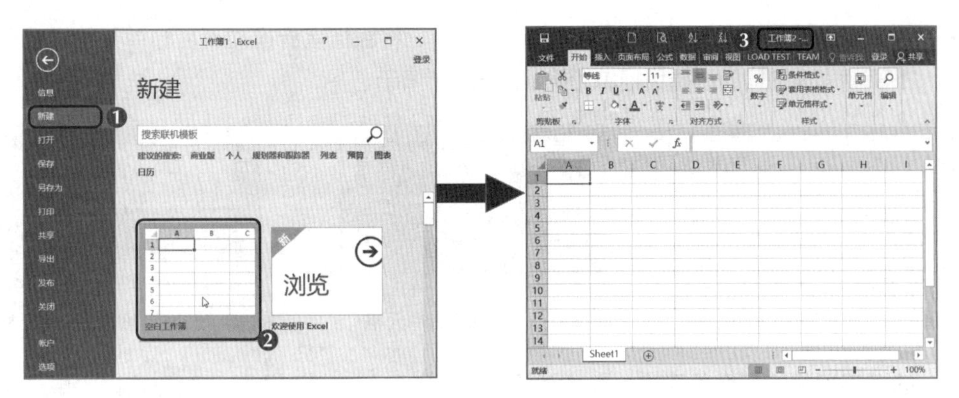

图4-2　新建空白工作簿

2. 新建基于模板的工作簿

Excel 2016自带的有固定格式的空白工作簿称为模板。用户只需在模板中输入相应的数据或稍做修改，即可快速创建所需的工作簿，从而大大提高工作效率。下面新建一个基于“每周出勤报告”模板的工作簿，具体操作如下。

（1）单击“文件”选项卡，在弹出的窗口中选择“新建”选项，在窗口中的“新建”界面中选择“每周出勤报告”选项。

（2）在打开的界面中可以预览选择的模板工作簿，单击“创建”按钮即可新建名为“每周出勤报告1”的模板工作簿，如图4-3所示。

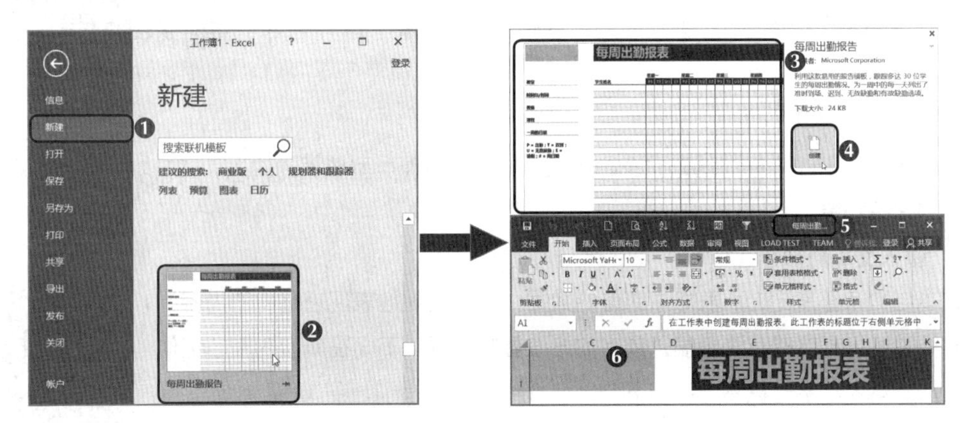

图4-3　新建基于模板的工作簿

（二）选择单元格

要在表格中输入数据，应先选择要输入数据的单元格。在工作表中选择单元格的方法有以下几种。

- **选择单个单元格：** 单击单元格，或在名称框中输入单元格的行号和列号后按【Enter】键，如图4-4所示。
- **选择所有单元格：** 单击行号和列标左侧交叉处的“全选”按钮，或按【Ctrl+A】组合键，如图4-5所示。

- **选择相邻的多个单元格：** 选择起始单元格后，将鼠标指针拖动到目标单元格；或在按住【Shift】键的同时选择目标单元格，如图4-6所示。

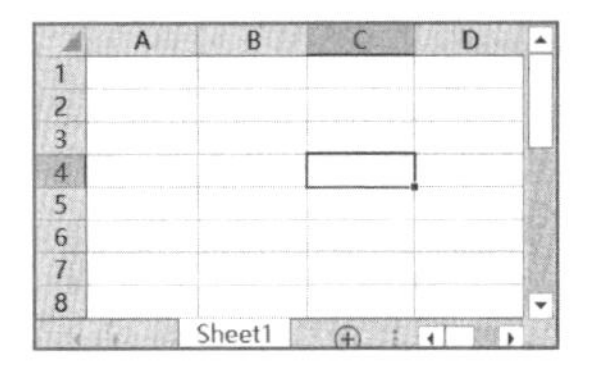

图4-4　选择单个单元格

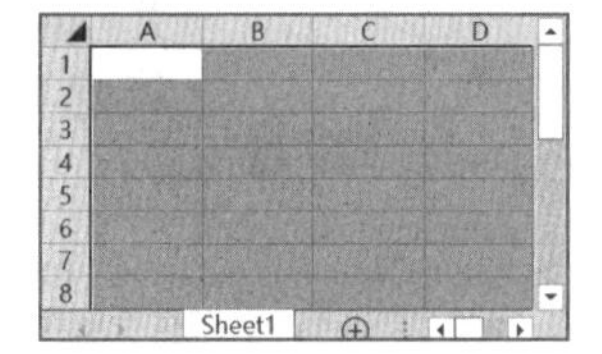

图4-5　选择所有单元格

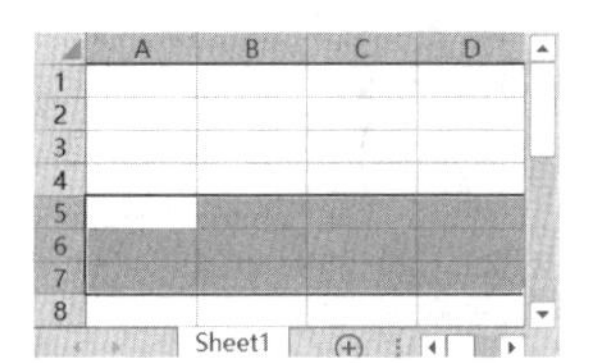

图4-6　选择相邻的多个单元格

- **选择不相邻的多个单元格：** 在按住【Ctrl】键的同时，依次单击需要选择的单元格，如图4-7所示。
- **选择整行：** 将鼠标指针移动到需要选择的行的行号上，当鼠标指针变成➡形状时单击行号，如图4-8所示。
- **选择整列：** 将鼠标指针移动到需要选择的列的列标上，当鼠标指针变成⬇形状时单击列标，如图4-9所示。

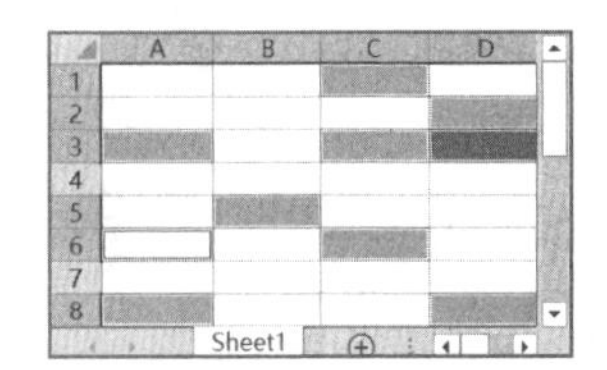

图4-7　选择不相邻的多个单元格

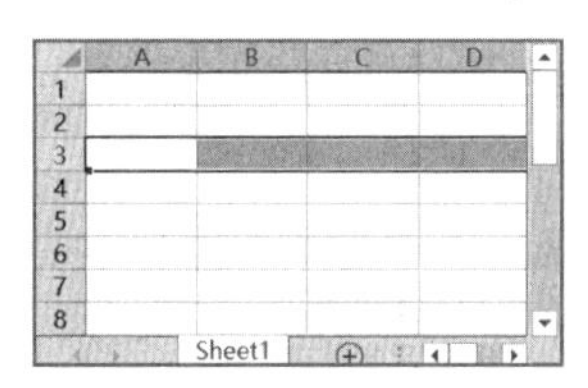

图4-8　选择整行

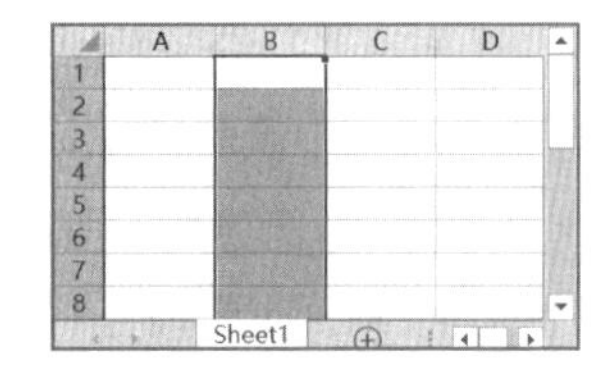

图4-9　选择整列

（三）输入数据

输入数据是制作表格的基础，Excel 2016支持多种类型数据的输入，如文本、数字、日期与时间、特殊符号等。

1. 输入文本与数字

文本与数字都是Excel表格中的重要数据，可以直观地表现表格中的内容。在单元格中输入文本的方法与输入数字的方法基本相同。下面在新建的空白工作簿中输入文本与数字，具体操作如下。

（1）选择A1单元格，输入文本“预约客户登记表”，然后按【Enter】键。

（2）选择A2单元格，输入文本“预约号”，按【Enter】键将选择A3单元格，输入数字“1”。依次选择相应的单元格，用相同的方法输入图4-10所示的文本与数字。

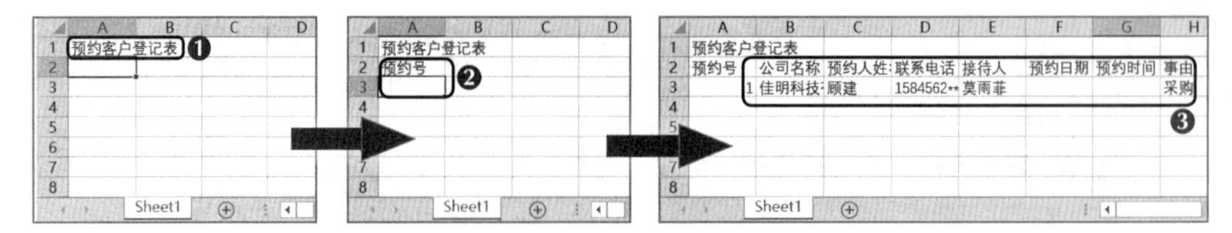

图4-10　输入文本与数字

多学一招　　**修改数据的技巧**

将鼠标指针置于单元格中的某个位置后双击，可将文本插入点定位到指定的位置，在其中可根据需要修改数据。另外，当单元格中的数据较长而不能完全显示时，可选择单元格，在编辑栏中修改数据。

2. 输入日期与时间

在单元格中输入的日期和时间默认呈右对齐排列，如果系统不能识别用户输入的日期和时间，则输入的内容将被视为文本，从而在单元格中呈左对齐排列。2022/03/20、2022年03月20日、2022-03-20均为系统可以识别的日期格式。下面在工作簿中输入相应的日期与时间，具体操作如下。

（1）选择F3单元格，输入“2022/03/20”格式的日期，完成后按【Enter】键，输入的日期将显示为“2022-03-20”，如图4-11所示。

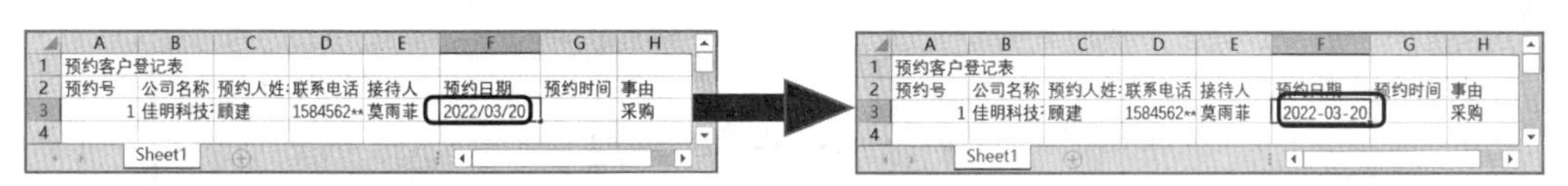

图4-11　输入日期

（2）选择G3单元格，输入“9:30”格式的时间，完成后按【Enter】键，在编辑栏中可看到时间显示为“9:30:00”格式，如图4-12所示。

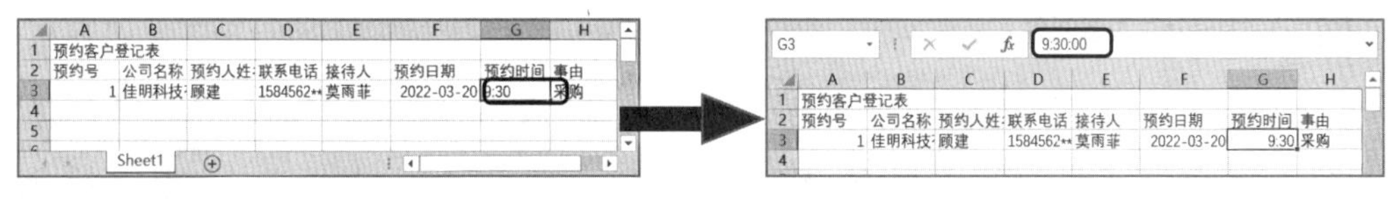

图4-12　输入时间

（3）用相同的方法在B4:H15单元格区域中输入其他数据。

多学一招　　**快速输入当前日期或时间**

选择单元格后，按【Ctrl+;】组合键可自动输入当前日期；按【Ctrl+Shift+;】组合键可自动输入当前时间；按【Ctrl+;】组合键，然后按空格键，接着按【Ctrl+Shift+;】组合键，可输入当前日期和时间。

3. 插入特殊符号

在Excel表格中，若使用键盘不能输入“※”“★”“√”等特殊符号，则可通过“符号”对话框插入这些特殊符号。下面在前面的工作簿中插入特殊符号“★”，具体操作如下。

（1）选择I4单元格，单击“插入”选项卡，在“符号”组中单击“符号”按钮Ω。

（2）在打开的“符号”对话框中单击“符号”选项卡，在中间的列表框中选择“★”符号，连续单击3次 插入(I) 按钮，在I4单元格中插入3个“★”符号，完成后单击 关闭 按钮关闭“符号”对话框，如图4-13所示。

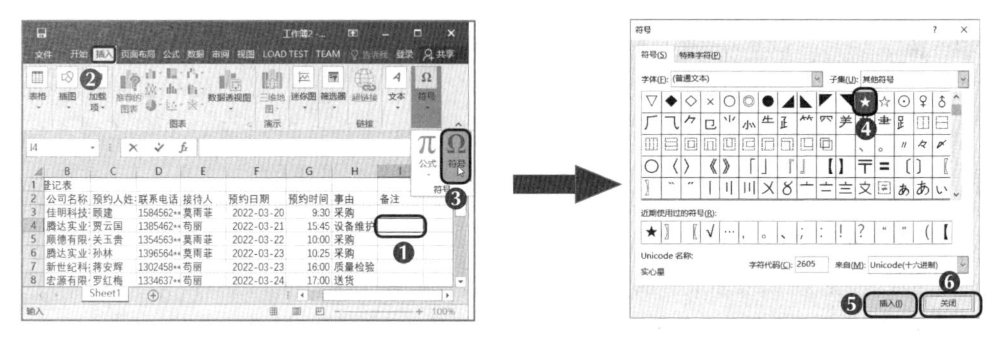

图4-13　插入特殊符号

（3）返回工作表可看到插入符号后的效果，然后按【Enter】键完成输入并保持单元格处于选择状态。用相同的方法在I7和I14单元格中输入该符号，如图4-14所示。

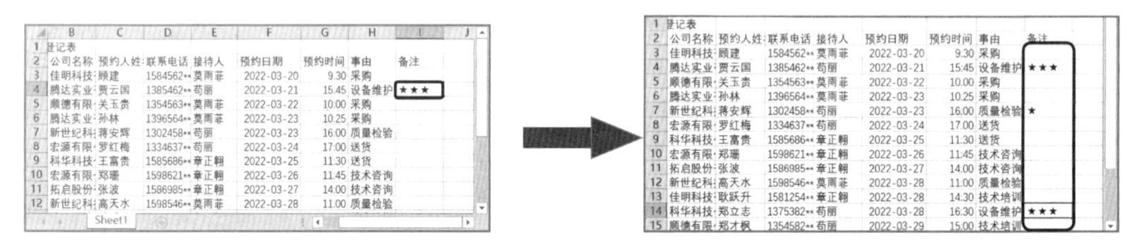

图4-14　插入特殊符号后的效果

（四）快速填充数据

要在表格中快速并准确地输入相同或有规律的数据，可使用Excel 2016的快速填充数据功能。下面介绍快速填充数据的常用方法。

微课视频
使用填充柄填充数据

1. 使用填充柄填充数据

单击并拖动填充柄可以快速填充相同或序列数据。下面在前面的工作簿中使用填充柄填充序列数据，具体操作如下。

（1）选择A3单元格，将鼠标指针移至该单元格的右下角，此时该单元格的右下角将出现一个填充柄，且鼠标指针将变为+形状，拖动鼠标指针到A15单元格，释放鼠标左键，A3:A15单元格区域中将快速填充相同的数据。

（2）在A3:A15单元格区域的右下角单击“自动填充选项”按钮，在弹出的下拉列表中选中 填充序列(S) 单选按钮，即可填充序列数据，如图4-15所示。

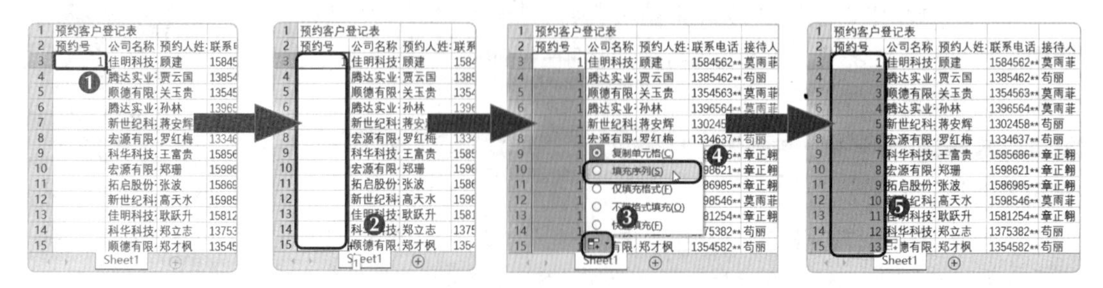

图4-15　使用填充柄填充数据

2. 使用“序列”对话框填充数据

使用“序列”对话框可以通过设置数据的类型、步长值和终止值等参数来填充数据。下面在前面的工作簿中通过“序列”对话框填充序列数据，具体操作如下。

微课视频
使用“序列”对话框填充数据

（1）选择A3:A15单元格区域，在“开始”选项卡的“编辑”组中单击“填充”按钮，在弹出的下拉列表中选择“序列”选项。

（2）打开“序列”对话框，在“序列产生在”选项组中选中 列(C) 单选按钮，在“类型”选项组中选中 等差序列(L) 单选按钮，在“步长值”文本框中设置序列数据的差值，在“终止值”文本框中设置填充的序列数据的数量，这里只需在“终止值”文本框中输入数据“13”，完成后单击 确定 按钮。

（3）返回工作簿可以看到填充的序列数据，效果如图4-16所示。

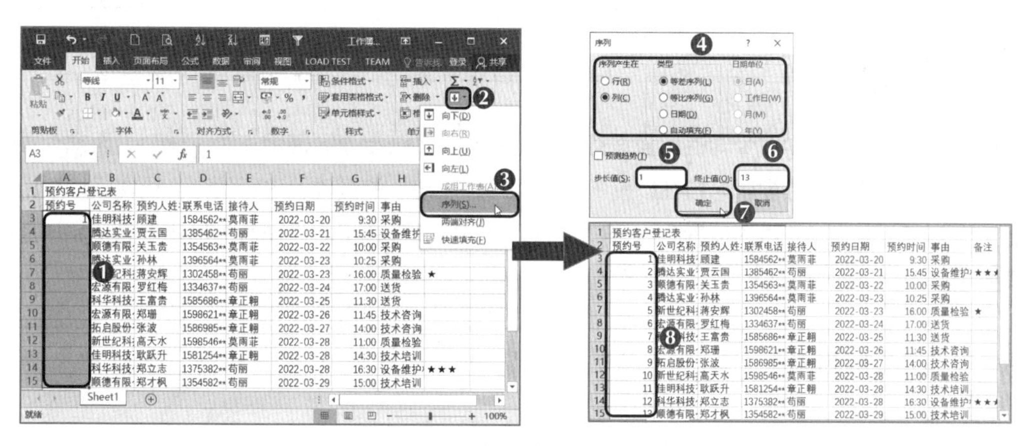

图4-16 使用“序列”对话框填充数据

（五）保存工作簿

在工作簿中输入数据后，为了方便以后查看和编辑，还需将其保存到计算机中的相应位置。下面将前面创建的工作簿以“预约客户登记表”为名进行保存，具体操作如下。

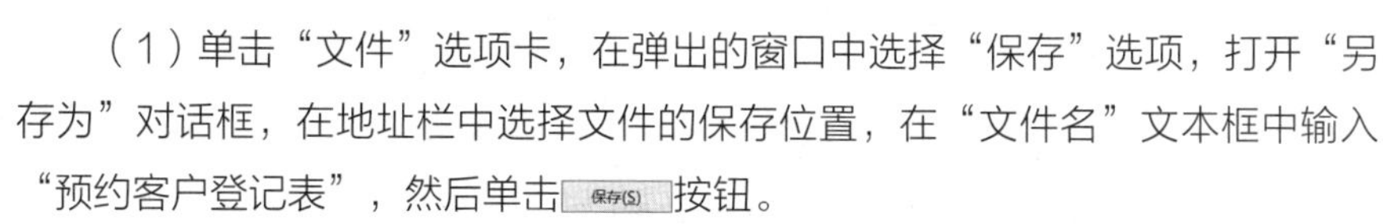

（1）单击“文件”选项卡，在弹出的窗口中选择“保存”选项，打开“另存为”对话框，在地址栏中选择文件的保存位置，在“文件名”文本框中输入“预约客户登记表”，然后单击 保存(S) 按钮。

（2）在标题栏中可以看到工作簿的名称变成了“预约客户登记表.xlsx”，如图4-17所示，且在计算机的相应位置可找到保存的工作簿文档。

多学一招 **关闭并退出或另存工作簿**

不再使用工作簿时，可单击窗口右上角的“关闭”按钮，关闭并退出工作簿。与Word文档相同，单击“文件”选项卡，在弹出的窗口中选择“另存为”选项，可将工作簿以不同名称保存在不同位置。

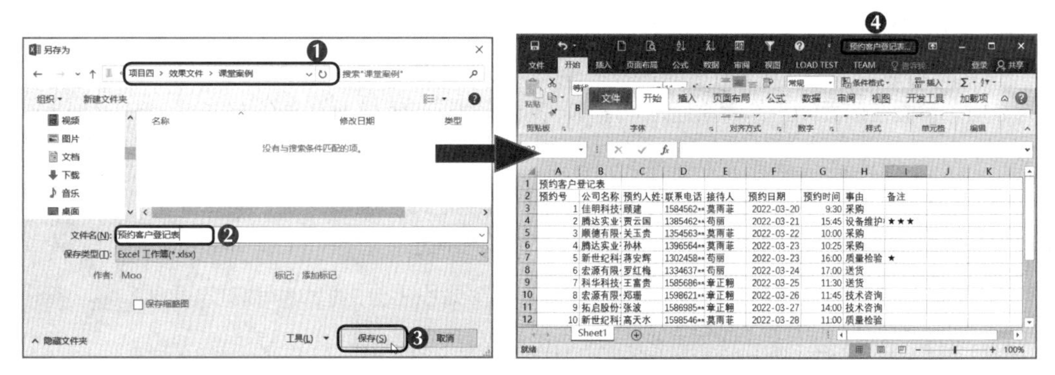

图4-17　保存工作簿

任务二　管理“车辆管理表格”工作簿

一、任务描述

由于在产品销售旺季时公司的出差任务较多，部分员工在出差时使用车辆不规范，因此公司准备对此进行加强管理，并要求米拉在以前的“车辆管理表格”的基础上进行优化，更详细地登记和统计车辆使用信息。在老洪的指导下，米拉完成了“车辆管理表格”工作簿的优化任务，完成后的效果如图4-18所示。

素材所在位置　素材文件\项目四\任务二\车辆管理表格.xlsx、车辆费用支出.xlsx

效果所在位置　效果文件\项目四\任务二\车辆管理表格.xlsx

图4-18　“车辆管理表格”工作簿的效果

职业素养　　**“车辆管理表格”的统计范围**

企事业单位用“车辆管理表格”对车辆的使用情况进行登记、管理和控制。“车辆管理表格”一般应包含车辆使用申请表、车辆使用报表和车辆费用报表等，分别用于申请使用车辆、登记车辆使用情况及统计车辆消耗费用等。

二、任务实施

（一）插入和重命名工作表

在实际工作中，工作簿中默认的工作表数量有时不能满足实际需求，此时就需要在工作簿中插入新的工作表；并且为了方便记忆和管理，通常会将工作表重命名为与展示的内容相关联的名称。下面在“车辆管理表格”工作簿中插入并重命名工作表，具体操作如下。

（1）在计算机中找到“车辆管理表格.xlsx”工作簿，双击“车辆管理表格.xlsx”工作簿的图标，打开“车辆管理表格”工作簿，如图4-19所示。

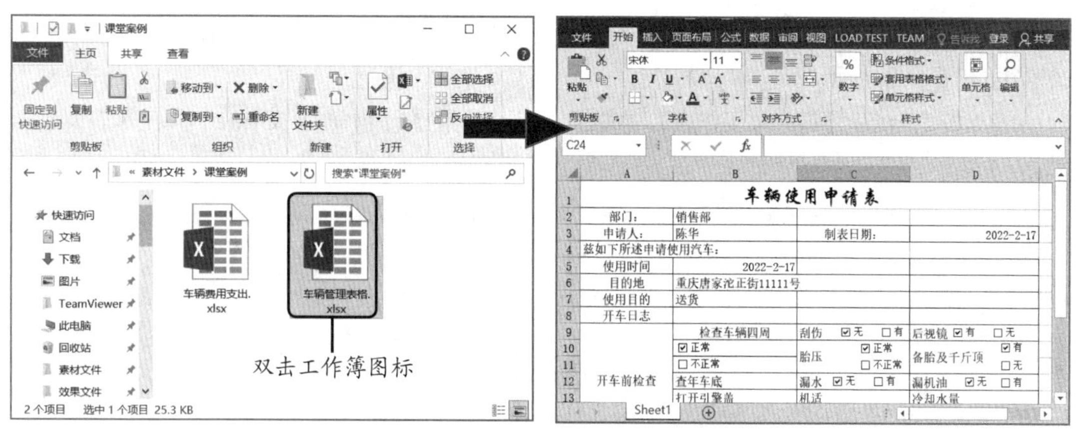

图4-19　打开“车辆管理表格”工作簿

（2）在“Sheet1”工作表标签上单击鼠标右键，在弹出的快捷菜单中选择“插入”命令，如图4-20所示。

（3）在打开的“插入”对话框中单击“常用”选项卡，在列表框中选择“工作表”选项，单击 确定 按钮，如图4-21所示。

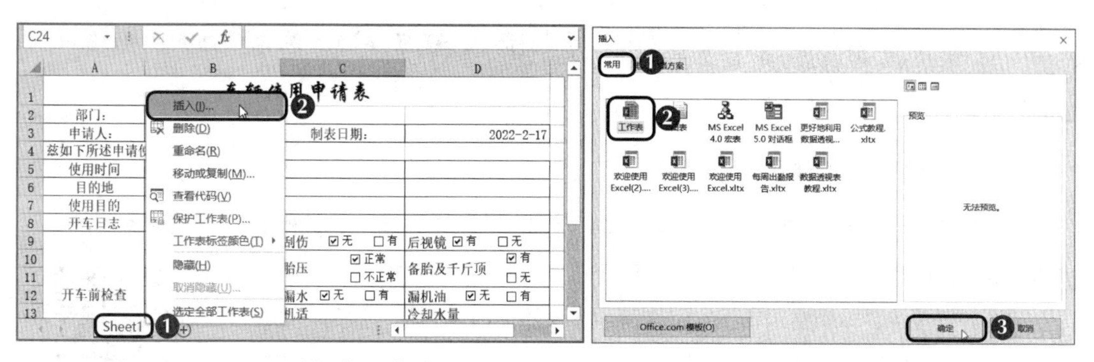

图4-20　选择“插入”命令　　　　图4-21　选择插入的工作表的类型

（4）此时在“Sheet1”工作表的左侧会插入一张空白的工作表，其名为“Sheet2”，如图4-22所示。

（5）在“Sheet2”工作表标签上单击鼠标右键，在弹出的快捷菜单中选择“重命名”命令，如图4-23所示。

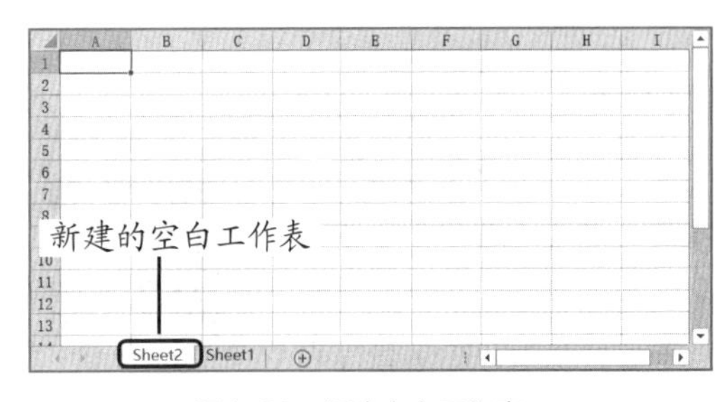

图4-22　新建空白工作表

图4-23　选择“重命名”命令

（6）此时工作表名称处于黑底可编辑状态，在其中输入工作表名称，如输入“车辆使用月报表”，如图4-24所示。

（7）按【Enter】键完成工作表的重命名。使用相同的方法重命名“Sheet1”工作表，效果如图4-25所示。

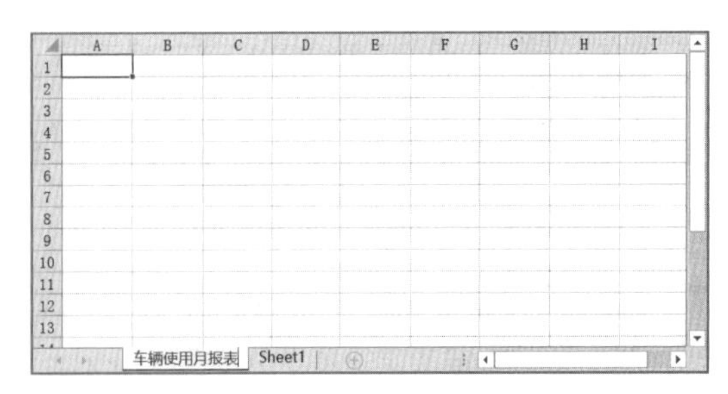

图4-24　重命名工作表

图4-25　重命名工作表后的效果

多学一招　　**快速插入空白工作表和重命名工作表**

单击“开始”选项卡，在“单元格”组中单击“插入”按钮，在弹出的下拉列表中选择“插入工作表”选项，可直接在当前工作表的后面插入空白工作表。双击工作表标签，可直接进入编辑状态，然后重命名工作表。

（二）移动、复制和删除工作表

在实际应用中，有时会将某些表格内容集合到同一个工作簿中，此时直接移动或复制工作表可大大提高工作效率。对于工作簿中不需要的工作表，可将其直接删除。下面将“车辆费用支出”工作簿中多余的工作表删除，然后将“车辆费用月报表”工作表复制到“车辆管理表格”工作簿中，并在“车辆管理表格”工作簿中移动工作表，具体操作如下。

（1）打开“车辆费用支出”工作簿，在“Sheet2”工作表标签上单击鼠标右键，在弹出的快捷菜单中选择“删除”命令，删除该空白工作表，如

图4-26所示。

（2）使用相同的方法将“Sheet3”工作表删除，删除后的效果如图4-27所示。

图4-26　选择“删除”命令

图4-27　删除工作表后的效果

（3）在“车辆费用支出”工作簿中单击“开始”选项卡，选择“单元格”组，单击“格式”按钮，在弹出的下拉列表中选择“移动或复制工作表”选项。

（4）打开“移动或复制工作表”对话框，在“工作簿”下拉列表中选择要移动或复制的工作簿，这里选择“车辆管理表格.xlsx”；在“下列选定工作表之前”列表框中选择“（移至最后）”选项，设置工作表的移动位置；选中☑建立副本(C)复选框，复制工作表，单击确定按钮，如图4-28所示。

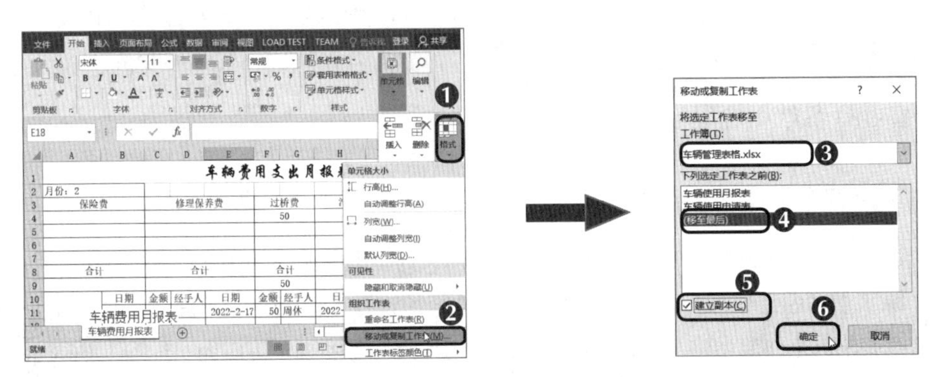

图4-28　将工作表复制到不同工作簿中

知识提示　　**在同一个工作簿中移动或复制工作表**

若在“移动或复制工作表”对话框中的“工作簿”下拉列表中选择“车辆费用支出.xlsx”选项，则表示在同一个工作簿中移动或复制工作表。在“移动或复制工作表”对话框中撤销选中☐建立副本(C)复选框，表示仅移动工作表。

（5）此时，系统将自动切换到“车辆管理表格”工作簿，可看到复制的“车辆费用月报表”工作表，如图4-29所示。

（6）在“车辆管理表格”工作簿中选择“车辆使用申请表”工作表，然后拖动鼠标指针，当鼠标指针在“车辆费用月报表”工作表后方时释放鼠标左键，如图4-30所示。

（7）返回工作簿，可看到“车辆使用申请表”工作表被移动到“车辆费用月报表”工作表的后面，如图4-31所示。

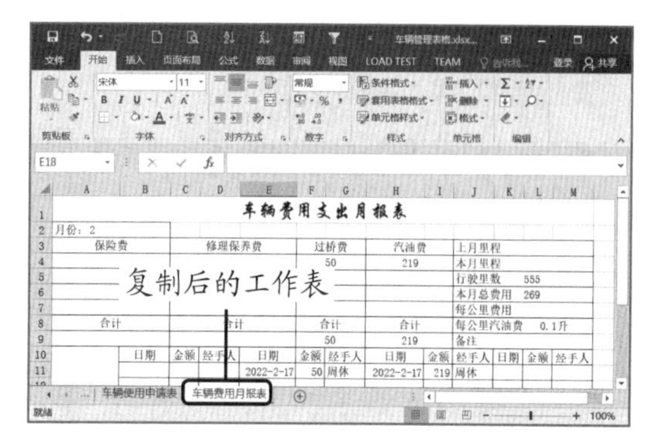

图4-29　复制工作表后的效果

图4-30　移动工作表

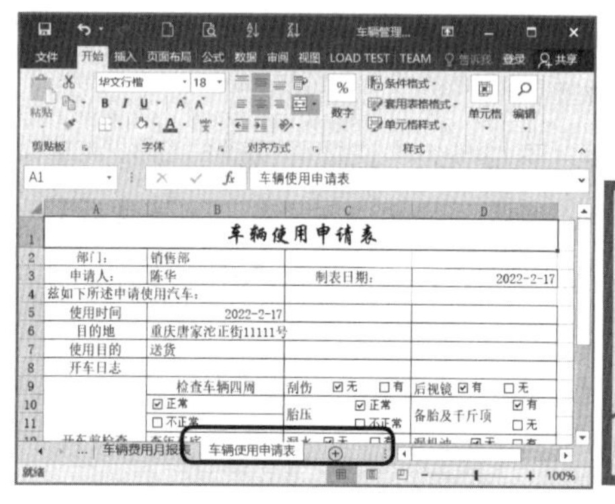

图4-31　移动工作表后的效果

知识提示　**拖动复制工作表**

单击工作表标签以选择工作表，在按住【Ctrl】键的同时，拖动鼠标指针到目标位置后释放鼠标左键，可将工作表复制到目标位置。

（三）设置工作表标签的颜色

Excel 2016中默认的工作表标签颜色是相同的，为了区分工作簿中的多张工作表，除了重命名工作表外，还可以为工作表的标签设置不同颜色。下面在“车辆管理表格”工作簿中将“车辆使用申请表”工作表标签的颜色设置为“红色”，具体操作如下。

（1）在“车辆管理表格”工作簿中选择需要设置颜色的工作表标签，这里选择“车辆使用申请表”工作表标签，单击鼠标右键，在弹出的快捷菜单中选择“工作表标签颜色”命令，在弹出的子菜单中任意选择一种颜色，这里选择“红色”。

（2）此时“车辆使用申请表”工作表标签显示为红色，如图4-32所示。

A1　车辆使用申请表

	A	B	C	D
1	车辆使用申请表			
2	部门：	销售部		
3	申请人：	陈华	制表日期：	2022-2-17
4	兹如下所述申请使用汽车：			
5	使用时间	2022-2-17		
6	目的地	重庆唐家沱正街11111号		
7	使用目的	送货		
8	开车日志			
9		检查车辆四周	刮伤　☑无　☐有	后视镜　☑有　☐无
10		☑正常	胎压　☑正常	备胎及千斤顶　☑有
11		☐不正常	☐不正常	☐无

插入(I)...
删除(D)
重命名(R)
移动或复制(M)...
查看代码(V)
保护工作表(P)...
工作表标签颜色(T)
隐藏(H)
取消隐藏(U)...
选定全部工作表(S)
主题颜色
标准色
红色
其他颜色(M)...
车辆费用月报表
车辆使用申请表
就绪

图4-32　设置工作表标签的颜色

知识提示　　**选择更多颜色和取消颜色设置**

用鼠标右键单击工作表标签，在弹出的快捷菜单中选择“工作表标签颜色”命令，在子菜单中选择“其他颜色”命令，在打开的“颜色”对话框中可选择更多的颜色。要取消工作表标签的颜色设置，只需在子菜单中选择“无颜色”命令。

（四）隐藏和显示工作表

为了防止重要数据外泄，可以将含有重要数据的工作表隐藏起来，待需要使用时再将其显示出来。下面隐藏和显示“车辆管理表格”工作簿中的工作表，具体操作如下。

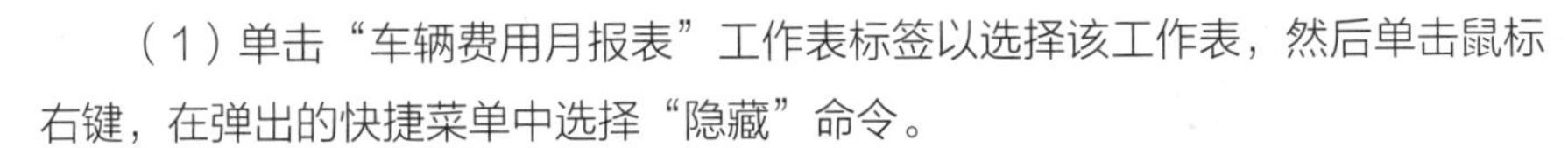

（1）单击“车辆费用月报表”工作表标签以选择该工作表，然后单击鼠标右键，在弹出的快捷菜单中选择“隐藏”命令。

（2）返回工作簿，可看到选择的工作表已被隐藏，如图4-33所示。

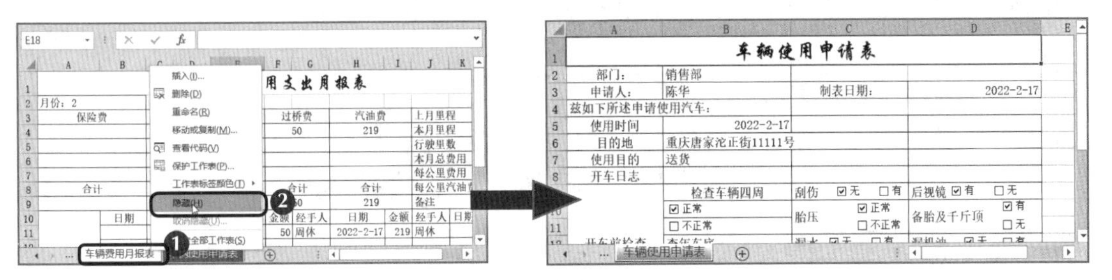

图4-33　隐藏工作表

（3）在“车辆使用申请表”工作表标签上单击鼠标右键，在弹出的快捷菜单中选择“取消隐藏”命令。

（4）打开“取消隐藏”对话框，“取消隐藏工作表”列表框中显示了被隐藏的工作表，选择要重新显示的工作表，这里选择“车辆费用月报表”选项。

（5）单击 确定 按钮，返回工作簿，可看到“车辆费用月报表”工作表已重新显示，如图4-34所示。

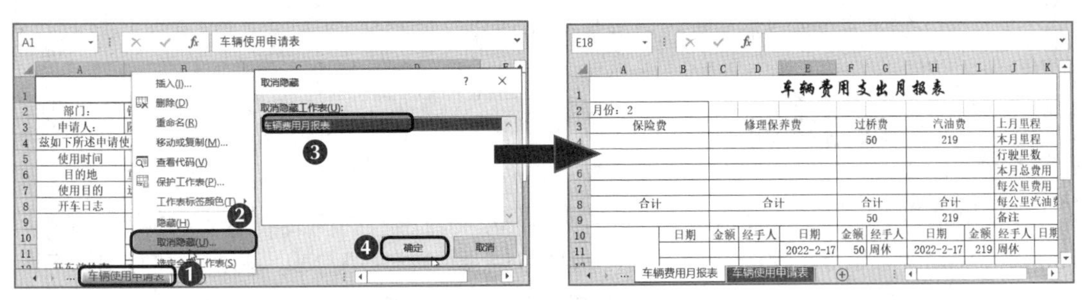

图4-34　显示隐藏的工作表

（五）保护工作表

保护工作表可防止他人在未经授权的情况下对工作表进行操作。下面在“车辆管理表格”工作簿中对“车辆费用月报表”工作表进行保护设置（密码为12345），具体操作如下。

（1）在工作表标签上单击鼠标右键，在弹出的快捷菜单中选择“保护工作表”命令。

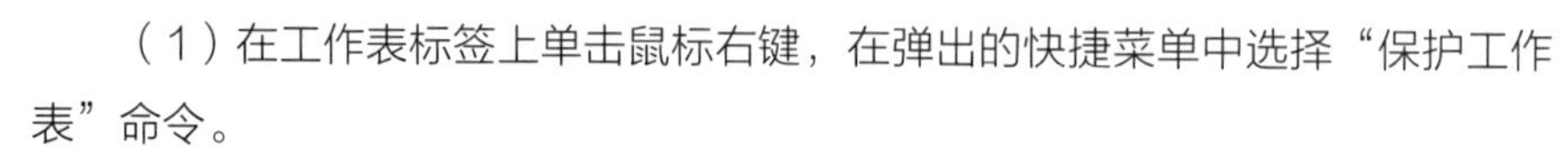

多学一招　　**保护工作表的其他方法**

选择要保护的工作表，单击“审阅”选项卡，选择“更改”组，单击“保护工作表”按钮，也可对工作表进行保护操作。

（2）打开“保护工作表”对话框，在“取消工作表保护时使用的密码”文本框中输入密码“12345”，在“允许此工作表的所有用户进行”列表框中设置用户可对该工作表执行的操作，单击确定按钮。在打开的“确认密码”对话框的“重新输入密码”文本框中输入相同的密码“12345”，单击确定按钮即可完成工作表的保护设置，如图4-35所示。

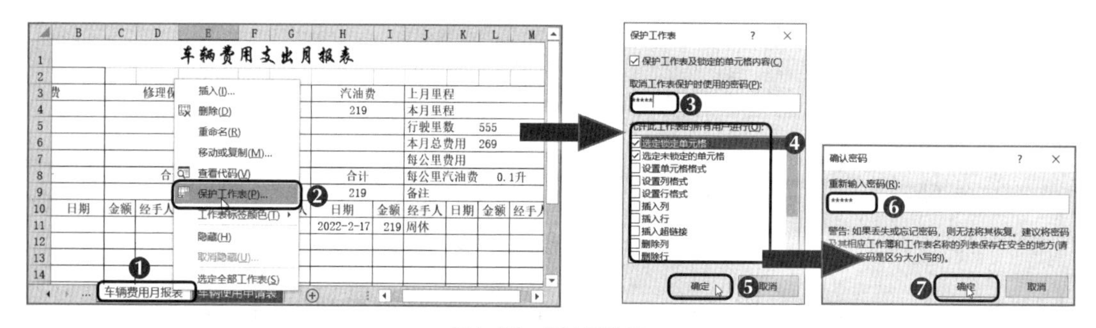

图4-35　保护工作表

知识提示　　**撤销工作表的保护设置**

在未经授权的情况下，其他用户无法对已被保护的工作表进行编辑操作。若需撤销工作表的保护设置，则可单击“审阅”选项卡，在“更改”组中单击“撤销工作表保护”按钮，在打开的“撤销工作表保护”对话框中输入工作表的保护密码，最后单击确定按钮。

项目实训

本项目通过制作“预约客户登记表”工作簿、管理“车辆管理表格”工作簿两个任务，讲解了Excel 2016的基础操作。其中，输入数据、快速填充数据、重命名工作表、移动与复制工作表等操作是日常办公中经常使用的，读者应重点学习和把握。下面通过两个项目实训帮助读者灵活运用本项目的知识。

一、制作“加班记录表”工作簿

1. 实训目标

本实训的目标是制作“加班记录表”工作簿。记录类表格中的数据类型相似，可以采用在同一列填充相同数据的方式输入数据，再修改数据，从而提高制作效率。本实训主要练习输入数据的操作，最终效果如图4-36所示。

效果所在位置 效果文件\项目四\项目实训\加班记录表.xlsx

	A	B	C	D	E	F	G	H	I
1	加班记录表								
2	编号	姓名	部门	加班事由	日期	开始时间	结束时间	用时	负责人
3	B15	王一泓	技术部	现场监控	2022-2-18	20:00:00	23:45:00	3:45:00	冯刚
4	B16	章艺	质量部	检验建材	2022-2-18	19:00:00	22:30:00	3:30:00	冯刚
5	B17	毕福家	技术部	现场监控	2022-2-19	19:30:00	23:50:00	4:20:00	冯刚
6	B18	舒影	质量部	检验建材	2022-2-19	20:45:00	22:55:00	2:10:00	冯刚
7	B19	齐海军	技术部	现场监控	2022-2-20	19:30:00	22:55:00	3:25:00	冯刚
8	B20	康居	技术部	检验建材	2022-2-20	19:00:00	23:30:00	4:30:00	冯刚
9	B21	周畅	技术部	现场监控	2022-2-21	20:30:00	23:50:00	3:20:00	冯刚
10	B22	刘栋	技术部	检验建材	2022-2-21	20:00:00	23:45:00	3:45:00	冯刚
11	B23	张杰	质量部	现场监控	2022-2-22	20:30:00	23:00:00	2:30:00	冯刚
12	B24	宋康昊	技术部	拟制质量	2022-2-22	20:00:00	22:55:00	2:55:00	冯刚
13	B25	钱嘉	技术部	现场监控	2022-2-23	20:00:00	23:00:00	3:00:00	冯刚
14	B26	刘明	质量部	检验建材	2022-2-23	21:00:00	23:00:00	2:00:00	冯刚
15	B27	胡畅	技术部	现场监控	2022-2-24	20:00:00	23:50:00	3:50:00	冯刚
16	B28	刘惠嘉	技术部	检验建材	2022-2-24	20:10:00	23:45:00	3:35:00	冯刚
17									
18						项目负责人签字:			

加班记录表 | Sheet1 | Sheet2

图4-36 “加班记录表”工作簿的最终效果

2. 专业背景

加班记录表是公司经常用到的表格，用于记录员工的加班情况，它将影响员工的工资。加班记录表通常需要包括以下内容。

- **员工姓名和编号：**员工姓名和编号需要记录正确，否则容易引发纠纷。
- **加班事项：**加班事项是指员工加班时做的具体事情。
- **加班日期：**加班日期是指员工加班的日期，这是一项重要的凭据。
- **加班时间：**加班时间是指员工加班的具体时间，加班工资通常为单价乘加班时间。

3. 操作思路

本实训比较简单，先新建并保存工作簿，然后在A1单元格中输入表格标题，在第2行输入表头内容，接着依次在对应的单元格中输入具体的数据信息。

【步骤提示】

（1）单击“文件”选项卡，在弹出的窗口中选择“新建”选项，新建空白工作簿，然后单击“保存”按钮，将空白工作簿以“加班记录表”为名进行保存。在空白工作簿中分别输入标题和表头内容，然后填充编号数据，并输入其他数据。

（2）将工作表重命名为“加班记录表”。

二、制作“新员工培训计划表”工作簿

1. 实训目标

本实训的目标是制作“新员工培训计划表”工作簿。在本实训中读者可以练习工作表的基本操作，将与新员工信息相关的表格内容集合到“新员工培训计划表”工作簿中。本实训的最终效果如图4-37所示。

素材所在位置　素材文件\项目四\项目实训\新员工信息表.xlsx、新员工培训计划表.xlsx

效果所在位置　效果文件\项目四\项目实训\新员工培训计划表.xlsx

新员工培训计划表					
员工姓名		部门		职务	培训周期　月　日至　月　日止
培训周期	培训时间	培训地点	培训老师	培训内容	培训目的
第一天	09：00~12：00	会议室	王萍	公司介绍	了解公司的企业文化，便于新员工快速融入公司
	13：00~18：00	会议室	王鹏	规章培训	熟悉公司的各项规章制度及行业相关的法律规范
第二天	09：00~12：00	会议室	王鹏	业务培训	介绍公司现在主推的服务和产品
	13：30~14：30	会议室	许闻	OA操作流程	了解部门业务，录入客户资料，跟进金融订单，进行订单管理和其他管理，填写工作日报
	15：00~18：00	会议室	张牛	成功案例分享	了解公司过往的优秀项目，听业内专业人员分享经验，提问互动

图4-37　“新员工培训计划表”工作簿的最终效果

2. 专业背景

新员工培训计划表是公司用来安排新员工培训计划的表格。进行新员工培训能使新员工在入职后尽快对公司有一个全方位的了解，认识并认同公司的业务及文化，理解并接受公司的规章制度，从而适应新的工作环境和工作岗位。

3. 操作思路

本实训比较简单，需依次进行重命名工作表、复制工作表、设置工作表标签的颜色、隐藏工作表等操作。

【步骤提示】

（1）打开“新员工培训计划表”工作簿，将“Sheet1”工作表重命名为“培训计划”，将“Sheet2”工作表重命名为“注意事项”。

（2）打开“新员工信息”工作簿，将其中的“基础信息”工作表复制到“新员工培训计划表”工作簿中。

（3）将“基础信息”工作表标签的颜色设置为“蓝色”，然后将“注意事项”工作表隐藏。

课后练习

本项目主要介绍了Excel 2016的基础操作，下面通过两个课后练习帮助读者巩固相关知识的

应用方法。

1. 制作“员工出差登记表”工作簿

下面新建空白工作簿并保存，重命名相关工作表后在其中输入数据，完成后的效果如图4-38所示。

操作要求如下。

- 新建“员工出差登记表”工作簿，将“Sheet1”工作表重命名为“出差登记表”。
- 分别在对应的单元格中输入相应的数据。

效果所在位置 效果文件\项目四\任务一\预约客户登记表.xlsx

2. 管理“日常办公费用登记表”工作簿

下面打开“日常办公费用登记表”工作簿，对其中的工作表进行各项编辑操作，完成后的效果如图4-39所示。

微课视频
管理“日常办公费用登记表”工作簿

操作要求如下。

- 打开“日常办公费用登记表”工作簿，删除“Sheet2”和“Sheet3”工作表，然后按住【Ctrl】键拖动复制5个“Sheet1”工作表，将多个工作表分别重命名为“1月”“2月”……“6月”，设置“5月”“6月”工作表标签的颜色，完成后修改工作表中的数据。
- 保护“1月”工作表，保护密码为“555555”。

素材所在位置 素材文件\项目四\课后练习\日常办公费用登记表.xlsx
效果所在位置 效果文件\项目四\课后练习\日常办公费用登记表.xlsx

	A	B	C	D	E	F	G	H
1	员工出差登记表							
2						制表日期：		2022-3-11
3	姓名	部门	出差地	出差日期	返回日期	预计天数	实际天数	出差原因
4	邓兴全	技术部	北京通县	2022-3-3	2022-3-5	3	2	维修设备
5	王宏	营销部	北京大兴	2022-3-3	2022-3-6	3	3	新产品宣传
6	毛戈	技术部	上海松江	2022-3-4	2022-3-7	3	3	提供技术支
7	王南	技术部	上海青浦	2022-3-4	2022-3-3	4	4	新产品开发
8	刘惠	营销部	山西太原	2022-3-4	2022-3-9	4	5	新产品宣传
9	孙祥礼	技术部	山西大同	2022-3-5	2022-3-9	4	4	维修设备
10	刘栋	技术部	山西临汾	2022-3-7	2022-3-9	4	2	维修设备
11	李锋	技术部	四川青川	2022-3-7	2022-3-9	2	2	提供技术支
12	周畅	技术部	四川自贡	2022-3-7	2022-3-9	3	2	维修设备
13	刘煌	营销部	河北石家庄	2022-3-7	2022-3-9	2	2	新产品宣传
14	钱嘉	技术部	河北承德	2022-3-9	2022-3-9	1	2	提供技术支

出差登记表

图4-38 “员工出差登记表”工作簿的效果

	A	B	C	D	E
1	1月份费用明细数据				
2	日期	部门	费用科目	说明	金额
3	2022/1/3	厂办	招待费		¥5,000.00
4	2022/1/3	生产车间	材料费		¥3,000.00
5	2022/1/5	销售科	宣传费	制作宣传画报	¥480.00
6	2022/1/5	行政办	办公费	购买打印纸	¥300.00
7	2022/1/8	运输队	运输费	为郊区客户送货	¥680.00
8	2022/1/8	库房	通讯费		¥200.00
9	2022/1/15	财务部	通讯费		¥200.00
10	2022/1/17	销售科	通讯费		¥1,000.00
11	2022/1/17	行政办	通讯费		¥200.00
12	2022/1/18	厂办	通讯费		¥300.00
13	2022/1/22	财务部	办公费	购买圆珠笔20支	¥50.00
14	2022/1/26	生产车间	服装费	为员工定做服装	¥1,000.00
15	2022/1/26	运输队	通讯费	购买电话卡	¥200.00
16	2022/1/28	销售科	宣传费	宣传	¥1,290.00
17	2022/1/29	厂办	招待费		¥1,500.00
18	2022/1/29	生产车间	材料费		¥2,000.00
19	2022/1/30	行政办	办公费	购买记事本10本	¥100.00
20	2022/1/30	运输队	运输费	运输材料	¥400.00

1月 2月 3月 4月 5月 6月

图4-39 “日常办公费用登记表”工作簿的效果

技巧提升

1. 设置工作表的数量

除了可在工作簿中插入所需的工作表外，还可设置新工作簿内的工作表数量，这样每次启动

Excel 2016后，工作簿中都有多张工作表备用。设置工作表数量的具体操作如下。

（1）启动Excel 2016，单击“文件”选项卡，在弹出的窗口中选择“选项”选项，打开“Excel选项”对话框，在“常规”选项卡的“包含的工作表数”微调框中输入所需的工作表数量，这里输入“5”，单击 确定 按钮关闭对话框，并关闭当前工作簿。

（2）再次启动Excel 2016后，工作簿中将包含设置的数量的工作表，如图4-40所示。

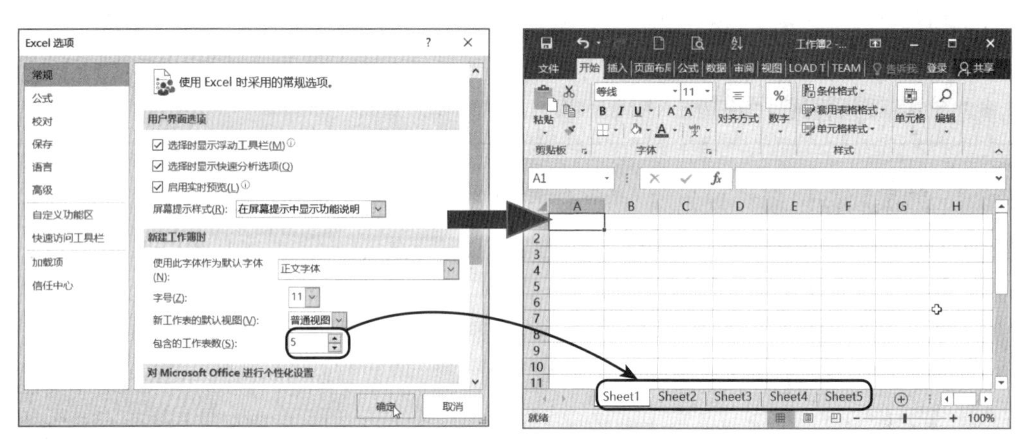

图4-40　设置工作表的数量

2. 在多个单元格中输入相同数据

在多个单元格中输入相同数据，采用直接输入的方法效率较低，此时可以采用批量输入的方法。先选择需要输入数据的单元格或单元格区域，如果需输入数据的单元格不相邻，则可以按住【Ctrl】键逐一选择；然后单击编辑栏，在其中输入数据，完成输入后按【Ctrl+Enter】组合键，数据即被填充到所有选择的单元格中。

3. 设置Excel 2016自动恢复文件的保存位置

启动Excel 2016，单击“文件”选项卡，在弹出的窗口中选择“选项”选项，打开“Excel 选项”对话框，在“保存”选项卡的“自动恢复文件位置”文本框中可以看到恢复文件的默认保存位置，在该文本框中可输入常用的文件夹路径，将恢复文件保存到常用的文件夹中，以方便查找。

项目五

Excel表格编辑与美化

情景导入

老洪发现米拉的Excel基础操作较为熟练后，准备交给米拉一些编辑与美化Excel表格的进阶任务。正好最近公司需要重新编辑“产品报价单”和“员工考勤表”工作簿，为了锻炼米拉，这项工作落在了米拉身上……

学习目标

- **掌握编辑表格的常用操作方法**

掌握合并与拆分单元格、移动与复制数据、插入与删除单元格、清除与修改数据、查找与替换数据、调整单元格的行高与列宽、套用表格格式等操作。

- **掌握美化和打印输出表格的操作方法**

掌握设置字体格式、设置数据格式、设置对齐方式、设置边框与底纹、设置打印页面和页边距、设置打印属性等操作。

素质目标

- 培养学生编辑和美化表格的能力。
- 培养学生打印输出表格的实践能力。
- 提升学生使用Excel 2016制作办公表格的能力。

任务一 编辑“产品报价单”工作簿

一、任务描述

由于经常有客户咨询公司某些产品的价格，所以老洪安排米拉快速编辑一份“产品报价单”工作簿，要求在其中按货号列出公司产品的基本信息，且其中的数据一定要显示完整。米拉通过调整单元格、修改数据、删除数据、套用表格格式等操作，熟练掌握了编辑表格的常用方法，顺利地完成了此次任务，效果如图5-1所示。

素材所在位置 素材文件\项目五\任务一\产品价格表.xlsx、产品报价单.xlsx

效果所在位置 效果文件\项目五\任务一\产品报价单.xlsx

	A	B	C	D	E	F	G	H	I
1	产品报价单								
2	序号	货号	产品名称	净含量	包装规	单价（元	数量	总价（元	备注
3	1	BS001	保湿洁面乳	105g	48支/箱	78	12		
4	2	BS002	保湿紧肤水	110ml	48瓶/箱	88	7		
5	3	BS003	保湿乳液	110ml	48瓶/箱	78	5		
6	4	BS004	保湿霜	35g	48瓶/箱	105	6		
7	5	MB006	美白深层洁面膏	105g	48支/箱	66	8		
8	6	MB009	美白活性营养滋润霜	35g	48瓶/箱	125	10		
9	7	MB010	美白精华露	30ml	48瓶/箱	128	15		
10	8	MB012	美白深层去角质霜	105ml	48支/箱	99	6		
11	9	MB017	美白黑眼圈防护霜	35g	48支/箱	138	9		
12	10	RF018	柔肤焕采面贴膜	1片装	288片/箱	20	5		
13	11	RF015	柔肤再生青春眼膜	2片装	1152袋/箱	10	4		

Sheet1

图5-1 “产品报价单”工作簿的效果

职业素养 **“产品报价单”的制作要求及作用**

“产品报价单”能使消费者对公司产品的价格等情况一目了然。在制作时，应先站在公司的立场确定产品的实际情况；然后站在消费者的角度考虑表格中的内容，消费者一般需要了解产品的名称、规格、含量、价格等信息。

二、任务实施

（一）合并与拆分单元格

为了使制作的表格更加美观和专业，常常需要合并与拆分单元格，例如将工作表首行的多个单元格合并，以突出显示工作表的标题；若合并后的单元格不满足要求，则可拆分合并后的单元格。下面在“产品报价单”工作簿中合并和拆分单元格，具体操作如下。

（1）打开“产品报价单”工作簿，选择A1:G1单元格区域，在“开始”选项卡的“对齐方式”组中单击“合并后居中”按钮，或单击该按钮右侧的按钮，在弹出的下拉列表中选择“合并后居中”选项。

（2）返回工作表可以看到所选的单元格区域已合并为一个单元格，且其中的数据自动居中显示，如图5-2所示。

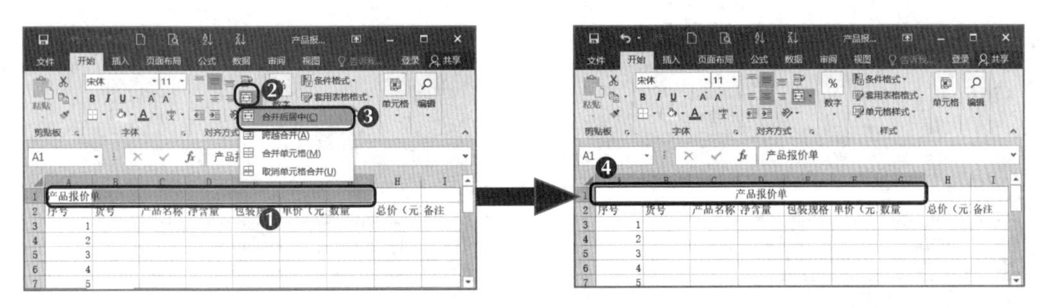

图5-2　合并单元格

（3）当合并后的单元格不能满足要求时，可拆分合并后的单元格。这里选择合并后的单元格，再次单击“合并后居中”按钮，或单击该按钮右侧的按钮，在弹出的下拉列表中选择“取消单元格合并”选项，即可拆分已合并的单元格，如图5-3所示。

（4）重新选择A1:I1单元格区域，然后单击“合并后居中”按钮，将所选的单元格区域合并为一个单元格，且其中的数据自动居中显示，如图5-4所示。

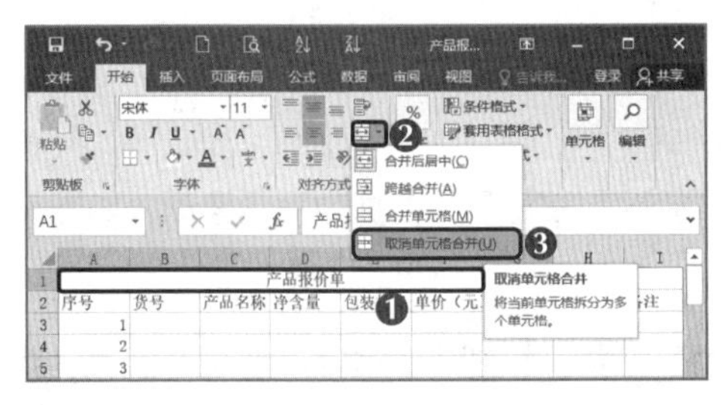

图5-3　拆分单元格

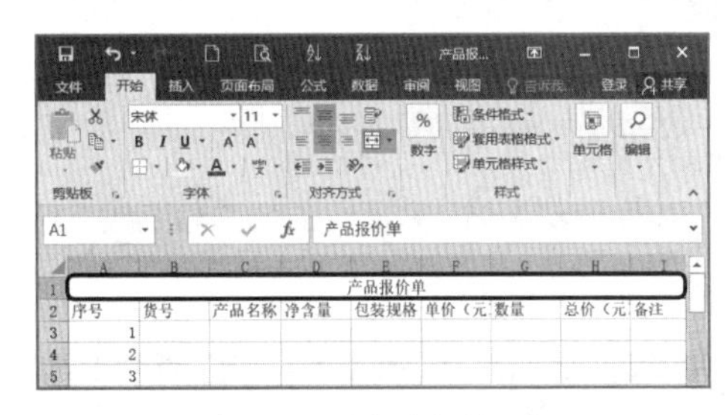

图5-4　重新合并单元格

知识提示

其他合并效果

单击“合并后居中”按钮右侧的按钮，在弹出的下拉列表中选择“合并单元格”选项，将只合并单元格区域而不居中显示其中的数据；选择“跨越合并”选项，将合并同行中相邻的单元格。

（二）移动与复制数据

当需要调整单元格中数据的位置，或需要在其他单元格中编辑相同的数据时，可利用Excel 2016的移动与复制功能快速编辑数据，以提高工作效率。下面将“产品价格表”工作簿中的部分数据复制到“产品报价单”工作簿中，然后移动数据，具体操作如下。

（1）打开“产品价格表”工作簿，在“BS系列”工作表中选择A3:E6单元格区域，在“开始”选项卡的“剪贴板”组中单击“复制”按钮。

（2）在“产品报价单”工作簿中选择B3单元格，然后单击“剪贴板”组中的“粘贴”按钮，完成数据的复制，如图5-5所示。

（3）用相同的方法，选择“产品价格表”工作簿的“MB系列”工作表的A11:E12单元格区域和“RF系列”工作表的A17:E20单元格区域中的数据，并将它们分别复制到“产品报价单”工作簿的B7和B9单元格中。

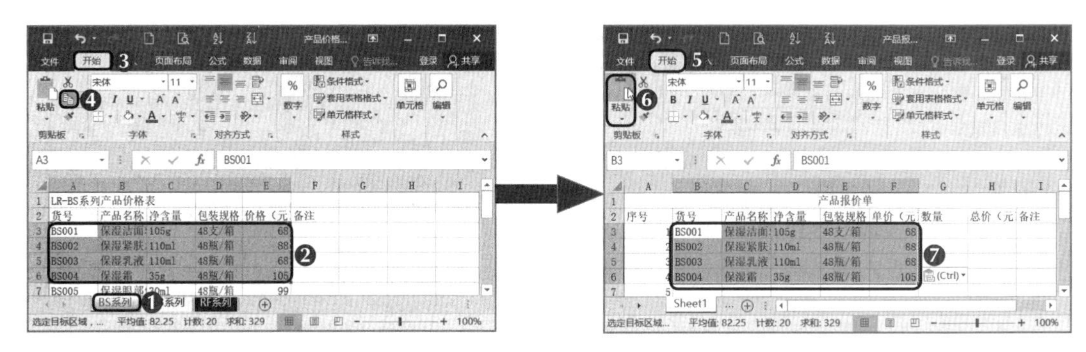

图5-5　复制数据

知识提示　　**不同的复制方式**

完成数据的复制后，目标单元格的右下角会出现“粘贴选项”按钮(Ctrl)，单击该按钮，在弹出的下拉列表中可选择以不同的方式粘贴数据，如粘贴源格式、粘贴数值，以及其他粘贴选项等。

（4）在“产品报价单”工作簿中选择B9:F9单元格区域，然后在“开始”选项卡的“剪贴板”组中单击“剪切”按钮。

（5）选择B13单元格，在“剪贴板”组中单击“粘贴”按钮，完成数据的移动，如图5-6所示。

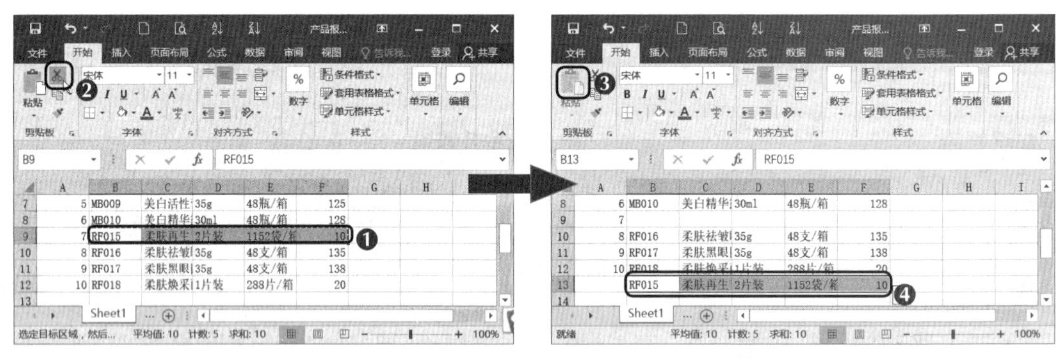

图5-6　移动数据

多学一招　　**使用快捷键复制或移动数据**

选择需移动或复制数据的单元格，按【Ctrl+X】或【Ctrl+C】组合键，然后单击目标单元格，按【Ctrl+V】组合键即可移动或复制数据。

（三）插入与删除单元格

在编辑表格数据时，若发现工作表中有遗漏的数据，则可在需要添加数据的位置插入新的单元格、行或列并输入数据；若发现有多余的单元格、行或列，则可将其删除。插入单元格的方法与删除单元格的方法相似，下面在“产品报价单”工作簿中插入与删除单元格，具体操作如下。

（1）选择B7:F7单元格区域，在“开始”选项卡的“单元格”组中单击“插入”按钮下方的按钮，在弹出的下拉列表中选择“插入单元格”选项。

（2）在打开的“插入”对话框中选中◉活动单元格下移(D)单选按钮，单击确定按钮，插入单元格区域后，其下方的单元格将向下移动，如图5-7所示。

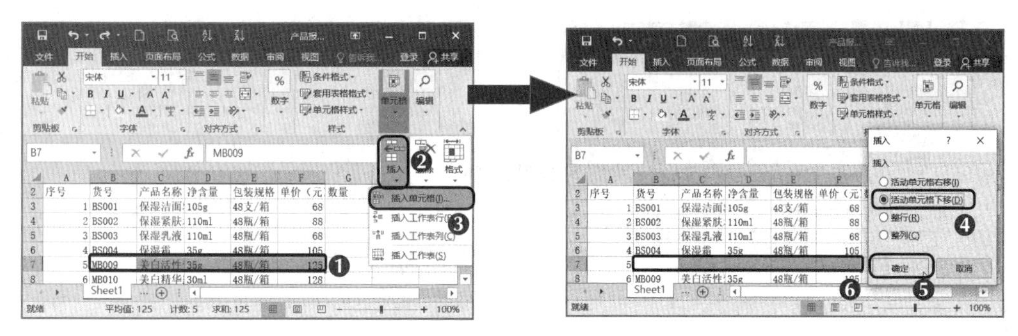

图5-7　插入单元格

（3）选择B10:F10单元格区域，在“单元格”组中单击“删除”按钮下方的按钮，在弹出的下拉列表中选择“删除单元格”选项。

（4）在打开的“删除”对话框中选中◉下方单元格上移(U)单选按钮，单击确定按钮即可删除所选的单元格区域，如图5-8所示。

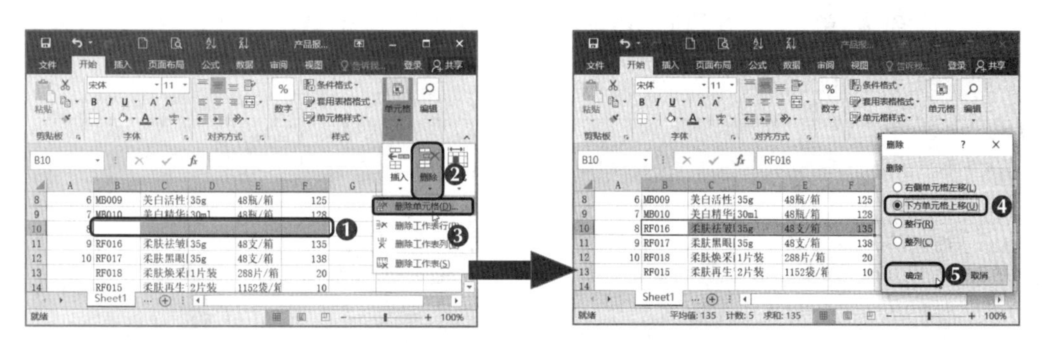

图5-8　删除单元格

多学一招　**通过快捷菜单插入或删除单元格**

在单元格上单击鼠标右键，在弹出的快捷菜单中选择“插入”或“删除”命令，在打开的“插入”对话框或“删除”对话框中可执行相应的插入单元格或删除单元格操作。

（四）清除与修改数据

在单元格中输入数据后，难免会出现输入错误或数据发生变化等情况，此时可以清除不需要的数据，并将其修改为所需的数据。下面在“产品报价单”工作簿中清除与修改数据，具体操作如下。

（1）在A13单元格中输入数据“11”，然后将“产品价格表”工作簿的“MB系列”工作表的A8:E8单元格区域中的数据复制到“产品报价单”工作簿

的B7:F7单元格区域中。

（2）选择B10:F10单元格区域，在“开始”选项卡的“编辑”组中单击“清除”按钮，在弹出的下拉列表中选择“清除内容”选项。

（3）返回工作表可以看到所选单元格区域中的数据已被清除，如图5-9所示。

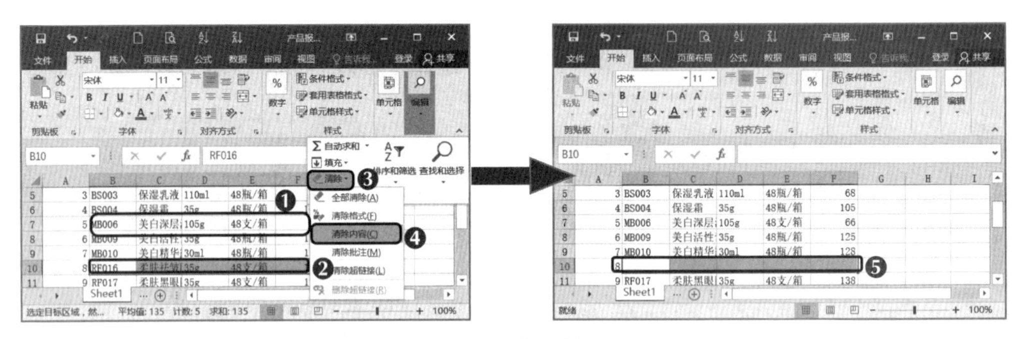

图5-9　清除数据

（4）将“产品价格表”工作簿的“MB系列”工作表的A14:E14单元格区域中的数据复制到“产品报价单”工作簿的B10:F10单元格区域中。

（5）在“产品报价单”工作簿中双击B11单元格，选择其中的“RF”文本，直接输入“MB”文本，按【Ctrl+Enter】组合键即可修改所选的数据，如图5-10所示。

（6）选择C11单元格，在编辑栏中选择“柔肤”文本，然后输入“美白”文本，完成后按【Ctrl+Enter】组合键也可以修改数据，如图5-11所示。

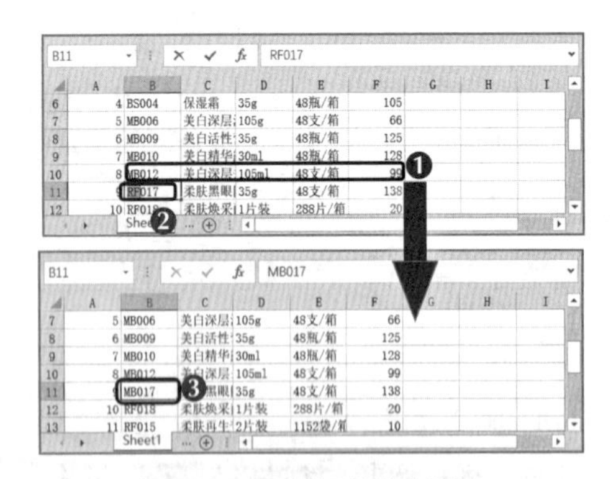

图5-10　双击单元格修改数据

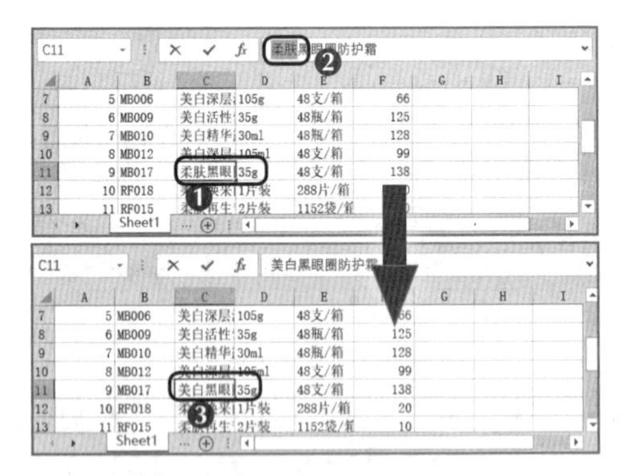

图5-11　在编辑栏中修改数据

（五）查找与替换数据

在Excel表格中手动查找与替换某个数据非常麻烦，且容易出错，此时可利用查找与替换功能快速定位到满足查找条件的单元格，并将该单元格中的数据替换为需要的数据。产品报价单中的产品单价应根据市场行情在原单价的基础上浮动。下面在“产品报价单”工作簿中查找单价为“68”的数据，并将其替换为“78”，具体操作如下。

（1）选择A1单元格，在“开始”选项卡的“编辑”组中单击“查找和选

择”按钮，在弹出的下拉列表中选择“查找”选项。

（2）在打开的“查找和替换”对话框中单击“替换”选项卡，在“查找内容”文本框中输入数据“68”，在“替换为”文本框中输入数据“78”，单击查找下一个(F)按钮，系统将在工作表中查找到第一个符合条件的数据所在的单元格并选择该单元格，如图5-12所示。

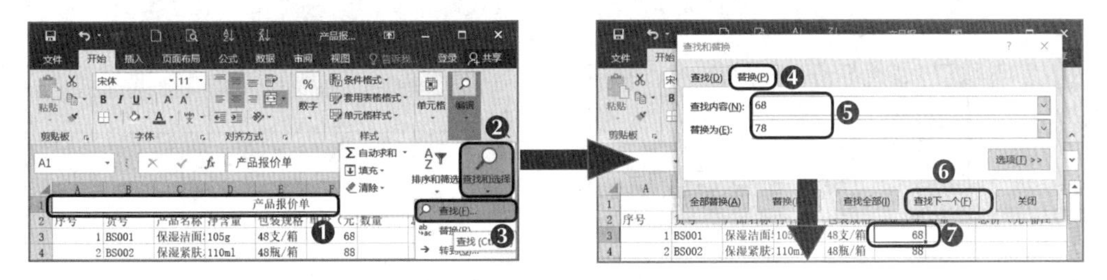

图5-12　设置查找与替换条件

（3）单击查找全部(I)按钮，“查找和替换”对话框的下方将显示所有符合条件的数据的具体信息。单击替换(R)按钮，系统将在工作表中替换选择的第一个符合条件的单元格数据，且自动选择下一个符合条件的数据所在的单元格。

（4）单击全部替换(A)按钮，即可在工作表中替换所有符合条件的单元格数据，并打开提示对话框，单击确定按钮，然后单击关闭按钮关闭“查找和替换”对话框，返回工作表可以看到替换数据后的效果，如图5-13所示。

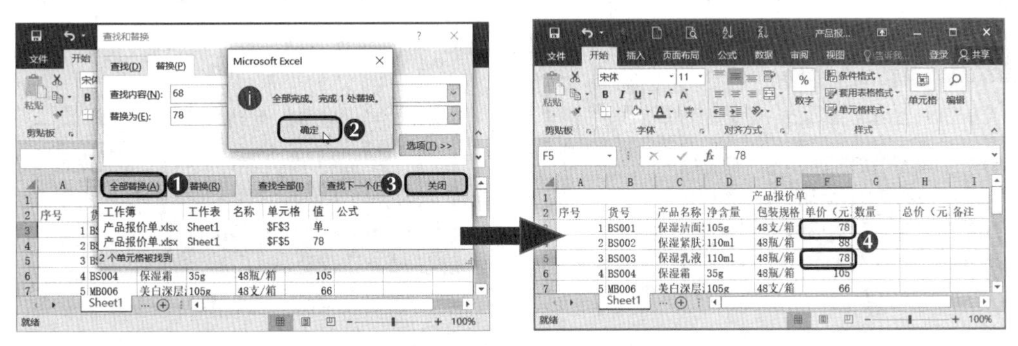

图5-13　替换所有符合条件的数据

（六）调整单元格的行高与列宽

在默认状态下，单元格的行高和列宽是固定不变的，但是当单元格中的数据太多而不能完整显示其中的内容时，需要调整单元格的行高或列宽，使单元格能够完整显示其中的内容。下面在“产品报价单”工作簿中调整单元格的行高与列宽，具体操作如下。

（1）选择C列，在“开始”选项卡的“单元格”组中单击“格式”按钮，在弹出的下拉列表中选择“自动调整列宽”选项，如图5-14所示。返回工作表可以看到C列变宽了，其中的数据能完整显示出来。

（2）将鼠标指针移到第1行行号和第2行行号间的间隔线上，当鼠标指针变为形状时，向下拖动鼠标指针，此时鼠标指针右侧将显示具体的数据，待拖动至合适的行高后释放鼠标左键，效果如图5-15所示。

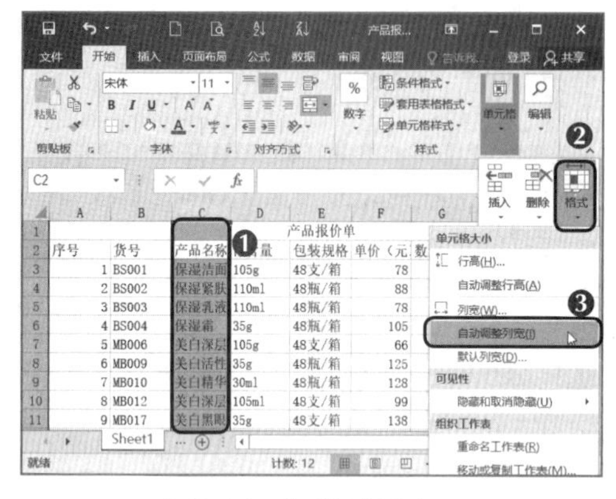

图5-14 自动调整列宽

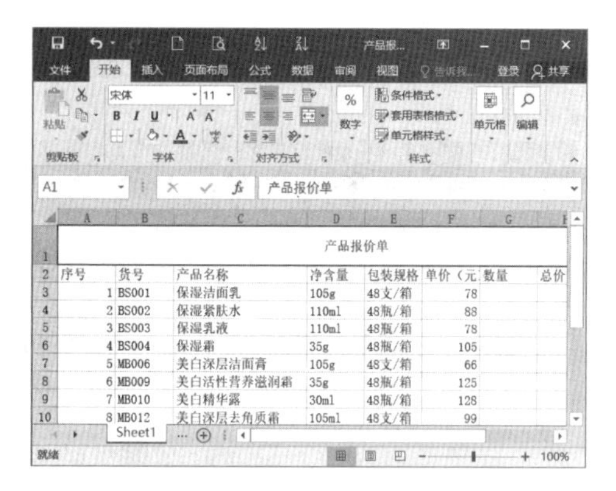

图5-15 查看效果

（3）选择第2～第10行，在“开始”选项卡的“单元格”组中单击“格式”按钮，在弹出的下拉列表中选择“行高”选项。

（4）在打开的“行高”对话框的“行高”文本框中输入“18”，单击 确定 按钮，在工作表中可看到第2～第10行变高了，如图5-16所示。

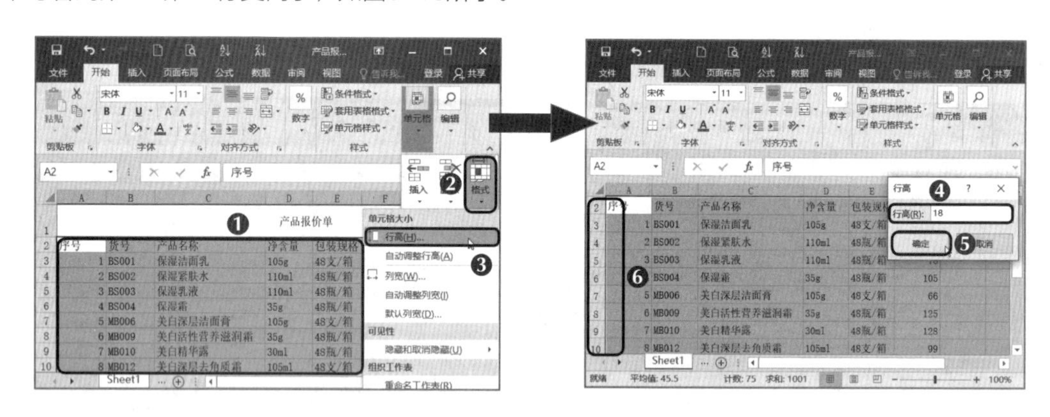

图5-16 通过对话框调整行高

（七）套用表格格式

如果希望工作表更美观，但又不想浪费太多的时间设置工作表的格式，那么可以使用自动套用表格格式功能直接调用系统中设置好的表格格式，这样不仅可以提高工作效率，还可以保证表格格式的质量。下面在“产品报价单”工作簿中套用表格格式，具体操作如下。

（1）选择A2:I13单元格区域，在“开始”选项卡的“样式”组中单击“套用表格格式”按钮，在弹出的下拉列表中选择“表样式中等深浅10”选项。

（2）由于已选择了要套用表格格式的单元格区域，所以这里只需在打开的“套用表格式”对话框中单击 确定 按钮即可，如图5-17所示。

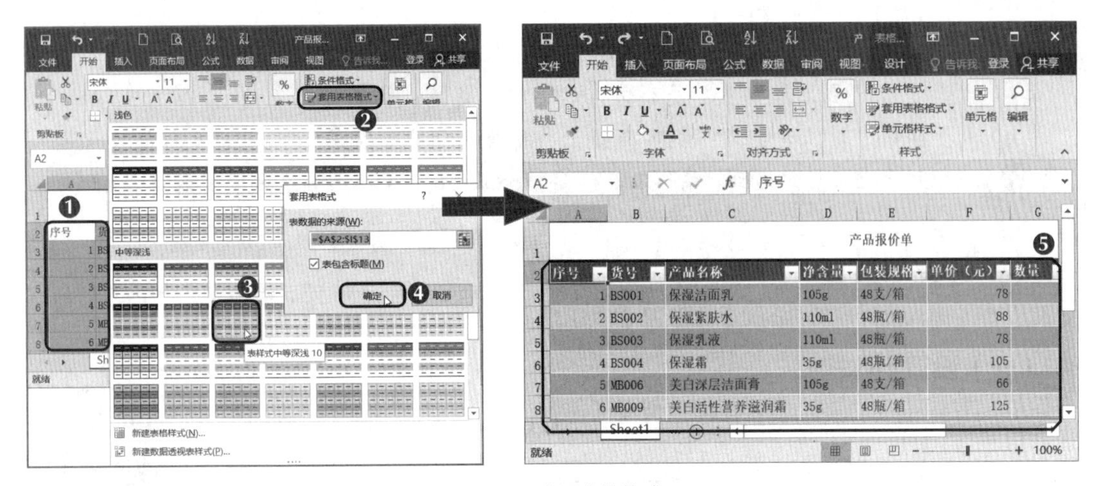

图5-17　套用表格格式

知识提示　　**转换为普通单元格区域**

套用表格格式后，将激活表格工具的“设计”选项卡，在“设计”选项卡的“工具”组中单击“转换为区域”按钮，可将套用了表格格式的单元格区域转换为普通的单元格区域，同时取消筛选功能。

任务二　设置并打印“员工考勤表”工作簿

一、任务描述

临近月底，公司领导准备查看员工的考勤情况，因此米拉需要编辑并打印“员工考勤表”工作簿，并且需要让考勤表的效果更美观。面对公司领导的硬性要求，米拉不知从何处下手，于是向老洪求助。老洪分析道：“表格的美化主要是对表格中的内容和表格样式进行美化，如设置字体格式、对齐方式，以及为表格设置边框和底纹等。”在老洪的指导下，米拉一步步地对表格内容和表格样式进行了编辑和设置，顺利完成了“员工考勤表”工作簿的美化和打印工作，美化前后的对比效果如图5-18所示。

素材所在位置　素材文件\项目五\任务二\员工考勤表.xlsx
效果所在位置　效果文件\项目五\任务二\员工考勤表.xlsx

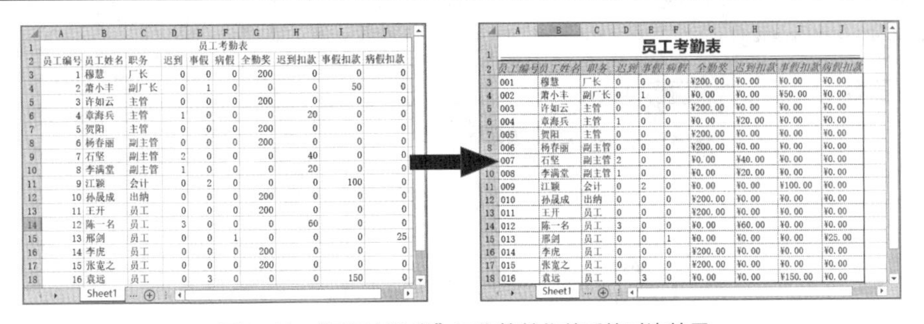

图5-18　“员工考勤表”工作簿美化前后的对比效果

职业素养 **“员工考勤表”的实际意义**

“员工考勤表”是公司行政部门的员工最常制作的表格之一，有的公司会将“员工考勤表”打印到纸上，并在公司内部公布。“员工考勤表”通常用于记录员工迟到、请假及其他要扣除工资的处罚等情况，与员工的工资相关。

二、任务实施

（一）设置字体格式

在单元格中输入的数据都采用Excel 2016默认的字体格式，这让表格看起来没有主次之分。为了让表格内容更加直观，便于今后进一步查看与分析表格数据，可设置单元格中的字体格式。下面在“员工考勤表”工作簿中设置字体格式，具体操作如下。

（1）打开“员工考勤表”工作簿，选择A1单元格，在“开始”选项卡的“字体”组的“字体”下拉列表中选择“方正兰亭粗黑简体”选项，如图5-19所示。

（2）在“字体”组的“字号”下拉列表中选择“18”选项，如图5-20所示。

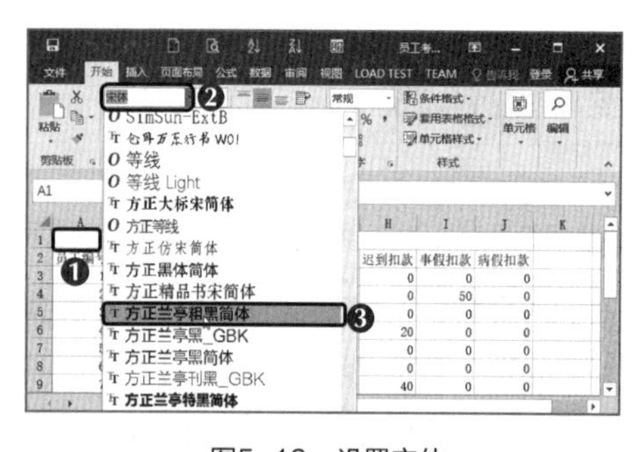

图5-19 设置字体

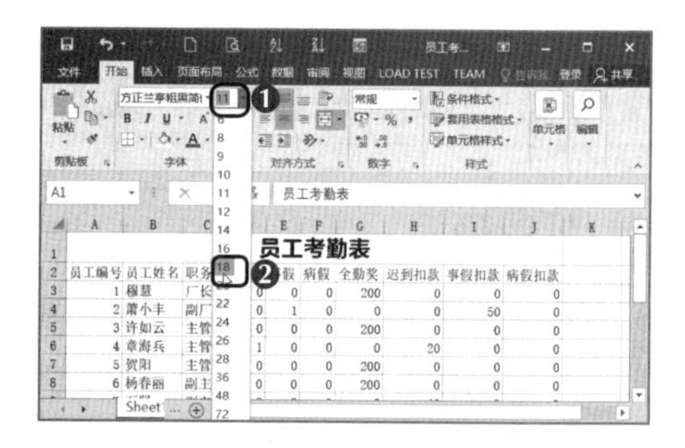

图5-20 设置字号

（3）单击“字体”组右下角的对话框扩展按钮，在打开的“设置单元格格式”对话框中单击“字体”选项卡，在“下划线”下拉列表中选择“会计用双下划线”选项，在“颜色”下拉列表中选择“深红”选项，操作完成后单击 确定 按钮，如图5-21所示。

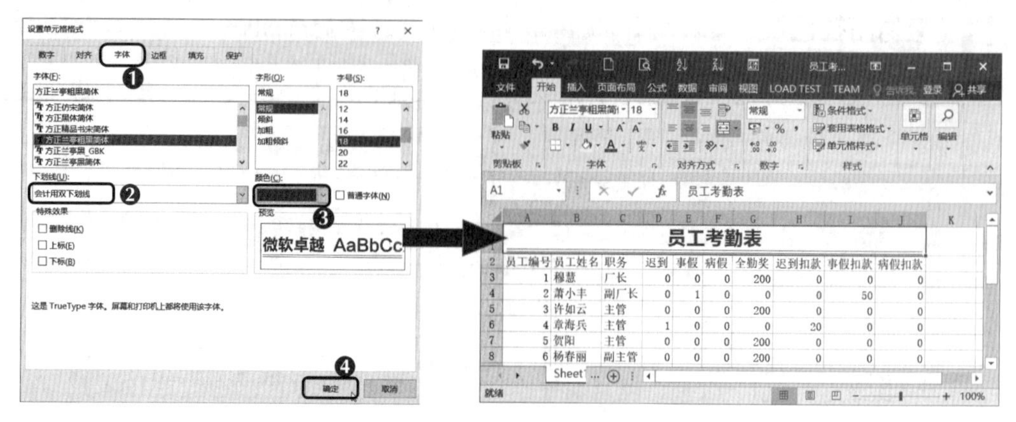

图5-21 通过对话框设置字体的下划线和颜色

知识提示　　**设置字体的特殊效果**

在“设置单元格格式”对话框的“字体”选项卡中，不仅可以设置单元格或单元格区域数据的字体、字形、字号、下划线和颜色，还可以设置字体的特殊效果，如删除线、上标和下标。

（4）选择A2:J2单元格区域，设置其字体为“方正准圆简体”，字号为“12”，然后在“字体”组中单击“倾斜”按钮*I*，为其设置倾斜效果，如图5-22所示。

（5）调整A2:J2单元格区域数据的颜色。在“字体”组中单击“字体颜色”按钮A右侧的▾按钮，在弹出的下拉列表中选择“橙色，个性色6，深色50%”选项，如图5-23所示。

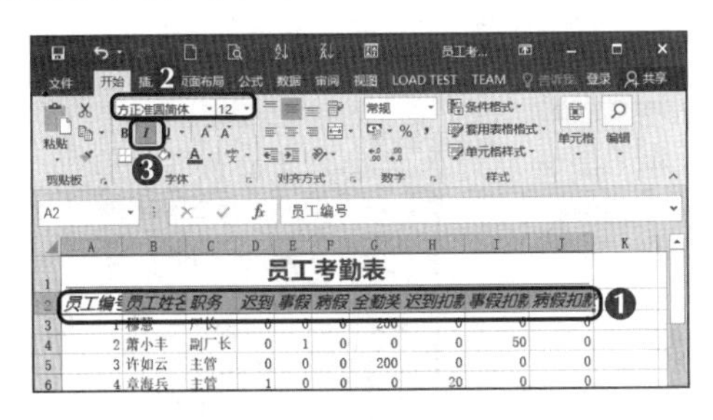

图5-22　设置字体格式

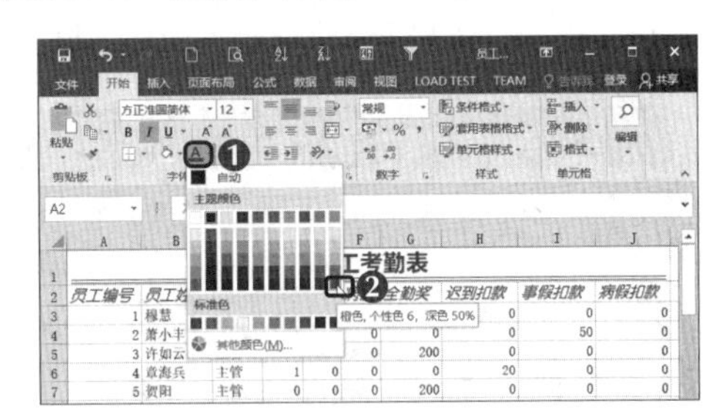

图5-23　设置颜色

（二）设置数据格式

Excel 2016提供了多种数据类型，如数值、货币和日期等。为便于区分数据，可设置合适的数据格式。下面在“员工考勤表”工作簿中设置数据格式，具体操作如下。

（1）选择A3:A18单元格区域，单击“开始”选项卡的“数字”组右下角的对话框扩展按钮。

（2）在打开的“设置单元格格式”对话框的“数字”选项卡的“分类”列表框中选择“自定义”选项，在“类型”文本框中输入“000”，单击[确定]按钮，返回工作表可看到所选区域的数据以设置的数据格式显示，如图5-24所示。

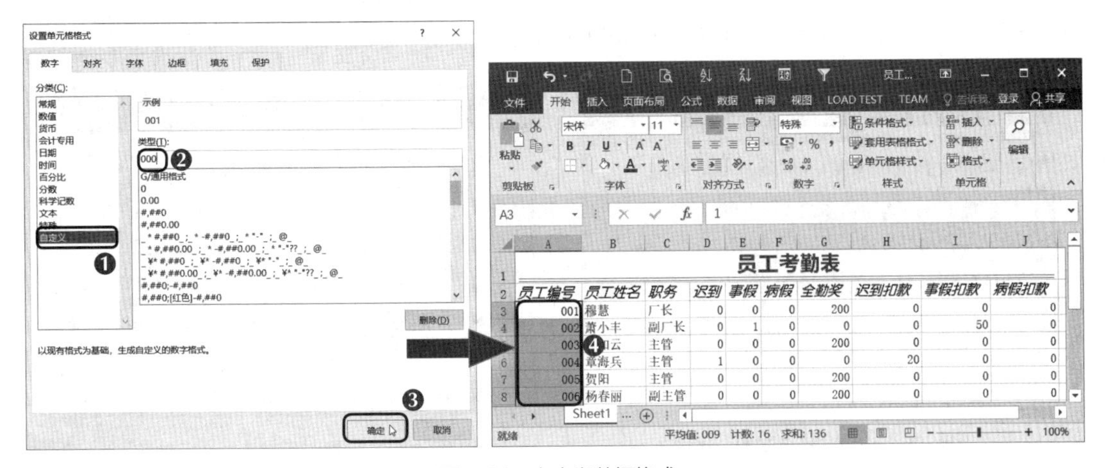

图5-24　自定义数据格式

多学一招 **在功能区中设置数据格式**

在“开始”选项卡的“数字”组的“常规”下拉列表中选择“数字”“日期”“时间”“文本”等选项，可快速设置所需的数据格式；单击“会计数字格式”按钮或该按钮右侧的按钮，可设置货币格式；单击“百分比样式”按钮%，可设置百分比格式；单击“千位分隔样式”按钮，，可设置千位分隔格式；单击“增加小数位数”按钮或“减少小数位数”按钮，可增加或减少数据的小数位数。

（3）选择G3:J18单元格区域，在“开始”选项卡的“数字”组的“常规”下拉列表中选择“货币”选项，返回工作表可看到所选区域中的数据变成了货币格式，如图5-25所示。

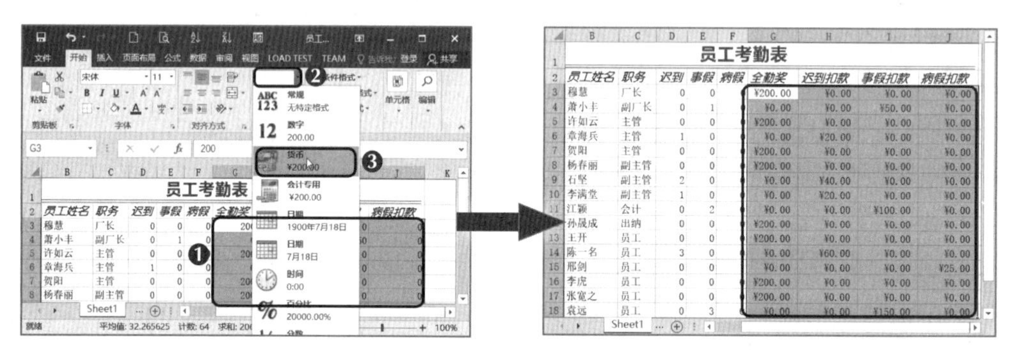

图5-25 设置货币格式

（三）设置对齐方式

在Excel 2016中，不同的数据有不同的对齐方式，为了方便查阅表格内容，并使表格更美观，可设置单元格中数据的对齐方式。下面在“员工考勤表”工作簿中设置对齐方式，具体操作如下。

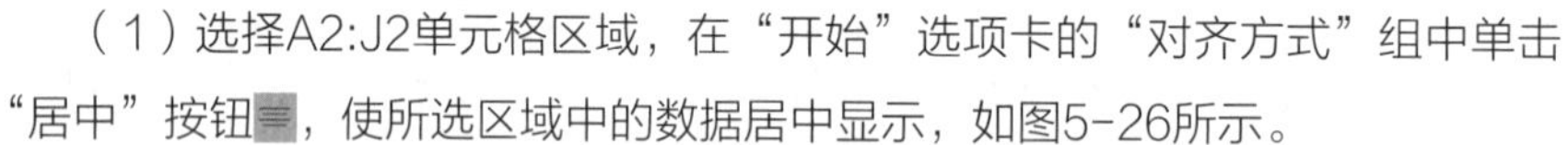

（1）选择A2:J2单元格区域，在“开始”选项卡的“对齐方式”组中单击“居中”按钮，使所选区域中的数据居中显示，如图5-26所示。

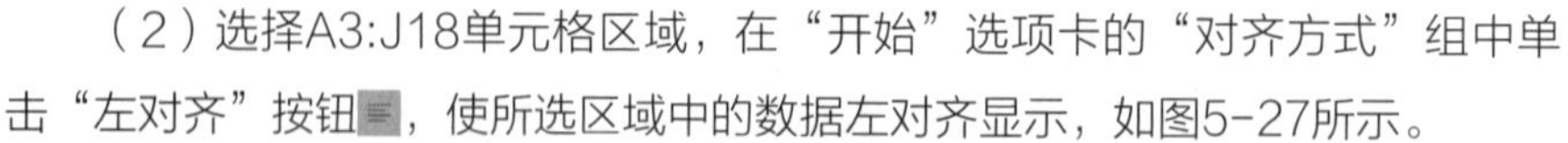

（2）选择A3:J18单元格区域，在“开始”选项卡的“对齐方式”组中单击“左对齐”按钮，使所选区域中的数据左对齐显示，如图5-27所示。

图5-26 设置对齐方式为“居中”

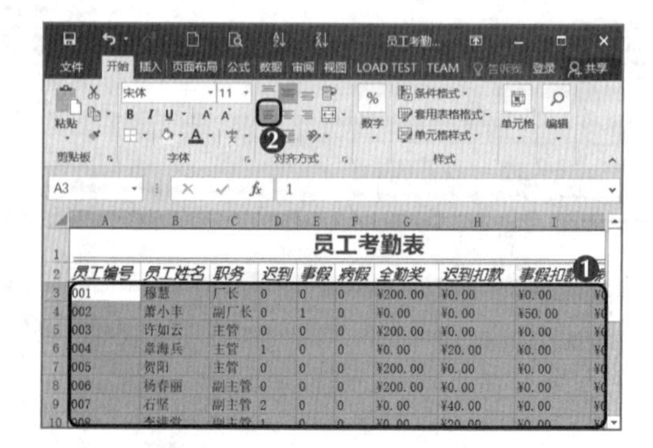

图5-27 设置对齐方式为“左对齐”

（四）设置边框与底纹

有时为了满足实际办公的需求，常常要打印出表格的边框，此时可为表格添加边框。为了突出显示重要内容，还可为某些单元格区域设置底纹。下面在“员工考勤表”工作簿中设置边框与底纹，具体操作如下。

（1）选择A2:J18单元格区域，在“开始”选项卡的“字体”组中单击“下框线”按钮右侧的按钮，在弹出的下拉列表中选择“其他边框”选项。

（2）在打开的“设置单元格格式”对话框的“边框”选项卡的“样式”列表框中选择“——”选项，在“颜色”下拉列表中选择“橙色，个性色6，深色50%”选项，在“预置”选项组中单击“外边框”按钮；继续在“样式”列表框中选择“------”选项，在“预置”选项组中单击“内部”按钮，最后单击确定按钮，如图5-28所示。

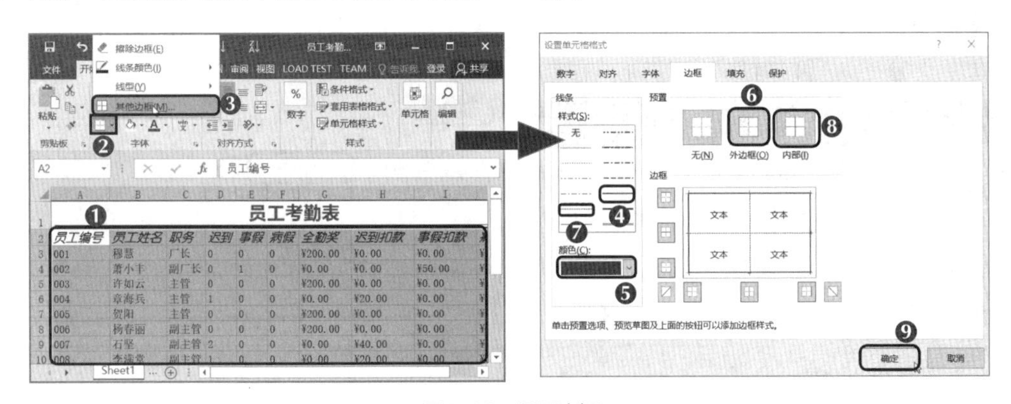

图5-28　设置边框

（3）选择A2:J2单元格区域，在“字体”组中单击“填充颜色”按钮右侧的按钮，在弹出的下拉列表中选择“红色，个性色2，淡色80%”选项，返回工作表可看到设置边框与底纹后的效果，如图5-29所示。

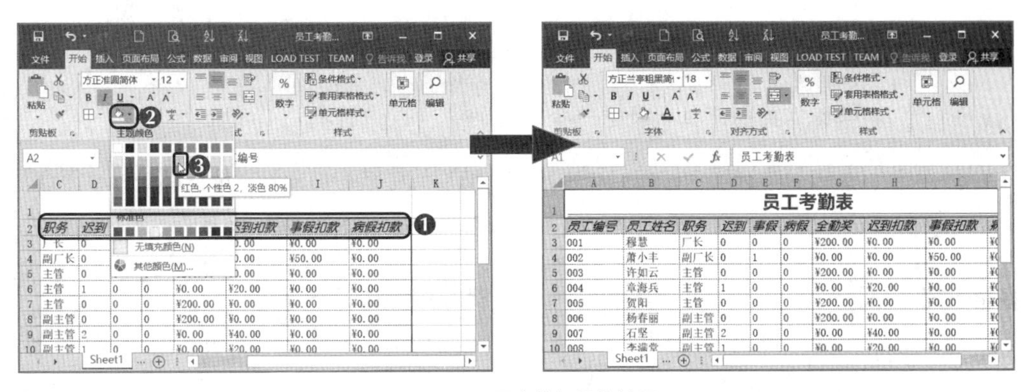

图5-29　设置底纹与最终效果

（五）打印工作表

在商务办公中，经过编辑与美化的表格通常需要打印出来，让公司员工或客户查看。为了在纸上完美呈现表格内容，需要设置工作表的页面、打印范围等，设置完成后，可预览打印效果。下面主要介绍设置和打印工作表的相关操作。

1. 设置页面布局

设置页面布局主要包括设置打印纸张的方向、缩放比例和大小等，这些设置都可通过“页面设置”对话框实现。下面在“员工考勤表”工作簿中设置打印方向为“横向”、缩放比例为“150”、纸张大小为“A4”，表格内容居中显示，并进行打印预览，具体操作如下。

（1）单击“页面布局”选项卡，选择“页面设置”组，单击右下角的对话框扩展按钮，如图5-30所示。

（2）打开“页面设置”对话框，在“页面”选项卡的“方向”选项组中选中横向(L)单选按钮，在“缩放”选项组的“缩放比例”微调框中输入“150”，在“纸张大小”下拉列表中选择“A4”选项，如图5-31所示。

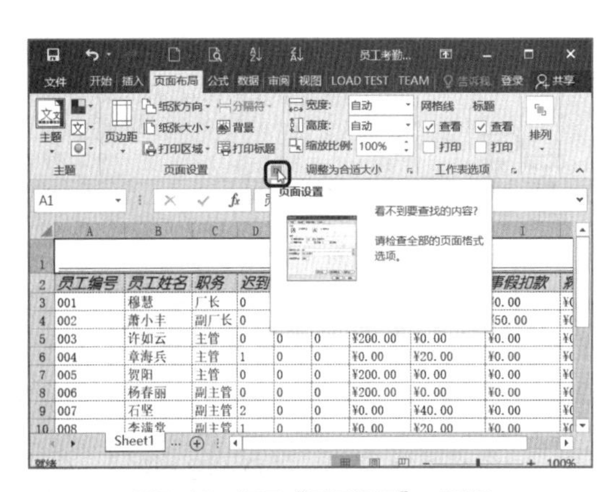

图5-30 打开“页面设置”对话框

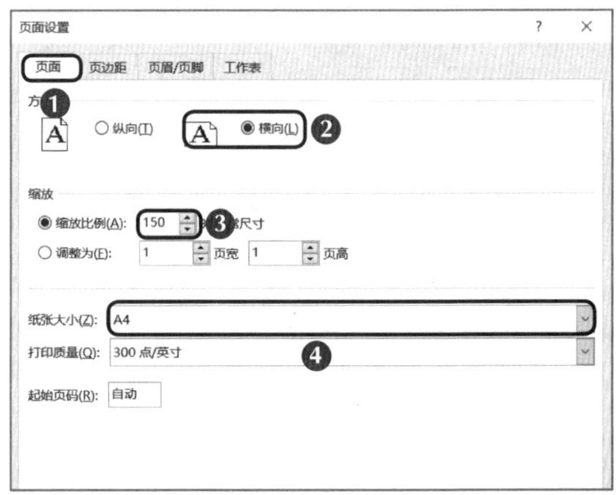

图5-31 设置页面布局

> **多学一招** 在“页面布局”选项卡中设置页面布局
>
> 打开“页面设置”对话框，可对工作表的页面进行全面设置。若要快速完成页面的设置，可以直接在“页面布局”选项卡中单击各选项按钮，然后根据需要在下拉列表中选择合适的选项或进行相应的设置。

（3）单击“页边距”选项卡，在“居中方式”选项组中选中☑水平(Z)复选框和☑垂直(V)复选框，单击打印预览(W)按钮，如图5-32所示。在“打印”界面右侧可预览打印效果，如图5-33所示。

> **多学一招** 在“页面布局”模式中预览打印效果
>
> 除了可以在“打印”界面中预览表格的打印效果外，还可以在“页面布局”模式中预览表格的打印效果。单击“视图”选项卡，选择“工作簿视图”组，单击“页面布局”按钮，进入“页面布局”模式，在该模式下可调整页面布局，如调整页边距等。

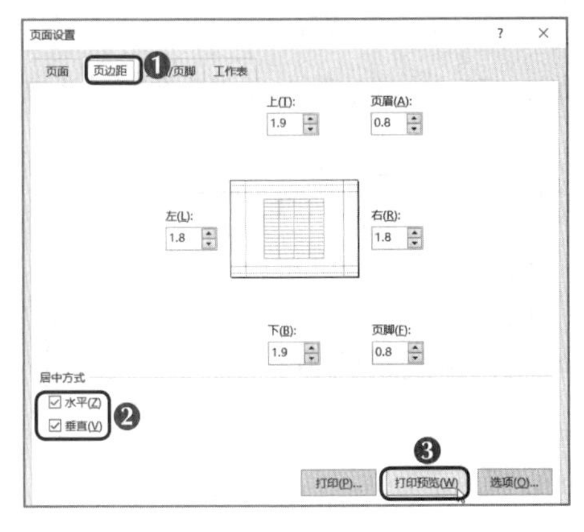

图5-32　设置页边距

图5-33　预览打印效果1

2. 设置打印区域

工作簿中涉及的信息有时过多，如果只需要其中的部分数据信息，那么打印整个工作簿就会浪费资源。在实际打印中，可根据需要设置打印范围，只打印需要的部分。下面将“员工考勤表”工作簿的A1:J13单元格区域设置为打印区域，具体操作如下。

（1）在工作表中选择要打印的A1:J13单元格区域，单击“页面布局”选项卡，选择“页面设置”组，单击打印区域按钮，在弹出的下拉列表中选择“设置打印区域”选项，如图5-34所示。

（2）单击“文件”选项卡，在弹出的窗口中选择“打印”选项，预览打印效果，如图5-35所示。

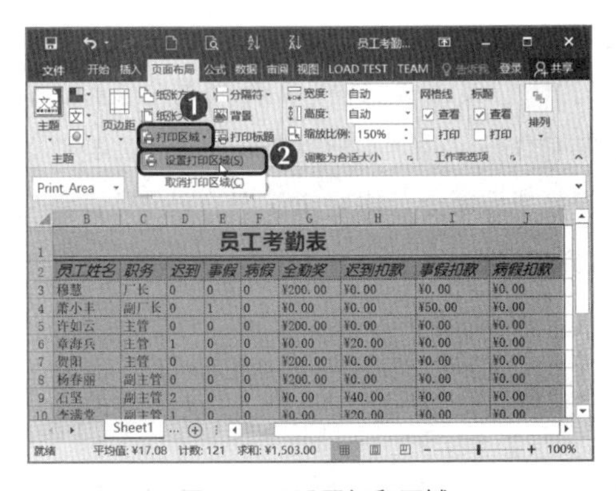

图5-34　设置打印区域

图5-35　预览打印效果2

3. 打印设置

在完成表格的页面布局、页眉、页脚和打印区域的设置后，可以使用打印机将表格打印出来。在开始打印前，需要选择打印机、设置打印份数等。下面将“员工考勤表”打印5份，具体操作如下。

（1）单击“文件”选项卡，在打开的窗口中选择“打印”选项，打开“打印”界面，在“份数”微调框中输入“5”，在“打印机”下拉列表中选择已与计算机连接的打印机，单击下方的“打印机属性”超链接，如图5-36所示。

（2）打开打印机属性对话框，单击“布局”选项卡，在“方向”下拉列表中选择“横向”选项，单击确定按钮，如图5-37所示。

（3）返回“打印”界面，单击“打印”按钮即可将表格按照打印设置打印到纸上。

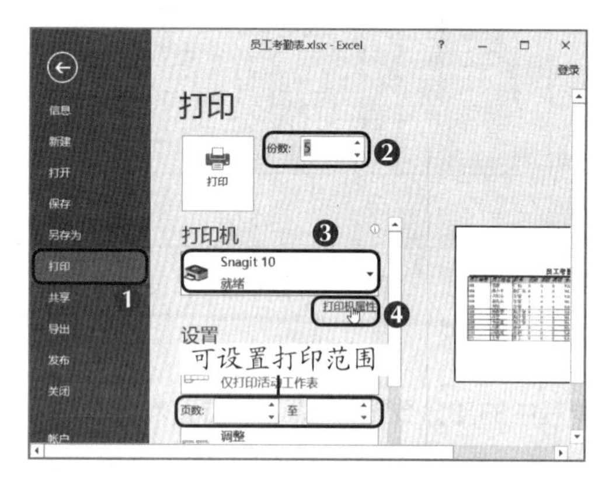

图5-36　打印设置

图5-37　设置打印方向

多学一招　　**打印选定区域**

当不需要打印整张工作表，而只需打印工作表中的部分区域时，可在工作表中选择需要打印的表格区域，在“打印”界面的“打印活动工作表”下拉列表中选择“打印选定区域”选项，再单击“打印”按钮。

项目实训

本项目通过编辑“产品报价单”工作簿、设置并打印“员工考勤表”工作簿两个任务，讲解了编辑与美化Excel表格的相关知识。其中，移动与复制数据、插入与删除单元格、清除与修改数据、查找与替换数据、设置字体格式、设置边框与底纹等是日常办公中经常使用的操作，读者应重点学习和把握。下面通过两个项目实训帮助读者灵活运用本项目的知识。

一、制作“学生个人档案表”工作簿

1. 实训目标

本实训的目标是制作“学生个人档案表”工作簿，制作该类工作簿时，要注意将表格内容对齐，使表格内容显示清晰。本实训需要在已有的工作表中编辑数据，如修改数据、查找和替换数据等，然后设置字体格式、对齐方式和数据格式等，最后套用表格格式。本实训的最终效果如图5-38所示。

素材所在位置　素材文件\项目五\项目实训\学生个人档案表.xlsx
效果所在位置　效果文件\项目五\项目实训\学生个人档案表.xlsx

序号	班级	学生姓名	性别	民族	联系人	联系人手机	学生邮箱	家庭住址	学生身份证号	入学时间	学期测评
1	金融1班	张大东	男	汉族	王宝	1875362****	gongbao@163.net	杭州市下城区文晖路	******20010825****	2022-9-1	良
2	金融1班	李祥瑞	男	汉族	李丽	1592125****	xiangrui@163.net	北京市西城区金融街	******20011003****	2022-9-1	优
3	金融1班	魏圆	女	汉族	王均	1332132****	weiyuan@163.net	南京市浦口区海院路	******20001028****	2022-9-1	优
4	金融1班	郑明明	女	汉族	罗鹏程	1892129****	mingming@163.net	东莞市东莞大道	******20010325****	2022-9-1	优
5	金融1班	程欣	女	汉族	谢巧巧	1586987****	chengxin@163.net	上海浦东新区	******20010205****	2022-9-1	优
6	金融1班	陈娅琪	女	汉族	郭淋	1345133****	xingbang@163.net	深圳南山区科技园	******20020305****	2022-9-1	优
7	金融1班	李康泰	男	汉族	江丽娟	1852686****	yaqi@163.net	武汉市汉阳区芳草路	******20010115****	2022-9-1	及格
8	金融1班	李兴邦	男	汉族	郑红梅	1336582****	kangtai@163.net	广州市白云区白云大道南	******20010316****	2022-9-1	良
9	金融1班	姜华泰	男	汉族	姜芝华	1362126****	huatai@163.net	成都市一环路东三段	******20011216****	2022-9-1	优
10	金融1班	蒲荣兴	男	汉族	曾静	1365630****	rongxing@163.net	北京市丰台区东大街	******20010112****	2022-9-1	良

图5-38 “学生个人档案表”工作簿的最终效果

2. 专业背景

学生个人档案表是学校对学生的基本信息进行整理的表格，用来记录学生的个人信息，如班级、姓名、性别、联系人和手机号码等。在制作这类表格时，应定期调查学生的个人信息，及时更新学生的手机号码、邮箱、学期测评等级等信息。

3. 操作思路

编辑并美化表格，如合并单元格、设置单元格格式、修改数据、查找和替换数据等，然后设置字体格式、对齐方式和数据格式，完成后直接套用表格格式。本实训的操作思路如图5-39所示。

① 编辑并设置数据格式　　② 查找并替换数据　　③ 套用表格格式

图5-39 制作“学生个人档案表”工作簿的操作思路

【步骤提示】

（1）打开“学生个人档案表”工作簿，合并A1:L1单元格区域并使其中的内容居中显示，然后选择A～L列，让系统自动调整列宽。

微课视频
制作“学生个人档案表”工作簿

（2）选择J3:J12单元格区域，设置数据格式为“文本”，然后在相应的单元格中输入内容。

（3）查找文本“汉”，并将其替换为文本“汉族”。

（4）选择A1单元格，设置字体格式为方正黑体简体、20、深蓝；选择A2:L2单元格区域，设置字体格式为方正准圆简体、12。选择A2:L12单元格区域，设置对齐方式为“居中”，边框为“所有框线”，设置完成后重新调整单元格的行高与列宽。

（5）选择A2:L12单元格区域，为其套用表格格式“表样式中等深浅16”。

二、美化“扶贫产品销售额统计表”工作簿

1. 实训目标

本实训的目标是美化“扶贫产品销售额统计表”工作簿。销售额统计表中主要包括销售额数据，因此美化该类表格的重点在于设置数据类型。在本实训中读者可以熟悉表格的美化设置。本实训的最终效果如图5-40所示。

素材所在位置 素材文件\项目五\项目实训\扶贫产品销售额统计表.xlsx

效果所在位置 效果文件\项目五\项目实训\扶贫产品销售额统计表.xlsx

	A	B	C	D	E	F
1	扶贫产品销售额统计表					
2	产品	第一季度	第二季度	第三季度	第四季度	总计
3	山茶油	¥356,000.00	¥608,000.00	¥803,000.00	¥703,000.00	¥2,470,000.00
4	软香米	¥563,000.00	¥756,000.00	¥453,000.00	¥483,000.00	¥2,255,000.00
5	西红柿	¥300,000.00	¥600,000.00	¥503,000.00	¥523,000.00	¥1,926,000.00
6	猕猴桃	¥356,000.00	¥326,000.00	¥964,000.00	¥914,000.00	¥2,560,000.00
7	罗汉果	¥453,000.00	¥800,000.00	¥254,000.00	¥253,000.00	¥1,760,000.00
8	柚子	¥203,000.00	¥730,000.00	¥653,000.00	¥653,000.00	¥2,239,000.00
9	葡萄	¥369,000.00	¥526,000.00	¥700,000.00	¥700,000.00	¥2,295,000.00
10	甜瓜	¥425,000.00	¥634,000.00	¥853,000.00	¥855,000.00	¥2,767,000.00
11	蜂蜜	¥568,000.00	¥906,000.00	¥280,000.00	¥380,000.00	¥2,134,000.00

图5-40 “扶贫产品销售额统计表”工作簿的最终效果

2. 专业背景

扶贫产品一般是指贫困地区生产出来的具有带贫、益贫效应的产品。销售额统计表用于统计产品的销售额，通常在年终制作，属于总结性报表，它可以以月、季度或半年为单位，然后根据地区、部门、产品分类统计销售额。美化“扶贫产品销售额统计表”工作簿，使其更加清晰、明确地展示产品的销售数据，便于相关人员统计与分析扶贫工作的实际情况。

3. 操作思路

本实训比较简单，先合并标题单元格，然后依次设置字体格式、对齐方式、底纹和数据格式，最后添加边框并调整行高。

【步骤提示】

（1）打开“扶贫产品销售额统计表”工作簿，选择A1单元格，设置其字体格式为方正粗倩简体、18、绿色。

（2）选择A2:F2单元格区域，设置其字体格式为方正大黑简体、14、白色、居中对齐，并为其填充绿色底纹。

（3）将表格中的数据居中对齐，并设置销售额数据的显示格式为货币。

（4）为表格添加边框，并调整行高。

课后练习

本项目主要介绍了编辑与美化Excel表格的操作，下面通过两个课后练习帮助读者巩固相关知识的应用方法。

1. 制作“旅游景点环境质量测评表”工作簿

下面打开“环境质量测评表”工作簿，进行编辑与美化表格等操作，完成后的效果如图5-41所示。

素材所在位置 素材文件\项目五\课后练习\环境质量测评表.xlsx
效果所在位置 效果文件\项目五\课后练习\旅游景点环境质量测评表.xlsx

旅游景点环境质量测评表							
测评地：		测评人：			测评时间：		
编号	内容	5分	4分	3分	2分	1分	0分
001	道路交通引导标识(醒目、清晰、完好)						
002	导游全景图和安全警告标识设置						
003	游客中心功能和作用						
004	导向标识牌和公共图形符号						
005	餐厅设置及餐饮食品卫生						
006	厕所设置及卫生						
007	景观布局与环境协调性						
008	休息设施设置						
009	特殊人群服务项目						
010	医疗救护点设置						
011	工作人员基本素质						
012	生态环境						

图5-41 “旅游景点环境质量测评表”工作簿的效果

操作要求如下。

- 打开“环境质量测评表”工作簿，合并A1:H1单元格区域，设置其字体格式为方正中雅宋简、18、蓝色，然后设置A3:H3单元格区域的字体格式为方正大黑简体、11、白色、居中对齐。
- 设置A3:B3单元格区域的填充颜色为“蓝色”，C3:H3单元格区域的填充颜色为“浅蓝”。
- 选择A4:A15单元格区域，自定义其数据格式为“000”，居中对齐。
- 分别合并A2:B2、C2:E2、F2:H2单元格区域，并将其中的文本左对齐显示。
- 在“内容”列中输入测评旅游景点的相关要点，并将该列文本左对齐显示。
- 选择A1:H15单元格区域，设置边框样式为“所有框线”，再设置边框样式为“粗外侧框线”。
- 适当调整单元格的行高和列宽，然后将工作簿以“旅游景点环境质量测评表”为名进行保存。

2. 打印“产品订单记录表”工作簿

下面打开“产品订单记录表”工作簿，进行打印前的设置，设置打印份数为2，并预览打印效果，如图5-42所示。

素材所在位置 素材文件\项目五\课后练习\产品订单记录表.xlsx
效果所在位置 效果文件\项目五\课后练习\产品订单记录表.xlsx

公司产品订单记录表

订单编号	订货日期	订货单位	客户名称	产品名称	规格	单价	订货数量	付款金额
XX2022021007	2022-2-12	新捷科技有限公司	陈杰	ZJT-00-XL	28盒/箱	¥ 826.00	50	¥ 41,300.00
XX2022021010	2022-2-16	新捷科技有限公司	陈杰	ZJT-00-XXL	32盒/箱	¥ 1,050.00	140	¥ 147,000.00
XX2022021018	2022-2-28	新捷科技有限公司	陈杰	ZJT-00-L	20盒/箱	¥ 680.00	205	¥ 139,400.00
XX2022021004	2022-2-7	成都顺达有限公司	叶小利	ZJT-00-L	20盒/箱	¥ 680.00	150	¥ 102,000.00
XX2022021014	2022-2-22	成都顺达有限公司	叶小利	ZJT-00-XXL	32盒/箱	¥ 1,050.00	120	¥ 126,000.00
XX2022021008	2022-2-12	荣骏科技公司	荣华	ZJT-00-XL	28盒/箱	¥ 826.00	120	¥ 99,120.00
XX2022021001	2022-2-2	佳嘉科技公司	李羽佳	ZJT-00-L	20盒/箱	¥ 680.00	95	¥ 64,600.00
XX2022021003	2022-2-6	佳嘉科技公司	李羽佳	ZJT-00-M	16盒/箱	¥ 400.00	120	¥ 48,000.00
XX2022021011	2022-2-17	佳嘉科技公司	李羽佳	ZJT-00-XL	28盒/箱	¥ 826.00	50	¥ 41,300.00
XX2022021002	2022-2-4	兆民实业有限公司	张兆先	ZJT-00-M	16盒/箱	¥ 400.00	100	¥ 40,000.00
XX2022021017	2022-2-26	兆民实业有限公司	张兆先	ZJT-00-XL	28盒/箱	¥ 826.00	50	¥ 41,300.00
XX2022021006	2022-2-10	美琪股份有限公司	吴有为	ZJT-00-L	20盒/箱	¥ 680.00	200	¥ 136,000.00
XX2022021009	2022-2-15	美琪股份有限公司	吴有为	ZJT-00-XXL	32盒/箱	¥ 1,050.00	140	¥ 147,000.00
XX2022021012	2022-2-18	腾达有限公司	毕达	ZJT-00-XL	28盒/箱	¥ 826.00	110	¥ 90,860.00
XX2022021015	2022-2-24	腾达有限公司	毕达	ZJT-00-XXL	32盒/箱	¥ 1,050.00	200	¥ 210,000.00
XX2022021005	2022-2-9	风帆科技公司	孙必晨	ZJT-00-XL	28盒/箱	¥ 826.00	120	¥ 99,120.00
XX2022021013	2022-2-20	风帆科技公司	孙必晨	ZJT-00-M	16盒/箱	¥ 400.00	150	¥ 60,000.00
XX2022021016	2022-2-25	风帆科技公司	孙必晨	ZJT-00-S	12盒/箱	¥ 300.00	100	¥ 30,000.00

图5-42 “产品订单记录表”工作簿的效果

操作要求如下。

- 打开“产品订单记录表”工作簿，将页面方向设置为“横向”，将纸张大小设置为“A4”。
- 将页边距设置为水平和垂直居中，将表格的打印区域设置为A1:I16单元格区域。
- 打开“打印”界面，选择打印机，将打印份数设置为“2”，然后预览打印效果。

技巧提升

1. 输入11位以上的数据

在单元格中输入11位以上的数据时，系统会自动采用科学计数法，将数据显示为“1.23457E+11”的格式。当用户要输入11位以上的数据，如身份证号码时，可通过以下两种方法使其显示完整。

- 选择单元格后，在“设置单元格格式”对话框的“数字”选项卡的“分类”列表框中选择“文本”选项，单击 确定 按钮应用设置，并在相应的单元格中输入11位以上的数据。
- 在数据前面先输入一个英文输入法下的单引号“'”，然后输入11位以上的数据，即可将其正确显示。

图5-43所示为正确显示的11位以上的身份证号码（18位数据）。

	A	B	C	D	E	F
1	姓名	籍贯	性别	住址	身份证	
2	何荣	汉	男	乔家洞6号	210221885[illegible]9201	
3	王娜	汉	女	吴家巷13号		
4	张晋龙	汉	男	一环路三段7号		
5	李海珂	汉	男	十里坡56号		
6	邓龙	汉	男	张家沟78号		
7	汪照	汉	男	下河乡6组8号		
8	蒋万华	汉	女	五里河12号		
9	高明	汉	男	乔家洞41号		

Sheet1

图5-43 输入的身份证号码正确显示

2. 将单元格中的数据换行显示

要换行显示单元格中较长的数据，可选择已输入长数据的单元格，将文本插入点定位到需换行的位置，然后按【Alt+Enter】组合键；或在“对齐方式”组中单击“自动换行”按钮；或按【Ctrl+1】组合键，在打开的“设置单元格格式”对话框中单击“对齐”选项卡，选中☑自动换行(W)复选框后单击确定按钮。

3. 在多张工作表中输入相同数据

当需要在多张工作表中输入相同数据时，可通过下面的方法输入，从而减少重复操作。先选择需要输入相同数据的工作表，若要选择多张相邻的工作表，则先单击第一张工作表的标签，然后按住【Shift】键单击最后一张工作表的标签；若要选择多张不相邻的工作表，则先单击第一张工作表的标签，然后按住【Ctrl】键单击要选择的其他工作表的标签。最后在已选择的任意一张工作表内输入数据，此时所有被选择的工作表的相同单元格中均会自动输入相同数据。

4. 启用自动更正功能

输入文本时，如果习惯输入简称，或不小心输入错误，则Excel 2016提供的自动更正功能将发挥作用。启用自动更正功能的方法如下。

单击“文件”选项卡，在打开的窗口中选择“选项”选项，打开“Excel 选项”对话框，单击“校对”选项卡，在右侧单击自动更正选项(A)...按钮，打开“自动更正”对话框的“自动更正”选项卡。分别在“替换”文本框和“为”文本框中输入所需文本，例如在“替换”文本框中输入“E”，在“为”文本框中输入“Excel”，以后只要在单元格中输入“E”，系统就会自动将其更正为“Excel”。然后单击添加(A)按钮和确定按钮完成设置，如图5-44所示。

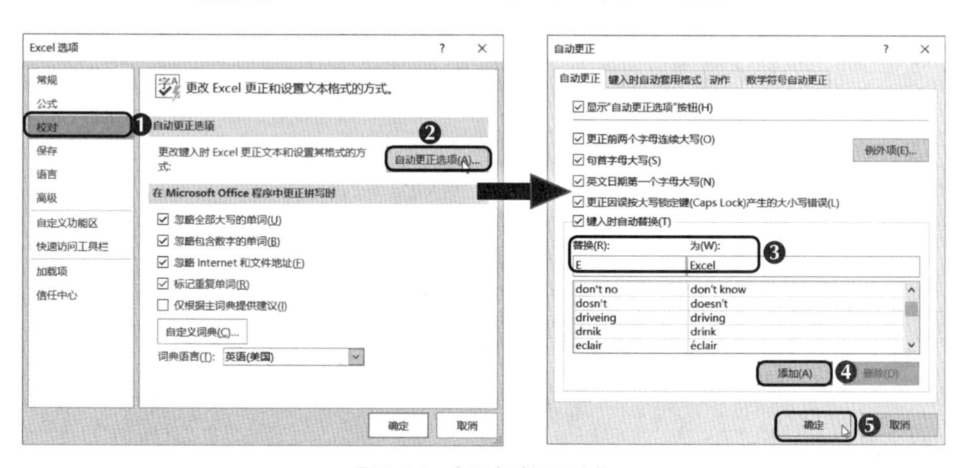

图5-44 启用自动更正功能

5. 定位单元格的技巧

通常直接单击就可以在表格中快速定位单元格，但是，当需要定位的单元格超出了屏幕的显示范围并且数据量较大时，通过单击定位可能会比较麻烦，此时可以使用快捷键快速定位单元格。下面介绍使用快捷键快速定位一些特殊单元格的方法。

- **定位A1单元格：**按【Ctrl+Home】组合键可快速定位到当前工作表中的A1单元格。
- **定位已使用区域右下角的单元格：**按【Ctrl+End】组合键可快速定位到已使用区域右下角

的单元格。

- **定位当前行数据区域的首端或末端单元格：** 按【Ctrl+←】或【Ctrl+→】组合键可快速定位到当前行数据区域的首端或末端单元格；多次按【Ctrl+←】或【Ctrl+→】组合键可定位到当前行的首端或末端单元格。
- **定位当前列数据区域的首端或末端单元格：** 按【Ctrl+↑】或【Ctrl+↓】组合键可快速定位到当前列数据区域的首端或末端单元格；多次按【Ctrl+↑】或【Ctrl+↓】组合键可定位到当前列的首端或末端单元格。

6．设置打印网格线

在默认情况下，为了省去设置边框的操作，可设置打印网格线，其设置方法与设置打印边框的方法类似。设置打印网格线的方法是：打开“页面设置”对话框，单击“工作表”选项卡，在“打印”选项组中选中☑网格线(G)复选框，然后单击确定按钮。

项目六

Excel数据计算与管理

情景导入

公司业务常常涉及大量数据的处理，一般使用Excel表格对数据进行计算与管理。由于米拉已经能够熟练地编辑与美化Excel表格，所以公司希望她能进一步掌握“员工销售业绩奖金”“生产记录表”“日常费用统计表”工作簿的制作和管理工作，以拓展自己的办公能力。

学习目标

- **掌握使用公式和函数计算数据的方法**

掌握使用加、减、乘、除等公式计算数据，使用SUM、IF、MAX、MIN、HLOOKUP、AVERAGE等函数计算数据的方法。

- **掌握管理表格数据的操作**

掌握使用记录单输入数据、数据排序、数据筛选、数据汇总、定位选择与分列显示数据等操作。

素质目标

- 培养学生处理复杂数据的能力。
- 培养学生使用公式和函数计算数据的能力。
- 提升学生使用Excel 2016进行数据处理与分析的能力。

任务一 计算“员工销售业绩奖金”工作簿

一、任务描述

每月末，公司销售部门都需要总结出销售人员当月的销售业绩，而米拉的工作则是根据这些销售业绩计算出对应的奖金，并制作出“员工销售业绩奖金”工作簿。在公司普及自动化办公的情况下，老洪要求米拉使用Excel表格代替计算器进行计算。经过不懈地努力，米拉通过Excel 2016自带的公式和函数功能实现了各类数据的计算，成功掌握了更高级的计算方法。本任务完成后的参考效果如图6-1所示。

素材所在位置 素材文件\项目六\任务一\员工销售业绩奖金.xlsx
效果所在位置 效果文件\项目六\任务一\员工销售业绩奖金.xlsx

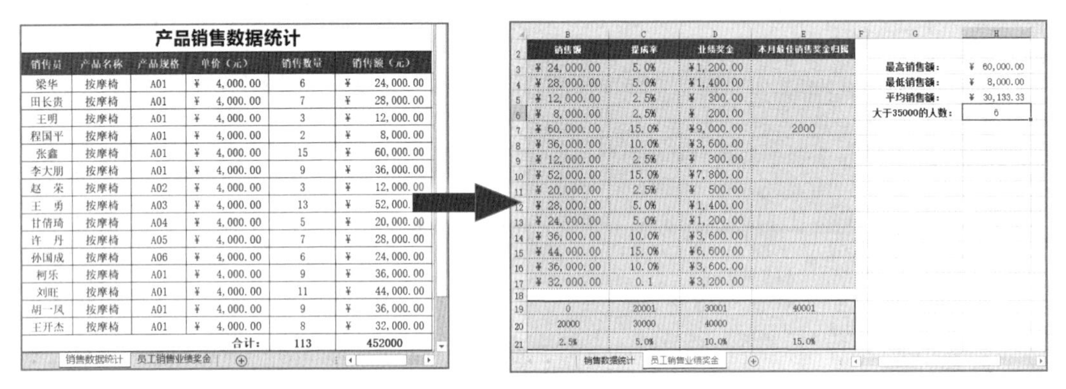

产品销售数据统计

销售员	产品名称	产品规格	单价（元）	销售数量	销售额（元）
梁华	按摩椅	A01	¥ 4,000.00	6	¥ 24,000.00
田长贵	按摩椅	A01	¥ 4,000.00	7	¥ 28,000.00
王明	按摩椅	A01	¥ 4,000.00	3	¥ 12,000.00
程国平	按摩椅	A01	¥ 4,000.00	2	¥ 8,000.00
张鑫	按摩椅	A01	¥ 4,000.00	15	¥ 60,000.00
李大朋	按摩椅	A01	¥ 4,000.00	9	¥ 36,000.00
赵　荣	按摩椅	A02	¥ 4,000.00	3	¥ 12,000.00
王　勇	按摩椅	A03	¥ 4,000.00	13	¥ 52,000.
甘倩琦	按摩椅	A04	¥ 4,000.00	5	¥ 20,000.00
许　丹	按摩椅	A05	¥ 4,000.00	7	¥ 28,000.00
孙国成	按摩椅	A06	¥ 4,000.00	6	¥ 24,000.00
柯乐	按摩椅	A01	¥ 4,000.00	9	¥ 36,000.00
刘旺	按摩椅	A01	¥ 4,000.00	11	¥ 44,000.00
胡一凤	按摩椅	A01	¥ 4,000.00	9	¥ 36,000.00
王开杰	按摩椅	A01	¥ 4,000.00	8	¥ 32,000.00
			合计：	113	452000

销售数据统计　员工销售业绩奖金

	B	C	D	E	F	G	H
2	销售额	提成率	业绩奖金	本月最佳销售奖金归属			
3	¥ 24,000.00	5.0%	¥1,200.00			最高销售额：	¥ 60,000.00
4	¥ 28,000.00	5.0%	¥1,400.00			最低销售额：	¥ 8,000.00
5	¥ 12,000.00	2.5%	¥ 300.00			平均销售额：	¥ 30,133.33
6	¥ 8,000.00	2.5%	¥ 200.00			大于35000的人数：	6
7	¥ 60,000.00	15.0%	¥9,000.00	2000			
8	¥ 36,000.00	10.0%	¥3,600.00				
9	¥ 12,000.00	2.5%	¥ 300.00				
10	¥ 52,000.00	15.0%	¥7,800.00				
11	¥ 20,000.00	2.5%	¥ 500.00				
12	¥ 28,000.00	5.0%	¥1,400.00				
13	¥ 24,000.00	5.0%	¥1,200.00				
14	¥ 36,000.00	10.0%	¥3,600.00				
15	¥ 44,000.00	15.0%	¥6,600.00				
16	¥ 36,000.00	10.0%	¥3,600.00				
17	¥ 32,000.00	0.1	¥3,200.00				
18							
19	0	20001	30001	40001			
20	20000	30000	40000				
21	2.5%	5.0%	10.0%	15.0%			

销售数据统计　员工销售业绩奖金

图6-1 “员工销售业绩奖金”工作簿的参考效果

职业素养 **员工销售业绩奖金的作用**

在企业工资管理系统中，员工销售业绩奖金是重要的组成部分之一，它决定了销售员当月除基本工资外，能获得的最大奖励。根据销售数据统计每位销售员当月的总销售额，然后根据总销售额判断每位销售员的业绩奖金提成率、计算每位销售员当月的业绩奖金，以及评选当月最佳销售奖的归属者等。

二、任务实施

（一）使用公式计算数据

Excel 2016中的公式是对工作表中的数据进行计算和操作的等式，它以等号“=”开始，其后是公式的表达式，如“=A1+A2*A3/SUM(A3:A10)”。公式的表达式包括运算符（如“+”“/”“&”“，”等）、数值或任意字符串，以及函数和单元格引用等元素。下面介绍使用公式计算数据的方法。

1. 输入公式

通常通过在单元格中输入公式来实现计算功能。下面通过在“员工销售业绩奖金”工作簿中输入相应的公式（销售额=单价×销售数量）来计算销售额，具体操作如下。

（1）打开“员工销售业绩奖金”工作簿，在“销售数据统计”表中选择F3单元格，输入等号“=”；然后选择D3单元格，引用其中的数据，并输入运算符“*”，将其作为表达式的一部分；继续选择E3单元格，引用其中的数据。

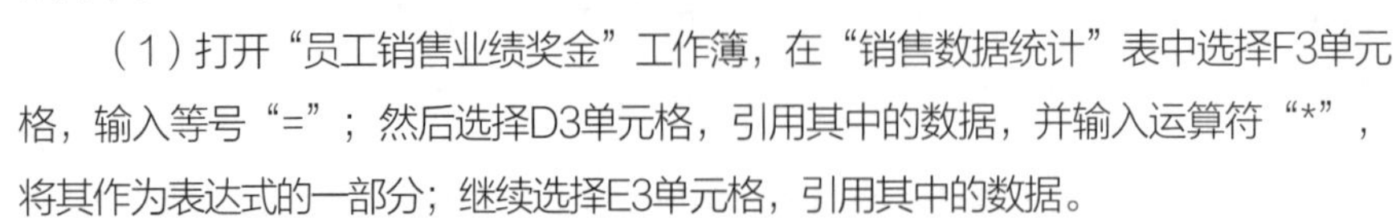

（2）按【Ctrl+Enter】组合键，F3单元格中会显示公式的计算结果，编辑栏中会显示公式的表达式，如图6-2所示。

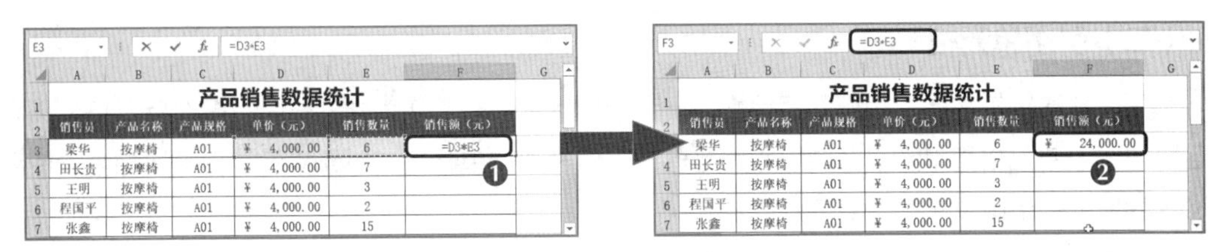

图6-2　输入公式并计算出结果

知识提示　　**直接输入公式**

熟悉公式后，可直接选择所需的单元格区域并输入公式，例如这里可直接选择 F3:F17 单元格区域，在编辑栏中输入公式“=C3*E3”，然后按【Ctrl+Enter】组合键快速计算出结果。

2. 复制与填充公式

复制与填充公式是快速计算同类数据的最佳方法，因为在复制与填充公式的过程中，Excel 2016会自动改变引用的单元格的地址，避免手动输入公式，从而提高工作效率。下面通过在“员工销售业绩奖金”工作簿中复制与填充相应的公式来计算数据，具体操作如下。

（1）选择F3单元格，按【Ctrl+C】组合键复制公式，选择目标单元格，如选择F4单元格，按【Ctrl+V】组合键粘贴公式，F4单元格中将显示计算结果，如图6-3所示。

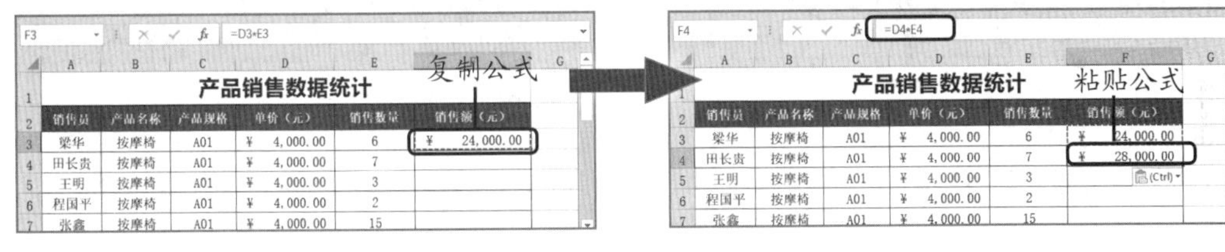

图6-3　复制公式并计算出结果

（2）选择F4单元格，将鼠标指针移到该单元格右下角的填充柄上，当鼠标指针变成+形状时，将填充柄拖动到F17单元格。

（3）释放鼠标左键，F5:F17单元格区域中将显示计算结果，如图6-4所示。

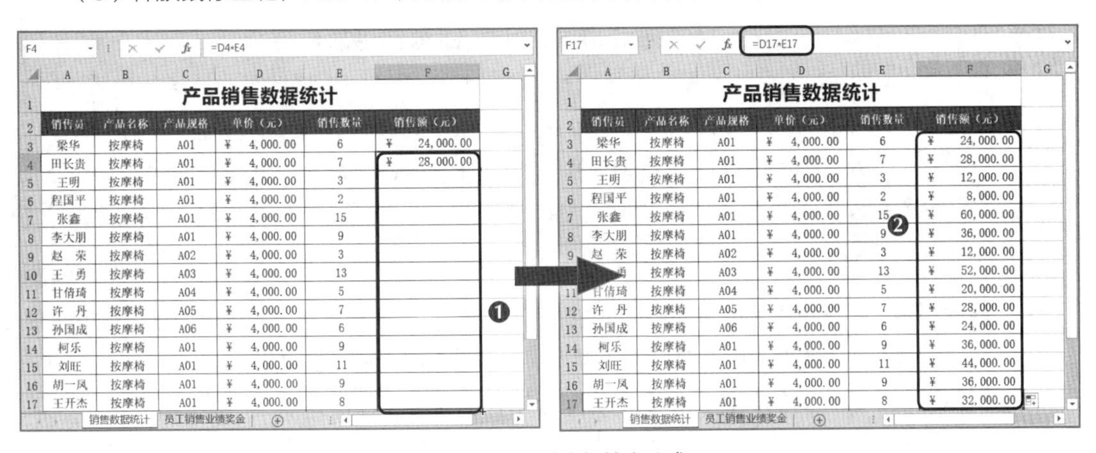

图6-4　拖动填充柄填充公式

（二）引用单元格

编辑公式时经常需要引用单元格地址，一个引用地址代表工作表中的一个、多个单元格或单元格区域。引用单元格和单元格区域的作用是标识工作表中的单元格或单元格区域，并指明公式使用的数据的地址。引用单元格的主要方法如下。

- **相对引用：**相对于公式单元格引用某一位置的单元格。复制相对引用的公式时，被粘贴公式中的引用地址将自动更新，并指向与当前公式位置相对应的其他单元格。默认情况下，Excel 2016使用的是相对引用方式，本任务中复制与填充公式时使用的就是相对引用方式。
- **绝对引用：**把公式复制或移动到新位置后，公式中的单元格地址保持不变。使用绝对引用时，引用单元格的列标和行号之前分别添加了符号“$”。在复制公式时，如果不希望引用的地址发生变化，则应使用绝对引用方式。例如，单独在E2单元格中输入单价，计算销售额时，在E4单元格中输入公式“=D4*$E$2”，如图6-5所示。然后拖动E4单元格右下角的填充柄至E18单元格，此时E5:E18单元格区域中的公式为“=D5*$E$2”至“=D18*$E$2”，E5:E18单元格区域中的计算结果如图6-6所示。

SUM　=D4*$E$2　使用绝对引用

	A	B	C	D	E
1	产品				
2				单价（元）	¥4,000.00
3	销售员	产品名称	产品规格	销售数量	销售额（元）
4	梁华	按摩椅	A01	6	=D4*$E$2
5	田长贵	按摩椅	A01	7	
6	王明	按摩椅	A01	3	
7	程国平	按摩椅	A01	2	
8	张鑫	按摩椅	A01	15	
9	李大朋	按摩椅	A01	9	
10	赵　荣	按摩椅	A02	3	
11	王　勇	按摩椅	A03	13	
12	甘倩琦	按摩椅	A04	5	
13	许　丹	按摩椅	A05	7	
14	孙国成	按摩椅	A06	6	
15	柯乐	按摩椅	A01	9	
16	刘旺	按摩椅	A01	11	
17	胡一凤	按摩椅	A01	9	
18	王开杰	按摩椅	A01	8	

图6-5　输入绝对引用公式

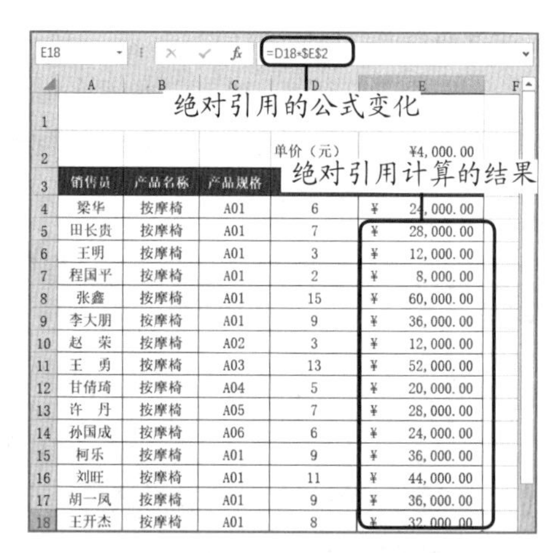

	A	B	C	D	E
2				单价（元）	¥4,000.00
3	销售员	产品名称	产品规格		
4	梁华	按摩椅	A01	6	¥ 24,000.00
5	田长贵	按摩椅	A01	7	¥ 28,000.00
6	王明	按摩椅	A01	3	¥ 12,000.00
7	程国平	按摩椅	A01	2	¥ 8,000.00
8	张鑫	按摩椅	A01	15	¥ 60,000.00
9	李大朋	按摩椅	A01	9	¥ 36,000.00
10	赵　荣	按摩椅	A02	3	¥ 12,000.00
11	王　勇	按摩椅	A03	13	¥ 52,000.00
12	甘倩琦	按摩椅	A04	5	¥ 20,000.00
13	许　丹	按摩椅	A05	7	¥ 28,000.00
14	孙国成	按摩椅	A06	6	¥ 24,000.00
15	柯乐	按摩椅	A01	9	¥ 36,000.00
16	刘旺	按摩椅	A01	11	¥ 44,000.00
17	胡一凤	按摩椅	A01	9	¥ 36,000.00
18	王开杰	按摩椅	A01	8	¥ 32,000.00

图6-6　绝对引用方式的计算结果

多学一招　　**相对引用与绝对引用的相互切换**

在引用的单元格地址的行号和列标前面或后面按【F4】键可以在相对引用与绝对引用之间进行切换。例如，将鼠标指针定位到公式“=A1+A2”中的A1元素的前面或后面，第1次按【F4】键变为“$A$1”，第2次按【F4】键变为“A$1”，第3次按【F4】键变为“$A1”，第4次按【F4】键变为“A1”。

- **混合引用：**在一个引用的单元格地址中，既有绝对引用，又有相对引用。如果公式所在单元格的位置发生改变，则绝对引用元素不变，相对引用元素发生改变。
- **引用同一个工作簿的其他工作表中的单元格：**工作簿中包含多张工作表，在其中一张工作表中引用该工作簿的其他工作表中的数据的方法为：“=工作表名称!单元格地址”。例如，引用工作表“销售数据统计”中的A1单元格，对应的公式应为“=销售数据统计!A1”。在“员工销售业绩奖金”工作簿的“员工销售业绩奖金”工作表的B3:B17单元格区域中，引用“销售数据统计”工作表的F3:F17单元格区域中的销售额数据，方法为：在“员工销售业绩奖金”工作表的B3单元格中输入公式“=销售数据统计!F3”，然后填充公式并计算出结果，如图6-7所示。

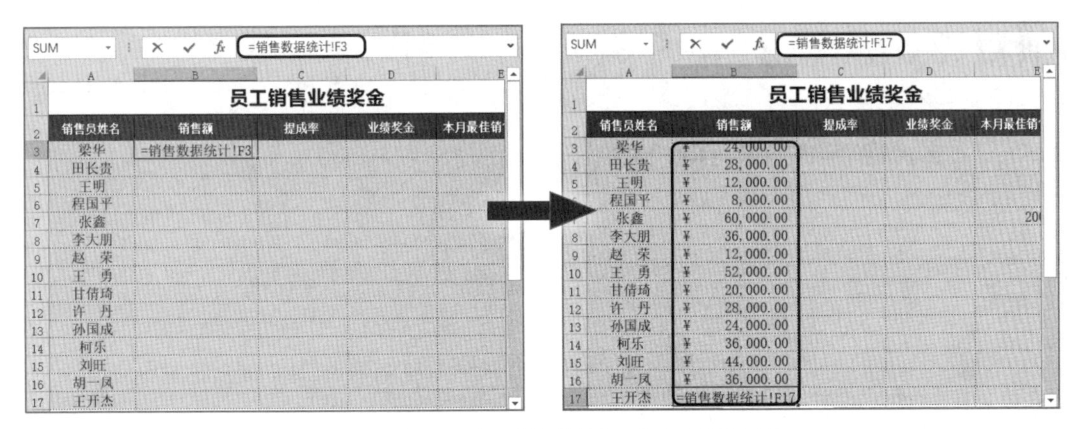

图6-7　引用同一个工作簿的其他工作表中的单元格

- **引用不同工作簿中的单元格：**要引用不同工作簿中的单元格，可表述为“'工作簿存储地址[工作簿名称]工作表名称'!单元格地址”。例如，“=SUM('E:\My works\[员工销售业绩奖金.xlsx]销售数据统计:员工销售业绩奖金'!E5)”表示计算计算机E盘→“My works”文件夹→“员工销售业绩奖金”工作簿→“销售数据统计”和“员工销售业绩奖金”工作表中所有E5单元格中的数据的和。

（三）使用函数计算数据

函数是Excel 2016中预置的特殊公式，需要使用时可以直接调用，它使用一些称为参数的特定数据来按特定的顺序或结构进行计算。函数的结构为“=函数名(参数1,参数2,...)”，如“=SUM(H4:H24)”，其中函数名是指函数的名称，每个函数都有唯一的名称，如SUM等；参数是指函数中用来执行操作或计算的数据，参数的类型与其所属的函数有关。

1. 输入函数

当对使用的函数和参数类型都很熟悉时，可直接在工作表中输入函数；当需要了解所需函数和参数的详细信息时，可通过“插入函数”对话框选择并插入所需函数。下面在“销售数据统计”工作表中通过“插入函数”对话框插入SUM函数，计算出总销售量和销售总额，具体操作如下。

（1）在“销售数据统计”工作表中选择E18单元格，在编辑栏中单击“插入函数”按钮*fx*。

（2）在打开的“插入函数”对话框的“或选择类别”下拉列表中选择“常用函数”选项，在“选择函数”列表框中选择“SUM”选项，单击确定按钮，如图6-8所示。

（3）打开“函数参数”对话框，单击“Number1”文本框右侧的按钮，如图6-9所示。

（4）对话框将处于收缩状态，在工作表中选择E3:E17单元格区域，然后单击按钮或按钮展开对话框，如图6-10所示，单击 确定 按钮计算出总销售量。

（5）将鼠标指针移到E18单元格的右下角，当鼠标指针变成+形状时，拖动鼠标指针到F18单元格，计算出销售总额，如图6-11所示。

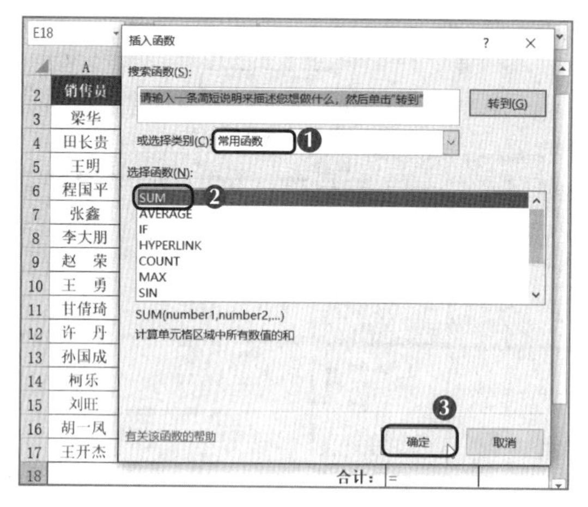

图6-8　选择"SUM"选项

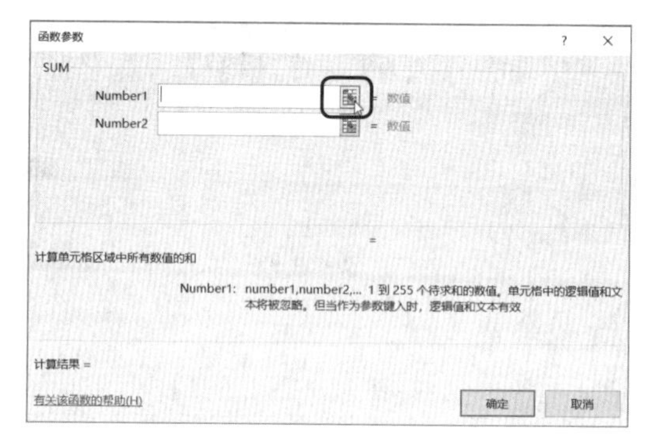

图6-9　设置函数参数

E18　=SUM(E3:E17)

函数参数　E3:E17

	A	B	C	D	E	F
4	田长贵	按摩椅	A01	¥ 4,000.00	7	¥ 28,000.00
5	王明	按摩椅	A01	¥ 4,000.00	3	¥ 12,000.00
6	程国平	按摩椅	A01	¥ 4,000.00	2	¥ 8,000.00
7	张鑫	按摩椅	A01	¥ 4,000.00	15	¥ 60,000.00
8	李大朋	按摩椅	A01	¥ 4,000.00	9	¥ 36,000.00
9	赵 荣	按摩椅	A02	¥ 4,000.00	3	¥ 12,000.00
10	王 勇	按摩椅	A03	¥ 4,000.00	13	¥ 52,000.00
11	甘倩琦	按摩椅	A04	¥ 4,000.00	5	¥ 20,000.00
12	许 丹	按摩椅	A05	¥ 4,000.00	7	¥ 28,000.00
13	孙国成	按摩椅	A06	¥ 4,000.00	6	¥ 24,000.00
14	柯乐	按摩椅	A01	¥ 4,000.00	9	¥ 36,000.00
15	刘旺	按摩椅	A01	¥ 4,000.00	11	¥ 44,000.00
16	胡一凤	按摩椅	A01	¥ 4,000.00	9	¥ 36,000.00
17	王开杰	按摩椅	A01	¥ 4,000.00	8	¥ 32,000.00
18				合计：	(E3:E17)	

图6-10　选择单元格区域

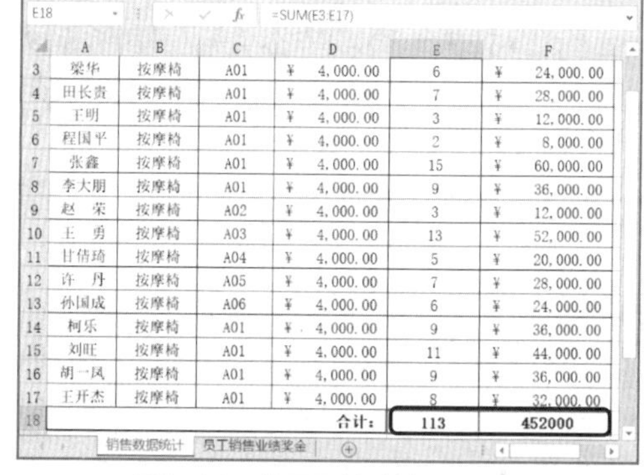

E18　=SUM(E3:E17)

	A	B	C	D	E	F
3	梁华	按摩椅	A01	¥ 4,000.00	6	¥ 24,000.00
4	田长贵	按摩椅	A01	¥ 4,000.00	7	¥ 28,000.00
5	王明	按摩椅	A01	¥ 4,000.00	3	¥ 12,000.00
6	程国平	按摩椅	A01	¥ 4,000.00	2	¥ 8,000.00
7	张鑫	按摩椅	A01	¥ 4,000.00	15	¥ 60,000.00
8	李大朋	按摩椅	A01	¥ 4,000.00	9	¥ 36,000.00
9	赵 荣	按摩椅	A02	¥ 4,000.00	3	¥ 12,000.00
10	王 勇	按摩椅	A03	¥ 4,000.00	13	¥ 52,000.00
11	甘倩琦	按摩椅	A04	¥ 4,000.00	5	¥ 20,000.00
12	许 丹	按摩椅	A05	¥ 4,000.00	7	¥ 28,000.00
13	孙国成	按摩椅	A06	¥ 4,000.00	6	¥ 24,000.00
14	柯乐	按摩椅	A01	¥ 4,000.00	9	¥ 36,000.00
15	刘旺	按摩椅	A01	¥ 4,000.00	11	¥ 44,000.00
16	胡一凤	按摩椅	A01	¥ 4,000.00	9	¥ 36,000.00
17	王开杰	按摩椅	A01	¥ 4,000.00	8	¥ 32,000.00
18				合计：	113	452000

销售数据统计　员工销售业绩奖金

图6-11　使用函数计算出结果

知识提示　　**SUM 函数的使用**

求和函数 SUM 是日常办公中使用得最频繁的函数。在本任务中计算总销售量时，输入函数"=SUM(E3:E17)"表示计算 E3:E17 单元格区域中所有数据的和，在 SUM 函数后输入单元格区域即可计算出该单元格区域中所有数据的和。

2. 嵌套函数

除了可以使用单个函数进行简单的数据计算外，在Excel 2016中还可以使用嵌套函数进行复杂的数据运算。嵌套函数是指将某个函数或公式作为另一个函数的参数来进行计算。下面在"员工销售业绩奖金"工作簿的"员工销售业绩奖金"工作表中嵌套使用查找函数HLOOKUP和逻辑函数IF，分别计算出"提成率"和"本月最佳销售奖金归属"，具体操作如下。

（1）选择C3:C17单元格区域，在编辑栏中输入查找函数“=HLOOKUP(B3,$B$19:$E$21,3)”，使用查找函数HLOOKUP计算出提成率。

（2）按【Ctrl+Enter】组合键计算出每位销售员的提成率，如图6-12所示。

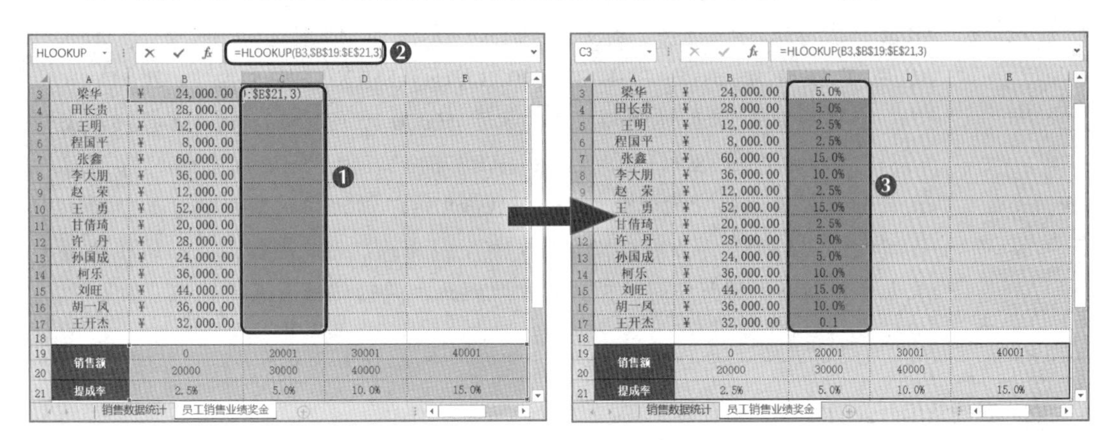

图6-12　使用HLOOKUP函数计算提成率

知识提示　**HLOOKUP 函数的使用**

“=HLOOKUP(B3,$B$19:$E$21,3)”函数用于判断B3单元格中的销售额，并返回B19:E21单元格区域的第3行中对应的提成率。例如，销售员的销售额是“24000”，返回B19:E21单元格区域中“20001～30000”对应的“5.0%”的提成率。

（3）选择D3:D17单元格区域，输入公式“=B3*C3”（销售额×提成率），按【Ctrl+Enter】组合键计算出业绩奖金。

（4）选择E3:E17单元格区域，输入嵌套函数“=IF(B3>50000,IF(B3=MAX($B$3:$B$17),"2000",""),"")”，使用逻辑函数IF和最大值函数MAX计算出本月最佳销售奖金归属。

（5）按【Ctrl+Enter】组合键找出销售额最高且大于“50000”元的销售员，他将获得2000元奖金，如图6-13所示。

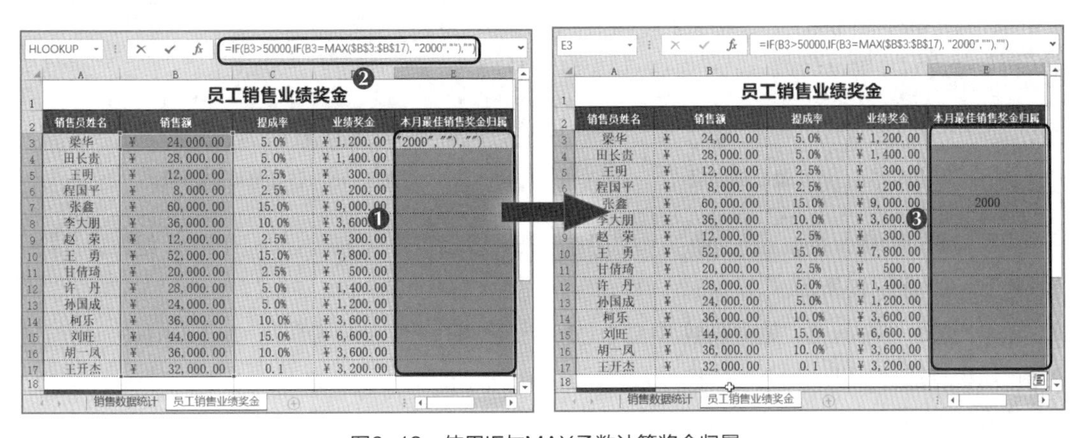

图6-13　使用IF与MAX函数计算奖金归属

知识提示　　IF 函数与 MAX 函数的使用

MAX 函数用于在单元格区域中获取最大值。IF 函数的语法结构为“IF(logical_test,value_if_true,value_if_false)”，可理解为“IF(条件，真值，假值)”，表示当“条件”成立时，返回“真值”，否则返回“假值”。本例使用了 IF 嵌套函数“=IF(B3>50000,IF(B3=MAX($B$3:$B$17),"2000",""),"")”，即当 B 列单元格中的销售额大于 50000 时，返回 IF(B3=MAX($B$3:$B$17),"2000","")，否则返回空值；IF(B3=MAX($B$3:$B$17),"2000","") 函数表示当 B 列单元格中的销售额等于 $B$3:$B$17 单元格区域中的最大值时，返回数值“2000”，否则返回空值。整个嵌套函数可以理解为：当销售额满足大于 50000 元的条件时，在 B 列中找到最大的销售额并返回数值“2000”，否则返回空值。

3. 其他常用办公函数

除了上面介绍的求和函数SUM、查找函数HLOOKUP、逻辑函数IF外，在日常办公中经常使用的函数还有最大值函数MAX、最小值函数MIN、平均值函数AVERAGE、统计函数COUNTIF。下面在“员工销售业绩奖金”工作簿的“员工销售业绩奖金”工作表中使用这些常用函数计算出相应的数据，具体操作如下。

（1）选择H3单元格，输入函数“=MAX(B3:B17)”，按【Ctrl+Enter】组合键计算最高销售额，如图6-14所示。

（2）选择H4单元格，输入函数“=MIN(B3:B17)”，按【Ctrl+Enter】组合键计算最低销售额，如图6-15所示。

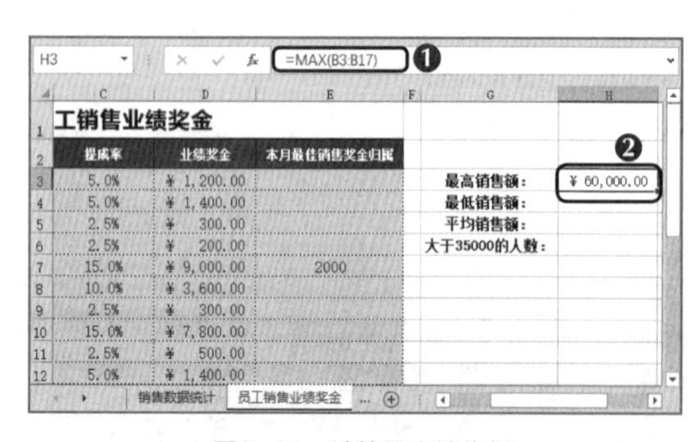

图6-14　计算最高销售额

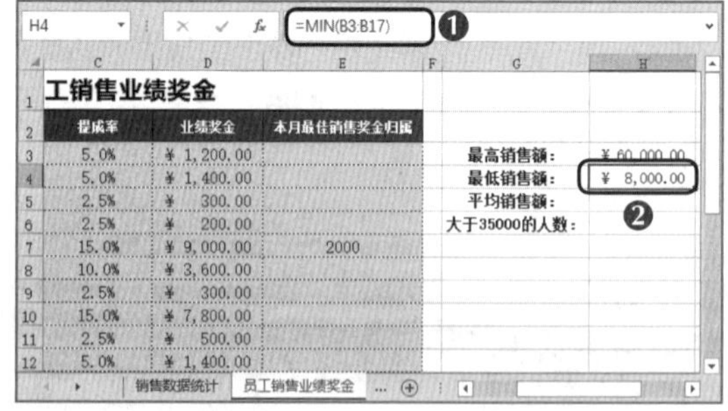

图6-15　计算最低销售额

（3）选择H5单元格，输入函数“=AVERAGE(B3:B17)”，按【Ctrl+Enter】组合键计算平均销售额，如图6-16所示。

（4）选择H6单元格，输入函数“=COUNTIF(B3:B17,">35000")”，按【Ctrl+Enter】组合键计算销售额大于35000元的销售员人数，如图6-17所示。

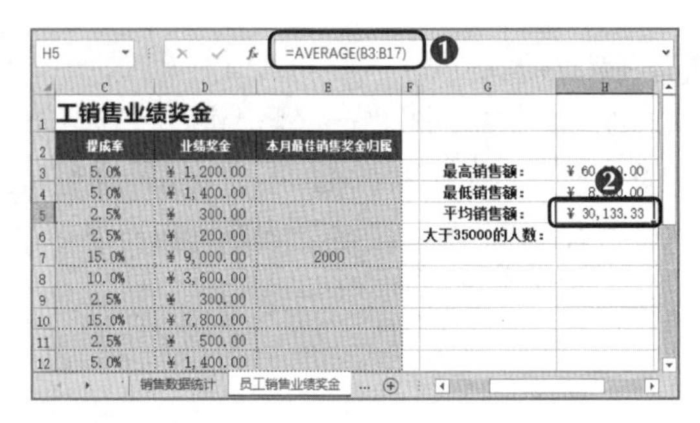

图6-16　计算平均销售额

图6-17　计算销售额大于35000元的销售员人数

知识提示　　MIN、AVERAGE、COUNTIF 函数的使用

最小值函数MIN、平均值函数AVERAGE的使用方法较为简单，与SUM函数和MAX函数的使用方法相似，分别用于计算单元格区域中数据的最小值和平均值。COUNTIF函数用于计算单元格区域中满足给定条件的单元格数量，其语法结构为“COUNTIF(range, criteria)”，在本例中，“=COUNTIF(B3:B17,">35000")”函数表示计算B3:B17单元格区域中值大于35000元的单元格数量。

任务二　登记并管理“生产记录表”工作簿

一、任务描述

公司在产品生产数据管理方面的效率一直不太高，为了有效整理并查找所需的产品生产数据，公司希望米拉找到快速登记并管理“生产记录表”中的数据的方法，要求能快速并准确地输入数据，并根据指定的条件筛选数据。在米拉一筹莫展之际，老洪让她尝试使用Excel 2016的记录单和数据筛选功能。米拉在Excel 2016中不断地进行尝试，最终找到了优化方法，高效地完成了“生产记录表”中的数据的登记和管理，效果如图6-18所示。

素材所在位置　素材文件\项目六\任务二\生产记录表.xlsx
效果所在位置　效果文件\项目六\任务二\生产记录表.xlsx

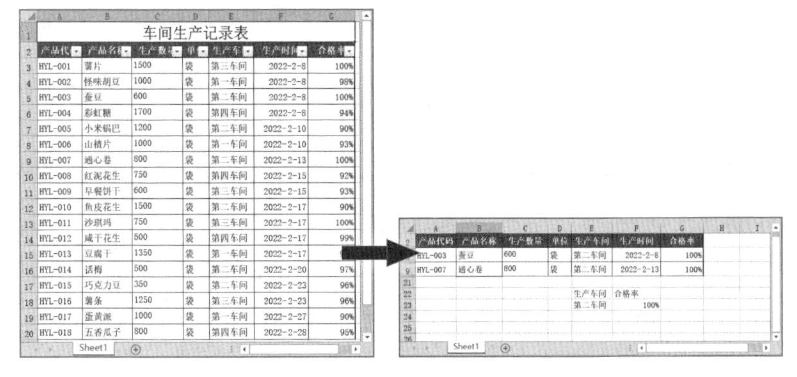

图6-18　“生产记录表”工作簿的效果

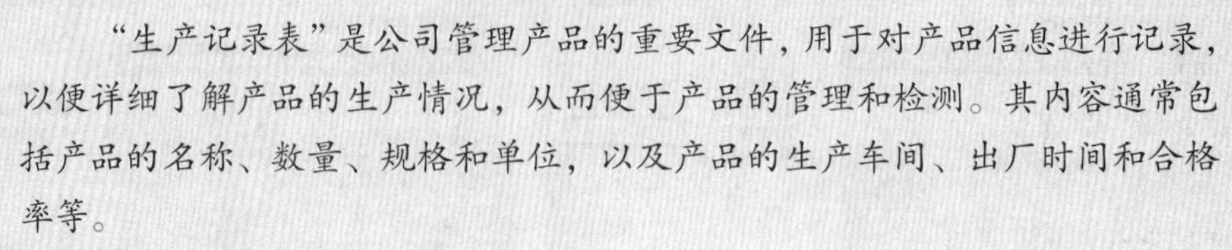

职业素养 “生产记录表”的意义

“生产记录表”是公司管理产品的重要文件，用于对产品信息进行记录，以便详细了解产品的生产情况，从而便于产品的管理和检测。其内容通常包括产品的名称、数量、规格和单位，以及产品的生产车间、出厂时间和合格率等。

二、任务实施

（一）使用记录单输入数据

如果数据表比较庞大，数据记录较多，使用记录单输入数据就特别方便。下面在“生产记录表”工作簿中将“记录单”按钮添加到快速访问工具栏中，然后使用记录单输入数据，具体操作如下。

微课视频
使用记录单输入数据

（1）打开“生产记录表”工作簿，单击“文件”选项卡，在弹出的窗口中选择“选项”选项。

（2）在打开的“Excel选项”对话框中单击“快速访问工具栏”选项卡，在“从下列位置选择命令”下拉列表中选择“不在功能区中的命令”选项；在“自定义快速访问工具栏”下拉列表中选择“用于‘生产记录表.xlsx’”选项；在中间的列表框中选择“记录单”选项，然后单击 添加(A) >> 按钮将其添加到右侧的列表框中，再单击 确定 按钮，如图6-19所示。

（3）返回工作表，选择A2:G2单元格区域，然后在快速访问工具栏中查看并单击添加的“记录单”按钮，如图6-20所示。

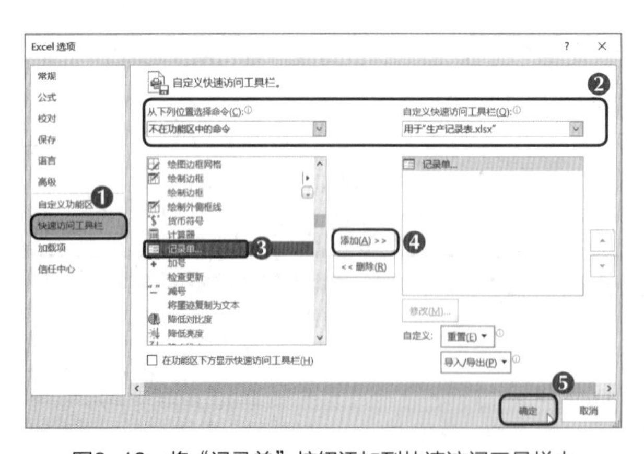

图6-19 将“记录单”按钮添加到快速访问工具栏中

图6-20 单击“记录单”按钮

（4）在打开的提示对话框中单击 确定 按钮，确认将所选单元格区域的首行作为标签。

（5）在打开的记录单对话框的各个文本框中输入相应的项目内容，单击 新建(W) 按钮，工作表的所选单元格区域下方将添加输入的记录。继续在对话框的各个文本框中输入相应的项目内容，如图6-21所示。

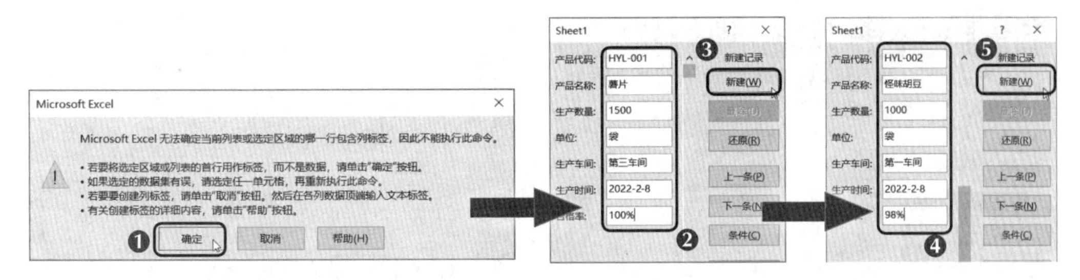

图6-21　输入项目内容

（6）反复执行步骤（5）中的操作，直至完成所有记录的添加，单击 关闭(L) 按钮关闭对话框。

（7）返回工作表，可以看到A2:G2单元格区域下方添加了相应的记录，如图6-22所示。

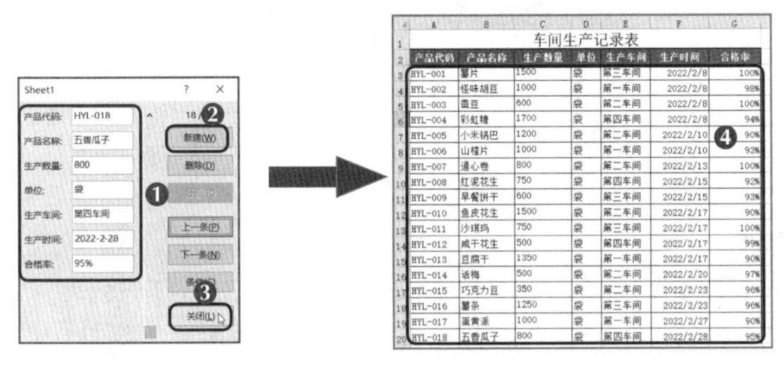

车间生产记录表

产品代码	产品名称	生产数量	单位	生产车间	生产时间	合格率
HYL-001	薯片	1500	袋	第三车间	2022/2/8	100%
HYL-002	怪味胡豆	1000	袋	第一车间	2022/2/8	98%
HYL-003	蚕豆	600	袋	第二车间	2022/2/8	100%
HYL-004	彩虹糖	1700	袋	第四车间	2022/2/8	94%
HYL-005	小米锅巴	1200	袋	第二车间	2022/2/10	90%
HYL-006	山楂片	1000	袋	第一车间	2022/2/10	93%
HYL-007	通心卷	800	袋	第二车间	2022/2/13	100%
HYL-008	红泥花生	750	袋	第四车间	2022/2/15	92%
HYL-009	早餐饼干	600	袋	第三车间	2022/2/15	93%
HYL-010	鱼皮花生	1500	袋	第二车间	2022/2/17	90%
HYL-011	沙琪玛	750	袋	第三车间	2022/2/17	100%
HYL-012	咸干花生	500	袋	第四车间	2022/2/17	99%
HYL-013	豆腐干	1350	袋	第一车间	2022/2/17	90%
HYL-014	话梅	500	袋	第二车间	2022/2/20	97%
HYL-015	巧克力豆	350	袋	第二车间	2022/2/23	96%
HYL-016	薯条	1250	袋	第三车间	2022/2/23	96%
HYL-017	蛋黄派	1000	袋	第一车间	2022/2/27	90%
HYL-018	五香瓜子	800	袋	第四车间	2022/2/28	95%

图6-22　记录单数据

知识提示　　**查找与删除记录**

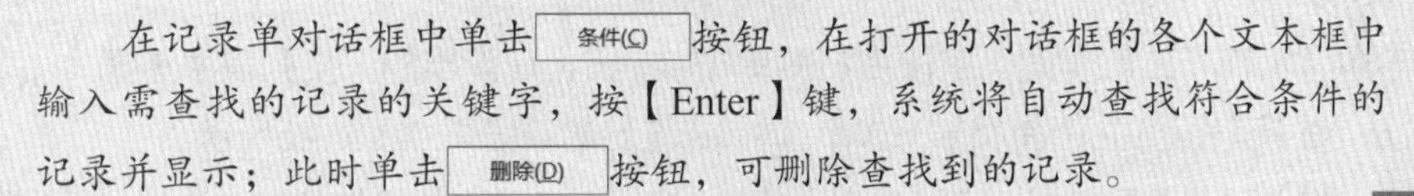

在记录单对话框中单击 条件(C) 按钮，在打开的对话框的各个文本框中输入需查找的记录的关键字，按【Enter】键，系统将自动查找符合条件的记录并显示；此时单击 删除(D) 按钮，可删除查找到的记录。

（二）数据筛选

在数据量较多的表格中查看满足特定条件的数据，如只查看金额在5000元以上的产品的名称时，操作起来会非常麻烦，此时可使用数据筛选功能快速将符合条件的数据筛选出来，并隐藏表格中的其他数据。筛选数据的方法有3种：自动筛选、自定义筛选、高级筛选。

1. 自动筛选

自动筛选数据是指系统根据用户设定的筛选条件，自动将表格中符合条件的数据显示出来，并将表格中的其他数据隐藏。下面在“生产记录表”工作簿中自动筛选出“第一车间”的数据，具体操作如下。

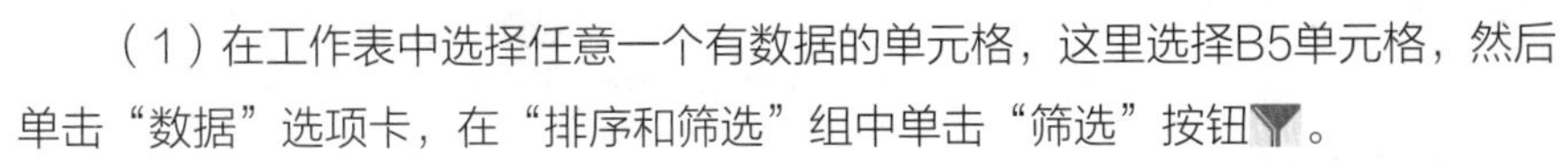

（1）在工作表中选择任意一个有数据的单元格，这里选择B5单元格，然后单击“数据”选项卡，在“排序和筛选”组中单击“筛选”按钮。

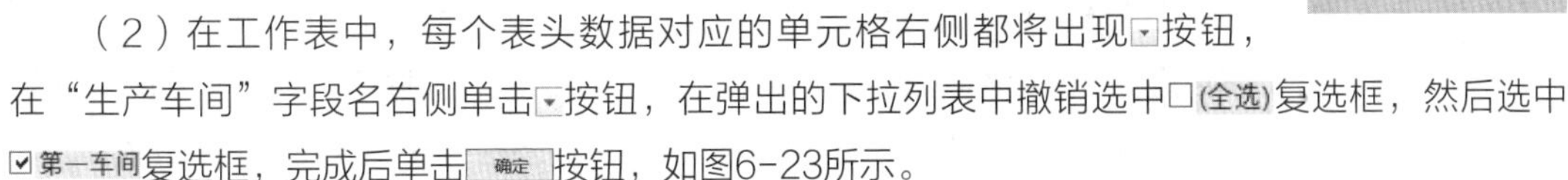

（2）在工作表中，每个表头数据对应的单元格右侧都将出现按钮，在“生产车间”字段名右侧单击按钮，在弹出的下拉列表中撤销选中☐(全选)复选框，然后选中

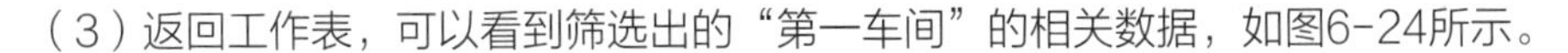

☑第一车间复选框，完成后单击 确定 按钮，如图6-23所示。

（3）返回工作表，可以看到筛选出的“第一车间”的相关数据，如图6-24所示。

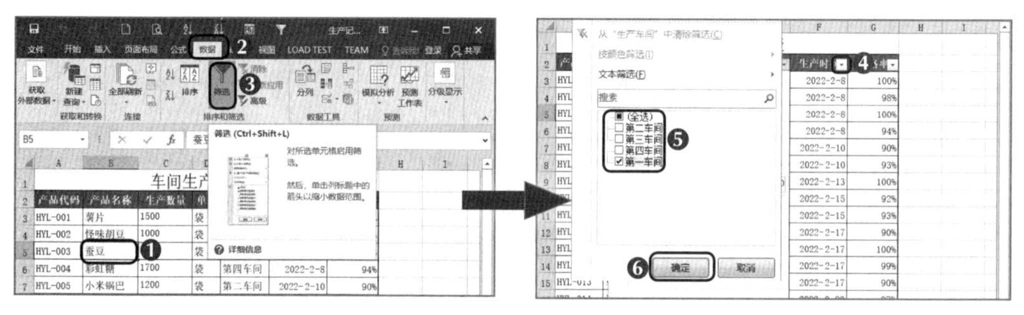

图6-23 设置筛选条件

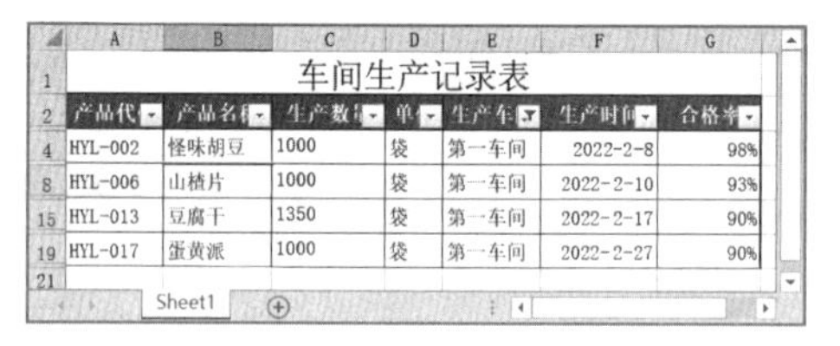

产品代码	产品名称	生产数量	单位	生产车间	生产时间	合格率
HYL-002	怪味胡豆	1000	袋	第一车间	2022-2-8	98%
HYL-006	山楂片	1000	袋	第一车间	2022-2-10	93%
HYL-013	豆腐干	1350	袋	第一车间	2022-2-17	90%
HYL-017	蛋黄派	1000	袋	第一车间	2022-2-27	90%

图6-24 筛选结果

2. 自定义筛选

自定义筛选即在自动筛选后的字段名右侧单击▾按钮，在打开的下拉列表中选择相应的选项，确定筛选条件后，在打开的“自定义自动筛选方式”对话框中进行相应的设置。下面在“生产记录表”工作簿中清除筛选出的“第一车间”数据，然后重新自定义筛选生产日期在2022-2-13至2022-2-20之间的数据，具体操作如下。

（1）在“生产车间”字段名右侧单击▾按钮，在弹出的下拉列表中选择“从‘生产车间’中清除筛选”选项，清除筛选出的数据，如图6-25所示。

（2）在“生产时间”字段名右侧单击▾按钮，在弹出的下拉列表中选择“日期筛选”选项，在其子列表中选择“自定义筛选”选项，如图6-26所示。

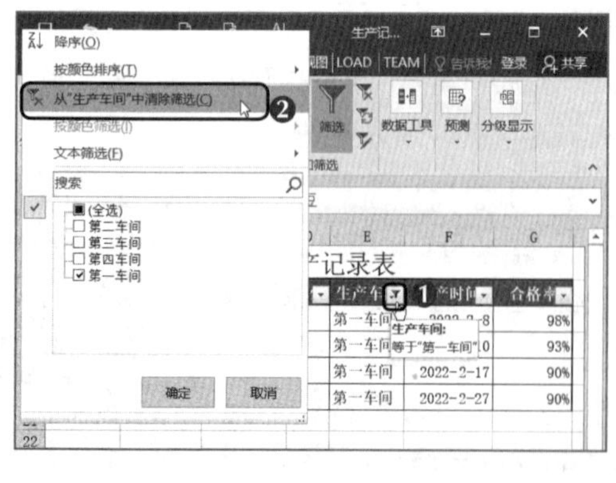

图6-25 清除筛选结果

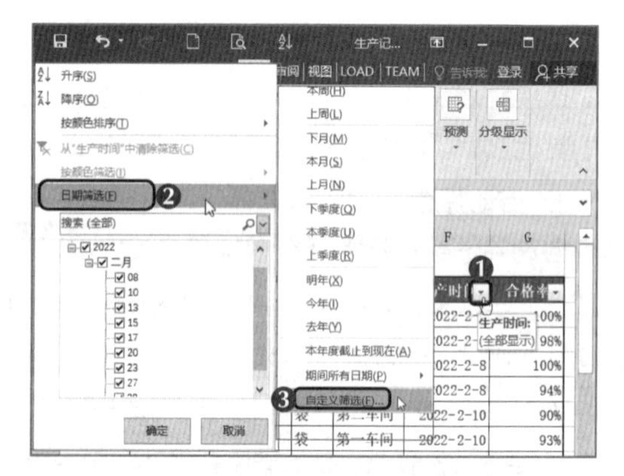

图6-26 选择“自定义筛选”选项

（3）在打开的“自定义自动筛选方式”对话框的“生产时间”左侧的下拉列表中选择“在以下日期之后或与之相同”选项，在右侧的下拉列表中选择“2022-2-13”选项；保持选中“与”单选按钮，在其下方的下拉列表中选择“在以下日期之前或与之相同”选项，在右侧的下拉列表中选择“2022-2-20”选项，单击 确定 按钮，如图6-27所示。

（4）返回工作表，可看到筛选出的生产日期在2022-2-13至2022-2-20之间的数据，如图6-28所示。

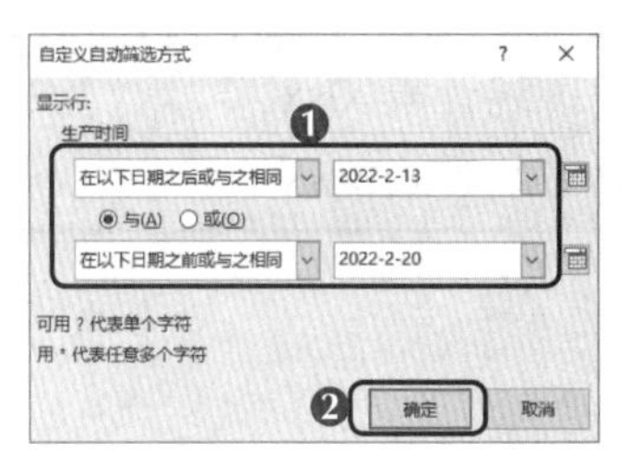

图6-27　设置自定义筛选条件

1	车间生产记录表						
2	产品代	产品名称	生产数量	单	生产车	生产时间	合格率
9	HYL-007	通心卷	800	袋	第二车间	2022-2-13	100%
10	HYL-008	红泥花生	750	袋	第四车间	2022-2-15	92%
11	HYL-009	早餐饼干	600	袋	第三车间	2022-2-15	93%
12	HYL-010	鱼皮花生	1500	袋	第二车间	2022-2-17	90%
13	HYL-011	沙琪玛	750	袋	第三车间	2022-2-17	100%
14	HYL-012	咸干花生	500	袋	第四车间	2022-2-17	99%
15	HYL-013	豆腐干	1350	袋	第一车间	2022-2-17	90%
16	HYL-014	话梅	500	袋	第二车间	2022-2-20	97%

图6-28　筛选结果

3. 高级筛选

自动筛选功能根据Excel 2016提供的筛选条件筛选数据，若要根据自己设置的筛选条件筛选数据，则需使用高级筛选功能。高级筛选功能可以筛选出同时满足两个或两个以上筛选条件的数据。下面在“生产记录表”工作簿中筛选出生产车间为“第二车间”，且合格率为“100%”的数据，具体操作如下。

（1）清除筛选出的“生产时间”数据，在E22:F23单元格区域中分别输入筛选条件：生产车间为“第二车间”，合格率为“100%”。

（2）选择任意一个有数据的单元格，这里选择B16单元格，单击“数据”选项卡，在“排序和筛选”组中单击 高级 按钮。

（3）打开的“高级筛选”对话框的“列表区域”文本框中将自动显示要参与筛选的单元格区域，然后将文本插入点定位到“条件区域”文本框中，在工作表中选择E22:F23单元格区域，操作完成后单击 确定 按钮，如图6-29所示。单击 清除 按钮可清除筛选条件。

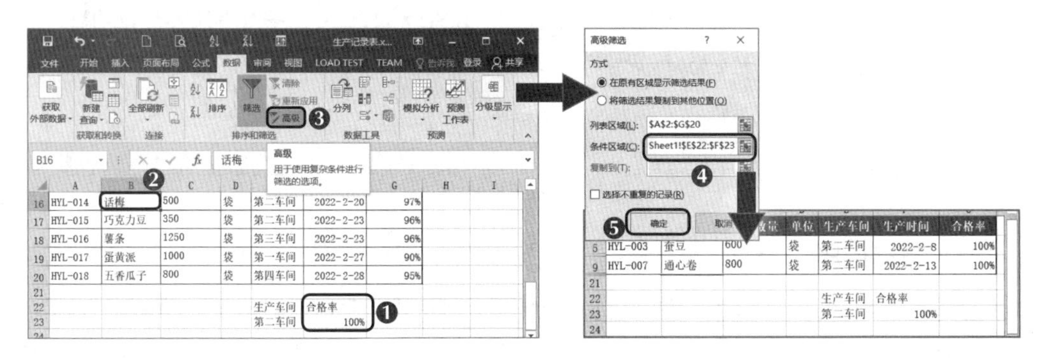

图6-29　高级筛选

任务三　管理“日常费用统计表”工作簿

一、任务描述

随着公司的不断发展，日常办公中的支出项目和费用不断增加，公司决定从下半年开始制作日常费用统计表，用于记录日常办公中的支出项目和具体金额。为了查看支出费用的总和等情况，老洪让米拉对“日常费用统计表”工作簿进行管理，要求她先对数据进行排序，然后根据排序结果对数据进行分类汇总，再定位并分列显示数据。本任务完成后的参考效果如图6-30所示。

素材所在位置 素材文件\项目六\任务三\日常费用统计表.xlsx
效果所在位置 效果文件\项目六\任务三\日常费用统计表.xlsx

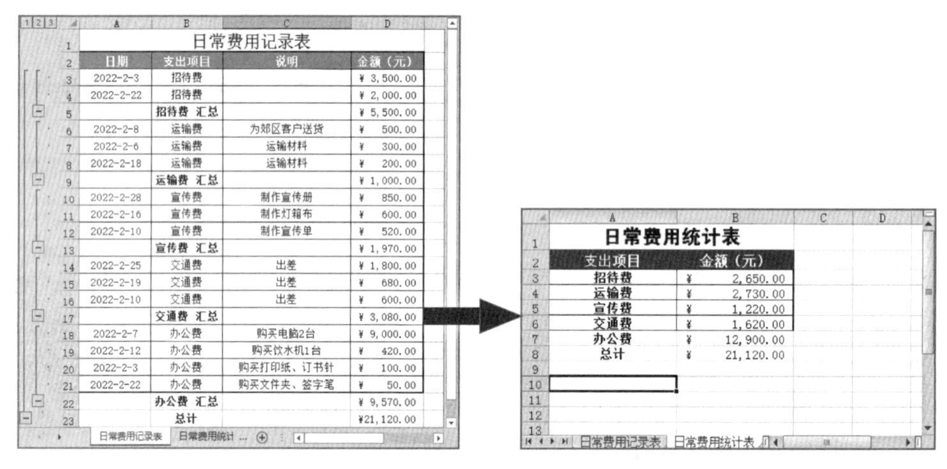

日常费用记录表			
日期	支出项目	说明	金额（元）
2022-2-3	招待费		¥ 3,500.00
2022-2-22	招待费		¥ 2,000.00
	招待费 汇总		¥ 5,500.00
2022-2-8	运输费	为郊区客户送货	¥ 500.00
2022-2-6	运输费	运输材料	¥ 300.00
2022-2-18	运输费	运输材料	¥ 200.00
	运输费 汇总		¥ 1,000.00
2022-2-28	宣传费	制作宣传册	¥ 850.00
2022-2-16	宣传费	制作灯箱布	¥ 600.00
2022-2-10	宣传费	制作宣传单	¥ 520.00
	宣传费 汇总		¥ 1,970.00
2022-2-25	交通费	出差	¥ 1,800.00
2022-2-19	交通费	出差	¥ 680.00
2022-2-10	交通费	出差	¥ 600.00
	交通费 汇总		¥ 3,080.00
2022-2-7	办公费	购买电脑2台	¥ 9,000.00
2022-2-12	办公费	购买饮水机1台	¥ 420.00
2022-2-3	办公费	购买打印纸、订书针	¥ 100.00
2022-2-22	办公费	购买文件夹、签字笔	¥ 50.00
	办公费 汇总		¥ 9,570.00
	总计		¥21,120.00

日常费用统计表	
支出项目	金额（元）
招待费	¥ 2,650.00
运输费	¥ 2,730.00
宣传费	¥ 1,220.00
交通费	¥ 1,620.00
办公费	¥ 12,900.00
总计	¥ 21,120.00

图6-30 “日常费用统计表”工作簿的参考效果

职业素养 **“日常费用统计表”的统计单位和内容**

“日常费用统计表”是公司日常管理中使用得非常频繁的表格之一。无论公司的性质和规模如何，都会涉及日常费用的支出，小型公司一般统计公司整体的日常支出费用；而大中型公司一般以部门或工作组为单位统计日常支出费用。完成表格的制作后，可以对办公费用，如宣传费、招待费和交通费等进行分类统计。

二、任务实施

（一）数据排序

数据排序常用于统计工作中。在Excel 2016中，数据排序是指根据存储在表格中的数据的类型，将数据按一定的方式进行重新排列。对数据进行排序有助于用户快速、直观地查看数据，更好地理解数据，更方便地组织并查找所需数据。数据排序的常用方式有自动排序和按关键字排序两种。

1. 自动排序

自动排序是最基本的数据排序方式，选择该方式后，系统将自动识别并排序数据。下面在“日常费用统计表”工作簿中以“费用项目”列为依据对数据进行排序，具体操作如下。

（1）打开“日常费用统计表”工作簿，在“日常费用记录表”工作表中选择需排序的“费用项目”列中的任意一个单元格，这里选择B4单元格，然后单击“数据”选项卡，在“排序和筛选”组中单击“升序”按钮，如图6-31所示。

（2）B3:B17单元格区域中的数据将按费用项目名称首字母的先后顺序进行排列，且其他与之对应的数据将自动实现排序。

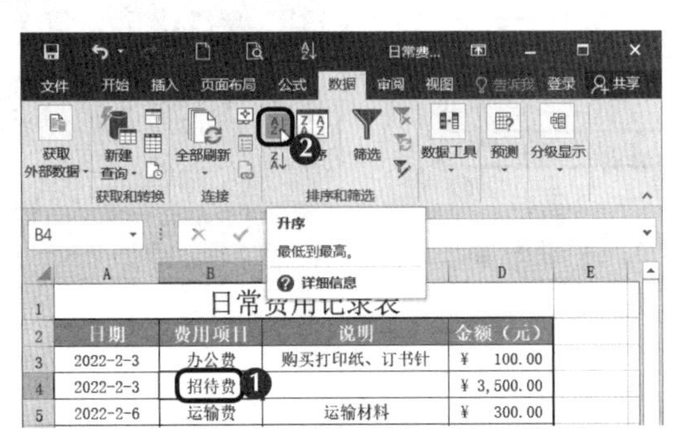

图6-31 自动排序

多学一招

按笔画顺序排列汉字

在Excel 2016中对中文姓名进行排序时，默认按照姓氏拼音首字母在26个英文字母中的顺序进行排列，对于相同的姓，依次按照姓名中第2个、第3个字的拼音首字母的先后顺序进行排列。在“排序”对话框中单击 选项(O)... 按钮，在打开的“排序选项”对话框中选中 ◉笔划排序(R) 单选按钮，单击 确定 按钮可按照笔画顺序进行排列，排序规则主要为笔画多少，相同笔画的按横、竖、撇、捺、折的起笔顺序进行排列。

2. 按关键字排序

按关键字排序可根据指定的关键字对某个字段（列单元格）或多个字段中的数据进行排序，通常可将该方式分为按单个关键字排序与按多个关键字排序。按单个关键字排序可以理解为按某个字段（单列数据）进行排序，与自动排序方式较为相似。如果需同时对多列数据进行排序，则可以使用按多个关键字排序的方式，此时若第1个关键字的数据相同，就按第2个关键字的数据进行排序。下面在“日常费用统计表”工作簿中按“费用项目”与“金额”两个关键字进行降序排列，具体操作如下。

（1）在“日常费用记录表”工作表中选择需排序的单元格区域，这里选择A2:D17单元格区域，然后单击“数据”选项卡，在“排序和筛选”组中单击“排序”按钮。

（2）在打开的“排序”对话框的“主要关键字”下拉列表中选择“费用项目”选项，在“排序依据”下拉列表中保持默认设置，在“次序”下拉列表中选择“降序”选项；然后单击 添加条件(A) 按钮，在“次要关键字”下拉列表中选择“金额（元）”选项，在“次序”下拉列表中选择“降序”选项，完成后单击 确定 按钮。

（3）返回工作表，可以看到表格中的数据先按“费用项目”数据进行降序排列，然后在费用项目降序排列的基础上，按“金额”数据进行降序排列，如图6-32所示。

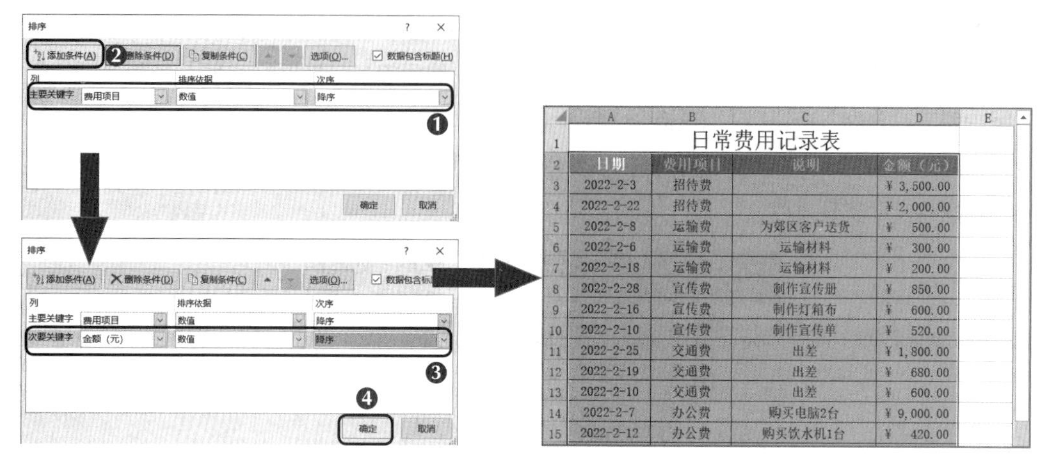

图6-32　按多个关键字排序

（二）分类汇总

Excel 2016的数据分类汇总功能可将性质相同的数据汇总到一起，使表格的结构更加清晰，方便用户更好地掌握表格中的重要信息。下面在“日常费用统计表”工作簿中根据“费用项目”数据进行分类汇总，具体操作如下。

（1）在“日常费用记录表”工作表中选择除第一行单元格外的单元格区域，单击“数据”选项卡，在“分级显示”组中单击“分类汇总”按钮。

（2）在打开的“分类汇总”对话框的“分类字段”下拉列表中选择“费用项目”选项，在“汇总方式”下拉列表中选择“求和”选项，在“选定汇总项”列表框中选中“金额（元）”复选框，然后单击确定按钮。

（3）返回工作表，可以看到分类汇总后，系统将对“费用项目”相同的“金额”数据进行求和处理，其结果显示在相应的项目数据下方，如图6-33所示。

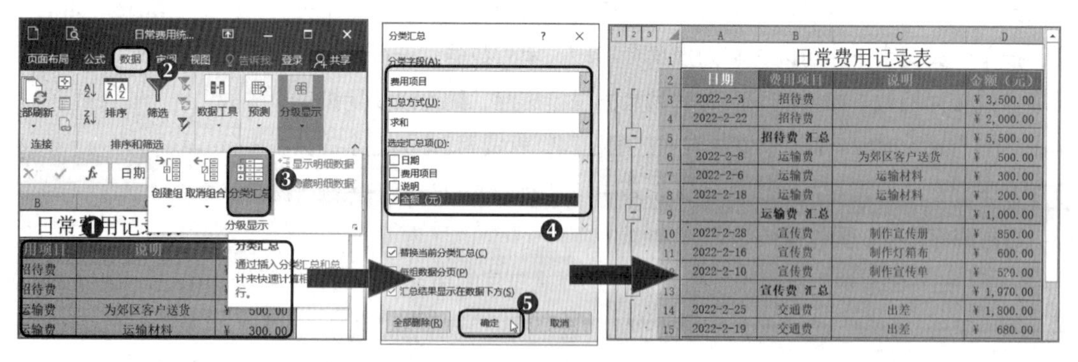

图6-33　分类汇总

（4）在分类汇总后的工作表编辑区的左上角单击按钮，工作表中的所有分类数据将被隐藏，只显示分类汇总后的总计数据。

（5）单击按钮，工作表中将显示分类汇总后各项目的汇总数据，如图6-34所示。

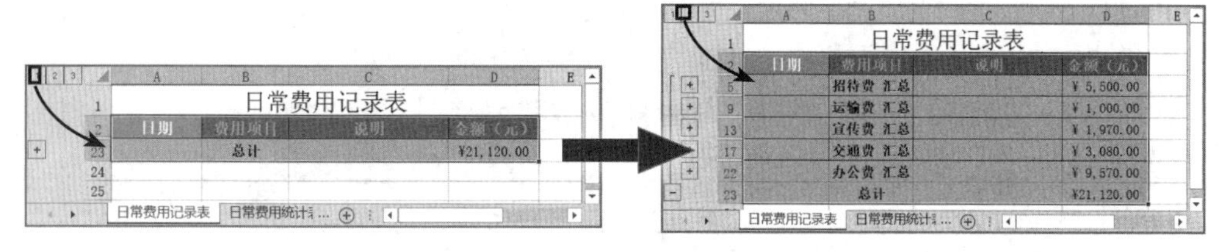

图6-34 分级显示分类汇总数据

知识提示 **分类汇总的其他操作**

在工作表编辑区的左侧单击+或-按钮，可以显示或隐藏单个分类汇总项目的明细行。若需再次显示所有分类汇总项目，则可在工作表编辑区的左上角单击分类汇总的显示级别按钮。

（三）定位选择与分列显示数据

若需在工作表中选择多个具有相同条件且不连续的单元格，则可利用定位条件功能迅速查找所需的单元格；若需将一列数据分别保存到两列中，则可将数据分列显示。

微课视频

定位选择数据

1. 定位选择数据

定位选择是一种选择单元格的方式，主要用来选择位置相对无规则，但条件有规则的单元格或单元格区域。下面在“日常费用统计表”工作簿中定位选择并复制分类汇总项中的可见单元格，具体操作如下。

（1）在“日常费用记录表”工作表中选择B5:D23单元格区域，在“开始”选项卡的“编辑”组中单击“查找和选择”按钮，在弹出的下拉列表中选择“定位条件”选项。

（2）在打开的“定位条件”对话框中选中“可见单元格”单选按钮，然后单击确定按钮，返回工作表，将只选择所选单元格区域内的可见单元格，即只选择分类汇总项中的可见单元格，如图6-35所示。

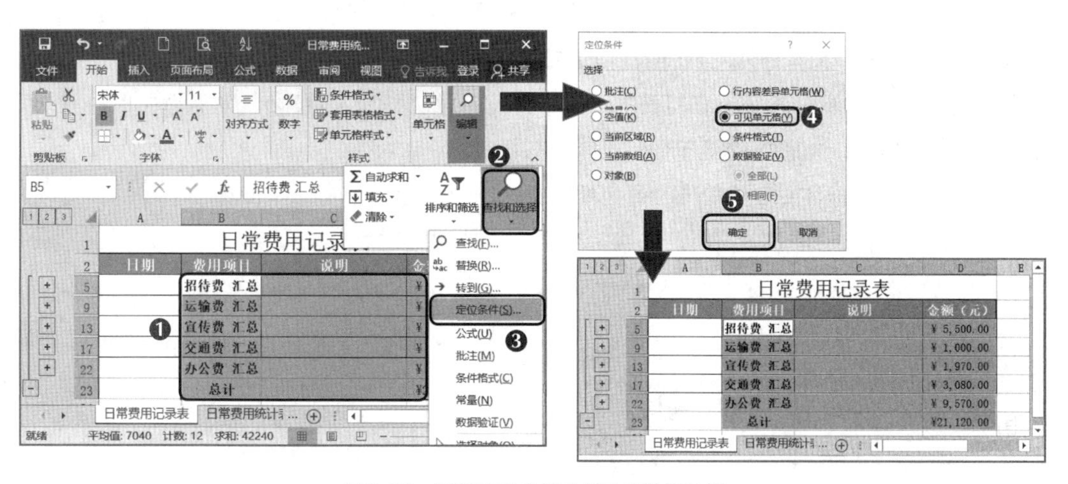

图6-35 利用定位条件功能快速选择数据

（3）保持可见单元格处于选择状态，按【Ctrl+C】组合键复制数据，然后在“日常费用统计表”工作表中选择A3单元格，按【Ctrl+V】组合键粘贴数据，如图6-36所示。

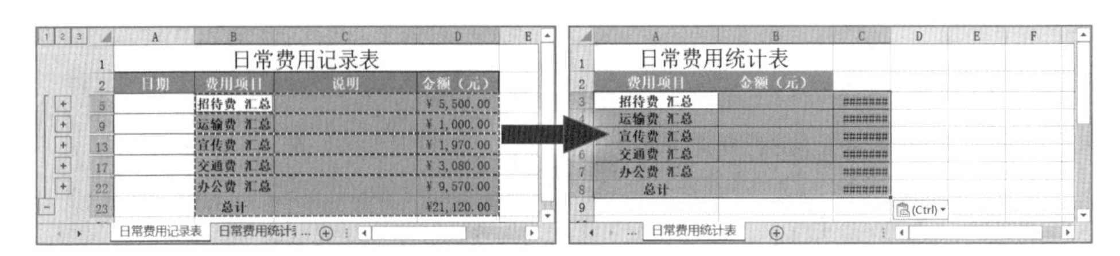

图6-36　复制可见单元格中的数据

2. 分列显示数据

在一些特殊情况下，需要使用Excel 2016的分列功能快速将一列中的数据分列显示，如将日期按月、日分列显示，将姓名按姓、名分列显示等。下面在“日常费用统计表”工作簿中将分类汇总项中的数据分列显示，具体操作如下。

（1）在“日常费用统计表”工作表中选择A3:A7单元格区域，单击“数据”选项卡，在“数据工具”组中单击“分列”按钮。

（2）在打开的“文本分列向导-第1步，共3步”对话框中保持默认设置，然后单击下一步(N) >按钮，如图6-37所示。

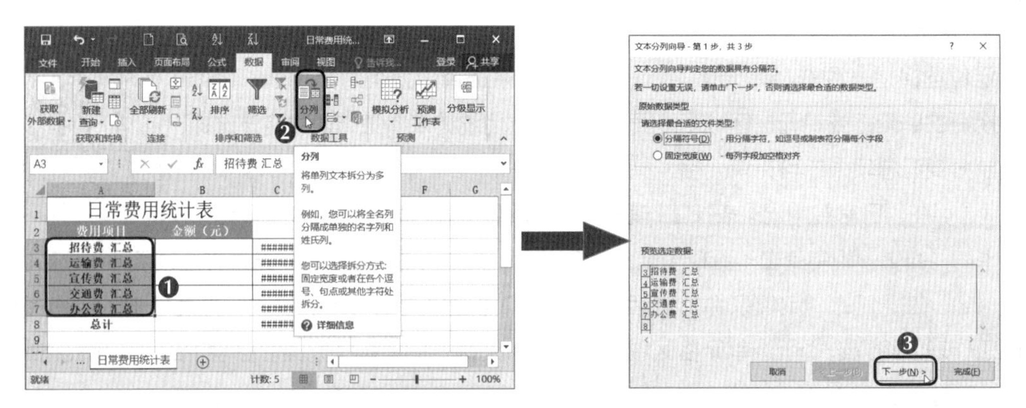

图6-37　单击“分列”按钮并确认数据类型

（3）在打开的“文本分列向导-第2步，共3步”对话框的“分隔符号”选项组中选中☑空格(S)复选框，然后单击下一步(N) >按钮，在打开的“文本分列向导-第3步，共3步”对话框中保持默认设置，单击完成(F)按钮，如图6-38所示。

（4）在打开的提示对话框中单击确定按钮，如图6-39所示。

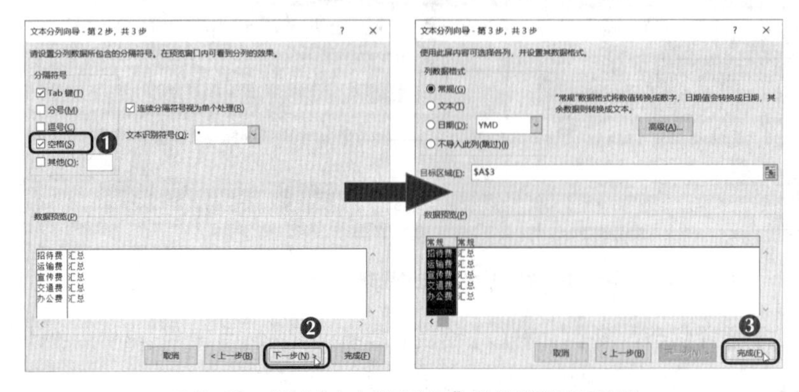

图6-38　根据“文本分列向导”设置分列显示效果

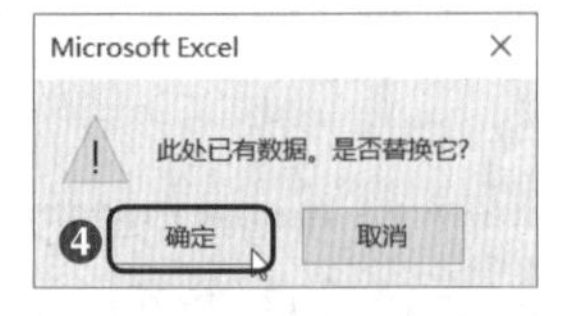

图6-39　确认替换内容

（5）返回工作表，可以看到数据分列显示后的效果，然后删除B3:B8单元格区域，如图6-40所示。

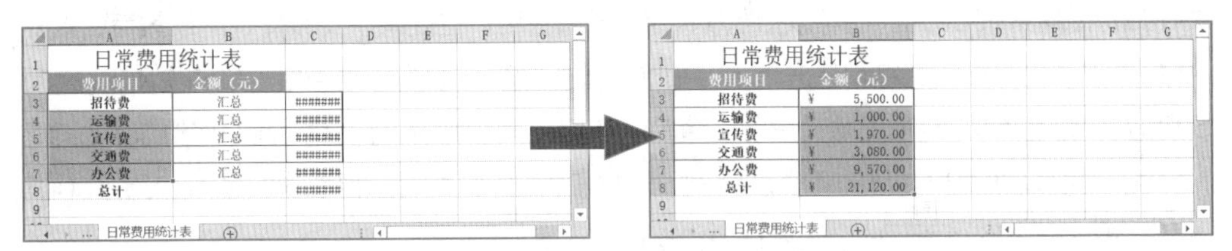

图6-40 查看分列显示效果并删除单元格区域

项目实训

本项目通过计算“员工销售业绩奖金”工作簿、登记并管理“生产记录表”工作簿、管理“日常费用统计表”工作簿3个任务，讲解了计算与管理数据的相关知识。其中，公式与函数的使用、单元格的引用、筛选数据、排序数据、分类汇总等是日常办公中经常使用的知识点，读者应重点学习和把握。下面通过两个项目实训帮助读者灵活运用本项目的知识。

一、制作“员工工资表”工作簿

1. 实训目标

制作员工工资表时，需要在表格中使用公式计算员工的实发工资和税后工资，使用自动求和功能计算员工的应领工资和应扣工资，以及使用IF嵌套函数计算员工的个人所得税。本实训的最终效果如图6-41所示。

素材所在位置 素材文件\项目六\项目实训\员工工资表.xlsx
效果所在位置 效果文件\项目六\项目实训\员工工资表.xlsx

员工工资表

工资结算日期：2022年1月30日

员工编号	员工姓名	应领工资				应扣工资				实发工资	个人所得税	税后工资
		基本工资	加班	奖金	小计	迟到	事假	病假	小计			
001	穆慧	¥ 7,000.00	¥ -	¥ 200.00	¥ 7,200.00	¥ -	¥ -	¥ -	¥ -	¥ 7,200.00	¥ 66.00	¥ 7,134.00
002	萧小丰	¥ 5,000.00	¥ -	¥ -	¥ 5,000.00	¥ -	¥ 50.00	¥ -	¥ 50.00	¥ 4,950.00	¥ -	¥ 4,950.00
003	许如云	¥ 5,000.00	¥ 240.00	¥ 200.00	¥ 5,440.00	¥ -	¥ -	¥ -	¥ -	¥ 5,440.00	¥ 13.20	¥ 5,426.80
004	章海兵	¥ 5,000.00	¥ 240.00	¥ -	¥ 5,240.00	¥ 20.00	¥ -	¥ -	¥ 20.00	¥ 5,220.00	¥ 6.60	¥ 5,213.40
005	贺阳	¥ 5,000.00	¥ -	¥ 200.00	¥ 5,200.00	¥ -	¥ -	¥ -	¥ -	¥ 5,200.00	¥ 6.00	¥ 5,194.00
006	杨春丽	¥ 6,000.00	¥ 300.00	¥ 200.00	¥ 6,500.00	¥ -	¥ -	¥ -	¥ -	¥ 6,500.00	¥ 45.00	¥ 6,455.00
007	石坚	¥ 3,800.00	¥ 600.00	¥ -	¥ 4,400.00	¥ 40.00	¥ -	¥ -	¥ 40.00	¥ 4,360.00	¥ -	¥ 4,360.00
008	李满堂	¥ 3,800.00	¥ 900.00	¥ -	¥ 4,700.00	¥ 20.00	¥ -	¥ -	¥ 20.00	¥ 4,680.00	¥ -	¥ 4,680.00
009	江颖	¥ 3,800.00	¥ 600.00	¥ -	¥ 4,400.00	¥ -	¥ 100.00	¥ -	¥ 100.00	¥ 4,300.00	¥ -	¥ 4,300.00
010	孙晟成	¥ 3,800.00	¥ 300.00	¥ 200.00	¥ 4,300.00	¥ -	¥ -	¥ -	¥ -	¥ 4,300.00	¥ -	¥ 4,300.00
011	王开	¥ 3,800.00	¥ 450.00	¥ 200.00	¥ 4,450.00	¥ -	¥ -	¥ -	¥ -	¥ 4,450.00	¥ -	¥ 4,450.00
012	陈一名	¥ 3,800.00	¥ 900.00	¥ -	¥ 4,700.00	¥ 60.00	¥ -	¥ -	¥ 60.00	¥ 4,640.00	¥ -	¥ 4,640.00
013	邢剑	¥ 3,800.00	¥ 1,050.00	¥ -	¥ 4,850.00	¥ -	¥ -	¥ 25.00	¥ 25.00	¥ 4,825.00	¥ -	¥ 4,825.00
014	李虎	¥ 3,800.00	¥ 900.00	¥ 200.00	¥ 4,900.00	¥ -	¥ -	¥ -	¥ -	¥ 4,900.00	¥ -	¥ 4,900.00
015	张宽之	¥ 3,800.00	¥ 1,050.00	¥ 200.00	¥ 5,050.00	¥ -	¥ -	¥ -	¥ -	¥ 5,050.00	¥ 1.50	¥ 5,048.50
016	袁远	¥ 3,800.00	¥ 900.00	¥ -	¥ 4,700.00	¥ -	¥ 150.00	¥ -	¥ 150.00	¥ 4,550.00	¥ -	¥ 4,550.00

图6-41 “员工工资表”工作簿的最终效果

2. 专业背景

员工工资通常分为固定工资、浮动工资和福利3部分，其中固定工资是不变的，浮动工资和福利会随着员工工龄或表现的改变而改变。不同公司制定的员工工资管理制度不同，员工的工资项目也不尽相同，因此应结合实际情况计算员工工资。

2019年1月1日新修订的《中华人民共和国个人所得税法》正式实施，个人所得税起征点由之前的3500元提高到5000元，还可以扣除6项专项附加费用，主要有子女教育、继续教育、赡养老人、大病医疗、住房贷款利息和住房租金。扣除三险一金和专项附加费用后，应纳税所得额=月收入-5000元（起征点）-专项扣除（三险一金等）费用-专项附加扣除费用-依法确定的其他扣除费用。本实训假设以2022年1月的工资表为例，以5000元作为个人所得税的起征点，超过5000元的，根据超出额按表6-1所示的个人所得税税率进行计算。

知识提示

2月～12月预扣预缴税额的计算

因为每个人扣除专项附加费用的情况都不一样，所以可根据实际情况添加专项附加扣除费用对应的列和数据，得出应纳税所得额。另外，因为新个税方案中的征收是以年为单位的，所以从2月开始，2月～12月要按累计数据计算，即本期应预扣预缴税额=（累计预扣预缴应纳税所得额×预扣率-速算扣除数）-累计减免税额-累计已预扣预缴税额。

表6-1 新个人所得税税率表（免征额为5000元）

级数	全年累计预扣预缴应纳税所得额	税率	速算扣除数（元）
1	不超过36000元的	3%	0
2	超过36000元至144000元的部分	10%	2520
3	超过144000元至300000元的部分	20%	16920
4	超过300000元至420000元的部分	25%	31920
5	超过420000元至660000元的部分	30%	52920
6	超过660000元至960000元的部分	35%	85920
7	超过960000的部分	45%	181920

3. 操作思路

先在F5:F20和J5:J20单元格区域内使用SUM函数计算应领工资和应扣工资，然后使用公式计算实发工资，最后使用IF嵌套函数计算个人所得税并输入公式计算税后工资。

【步骤提示】

（1）打开“员工工资表”工作簿，选择F5:F20单元格区域，输入函数“=SUM(C5:E5)”，计算应领工资；选择J5:J20单元格区域，输入函数“=SUM(G5:I5)”计算应扣工资。

（2）选择K5:K20单元格区域，在编辑栏中输入公式“=F5-J5”，完成后按【Ctrl+Enter】组合键计算实发工资。

（3）选择L5:L20单元格区域，在编辑栏中输入函数“=IF(K5-5000<0,0,IF(K5-5000<36000,0.03*(K5-5000)-0,IF(K5-5000<144000,0.1*(K5-5000)-2520,IF(K5-5000<300000,0.2*(K5-5000)-16920,IF(K5-5000<420000,0.25*(K5-5000)-31920)))))”，完成后按【Ctrl+Enter】组合键计算个人所得税。

（4）选择M5:M20单元格区域，在编辑栏中输入公式“=K5-L5”，然后按【Ctrl+Enter】组合键计算税后工资。

二、管理“楼盘销售信息表”工作簿

1. 实训目标

本实训将对楼盘数据进行排序，筛选开盘均价大于等于10000元的记录。本实训的最终效果如图6-42所示。

素材所在位置 素材文件\项目六\项目实训\楼盘销售信息表.xlsx
效果所在位置 效果文件\项目六\项目实训\楼盘销售信息表.xlsx

楼盘销售信息表

楼盘名称	房源类型	开发公司	楼盘位置	开盘均价	总套数	已售	开盘时间
都新家园三期	预售商品房	都新房产	黄门大道16号	¥10,200	100	10	2021-6-1
世纪花园	预售商品房	都新房产	锦城街8号	¥10,500	80	18	2021-9-1
	都新房产 最大值			¥10,500		18	
碧海花园一期	预售商品房	佳乐地产	西华街12号	¥10,000	120	35	2021-1-10
云天听海佳园一期	预售商品房	佳乐地产	柳巷大道354号	¥10,000	90	45	2021-3-5
碧海花园二期	预售商品房	佳乐地产	西华街13号	¥12,000	100	23	2021-9-10
	佳乐地产 最大值			¥12,000		45	
典居房一期	预售商品房	宏远地产	金沙路10号	¥12,800	100	32	2021-1-10
都市森林二期	预售商品房	宏远地产	荣华道13号	¥10,000	100	55	2021-9-3
典居房二期	预售商品房	宏远地产	金沙路11号	¥11,200	150	36	2021-9-5
典居房三期	预售商品房	宏远地产	金沙路12号	¥12,500	100	3	2021-12-3
	宏远地产 最大值			¥12,800		55	
万福香格里花园	预售商品房	安宁地产	华新街10号	¥10,500	120	22	2021-9-15
金色年华庭院三期	预售商品房	安宁地产	晋阳路454号	¥10,000	100	70	2022-1-5
橄榄雅居三期	预售商品房	安宁地产	武青路2号	¥10,800	200	0	2022-1-20
	安宁地产 最大值			¥10,800		70	
	总计最大值			¥12,800		70	

图6-42 “楼盘销售信息表”工作簿的最终效果

2. 专业背景

楼盘销售信息表具有针对性、引导性和参考价值，其中包括开发公司名称、楼盘位置、开盘价格及销售状况等信息。

3. 操作思路

先对“开发公司”数据按笔画进行降序排列，然后筛选出开盘均价大于等于10000元的记录，最后将筛选出的记录按“开发公司”分类，并汇总“开盘均价”和“已售”项的最大值，其操作思路如图6-43所示。

① 排序　　② 筛选　　③ 分类汇总

图6-43 管理“楼盘销售信息表”工作簿的操作思路

【步骤提示】

（1）打开“楼盘销售信息表”工作簿，选择C2单元格，单击“数据”选项卡，在“排序和筛选”组中单击“排序”按钮。打开“排序”对话框，设置“主要关键字”为“开发公司”，将“次序”设置为“降序”，并设置按“笔画排序”的方式进行排列。

（2）分别在E21和E22单元格中输入“开盘均价”和“>=10000”，设置筛选条件。打开“高级筛选”对话框，选择列表区域为“A2:H20”，选择条件区域为“E21:E22”，筛选出开盘均价大于等于10000元的记录。

（3）删除设置了筛选条件的数据区域E21:E22，打开“分类汇总”对话框，在“分类字段”下拉列表中选择“开发公司”选项，将“汇总方式”设置为“最大值”，在“选定汇总项”列表框中选中“开盘均价”和“已售”复选框。

课后练习

本项目主要介绍了计算与管理Excel表格中数据的方法，下面通过两个课后练习帮助读者巩固相关知识的应用方法。

1. 制作“学生成绩汇总表”工作簿

打开素材文件“学生成绩汇总表”工作簿，使用公式和函数计算相关成绩，完成后的效果如图6-44所示。

素材所在位置 素材文件\项目六\课后练习\学生成绩汇总表.xlsx
效果所在位置 效果文件\项目六\课后练习\学生成绩汇总表.xlsx

学生成绩汇总表

学号	姓名	班级	办公软件	财务知识	法律知识	英语口语	体育素质	人力管理	总成绩	平均成绩	排名	等级
20210913	张良	市场1班	87	84	92	87	78	85	513	85.5	12	良
20210914	胡国风	市场1班	60	54	55	58	72	55	354	59	20	差
20210915	郭超	市场1班	99	92	94	90	91	89	555	92.5	2	优
20210916	蓝志明	市场1班	83	89	96	89	75	87	519	86.5	10	良
20210917	陈玉	市场1班	62	60	61	50	63	61	357	59.5	19	差
20210918	李东旭	市场1班	70	72	60	95	84	87	468	78	16	一般
20210919	夏浩文	市场1班	92	90	89	96	99	92	558	93	1	优
20210920	邱明明	市场1班	83	83	92	83	98	83	522	87	8	良
20210921	童烨	市场1班	92	62	93	64	70	90	471	78.5	15	一般
20210922	许浩	市场1班	93	70	96	72	78	83	492	82	14	良
20210923	刘敏	市场1班	96	92	87	92	87	62	516	86	11	良
20210924	史毕	市场1班	87	83	75	85	62	70	462	77	18	一般
20210925	梁芳	市场1班	75	92	86	92	70	92	507	84.5	13	良
20210926	李若涵	市场1班	86	93	86	94	92	83	534	89	4	良
20210927	王希	市场1班	85	96	73	97	84	96	531	88.5	5	良
20210928	陈晓婷	市场1班	73	87	93	87	92	90	522	87	8	良
20210929	方媛	市场1班	97	86	96	74	94	96	543	90.5	3	优
20210930	宋丽	市场1班	86	93	87	76	96	87	525	87.5	7	良
20210931	舒启生	市场1班	85	89	86	89	85	94	528	88	6	良
20210932	毕霞	市场1班	60	85	88	70	80	82	465	77.5	17	一般

Sheet1

图6-44 “学生成绩汇总表”工作簿的效果

操作要求如下。

- 打开“学生成绩汇总表”工作簿，在J3单元格中输入函数“=SUM(D3:I3)”，用于计算总成绩；在K3单元格中输入函数“=AVERAGE(D3:I3)”，用于计算平均成绩。
- 在L3单元格中输入函数“=RANK.AVG(K3,$K$3:$K$22)”，用于计算成绩的排名；在M3单元格中输入函数“=IF(K3<60,"差",IF(K3<80,"一般",IF(K3<90,"良","优")))”，用于计算成绩的等级。
- 使用以上方法计算其他学生的成绩。

知识提示　**RANK.AVG 函数的使用**

RANK.AVG函数用于返回某数字在一列数字中相对于其他数值的大小排名，如果多个数值排名相同，则返回平均值排名。“=RANK.AVG(K3,$K$3:$K$22)”表示根据K3单元格中的数据，对“$K$3:$K$22”单元格区域中的数据进行排名。

2. 管理“区域销售信息汇总表”工作簿

下面打开“区域销售信息汇总表”工作簿，使用记录单输入数据，然后对数据进行排序和汇总处理，完成后的效果如图6-45所示。

素材所在位置　素材文件\项目六\课后练习\区域销售信息汇总表.xlsx
效果所在位置　效果文件\项目六\课后练习\区域销售信息汇总表.xlsx

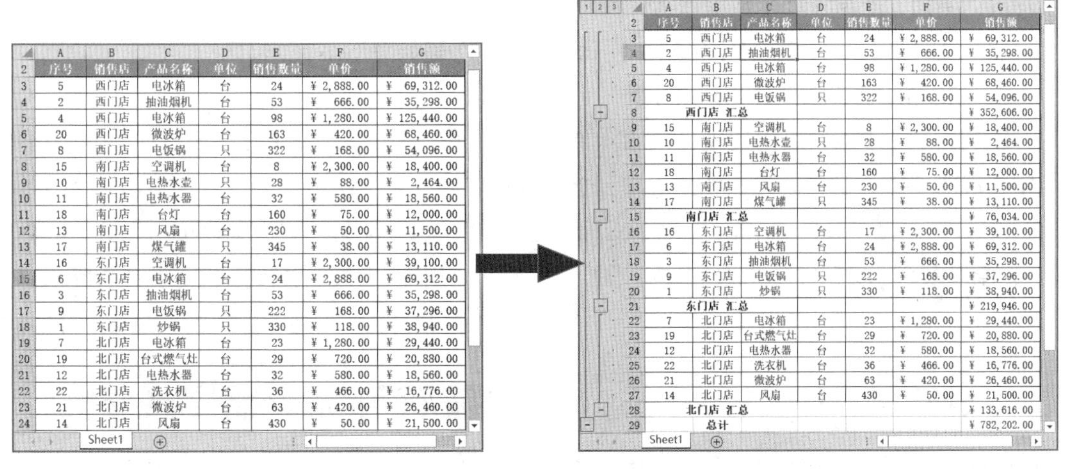

	A	B	C	D	E	F	G
2	序号	销售店	产品名称	单位	销售数量	单价	销售额
3	5	西门店	电冰箱	台	24	¥ 2,888.00	¥ 69,312.00
4	2	西门店	抽油烟机	台	53	¥ 666.00	¥ 35,298.00
5	4	西门店	电冰箱	台	98	¥ 1,280.00	¥ 125,440.00
6	20	西门店	微波炉	台	163	¥ 420.00	¥ 68,460.00
7	8	西门店	电饭锅	只	322	¥ 168.00	¥ 54,096.00
8	15	南门店	空调机	台	8	¥ 2,300.00	¥ 18,400.00
9	10	南门店	电热水壶	只	28	¥ 88.00	¥ 2,464.00
10	11	南门店	电热水器	台	32	¥ 580.00	¥ 18,560.00
11	18	南门店	台灯	台	160	¥ 75.00	¥ 12,000.00
12	13	南门店	风扇	台	230	¥ 50.00	¥ 11,500.00
13	17	南门店	煤气罐	只	345	¥ 38.00	¥ 13,110.00
14	16	东门店	空调机	台	17	¥ 2,300.00	¥ 39,100.00
15	6	东门店	电冰箱	台	24	¥ 2,888.00	¥ 69,312.00
16	3	东门店	抽油烟机	台	53	¥ 666.00	¥ 35,298.00
17	9	东门店	电饭锅	只	222	¥ 168.00	¥ 37,296.00
18	1	东门店	炒锅	只	330	¥ 118.00	¥ 38,940.00
19	7	北门店	电冰箱	台	23	¥ 1,280.00	¥ 29,440.00
20	19	北门店	台式燃气灶	台	29	¥ 720.00	¥ 20,880.00
21	12	北门店	电热水器	台	32	¥ 580.00	¥ 18,560.00
22	22	北门店	洗衣机	台	36	¥ 466.00	¥ 16,776.00
23	21	北门店	微波炉	台	63	¥ 420.00	¥ 26,460.00
24	14	北门店	风扇	台	430	¥ 50.00	¥ 21,500.00

	A	B	C	D	E	F	G
2	序号	销售店	产品名称	单位	销售数量	单价	销售额
3	5	西门店	电冰箱	台	24	¥ 2,888.00	¥ 69,312.00
4	2	西门店	抽油烟机	台	53	¥ 666.00	¥ 35,298.00
5	4	西门店	电冰箱	台	98	¥ 1,280.00	¥ 125,440.00
6	20	西门店	微波炉	台	163	¥ 420.00	¥ 68,460.00
7	8	西门店	电饭锅	只	322	¥ 168.00	¥ 54,096.00
8		西门店 汇总					¥ 352,606.00
9	15	南门店	空调机	台	8	¥ 2,300.00	¥ 18,400.00
10	10	南门店	电热水壶	只	28	¥ 88.00	¥ 2,464.00
11	11	南门店	电热水器	台	32	¥ 580.00	¥ 18,560.00
12	18	南门店	台灯	台	160	¥ 75.00	¥ 12,000.00
13	13	南门店	风扇	台	230	¥ 50.00	¥ 11,500.00
14	17	南门店	煤气罐	只	345	¥ 38.00	¥ 13,110.00
15		南门店 汇总					¥ 76,034.00
16	16	东门店	空调机	台	17	¥ 2,300.00	¥ 39,100.00
17	6	东门店	电冰箱	台	24	¥ 2,888.00	¥ 69,312.00
18	3	东门店	抽油烟机	台	53	¥ 666.00	¥ 35,298.00
19	9	东门店	电饭锅	只	222	¥ 168.00	¥ 37,296.00
20	1	东门店	炒锅	只	330	¥ 118.00	¥ 38,940.00
21		东门店 汇总					¥ 219,946.00
22	7	北门店	电冰箱	台	23	¥ 1,280.00	¥ 29,440.00
23	19	北门店	台式燃气灶	台	29	¥ 720.00	¥ 20,880.00
24	12	北门店	电热水器	台	32	¥ 580.00	¥ 18,560.00
25	22	北门店	洗衣机	台	36	¥ 466.00	¥ 16,776.00
26	21	北门店	微波炉	台	63	¥ 420.00	¥ 26,460.00
27	14	北门店	风扇	台	430	¥ 50.00	¥ 21,500.00
28		北门店 汇总					¥ 133,616.00
29		总计					¥ 782,202.00

图6-45 “区域销售信息汇总表”工作簿的效果

操作要求如下。

- 打开“区域销售信息汇总表”工作簿，将“记录单”按钮添加到快速访问工具栏中，然后输入数据，利用公式计算总销售额。
- 以“销售店”为主要关键字进行降序排列，以“销售数量”为次要关键字进行升序排列。
- 以“销售店”为分类字段，汇总“销售数量”和“销售额”数据。

技巧提升

1. 用NOW函数显示当前日期和时间

NOW函数可以返回计算机系统的当前日期和时间。其语法结构为“NOW()”，没有参数，并且如果包含NOW函数的单元格格式不同，则返回的日期和时间的格式也不相同。用NOW函数返回当前日期和时间的方法为：在工作簿中选择目标单元格，输入函数“=NOW()”，按【Enter】键即可显示计算机系统当前的日期和时间，效果如图6-46所示。

制表日期：	2022-2-22 10:18								
员工编号	员工姓名	应领工资				应扣工资			
		基本工资	加班	奖金	小计	迟到	事假	病假	小
001	穆慧	¥7,000.00	¥ -	¥200.00	¥7,200.00	¥ -	¥ -	¥ -	¥
002	萧小丰	¥5,000.00	¥ -	¥ -	¥5,000.00	¥ -	¥50.00	¥ -	¥50
003	许如云	¥5,000.00	¥240.00	¥200.00	¥5,440.00	¥ -	¥ -	¥ -	¥
004	章海兵	¥5,000.00	¥240.00	¥ -	¥5,240.00	¥20.00	¥ -	¥ -	¥20
005	贺阳	¥5,000.00	¥ -	¥200.00	¥5,200.00	¥ -	¥ -	¥ -	¥
006	杨春丽	¥6,000.00	¥300.00	¥200.00	¥6,500.00	¥ -	¥ -	¥ -	¥

图6-46 显示当前日期和时间

2. 用MID函数从身份证号码中提取出生日期

MID函数用于返回文本字符串中从指定位置开始的特定数目的字符，该数目由用户指定。其语法结构为“MID(text,start_num,num_chars)”。各参数的含义分别是：text是包含要提取字符的文本字符串；start_num是要从文本字符串中提取的第一个字符的位置，文本字符串中第一个字符的start_num为1，以此类推；num_chars用于指定希望MID函数从文本字符串中返回的字符数。例如，使用MID函数根据客户的身份证号码提取其出生日期，在D3单元格中输入函数“=MID(C3,7,8)”，按【Enter】键并向下填充函数，效果如图6-47所示。

3. 用COUNT函数统计单元格数量

COUNT函数用于返回包含数字的单元格数量。它还可以计算单元格区域或数字数组中数字字段的个数，空白单元格和文本单元格不计算在内。其语法结构为“COUNT(value1, value2,...)”。其中参数“value1,value2,...”是可以包含或引用各种类型数据的1～255个参数，但只有数字类型的数据才会被计算在内。图6-48所示为使用COUNT函数统计实际参赛人数。

D3 =MID(C3,7,8)

客户资料			
编号	姓名	身份证号	出生日期
WJ001	李艳	[illegible]150421	19830515
WJ002	秦放	[illegible]160813	19720916
WJ003	刘军	[illegible]170728	19750617
WJ004	谢翼	[illegible]150419	19890515
WJ005	龙小月	[illegible]150325	19690515
WJ006	许琴	[illegible]150822	19850515
WJ007	章凯	[illegible]150526	19780515

图6-47 提取出生日期

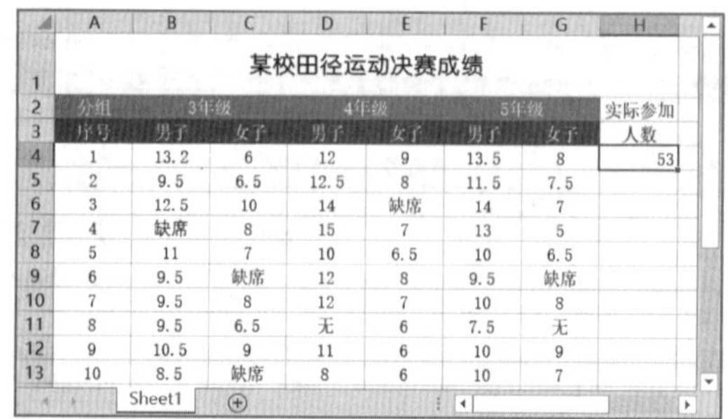

某校田径运动决赛成绩							
分组	3年级		4年级		5年级		实际参加
序号	男子	女子	男子	女子	男子	女子	人数
1	13.2	6	12	9	13.5	8	53
2	9.5	6.5	12.5	8	11.5	7.5	
3	12.5	10	14	缺席	14	7	
4	缺席	8	15	7	13	5	
5	11	7	10	6.5	10	6.5	
6	9.5	缺席	12	8	9.5	缺席	
7	9.5	8	12	7	10	8	
8	9.5	6.5	无	6	7.5	无	
9	10.5	9	11	6	10	9	
10	8.5	缺席	8	6	10	7	

图6-48 统计实际参赛人数

4. 用COUNTIFS函数按多个条件统计单元格数量

COUNTIFS函数用于计算单元格区域中满足多个条件的单元格数量。其语法结构为“COUNTI

FS(range1,criteria1,range2,criteria2,...)”。其中“range1,range2,...”是用于计算关联条件的1～127个单元格区域，每个单元格区域的单元格中必须是数字或包含数字的名称、数组或引用，空值和文本会被忽略；“criteria1,criteria2,...”是数字、表达式、单元格引用或文本形式的1～127个条件，用于定义要对哪些单元格进行计算。

例如，使用COUNTIFS函数统计每个班级的参赛选手得分大于等于8.5且小于10的人数。在表格中选择H3单元格，输入函数“=COUNTIFS(B3:G3,">=8.5",B3:G3,"<10")”，按【Enter】键可求出一班参赛选手得分大于等于8.5且小于10的人数；然后将函数填充到剩余单元格中，效果如图6-49所示。

某艺校跳远比赛得分情况

班级	A组	B组	C组	D组	E组	F组	大于8.5分，小于10分
一班	8.75	7.75	9.25	6.75	7.50	8.00	2
二班	9.50	8.75	9.25	7.50	8.50	7.50	4
三班	7.50	9.75	8.25	8.55	9.50	7.00	3
四班	8.25	8.25	8.75	7.00	8.55	9.25	3
五班	7.95	8.75	7.95	9.55	9.75	6.50	3
六班	9.50	7.85	7.75	8.55	7.25	9.55	3
七班	8.50	7.55	8.55	7.95	6.25	8.00	2
八班	9.50	9.25	6.50	6.00	6.55	9.25	3
九班	9.75	9.00	8.55	9.50	8.50	9.00	6
十班	8.50	8.75	6.50	8.55	9.25	7.00	4

图6-49　按多个条件统计

5. 相同数据的排名

在Excel 2016中，排名函数RANK是最常用的函数之一，其排名方式为美式，即大小相同的数值名次也相同，若多个数值的排名相同将影响后续数值的排名。例如，使用RANK函数进行排名，其中有2名学生的名次相同，并列第4名，所以没有第5名，下一位直接是第6名，如图6-50所示。

按照中式的排名方式，无论有几个并列名次，后续的排名都会紧跟前面的名次顺延生成。在日常工作中，可根据实际需要使用COUNTIF函数进行中式排名。在单元格中输入函数“=SUMPRODUCT((G$3:G$12>$G3)/COUNTIF(G$3:G$12,G$3:G$12))+1”，这里主要利用了COUNTIF函数统计不重复值的原理，去除重复值后进行排名。图6-51所示总分为“290”的学号为5001、5008的学生并列第4名，总分为“288”的学号为5003的学生排在第5名（SUMPRODUCT函数用于在给定的几组数组中，将数组间对应的元素相乘，并返回乘积之和）。

H3　=RANK(G3,$G$3:$G$12,0)

2019级美术系5班学生成绩统计表

学号	姓名	大学语文	外语	计算机	形势政策	总分	名次
5001	万雅	75	80	75	60	290	4
5002	张玲	72	65	80	65	282	8
5003	严觐	60	74	82	72	288	6
5004	陈江平	60.5	85	89	77	311.5	1
5005	万华	61	69	67	75	272	9
5006	詹艳	85	70	60	80	295	3
5007	李萌	62	75	67	82	286	7
5008	许新	60	91	72	67	290	4
5009	凌平	63	68	65	75	271	10
5010	陈远宏	70	80	78	80	308	2

图6-50　美式排名结果

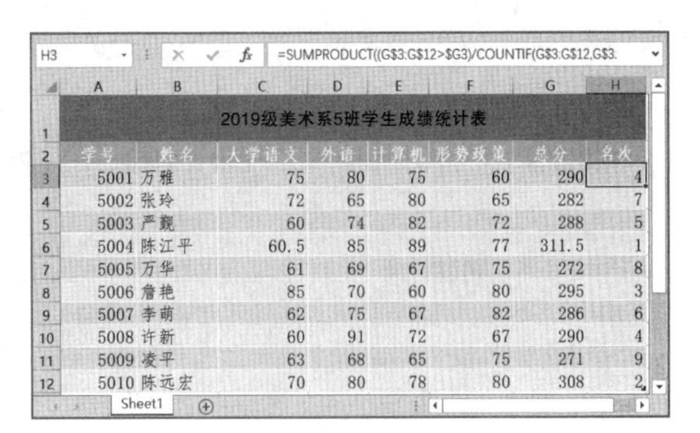

H3　=SUMPRODUCT((G$3:G$12>$G3)/COUNTIF(G$3:G$12,G$3:

2019级美术系5班学生成绩统计表

学号	姓名	大学语文	外语	计算机	形势政策	总分	名次
5001	万雅	75	80	75	60	290	4
5002	张玲	72	65	80	65	282	7
5003	严觐	60	74	82	72	288	5
5004	陈江平	60.5	85	89	77	311.5	1
5005	万华	61	69	67	75	272	8
5006	詹艳	85	70	60	80	295	3
5007	李萌	62	75	67	82	286	6
5008	许新	60	91	72	67	290	4
5009	凌平	63	68	65	75	271	9
5010	陈远宏	70	80	78	80	308	2

图6-51　中式排名结果

项目七

Excel图表分析

情景导入

临近年终，公司需要米拉制作图表来分析产品近几年的销量和本年度的员工销售业绩，公司将据此安排未来的产品销售计划和各门店的销售人员。米拉对此十分重视，开始使用Excel认真地分析起来……

学习目标

- **掌握使用图表分析数据的方法**

掌握使用迷你图分析数据、创建图表、编辑与美化图表、在图表中添加趋势线来预测销售数据等方法。

- **掌握使用数据透视表和数据透视图分析数据的方法**

掌握数据透视表的创建和编辑、数据透视图的创建和设置、在数据透视图中筛选与分析数据等操作。

素质目标

- 培养学生的图表分析能力。
- 提升学生的数据分析能力。

任务一 分析“产品销量统计表”工作簿

一、任务描述

接到分析“产品销量统计表”工作簿的任务后，米拉在众多图表分析方法中难以抉择。这时，老洪告诉米拉，要先查看并分析“产品销量统计表”工作簿中的数据，然后才能根据分析目的创建合适的图表，最后不要忘记编辑和美化图表。米拉在一番思索和分析后，终于制作出了让领导满意的“产品销量统计表”工作簿，参考效果如图7-1所示。

素材所在位置 素材文件\项目七\任务一\产品销量统计表.xlsx
效果所在位置 效果文件\项目七\任务一\产品销量统计表.xlsx

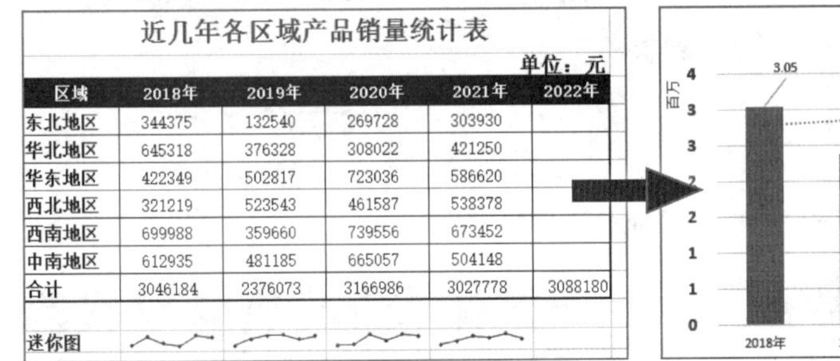

近几年各区域产品销量统计表

单位：元

区域	2018年	2019年	2020年	2021年	2022年
东北地区	344375	132540	269728	303930	
华北地区	645318	376328	308022	421250	
华东地区	422349	502817	723036	586620	
西北地区	321219	523543	461587	538378	
西南地区	699988	359660	739556	673452	
中南地区	612935	481185	665057	504148	
合计	3046184	2376073	3166986	3027778	3088180
迷你图					

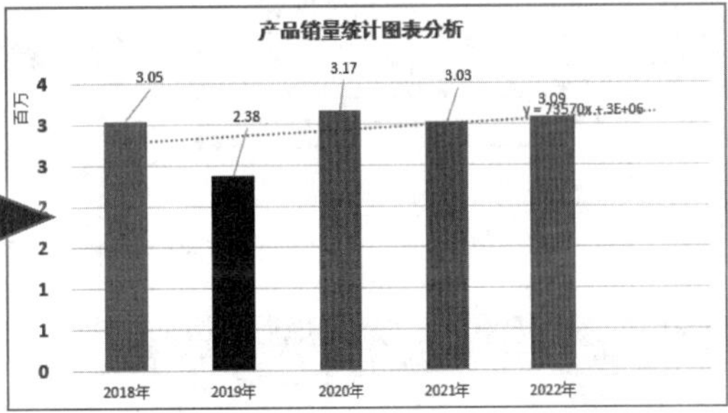

图7-1 “产品销量统计表”工作簿的参考效果

职业素养 **使用图表分析销售情况的意义**

“产品销量统计表”主要用于统计公司产品的销售情况，如统计各地区的销售量、各年度的销售量等。使用图表分析产品的销售情况，可以直观地查看最近几年产品的销售趋势，以及哪个地区的销售量最高。总结这些分析结果，可以对未来的产品销售重点做出安排，例如是否继续扩大规模生产产品，哪里可以存放更多的产品进行售卖等。

二、任务实施

（一）使用迷你图查看数据

Excel 2016提供了一种全新的图表制作工具，即迷你图。迷你图是存在于单元格中的小图表，它以单元格为绘图区域，用户可以简单、便捷地绘制出简明的迷你图来进行数据分析。下面在“产品销量统计表”工作簿中创建并编辑迷你图，具体操作如下。

（1）打开“产品销量统计表”工作簿，选择A12单元格，输入文本“迷你图”，然后选择B12:E12单元格区域，单击“插入”选项卡，在“迷你图”组中单击“折线图”按钮。

（2）系统自动将文本插入点定位到打开的“创建迷你图”对话框的“数据范围”文本框中，然后在工作表中选择B4:E9单元格区域，单击 确定 按钮，如图7-2所示。

（3）返回工作表，可以看到B12:E12单元格区域中创建的迷你图，保持B12:E12单元格区域处于选择状态，在“设计”选项卡的“显示”组中选中☑标记复选框，如图7-3所示。

（4）在“设计”选项卡的“样式”组中单击按钮，在弹出的下拉列表中选择图7-4所示的选项，返回工作表，可以看到添加样式后的迷你图。

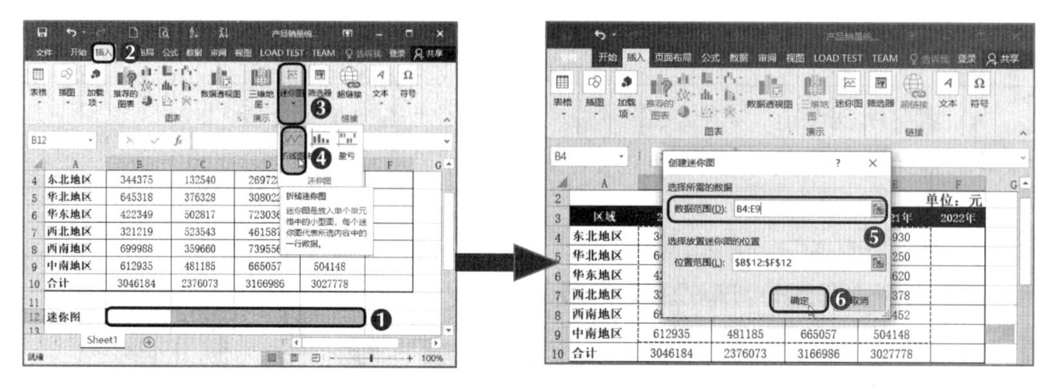

图7-2　选择迷你图的类型和数据范围

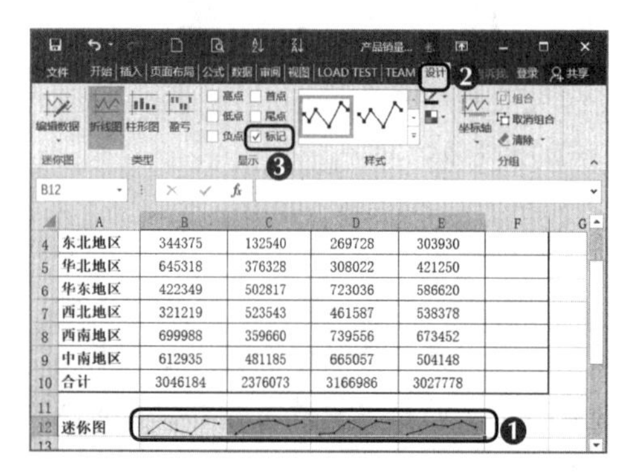

图7-3　显示标记

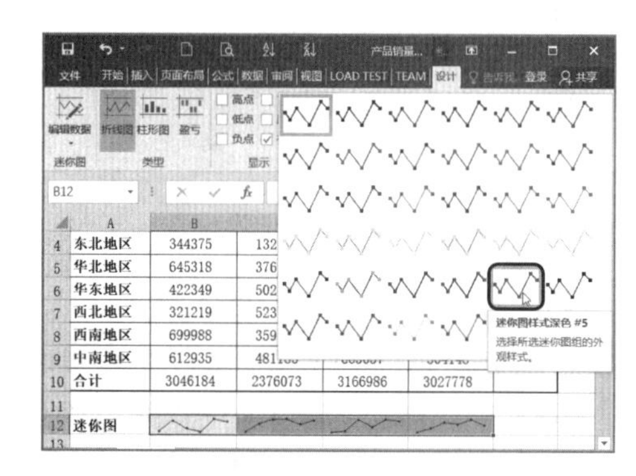

图7-4　选择迷你图的样式

多学一招　　**编辑迷你图的存放位置和数据范围**

在“迷你图工具”的“设计”选项卡的“迷你图”组中单击“编辑数据”按钮，在弹出的下拉列表中选择“编辑组位置和数据”选项，可编辑迷你图的存放位置与数据范围；选择“编辑单个迷你图的数据”选项，可编辑单个迷你图的数据范围。

（二）使用图表分析数据

为使表格中的数据看起来更直观，可以将数据以图表的形式显示，这是图表最明显的优势。图表可以清楚地显示数据的大小和变化情况，从而帮助用户分析数据，查看数据的差异、走势并预测数据的发展趋势。

1. 创建图表

Excel 2016提供了多种图表类型，不同图表类型的使用目的不同，例如柱形图常用于对比多个项目之间的数据，折线图用于显示等时间间隔的数据的变化趋势，应根据实际需要选择合适的图表类型来创建所需的图表。下面在“产品销量统计表”工作簿中根据相应的数据创建柱形图，具体操作如下。

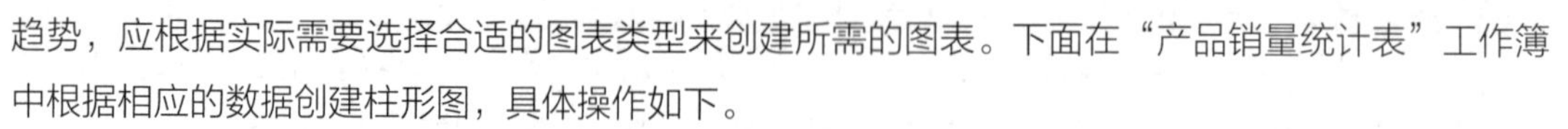

（1）选择需创建图表的数据区域，这里同时选择B3:E3和B10:E10单元格区域（B3:E3单元格区域中的数据将作为横坐标数据；B10:E10单元格区域中的数据将作为纵坐标数据），单击“插入”选项卡，在“图表”组中单击“插入柱形图或条形图”按钮，在弹出的下拉列表中选择“三

维簇状柱形图”选项。

（2）返回工作表，可以看到创建的柱形图，且激活了“图表工具”的“设计”和“格式”选项卡，如图7-5所示。

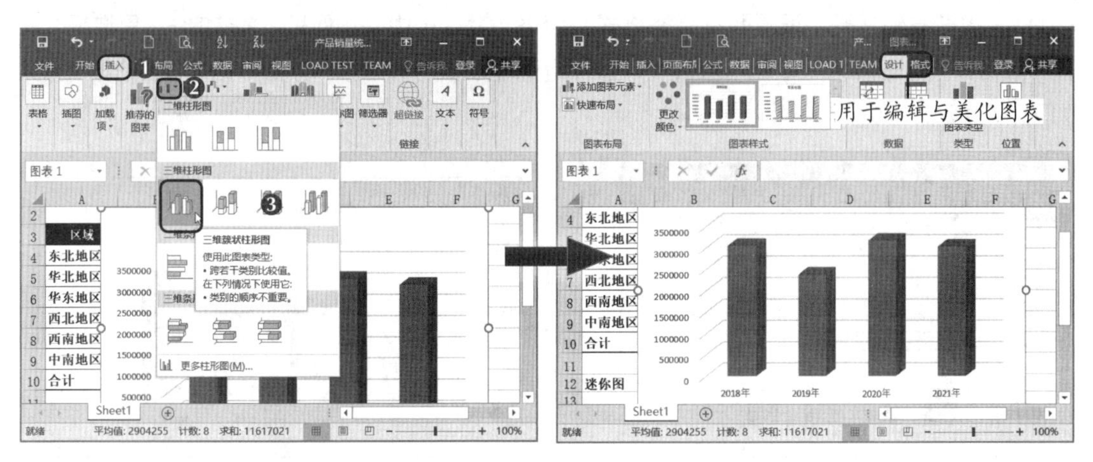

图7-5　创建图表

多学一招　**通过“插入图表”对话框创建图表**

单击“插入”选项卡，在“图表”组中单击右下角的对话框扩展按钮，打开“插入图表”对话框，在其中可选择更多的图表类型和图表样式来创建图表。

2. 编辑与美化图表

为了在工作表中创建出令人满意的图表，可以根据需要对图表的位置、大小、类型及图表中的数据进行编辑与美化。下面在“产品销量统计表”工作簿中编辑并美化创建的柱形图，具体操作如下。

（1）将鼠标指针移动到图表区，当鼠标指针变成形状后，拖动图表到所需的位置。这里将其拖动到数据区域的下方，然后释放鼠标左键，整个图表即可移动到目标位置，如图7-6所示。

（2）选择图表上方的“图表标题”文本框，在其中选择文本“图表标题”，输入文本“产品销量统计图表”，在“开始”选项卡的“字体”组中将文本的字体格式设置为方正黑体简体、深红、加粗，如图7-7所示。

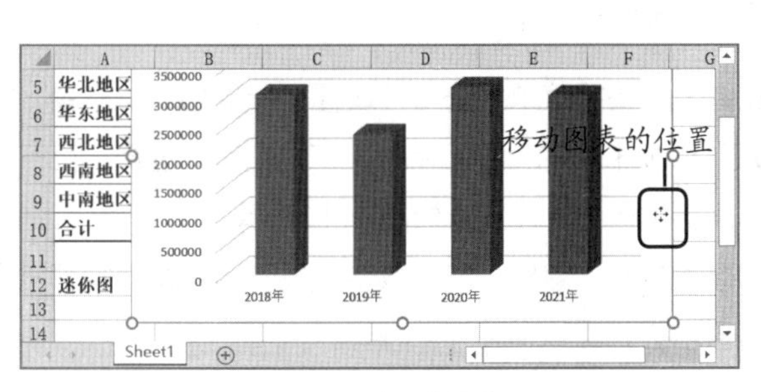

图7-6　移动图表的位置

图7-7　输入并设置图表标题

（3）保持图表处于选中状态，单击“图表工具”的“设计”选项卡，在“图表布局”组中单击添加图表元素按钮，在弹出的下拉列表中选择“数据标签”选项，在弹出的子列表中选择“其他数据标签选项”选项，如图7-8所示。

（4）在右侧打开“设置数据标签格式”窗格，默认选中☑值(V)和☑显示引导线(H)复选框。关闭“设置数据标签格式”窗格，返回图表区，将添加的数据标签上移，添加数据标签后的图表效果如图7-9所示。

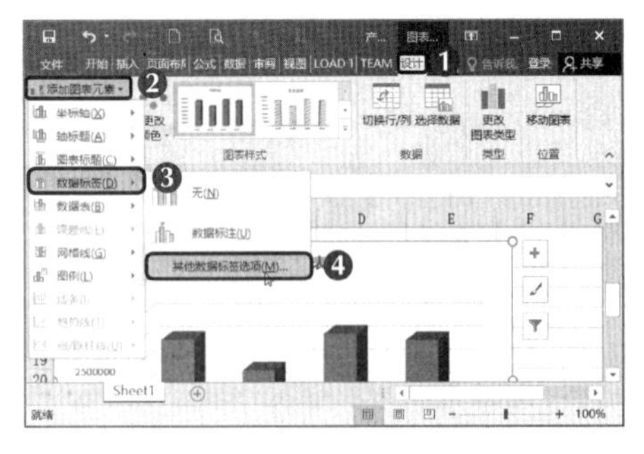

图7-8 选择“其他数据标签选项”选项

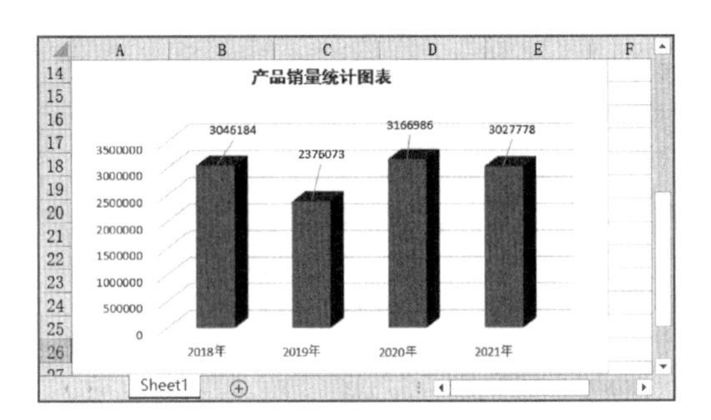

图7-9 添加数据标签后的效果

> **多学一招** **快速设置图表的方法**
>
> 插入图表后，图表右侧会显示“图表元素”按钮、“图表样式”按钮和“图表筛选器”按钮，通过这3个按钮可快速增加、修改和删除图表元素，编辑图表的样式和颜色，编辑图表中的数据点等。

（5）将鼠标指针移动到图表区的右下角，鼠标指针变成⤡形状后，拖动鼠标将图表放大，此时鼠标指针将变为十形状，将图表拖至合适的大小后释放鼠标左键，如图7-10所示。

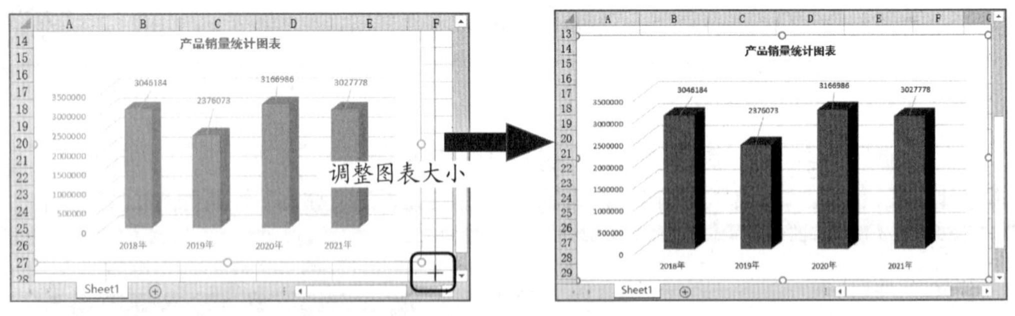

图7-10 调整图表大小

（6）在纵坐标轴上单击鼠标右键，在弹出的快捷菜单中选择“设置坐标轴格式”命令，打开“设置坐标轴格式”窗格，在“坐标轴选项”选项卡中的“显示单位”下拉列表中选择“百万”选项，关闭“设置坐标轴格式”窗格，完成纵坐标轴单位的设置，如图7-11所示。

（7）选择数据标签，打开“设置数据标签格式”窗格，在“数字”栏下的“类别”下拉列表中选择“数字”选项，设置数据标签的数据显示格式。

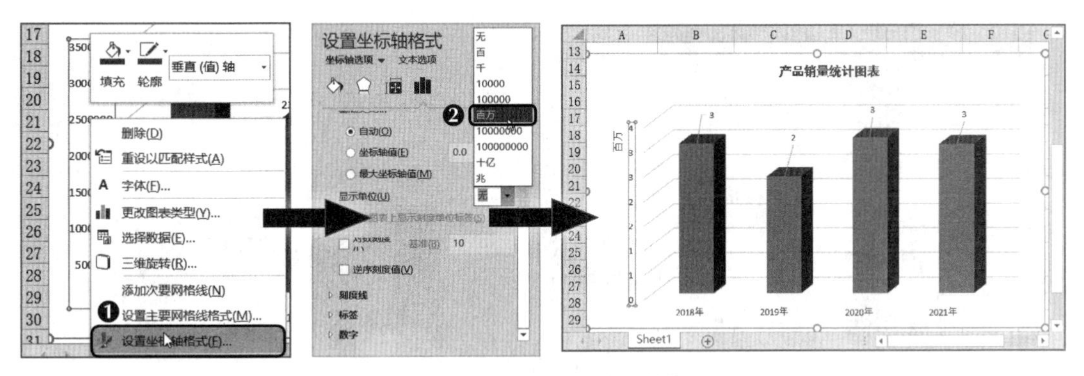

图7-11　设置纵坐标轴的单位

多学一招　　**设置图表元素的格式**

在图表元素上单击鼠标右键，如绘图区、图表区等元素，在弹出的快捷菜单中选择相应的命令，可打开该元素对应的窗格，在其中设置元素的格式，设置方法与设置坐标轴格式的方法类似。

（8）在纵坐标轴上单击鼠标右键，在弹出的快捷菜单中选择“字体”命令，打开“字体”对话框，单击“字体”选项卡，在“字体样式”下拉列表中选择“加粗”选项，在“大小”微调框中输入“12”，单击确定按钮，确认纵坐标轴字体格式的设置并关闭对话框，效果如图7-12所示。

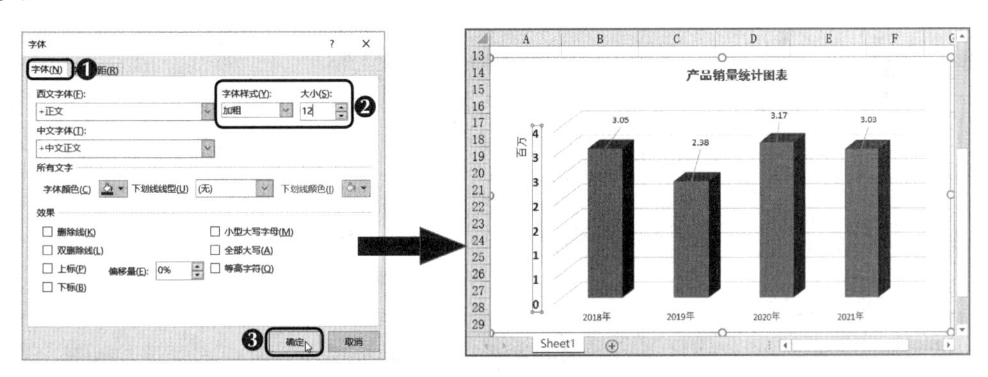

图7-12　设置坐标轴的字体格式

（9）单击绘图区中的形状，选择形状系列，再次单击以选择单个形状，然后单击“格式”选项卡，在“形状样式”组中单击形状填充按钮，在弹出的下拉列表中选择“橙色，个性色6，深色25%”选项，设置绘图区中形状的填充颜色，如图7-13所示。

（10）利用相同的方法，依次将绘图区中其他形状的填充颜色设置为“深蓝”“红色”“水绿色，个性色5，深色25%”，效果如图7-14所示。

知识提示　　**应用形状样式**

选择图表的绘图区或绘图区中的形状，单击“格式”选项卡，“形状样式”列表框中提供了预置的样式选项，选择对应的选项可快速应用形状样式，包括形状填充颜色、形状轮廓颜色和形状效果。

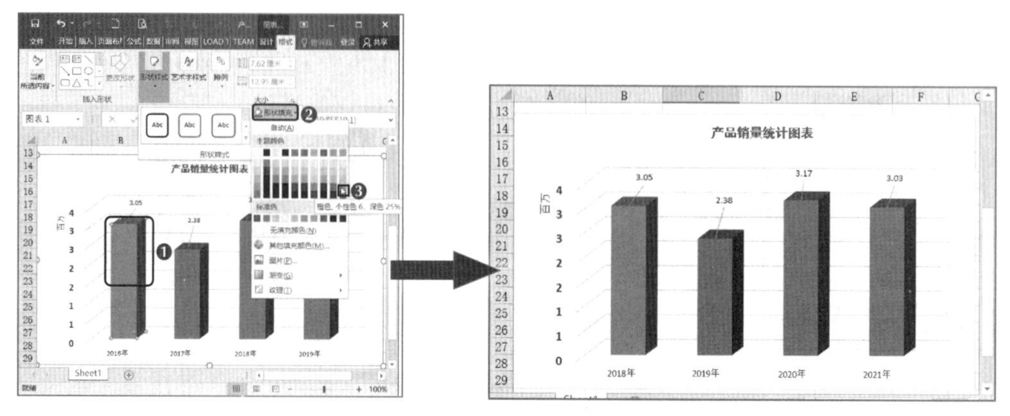

图7-13　设置绘图区中形状的填充颜色

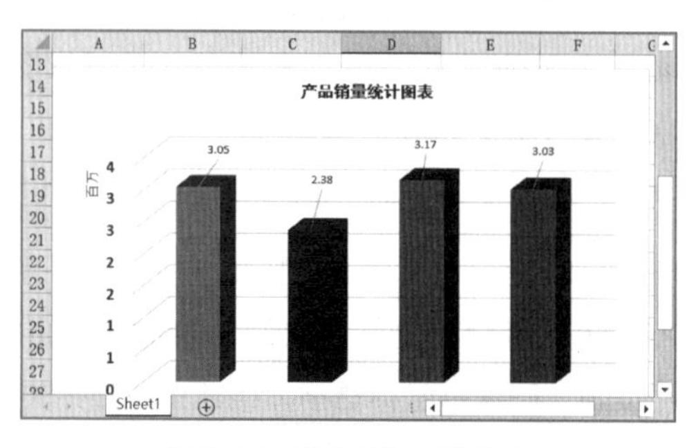

图7-14　填充颜色后的效果

多学一招

设置图表的布局和样式

选择图表后，单击“设计”选项卡，在“图表布局”组中单击“快速布局”按钮，在弹出的下拉列表中选择对应的选项，可快速设置图表中元素的位置、格式等；在“图表样式”组中单击按钮，在弹出的下拉列表中选择对应的选项，可快速设计图表样式，包括形状的填充颜色和效果等。

（三）添加趋势线

趋势线用于以图形的方式显示数据的变化趋势，它可帮助用户分析、预测问题。在图表中添加的趋势线可延伸至已知数据区域外，即可预测未来值。下面在“产品销量统计表”工作簿的图表中添加趋势线，具体操作如下。

（1）选择图表，在“设计”选项卡的“类型”组中单击“更改图表类型”按钮，打开“更改图表类型”对话框。在“所有图表”选项卡中单击“柱形图”选项卡，在右侧的“柱形图”列表框中选择“簇状柱形图”选项，在下面的列表框中选择第一个选项，单击确定按钮，将三维簇状柱形图更改为二维簇状柱形图，如图7-15所示。

知识提示

更改图表类型的原因

更改图表类型是编辑图表时的常用操作，当对图表类型不满意时可更改图表类型，这里将三维簇状柱形图更改为二维簇状柱形图是因为三维图形无法添加趋势线。更改图表类型后，图表中的格式设置会被保留。

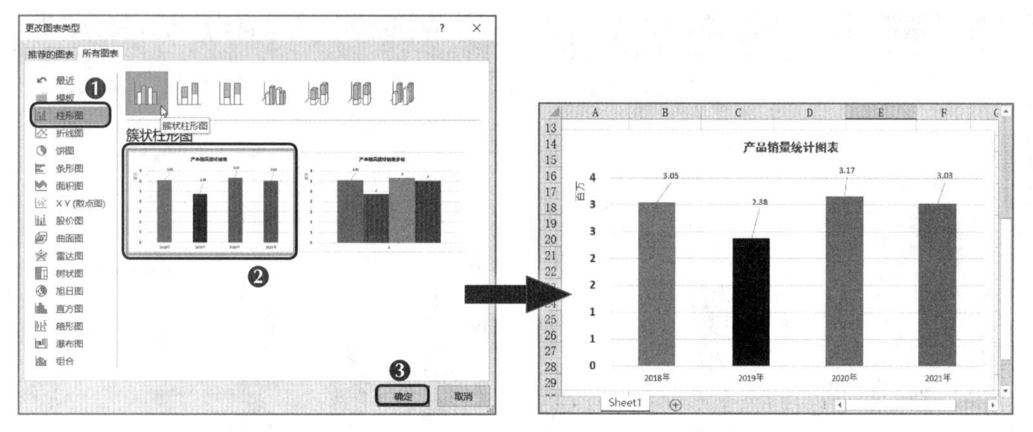

图7-15　更改图表类型

（2）选择图表，单击“图表工具”的“设计”选项卡，在“图表布局”组中单击“添加图表元素”按钮，在弹出的下拉列表中选择“趋势线”选项，在其子列表中选择“线性”选项，如图7-16所示。

（3）在添加的趋势线上单击鼠标右键，在弹出的快捷菜单中选择“设置趋势线格式”命令，如图7-17所示。

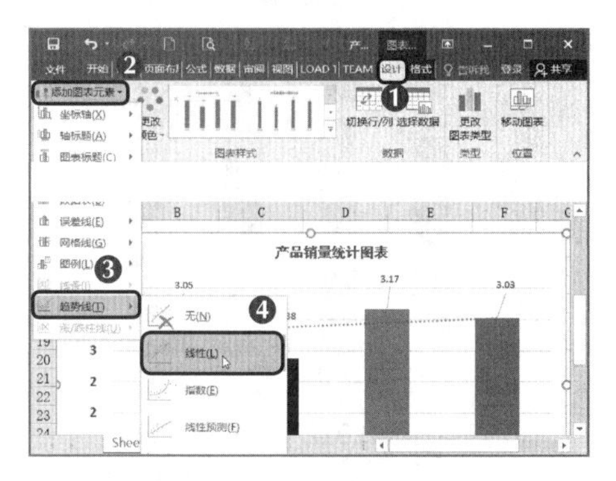

图7-16　选择趋势线的类型

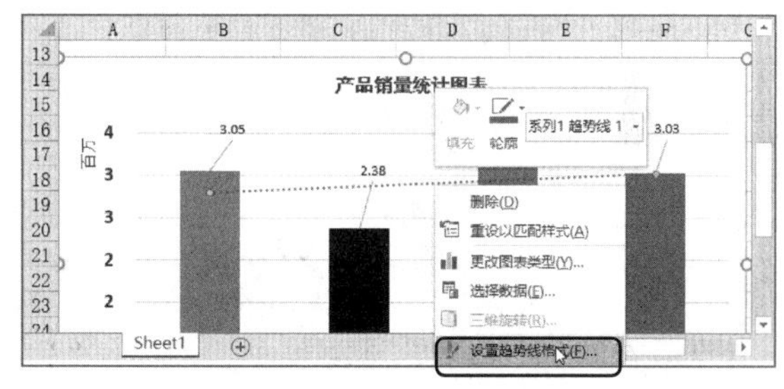

图7-17　选择“设置趋势线格式”命令

（4）在打开的“设置趋势线格式”窗格的“趋势线选项”栏下的“趋势线名称”选项组中选中“自定义(C)”单选按钮，在其右侧的文本框中输入“预测2022年总销售额”，在“趋势预测”选项组的“向前”文本框中输入“1.0”，选中“显示公式(E)”复选框，然后单击×按钮，如图7-18所示。返回工作表，图表中将显示趋势线对应的解析式“y = 73570x + 3E+06”。

（5）要在图表中显示趋势线的预测结果，可先选择图表，单击“图表工具”的“设计”选项卡，在“数据”组中单击“选择数据”按钮，如图7-19所示。

（6）在打开的“选择数据源”对话框中，系统自动选择了“图表数据区域”文本框中的数据，将“=Sheet1!$B$3:$E$3,Sheet1!$B$10:$E$10”修改为“=Sheet1!$B$3:$F$3,Sheet1!$B$10:$F$10”，单击“确定”按钮，如图7-20所示。返回工作表，可看到图表区的横坐标轴上添加的数据。

（7）在工作表中选择F10单元格，反复输入与预测值相近的数据，直到图表中的解析式与“y=73570x+3E+06”相近，预测出的2022年的总销售额为“3088180”，如图7-21所示。

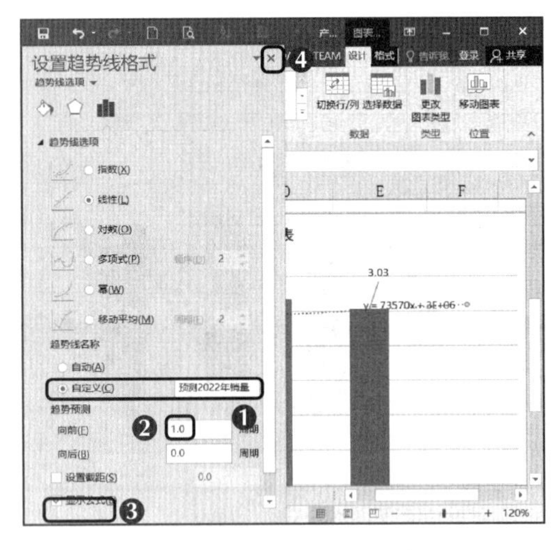

图7-18　设置趋势线的格式

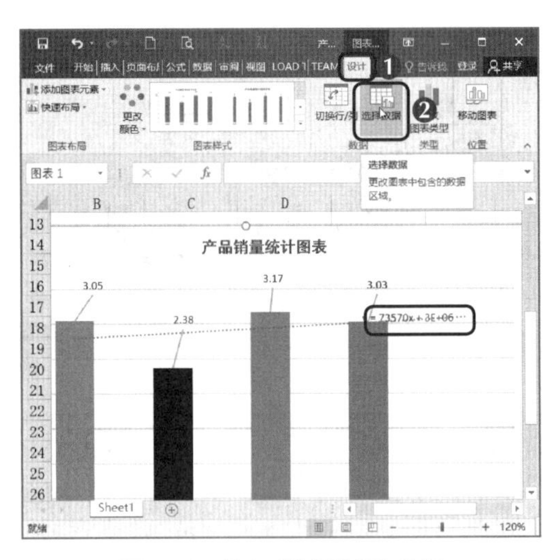

图7-19　单击“选择数据”按钮

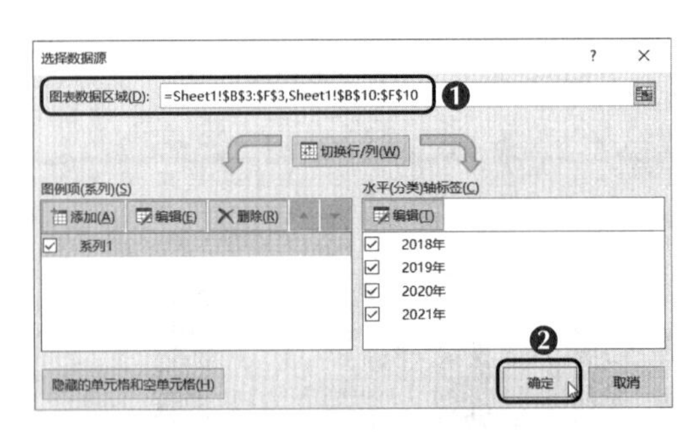

图7-20　更改图表的数据区域

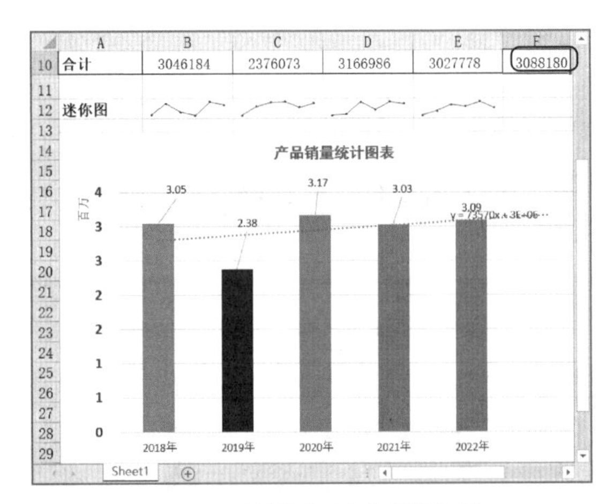

图7-21　预测2022年的总销售额

多学一招　　**设置趋势线的格式**

可对添加的默认趋势线的格式进行设置。单击“格式”选项卡，在“形状样式”组中单击“形状轮廓”按钮，可设置趋势线的颜色、粗细及箭头样式等；单击“形状样式”按钮，可设置趋势线的形状样式。

任务二　分析“员工销售业绩图表”工作簿

一、任务描述

新一季度的销售业绩统计出来后，公司交给了米拉一项分析“员工销售业绩图表”工作簿的任务。在分析业绩时，老洪要求米拉根据不同的销售店和销售员，分类统计并分析销售员的销售业绩。由于普通图表只能以图表的形式呈现数据，并不能统计数据，所以米拉自学了使用数据透视表与数据透视图统计并分析数据的方法，圆满完成了本任务，参考效果如图7-22所示。

素材所在位置 素材文件\项目七\任务二\员工销售业绩图表.xlsx

效果所在位置 效果文件\项目七\任务二\员工销售业绩图表.xlsx

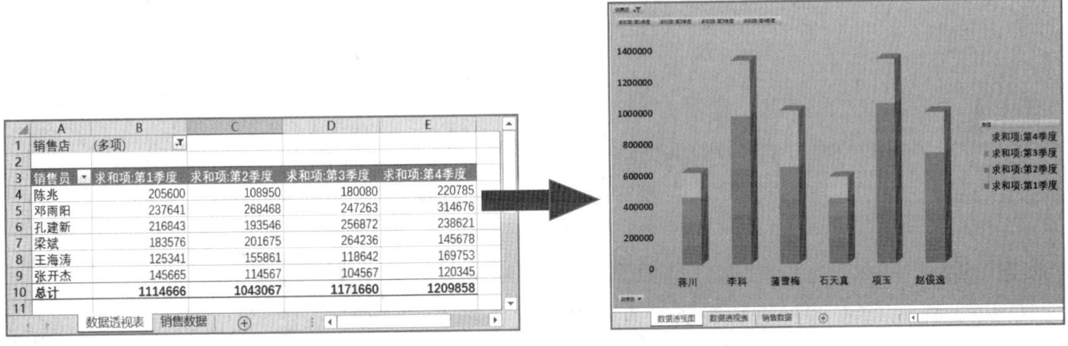

	A	B	C	D	E
1	销售店	(多项)			
2					
3	销售员	求和项:第1季度	求和项:第2季度	求和项:第3季度	求和项:第4季度
4	陈兆	205600	108950	180080	220785
5	邓雨阳	237641	268468	247263	314676
6	孔建新	216843	193546	256872	238621
7	梁斌	183576	201675	264236	145678
8	王海涛	125341	155861	118642	169753
9	张开杰	145665	114567	104567	120345
10	总计	1114666	1043067	1171660	1209858
11					

图7-22 “员工销售业绩图表”工作簿的参考效果

职业素养 **“员工销售业绩数据透视图表”的分析角度**

为方便管理人员及时掌握销售动态，提高销售员的积极性，定期（如按年、月或季度）从不同角度分析并统计销售员的销售业绩非常重要，例如从不同的销售店、销售员或销售产品等角度分析一定时间内的产品销售总额等。

二、任务实施

（一）数据透视表的使用

数据透视表是一种可以查询并快速汇总大量数据的交互式表。使用数据透视表可以深入分析数据，并发现意料之外的数据问题。

1. 创建数据透视表

创建数据透视表的方法很简单，只需连接到相应的数据源，并确定数据透视表的创建位置即可。下面在“员工销售业绩图表”工作簿中创建数据透视表，具体操作如下。

（1）打开“员工销售业绩图表”工作簿，选择数据源对应的单元格区域，这里选择A3:G15单元格区域，单击“插入”选项卡，在“表格”组中单击“数据透视表”按钮。

（2）在打开的“创建数据透视表”对话框中保持默认设置，然后单击确定按钮，系统将自动新建一个空白工作表用于存放创建的空白数据透视表，并激活“数据透视表工具”的“分析”和“设计”选项卡，同时打开“数据透视表字段”窗格，如图7-23所示。

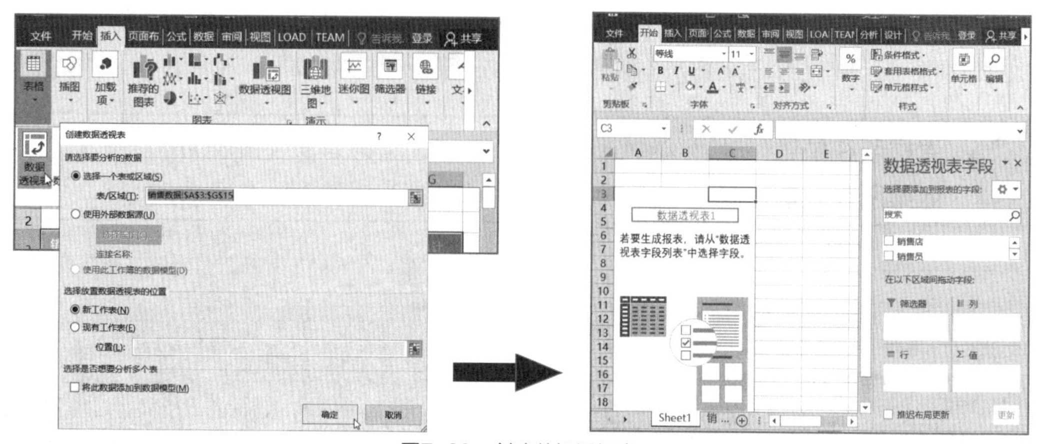

图7-23　创建数据透视表

多学一招　　**在现有工作表中创建数据透视表**

在"创建数据透视表"对话框中选中◉ 现有工作表(E) 单选按钮，将文本插入点定位到"位置"文本框中，然后在数据源所在的工作表中选择一个单元格或单元格区域作为数据透视表的存放位置。

2. 编辑与美化数据透视表

在数据透视表中为方便对数据进行分析和整理，还可根据需要对数据透视表进行编辑与美化。下面在"员工销售业绩图表"工作簿中编辑与美化数据透视表，具体操作如下。

微课视频
编辑与美化数据透视表

（1）将存放数据透视表的工作表重命名为"数据透视表"，在"数据透视表字段"窗格的"选择要添加到报表的字段"列表框中选中所需字段对应的复选框，创建包含数据的数据透视表，如图7-24所示。

（2）在"在以下区域间拖动字段"选项组中选择相应的字段，这里选择"销售店"字段，单击其右侧的▾按钮，在弹出的下拉列表中选择"移动到报表筛选"选项，如图7-25所示。

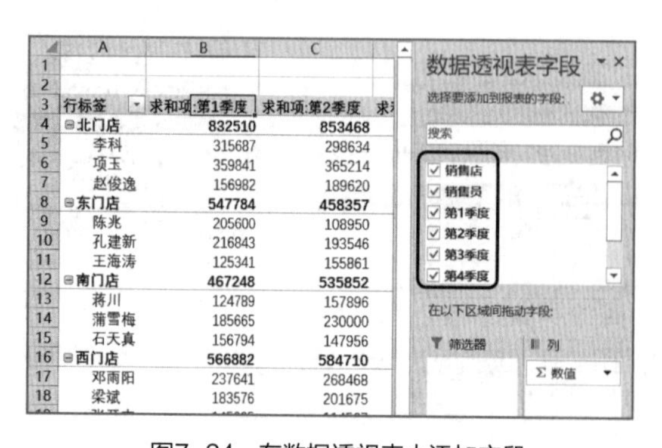

图7-24　在数据透视表中添加字段

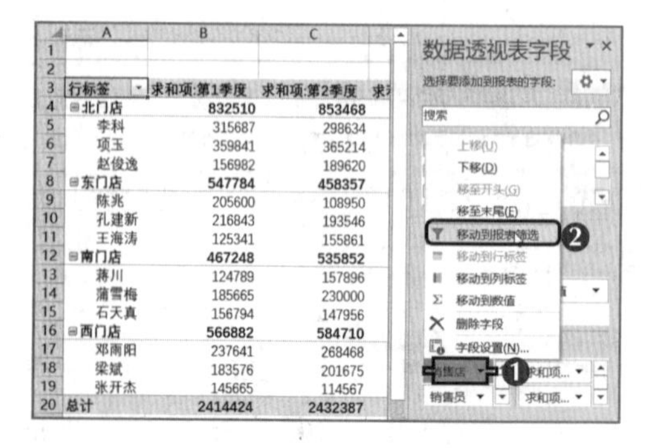

图7-25　移动字段的位置

（3）将"销售店"字段移动到"筛选器"列表框中后，在工作表中的"销售店"字段右侧单击▾按钮，在弹出的下拉列表中选择要查看的内容，这里选中☑ 选择多项复选框，然后撤销选中

□北门店和□南门店复选框，单击确定按钮，如图7-26所示。

（4）在“数据透视表工具”的“设计”选项卡的“布局”组中单击“报表布局”按钮，在弹出的下拉列表中选择“以表格形式显示”选项，如图7-27所示。

图7-26 在报表筛选器中选择所需的内容

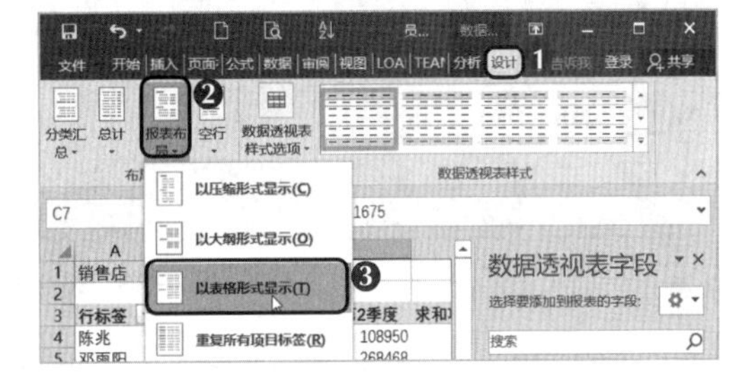

图7-27 选择报表布局的显示方式

（5）在“数据透视表工具”的“设计”选项卡的“数据透视表样式”组中单击按钮，在弹出的下拉列表中选择图7-28所示的样式。

（6）返回工作表，选择数据透视表区域外的任意空白单元格，将不显示“数据透视表字段”窗格，效果如图7-29所示。

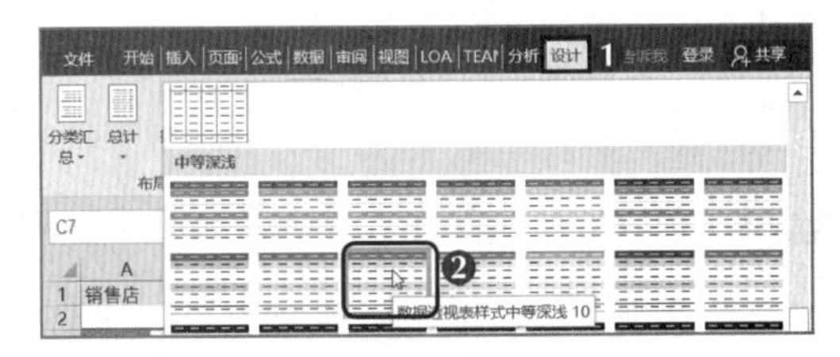

图7-28 选择数据透视表的样式

销售店	(多项)			
销售员	求和项:第1季度	求和项:第2季度	求和项:第3季度	求和项:第4季度
陈兆	205600	108950	180080	220785
邓雨阳	237641	268468	247263	314676
孔建新	216843	193546	256872	238621
梁斌	183576	201675	264236	145678
王海涛	125341	155861	118642	169753
张开杰	145665	114567	104567	120345
总计	1114666	1043067	1171660	1209858

图7-29 查看数据透视表的效果

（二）数据透视图的使用

数据透视图不仅具有数据透视表的交互功能，还具有图表的解释功能。用户利用它可以直观地查看工作表中的数据，便于分析与对比数据。

1. 创建数据透视图

数据透视图以图形的形式展示数据透视表中的数据，方便用户查看并比较数据。下面在“员工销售业绩图表”工作簿中根据数据透视表创建数据透视图，具体操作如下。

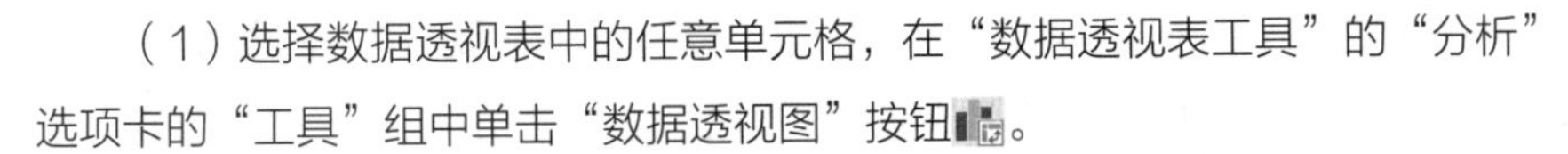

（1）选择数据透视表中的任意单元格，在“数据透视表工具”的“分析”选项卡的“工具”组中单击“数据透视图”按钮。

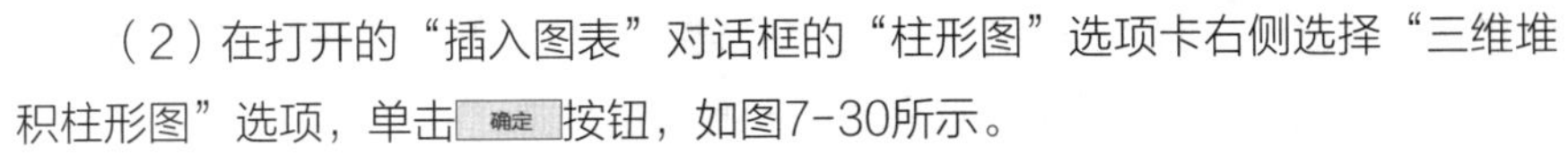

（2）在打开的“插入图表”对话框的“柱形图”选项卡右侧选择“三维堆积柱形图”选项，单击确定按钮，如图7-30所示。

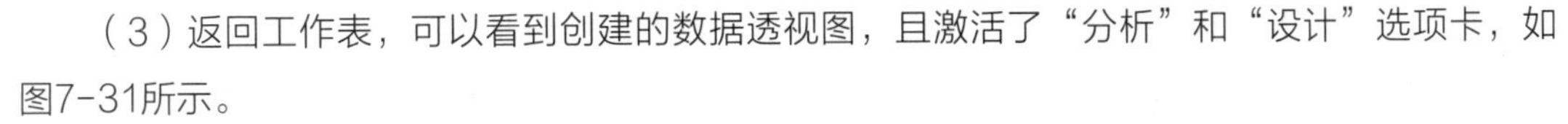

（3）返回工作表，可以看到创建的数据透视图，且激活了“分析”和“设计”选项卡，如图7-31所示。

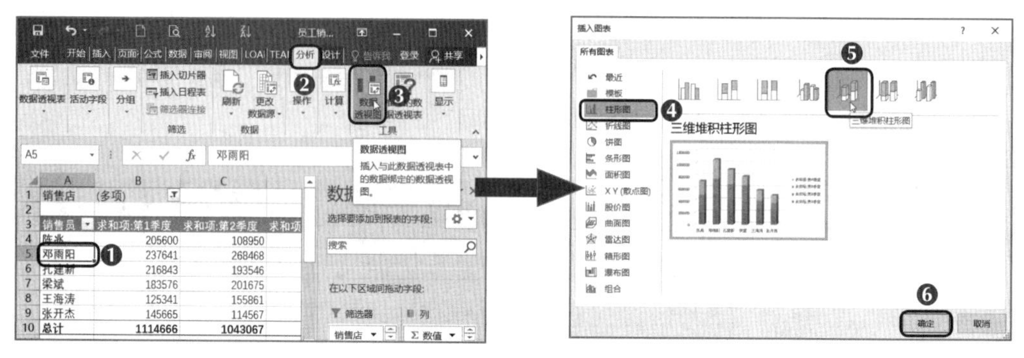

图7-30　设置数据透视图的类型

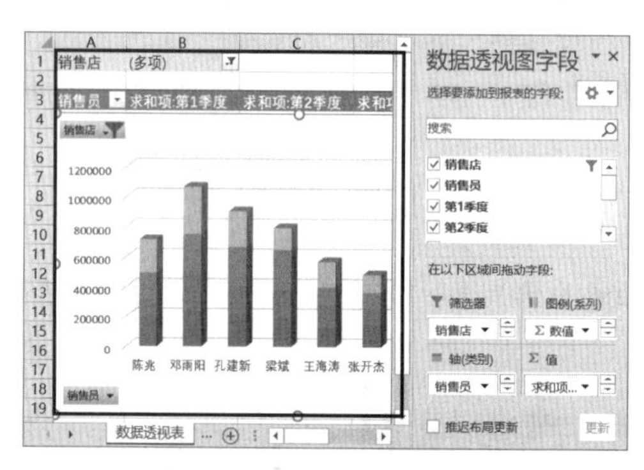

图7-31　创建数据透视图

知识提示　**直接创建数据透视图**

在工作表中选择数据源，单击“插入”选项卡，选择“表格”组，单击“数据透视表”按钮下方的按钮，在弹出的下拉列表中选择“数据透视图”选项，可直接创建数据透视图。

2. 设置数据透视图

设置数据透视图的方法与设置图表的方法类似，例如，可以设置数据透视图的类型、样式及图表中各元素的格式等。下面在“员工销售业绩图表”工作簿中设置数据透视图，具体操作如下。

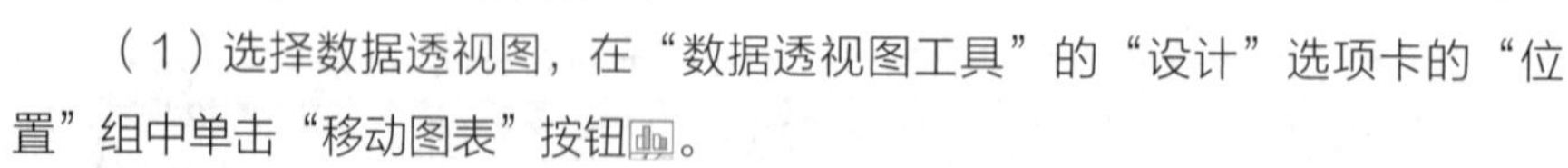

（1）选择数据透视图，在“数据透视图工具”的“设计”选项卡的“位置”组中单击“移动图表”按钮。

（2）在打开的“移动图表”对话框中选中“新工作表”单选按钮，在其右侧的文本框中输入“数据透视图”，单击 确定 按钮，返回工作表，可以看到数据透视图被存放到了新建的名为“数据透视图”的工作表中，如图7-32所示。

（3）单击×按钮关闭“数据透视图字段”窗格。选择数据透视图，单击“格式”选项卡，在“形状样式”组单击按钮，在弹出的下拉列表中选择图7-33所示的样式。

（4）选择数据透视图，在其右侧单击+按钮，在弹出的下拉列表中选中☑ 网格线 复选框，并单击其右侧的▸按钮，在弹出的子列表中撤销选中☑ 主轴主要水平网格线 复选框，隐藏水平网格线，如图7-34所示。

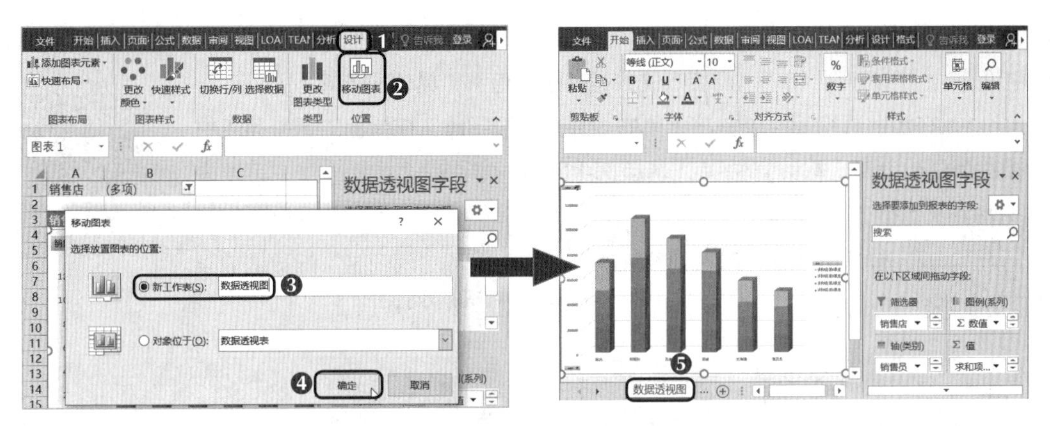

图7-32 移动数据透视图

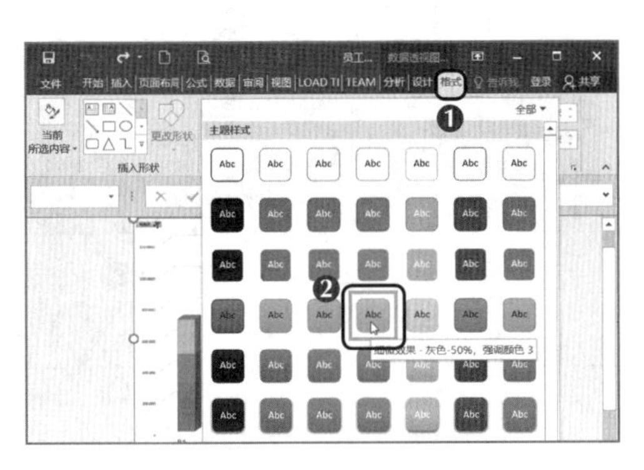

图7-33 选择图表样式

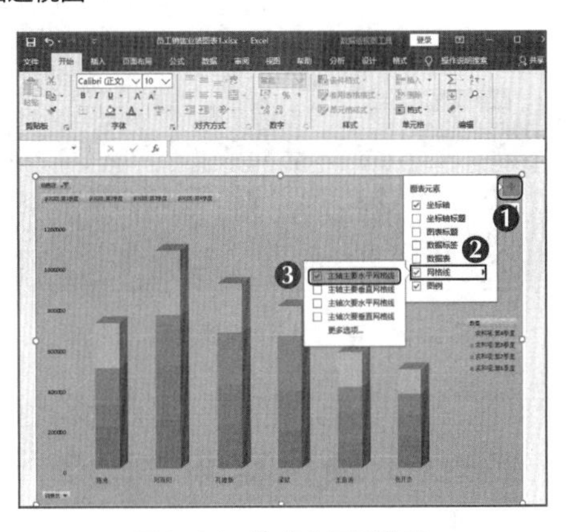

图7-34 隐藏水平网格线

（5）在横坐标轴上单击鼠标右键，在弹出的快捷菜单中选择“字体”命令，打开“字体”对话框，单击“字体”选项卡，在“字体样式”下拉列表中选择“加粗”选项，在“大小”微调框中输入“16”，单击 确定 按钮，如图7-35所示。

（6）按照相同的方法，将纵坐标轴和图例的字体样式设置为“加粗”，字体大小设置为“16”，完成后的效果如图7-36所示。

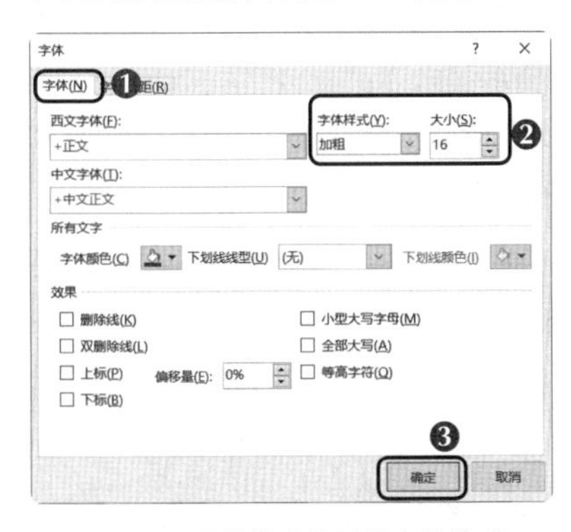

图7-35 设置横坐标轴的字体格式

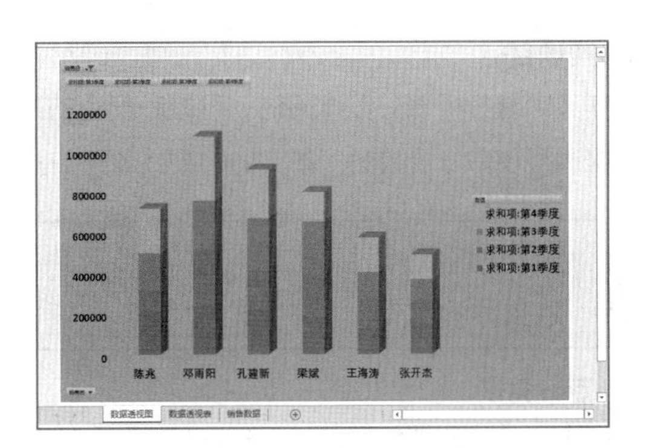

图7-36 完成后的效果

3. 筛选数据

数据透视图与普通图表最大的不同在于数据透视图具有交互功能，在数据透视图中，用户可以

筛选出需要的数据并进行查看。下面在“员工销售业绩图表”工作簿的数据透视图中筛选出“北门店”和“南门店”的数据并进行查看，具体操作如下。

（1）在数据透视图中单击左上角的“筛选”按钮，在弹出的下拉列表中撤销选中☐东门店和☐西门店复选框，然后选中☑南门店和☑北门店复选框，再单击确定按钮，如图7-37所示。

（2）返回数据透视图，可看到原来的“东门店”和“西门店”的数据被隐藏了，筛选出了“北门店”和“南门店”的数据，如图7-38所示。

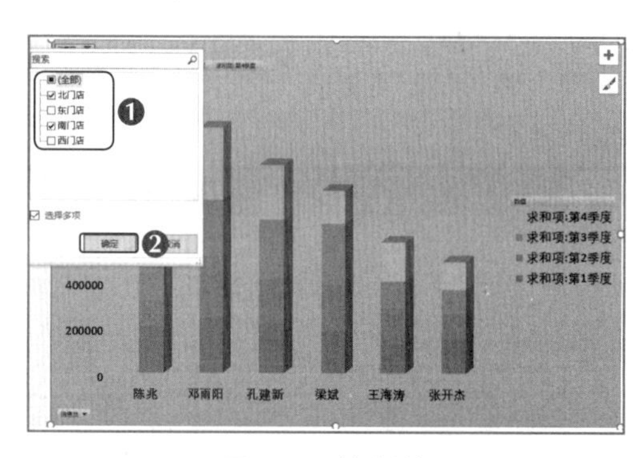

图7-37 筛选数据

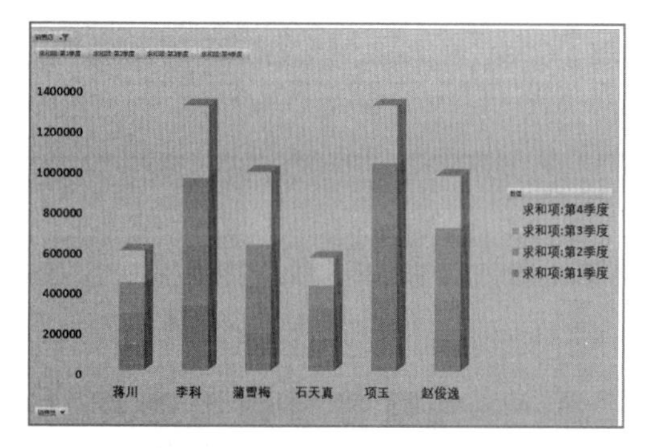

图7-38 筛选数据后的数据透视图

项目实训

本项目通过分析“产品销量统计表”和“员工销售业绩图表”工作簿两个任务，讲解了Excel图表的相关知识。其中，创建图表、编辑和美化图表、使用趋势线预测数据、创建数据透视表和数据透视图、编辑数据透视表、使用数据透视表分析数据等是日常办公中经常使用的操作，读者应重点学习和把握。下面通过两个项目实训帮助读者灵活运用本项目的知识。

一、制作“销量分析表”工作簿

1. 实训目标

制作“销量分析表”工作簿时，可以在已有的工作表中根据相应的数据区域创建迷你图、条形图、数据透视表来分析数据。本实训的最终效果如图7-39所示。

素材所在位置 素材文件\项目七\项目实训\销量分析表.xlsx
效果所在位置 效果文件\项目七\项目实训\销量分析表.xlsx

2. 专业背景

对一定时期内的销售数据进行统计与分析，不仅可以掌握销售数据的发展趋势，还可以详细观察销售数据的变化规律，为管理者制定销售决策提供数据依据。本实训将按月份、年份分析每个区域的销量情况。

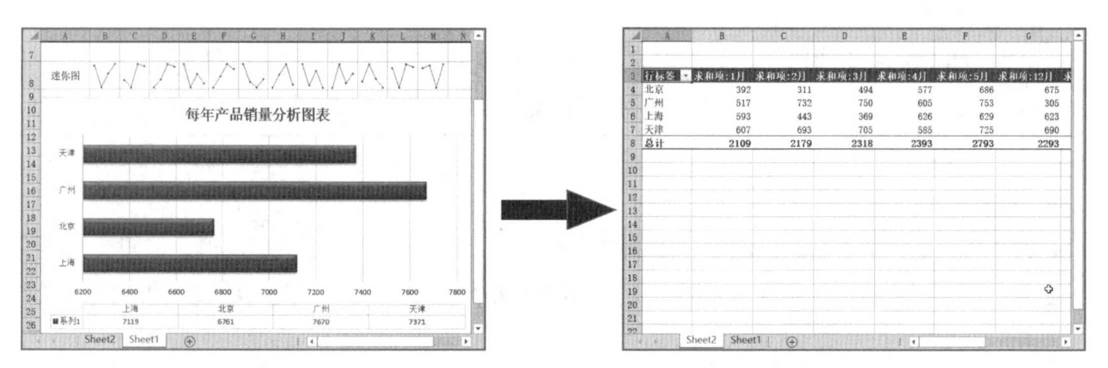

图7-39 分别使用普通图表和数据透视表分析产品销量的最终效果

3. 操作思路

在提供的素材文件中，根据相应的数据区域创建迷你图来分析各区域每月的销量情况，创建条形图来分析每年各区域的产品销量，创建数据透视表来综合分析各区域每月的总销量，其操作思路如图7-40所示。

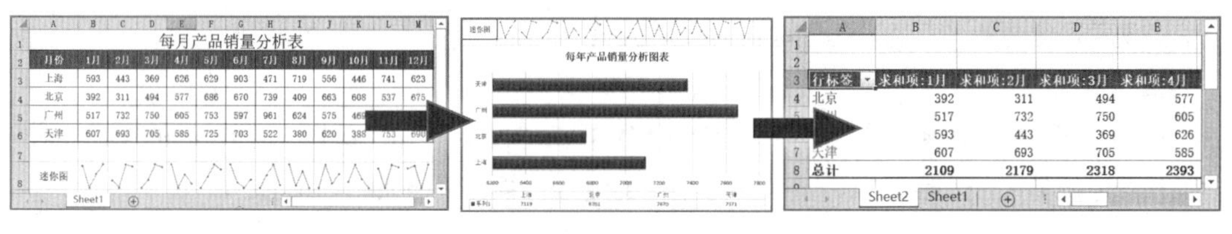

① 创建并编辑迷你图　　② 创建并编辑条形图　　③ 创建并编辑数据透视表

图7-40 制作“销量分析表”工作簿的操作思路

【步骤提示】

（1）打开“销量分析表”工作簿，在A8单元格中输入文本“迷你图”，在B8:M8单元格区域中创建迷你图，并显示迷你图的标记，设置迷你图的样式为“迷你图样式彩色#2”，然后调整迷你图所在单元格的行高。

（2）同时选择A3:A6和N3:N6单元格区域，创建簇状条形图，设置图表布局为“布局5”，并输入图表标题“每年产品销量分析图表”。

（3）设置图表样式为“样式13”，设置形状样式为“强烈效果-红色，强调颜色2”，调整图表大小，然后将图表移动到合适的位置。

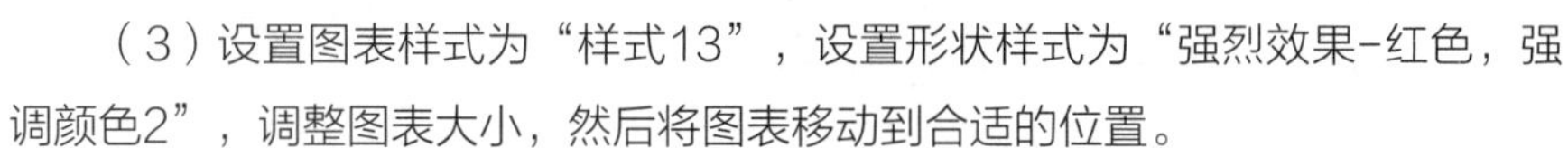

（4）选择A2:N6单元格区域，创建数据透视表并将其存放到新的工作表中，添加对应的字段，然后设置数据透视表样式为“数据透视表样式中等深浅10”。

二、分析“产品订单明细表”工作簿

1. 实训目标

本实训将创建数据透视图来分析“产品订单明细表”工作簿，对各类产品的信息进行汇总，使读者能够在数据透视图中筛选并查看数据信息，掌握数据透视图的使用方法。本实训的最终效果如图7-41所示。

素材所在位置 素材文件\项目七\项目实训\产品订单明细表.xlsx
效果所在位置 效果文件\项目七\项目实训\产品订单明细表.xlsx

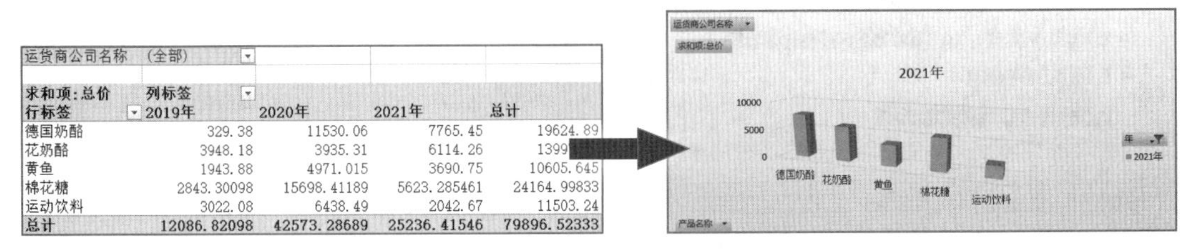

运货商公司名称	(全部)			
求和项:总价	列标签			
行标签	2019年	2020年	2021年	总计
德国奶酪	329.38	11530.06	7765.45	19624.89
花奶酪	3948.18	3935.31	6114.26	1399
黄鱼	1943.88	4971.015	3690.75	10605.645
棉花糖	2843.30098	15698.41189	5623.285461	24164.99833
运动饮料	3022.08	6438.49	2042.67	11503.24
总计	12086.82098	42573.28689	25236.41546	79896.52333

图7-41 “产品订单明细表”工作簿的最终效果

2．专业背景

“产品订单明细表”用于详细记录产品的订单内容，相关记录需要非常明确，包括产品名称、订单编号、订购日期、到货日期、发货日期、运货商公司名称、单价、数量、折扣和运费等主要内容。“产品订单明细表”中的内容较多，使用图表对其进行分析尤为重要，图表可以使数据清晰明了，方便管理者清楚、直观地查看其中的数据内容。

3．操作思路

首先创建数据透视图，依次将添加的字段移到相应的位置，然后修改数据透视图的样式，对数据透视图进行美化，最后通过筛选功能浏览图表信息，其操作思路如图7-42所示。

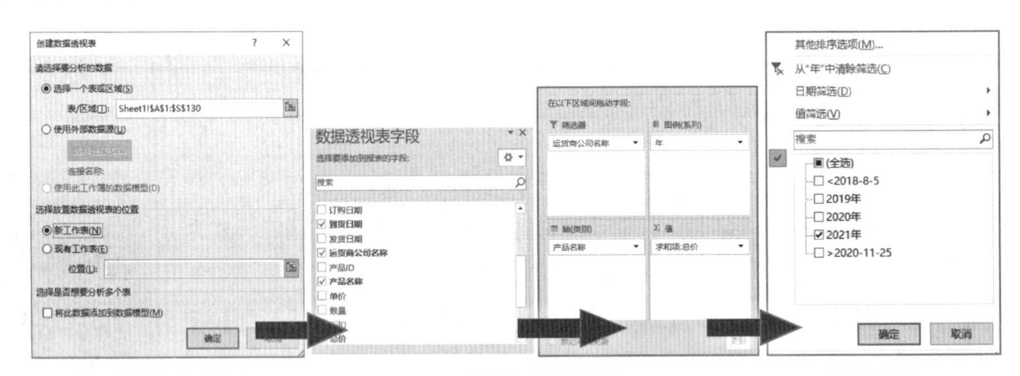

图7-42 分析“产品订单明细表”工作簿的操作思路

【步骤提示】

（1）打开“产品订单明细表.xlsx”，单击“插入”选项卡，选择“图表”组，单击“数据透视图”按钮，在弹出的列表中选择“数据透视图和数据透视表”选项，在打开的对话框中选中◉新工作表(N)单选按钮，在新工作表中创建数据透视图。

（2）添加“运货商公司名称”“产品名称”“到货日期”“总价”字段，并分别将“运货商公司”字段移到“筛选器”列表框，将“年”字段移到“图例（系列）”列表框中并删除“季度”和“到货日期”字段，将“产品名称”字段移到“轴（类别）”列表框中。

（3）将图表类型更改为“三维簇状柱形图”，在“图表样式”组中单击“更改颜色”按钮，在弹出的下拉列表中选择“颜色4”选项，为数据系列设置颜色，然后为图表区应用“细微效果-水绿色，强调颜色5”形状样式。

（4）在图例中筛选出“2021”对应的订单记录。

课后练习

本项目主要介绍了使用图表分析Excel表格中的数据的方法，下面通过两个课后练习帮助读者巩固相关知识的应用方法。

1. 制作“年度收支比例图表”工作簿

下面打开“年度收支比例图表”工作簿，创建“三维饼图”图表，然后对图表进行编辑与美化，完成后的效果如图7-43所示。

素材所在位置 素材文件\项目七\课后练习\年度收支比例图表.xlsx
效果所在位置 效果文件\项目七\课后练习\年度收支比例图表.xlsx

图7-43 “年度收支比例图表”工作簿的效果

操作要求如下。

- 打开“年度收支比例图表”工作簿，选择数据区域，创建“三维饼图”图表。
- 输入图表标题“年度收支比例图表”，设置图表样式为“样式10”，设置图表布局为“布局1”。
- 设置图表的形状样式为“细微效果-橄榄色，强调颜色3”，然后将图表移动到合适的位置并调整图表的大小。

2. 分析“季度销售数据汇总表”工作簿

在“季度销售数据汇总表”工作簿中分别创建数据透视表和数据透视图，参考效果如图7-44所示。

素材所在位置 素材文件\项目七\课后练习\季度销售数据汇总表.xlsx
效果所在位置 效果文件\项目七\课后练习\季度销售数据汇总表.xlsx

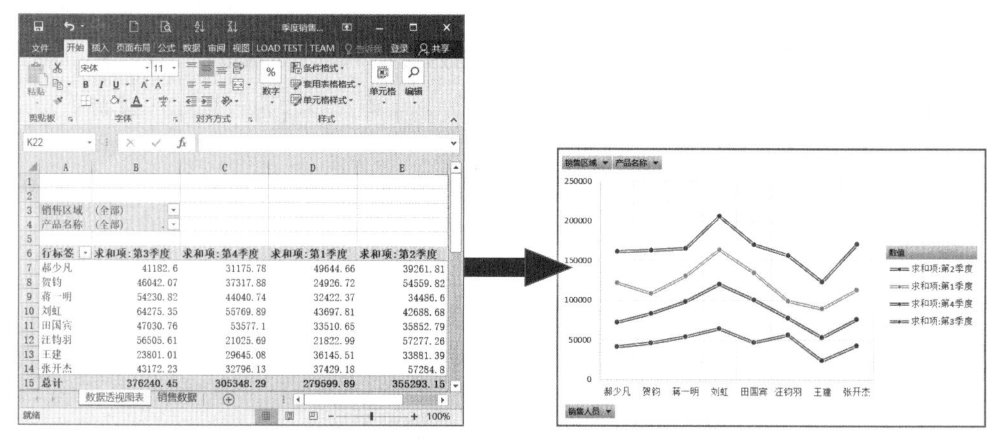

销售区域	(全部)			
产品名称	(全部)			
行标签	求和项:第3季度	求和项:第4季度	求和项:第1季度	求和项:第2季度
郝少凡	41182.6	31175.78	49644.66	39261.81
贺钧	46042.07	37317.88	24926.72	54559.82
蒋一明	54230.82	44040.74	32422.37	34486.6
刘虹	64275.35	55769.89	43697.81	42688.68
田国宾	47030.76	53577.1	33510.65	35852.79
汪钧羽	56505.61	21025.69	21822.99	57277.26
王建	23801.01	29645.08	36145.51	33881.39
张开杰	43172.23	32796.13	37429.18	57284.8
总计	376240.45	305348.29	279599.89	355293.15

图7-44 “季度销售数据汇总表”工作簿的参考效果

操作要求如下。

- 打开“季度销售数据汇总表”工作簿，在工作表中根据相应的数据区域创建数据透视表并将其存放到新的工作表中，然后添加相应的字段，将“销售区域”和“产品名称”字段移动到“筛选器”列表框中。
- 根据数据透视表创建“堆积折线图”数据透视图，并调整数据透视图的位置和大小，设置数据透视图的样式为“样式10”，然后将存放数据透视图与数据透视表的工作表重命名为“数据透视图表”。

技巧提升

1. 删除创建的迷你图

在创建的迷你图组中选择单个迷你图，在“设计”选项卡的“分组”组中单击“清除”按钮右侧的按钮，在弹出的下拉列表中选择相应的选项，可清除所选的迷你图或迷你图组。

2. 更新或清除数据透视表中的数据

要更新数据透视表中的数据，可在“数据透视表工具”的“分析”选项卡的“数据”组中单击“刷新”按钮下方的按钮，在弹出的下拉列表中选择“刷新”或“全部刷新”选项；要清除数据透视表中的所有数据，可在“操作”组中单击“清除”按钮，在弹出的下拉列表中选择“全部清除”选项。

3. 更新数据透视图中的数据

如果更改了数据源表格中的数据，而需要手动更新数据透视图中的数据，则可选择数据透视图，在“分析”选项卡的“数据”组中单击“刷新”按钮下方的按钮，在弹出的下拉列表中选择“刷新”或“全部刷新”选项。

4. 使用切片器

切片器是易于使用的筛选组件，它包含一组按钮，使用户能快速筛选数据透视表中的数据，而不需要通过下拉列表查找要筛选的项目。使用切片器的具体操作如下。

（1）在数据透视表中选择任意一个单元格，在“数据透视表工具”的“分析”选项卡的“筛选”组中单击“插入切片器”按钮下方的按钮，在弹出的下拉列表中选择“插入切片器”选项。

（2）在打开的“插入切片器”对话框中选中要创建切片器的数据透视表字段对应的复选框，这里只选中☑销售员复选框，然后单击 确定 按钮，返回工作表，可以看到为所选字段创建的切片器，如图7-45所示。

（3）选择切片器，在“切片器工具”的“选项”选项卡中可设置切片器的样式、切片器的大小，以及切片器按钮的列数、宽度和高度等；然后在切片器中单击相应的按钮，数据透视表中将显示对应的数据，如图7-46所示。

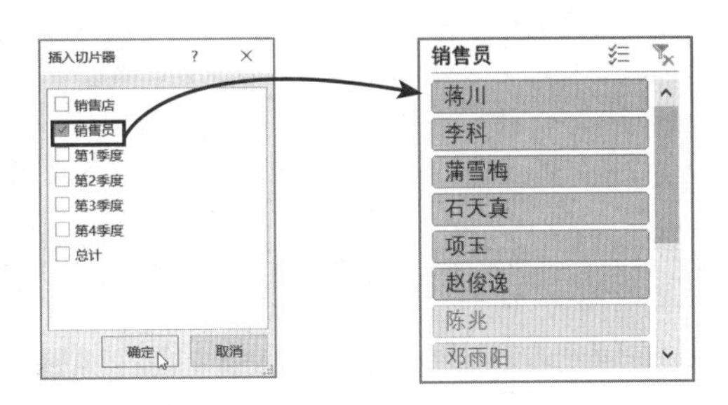

图7-45 创建切片器

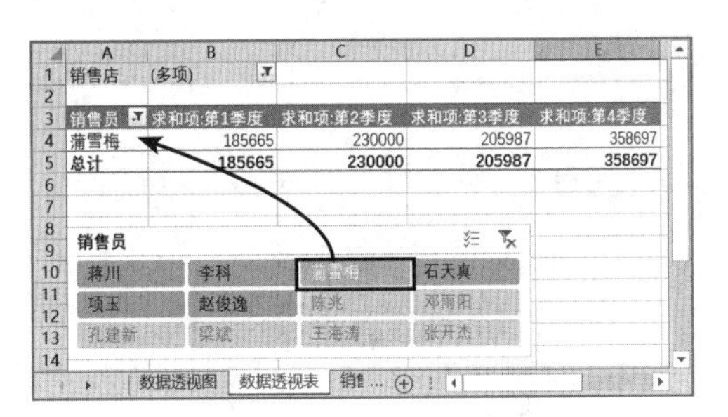

图7-46 使用切片器查看数据

项目八

PowerPoint演示文稿制作与编辑

情景导入

早上米拉刚到办公室，就听到一阵欢呼声，原来是公司购买的两台新款投影仪到了。这两台投影仪主要用于进行演示文稿的展示与放映。下周正好要讨论近期的工作与产品宣传事宜，因为有使用Word、Excel的基础，所以米拉愉快地接受了制作与编辑“工作报告”和“产品宣传”两个演示文稿的任务。

学习目标

- **掌握制作、保存演示文稿的操作方法**

掌握新建演示文稿、添加与删除幻灯片、移动与复制幻灯片、输入并编辑文本、保存和关闭演示文稿等操作。

- **掌握编辑演示文稿的操作方法**

掌握设置幻灯片中的文本格式、在幻灯片中插入图片、插入SmartArt图形、插入艺术字、插入表格与图表、插入媒体文件等操作。

素质目标

- 培养学生对PowerPoint的学习兴趣。
- 培养学生对演示文稿的基本操作能力。

任务一　制作“工作报告”演示文稿

一、任务描述

米拉是第一次制作“工作报告”演示文稿，如果有不太清楚的地方便会向老洪请教。老洪告诉米拉，要制作“工作报告”演示文稿，就要先了解工作报告的主要内容。工作报告通常包含概述、具体工作项目或经历、工作总结等内容，制作的演示文稿要效果美观、文本精炼。米拉在PowerPoint 2016中找到了合适的模板，通过编辑幻灯片和文本等操作顺利完成了任务，效果如图8-1所示。

效果所在位置 效果文件\项目八\任务一\工作报告.pptx

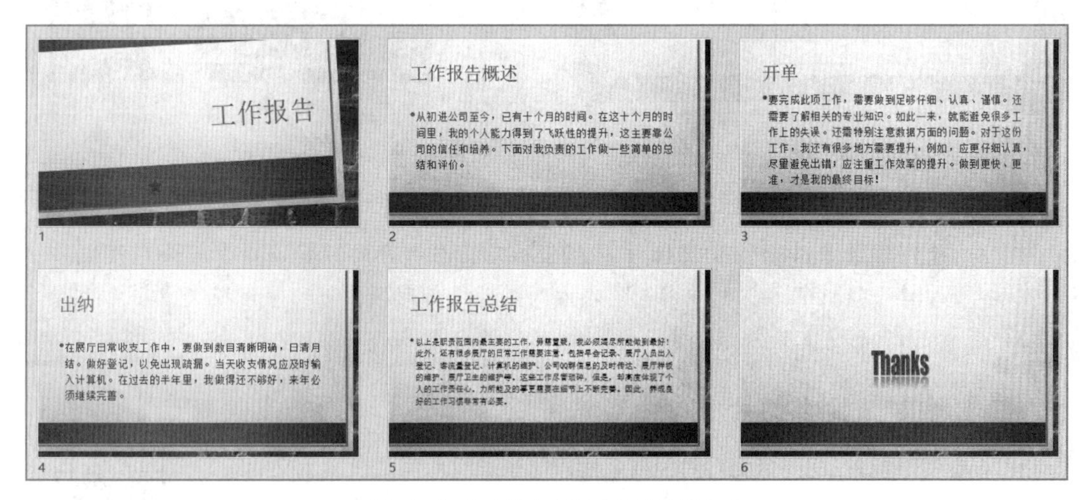

图8-1 “工作报告”演示文稿的最终效果

职业素养 **为什么用 PowerPoint 制作工作报告**

通过学习，我们知道工作报告其实也可以使用Word制作，而用PowerPoint制作的工作报告则更方便进行放映和演示。特别是在当前的信息化社会中，人们对沟通效率的要求越来越高，通过PowerPoint提供的图形、图表和动画功能，我们可以制作出视觉效果美观、逻辑清晰的工作报告；通过PowerPoint提供的媒体对象功能和超链接功能，我们可以添加音、视频和内、外部链接，实现相关内容的随时调整，从而完整、有理有据地表达清楚重要内容，提高内容的说服力。

二、任务实施

（一）新建演示文稿

要制作“工作报告”演示文稿，需要先新建一个演示文稿，然后再执行相应的操作。下面根据模板新建一个演示文稿，具体操作如下。

（1）启动PowerPoint 2016，单击“文件”选项卡，在弹出的窗口中选择“新建”选项。在窗口中间的“可用模板和主题”列表框中选择“主要事件”模板，在打开的预览窗口中单击“创建”按钮。

（2）系统将新建一个名为“演示文稿2”的演示文稿，如图8-2所示。

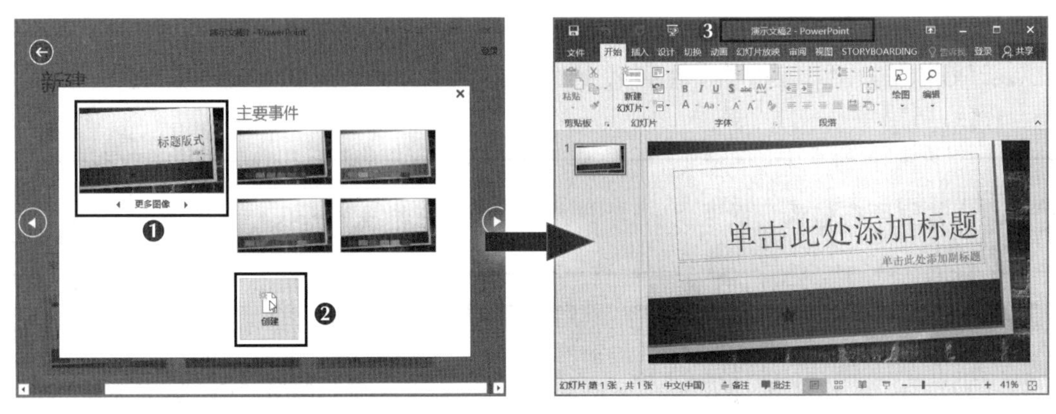

图8-2　新建演示文稿

多学一招　　**查看演示文稿模板**

在PowerPoint 2016中选择模板后，在打开的预览窗口中可预览模板，单击模板下方"更多图像"左右两侧的三角形按钮可预览该模板中应用的幻灯片版式。还可单击◀或▶按钮预览前一个或后一个模板。

（二）添加与删除幻灯片

一个演示文稿往往由多张幻灯片组成，用户可根据实际需要在演示文稿的任意位置新建幻灯片，或删除不需要的幻灯片。下面在前面新建的演示文稿中添加并删除幻灯片，具体操作如下。

（1）在"幻灯片/大纲"窗格中确定要新建幻灯片的位置，如果要在第1张幻灯片后面新建幻灯片，则单击第1张幻灯片，然后在"开始"选项卡的"幻灯片"组中单击"新建幻灯片"按钮下方的按钮，在弹出的下拉列表中选择"两栏内容"选项。

（2）系统将根据选择的版式添加一张幻灯片，如图8-3所示。

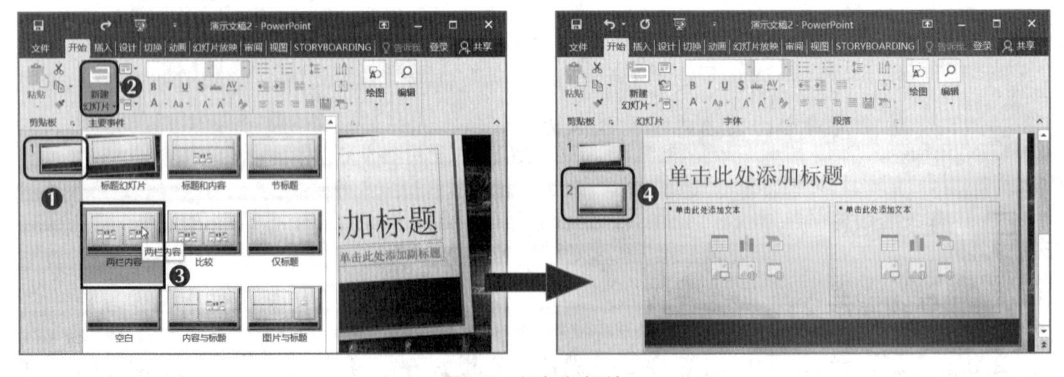

图8-3　添加幻灯片

多学一招　　**添加幻灯片的其他方式**

在"幻灯片/大纲"窗格中按【Enter】键，或在"幻灯片/大纲"窗格中单击鼠标右键，在弹出的快捷菜单中选择"新建幻灯片"命令，都可在当前幻灯片的后面插入一张新幻灯片。

（3）用相同的方法继续添加4张幻灯片，然后在第3张幻灯片上单击鼠标右键，在弹出的快捷菜单中选择“删除幻灯片”命令。

（4）系统会删除选择的第3张幻灯片，同时重新对各幻灯片进行编号，如图8-4所示。

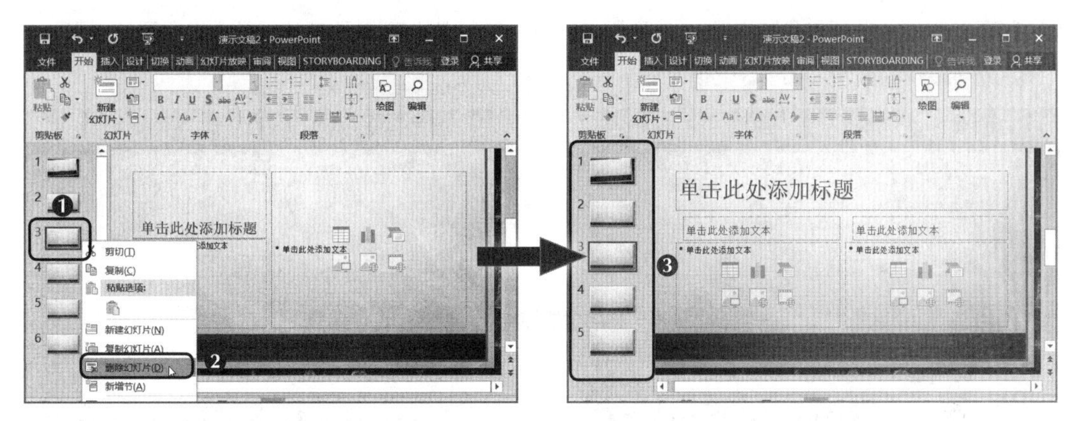

图8-4　删除幻灯片

多学一招

更改幻灯片的版式

新建幻灯片后，如果对幻灯片的版式不满意，不用删除幻灯片，只需单击“幻灯片”组中的“版式”按钮右侧的按钮，在弹出的下拉列表中选择需要的幻灯片版式，即可快速更改其版式。

（三）移动与复制幻灯片

幻灯片的位置决定了它在整个演示文稿中的播放顺序。在插入或制作幻灯片时，可移动和复制幻灯片，然后根据需要修改幻灯片中的内容，这样可减少制作时间，提高工作效率。下面在前面制作的演示文稿中移动和复制幻灯片，具体操作如下。

（1）在“幻灯片/大纲”窗格中选择第2张幻灯片，向下拖动鼠标指针，这时第2张幻灯片上的鼠标指针会变为形状，将其拖动到第4张幻灯片的下方。

（2）释放鼠标左键，即可完成幻灯片的移动，这时原来第2张幻灯片的编号将自动变为“4”，如图8-5所示。

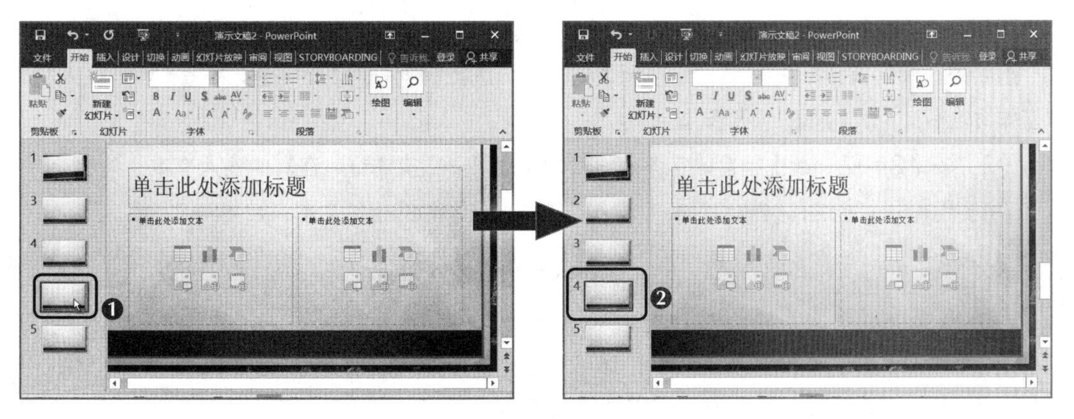

图8-5　移动幻灯片

（3）在“幻灯片/大纲”窗格中选择第3张幻灯片，单击鼠标右键，在弹出的快捷菜单中选择“复制”命令。

（4）将鼠标指针移动到需要粘贴幻灯片的位置，这里将其定位于第4张幻灯片之后，在“开始”选项卡的“剪贴板”组中单击“粘贴”按钮，在弹出的下拉列表中选择“使用目标主题”选项，完成幻灯片的复制，如图8-6所示。

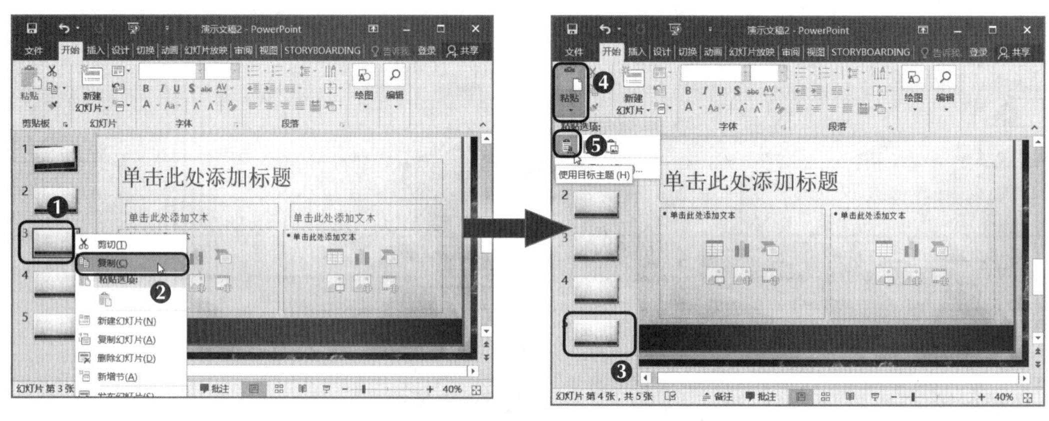

图8-6　复制幻灯片

知识提示　　**选择粘贴幻灯片的位置**

选择相应的幻灯片后单击鼠标右键，在弹出的快捷菜单中选择“复制”命令，可在不同的位置粘贴幻灯片；若选择“复制幻灯片”命令，则会直接在所选的幻灯片后粘贴幻灯片。

（四）输入并编辑文本

不同演示文稿的主题和表现方式有所不同，但无论在哪种类型的演示文稿中都不会缺少文本。下面在前面制作的幻灯片中输入并编辑文本，具体操作如下。

（1）选择第1张幻灯片，将鼠标指针移动到显示了“单击此处添加标题”的标题占位符处并单击，占位符中的文本将自动消失，并显示文本插入点，输入“工作报告”文本。

（2）选择第2～第6张幻灯片，在“开始”选项卡下单击“幻灯片”组中的“版式”按钮右侧的按钮，在弹出的下拉列表中选择“标题和内容”选项。单击“视图”选项卡下“演示文稿视图”组中的“大纲视图”按钮，切换到大纲视图，选择第2张幻灯片，在文本插入点处输入文本“工作报告概述”，如图8-7所示。

（3）按【Ctrl+Enter】组合键在该幻灯片中建立下一级文本框，在其中输入文本。

（4）用相同的方法在其他幻灯片中输入“工作报告”中的相关文本，如图8-8所示。

多学一招　　**在大纲视图中输入文本**

当需要在幻灯片中输入大量文本时，在大纲视图下可在输入文本的同时查看每张幻灯片之间的逻辑关系。在状态栏中单击“普通视图”按钮，可在普通视图和大纲视图之间进行切换。

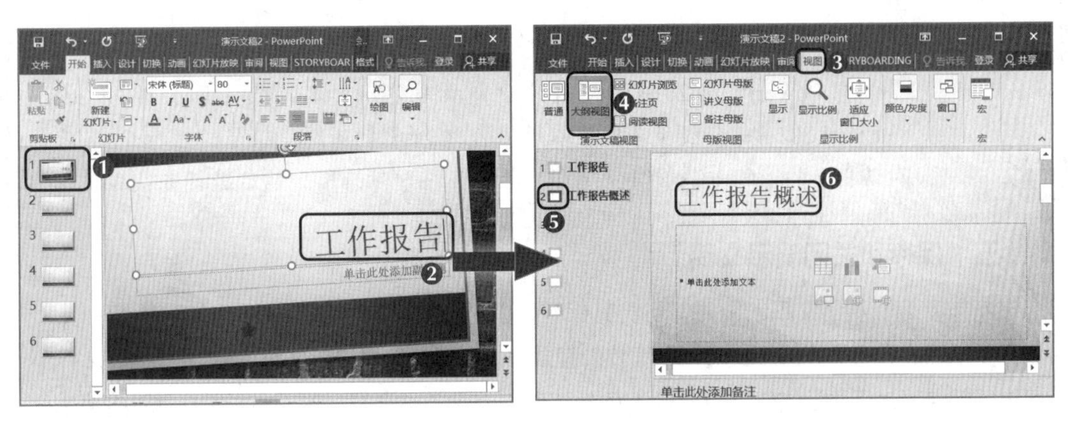

图8-7　输入文本

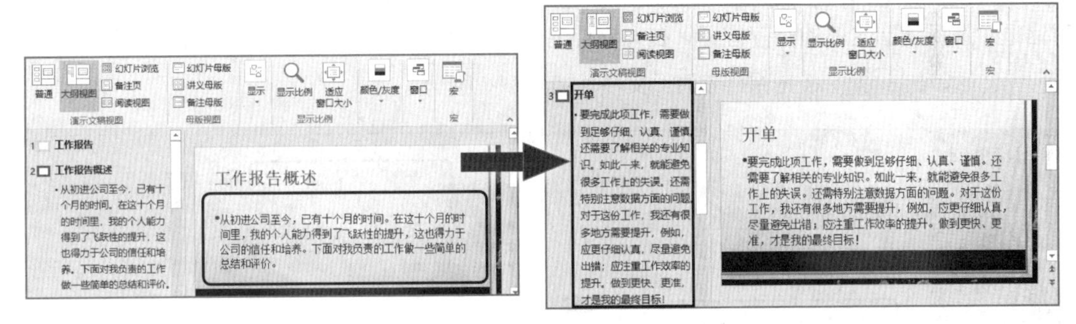

图8-8　输入其他文本

（5）单击状态栏中的回按钮，返回普通视图，选择第2张幻灯片中的“这也得力于”文本，然后输入“这主要靠”文本，即可修改选择的文本，如图8-9所示。

（6）选择第2张幻灯片的标题占位符中的“工作报告概述”文本，按【Ctrl+C】组合键复制文本；然后选择第5张幻灯片，将文本插入点定位到标题占位符中，按【Ctrl+V】组合键粘贴文本，并将文本中的“概述”文本修改为“总结”文本，如图8-10所示。

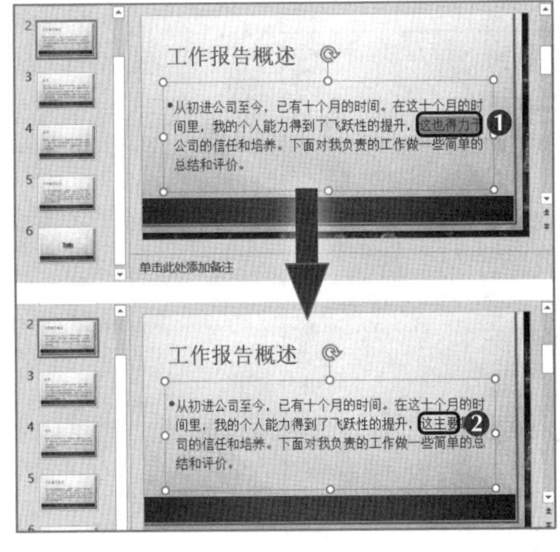

图8-9　修改选择的文本

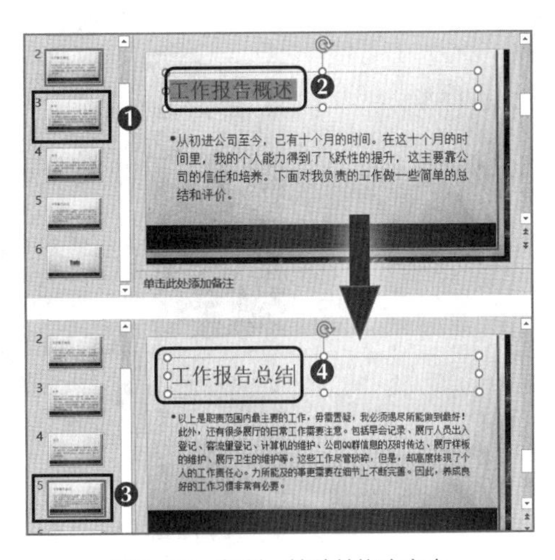

图8-10　复制、粘贴并修改文本

多学一招 **查找与替换文本**

在PowerPoint 2016的幻灯片中查找与替换文本的操作与在Word 2016或Excel 2016中查找和替换文本的操作相似，按【Ctrl+F】组合键可打开“查找”对话框，按【Ctrl+H】组合键可打开“替换”对话框，然后进行查找和替换。

（五）保存和关闭演示文稿

在制作和编辑演示文稿的同时，可将其保存，以避免其中的内容丢失。当不再需要编辑时，可关闭演示文稿。下面将前面制作的演示文稿以“工作报告”为名进行保存，然后关闭演示文稿，具体操作如下。

（1）在演示文稿中单击“文件”选项卡，在弹出的窗口中选择“保存”选项。

（2）在“另存为”界面中双击“这台电脑”选项，在打开的“另存为”对话框中选择演示文稿的保存位置，在“文件名”文本框中输入文本“工作报告”，然后单击保存(S)按钮保存该演示文稿，如图8-11所示。

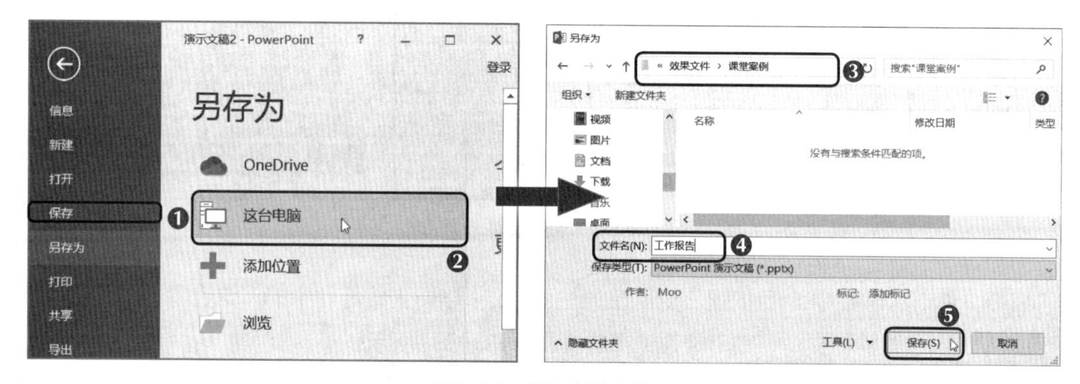

图8-11　保存演示文稿

（3）单击“文件”选项卡，在弹出的窗口中选择“关闭”选项，如图8-12所示，即可关闭该演示文稿。

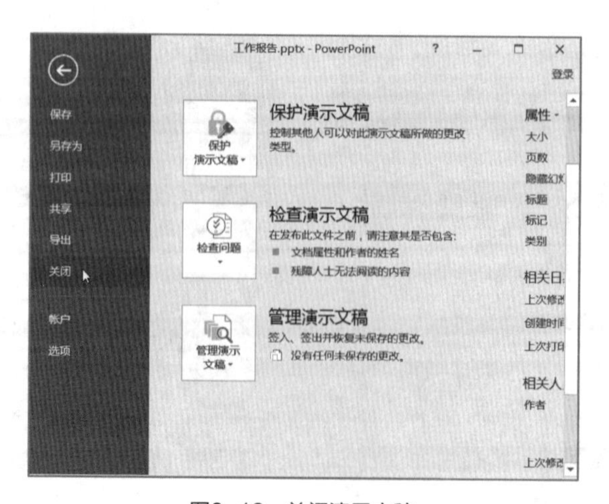

图8-12　关闭演示文稿

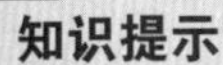

灵活使用关闭操作

关闭演示文稿的方法还有单击工作界面右上角的 × 按钮；或在工作界面的标题栏上单击鼠标右键，在弹出的快捷菜单中选择“关闭”命令。

任务二 编辑“产品宣传”演示文稿

一、任务描述

最近公司产品的销量持续增加，为了进一步扩大影响力，公司将推出新产品并进行宣传。于是老洪安排米拉制作一个“产品宣传”演示文稿，要求使用图片、图形、图表、视频等对象直观、全面地展示新产品。米拉在搜集素材后，顺利完成了本任务，最终效果如图8-13所示。

素材所在位置 素材文件\项目八\任务二\产品宣传.pptx、背景.jpg、宣传片.mp4
效果所在位置 效果文件\项目八\任务二\产品宣传.pptx

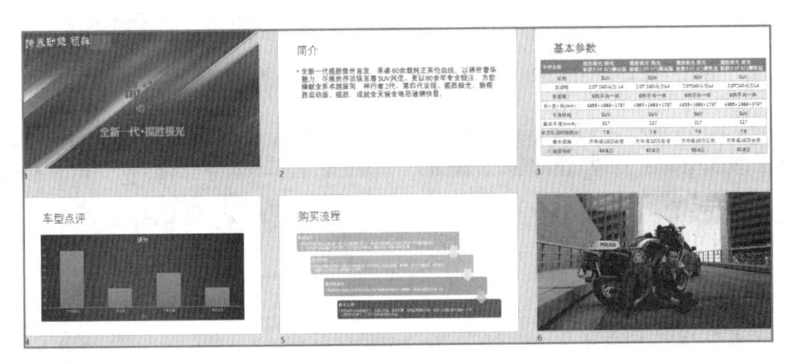

图8-13 “产品宣传”演示文稿的最终效果

职业素养

产品宣传的方式

产品宣传的方式主要有网络、广播、电视、报纸、讲座和新闻发布会等。要想做好产品的宣传工作，一要科学、合理地确定产品宣传的整体思路；二要做好与外界的交流与沟通，搭建畅通的信息互动平台；三要用好宣传载体，整合宣传力量。

二、任务实施

（一）设置幻灯片中的文本格式

用户可根据需要设置幻灯片中的文本格式，使其更美观，如设置字体、字号、字体颜色和特殊效果等。下面在“产品宣传”演示文稿中设置文本的格式，具体操作如下。

（1）打开“产品宣传”演示文稿，选择第1张幻灯片，选择“产品宣传”文本，在“开始”选项卡的“字体”组的“字体”下拉列表中选择“方正大标宋简体”选项，如图8-14所示。

（2）保持文本处于选择状态，在“字体”组的“字号”下拉列表中选择“72”选项，如图8-15所示。

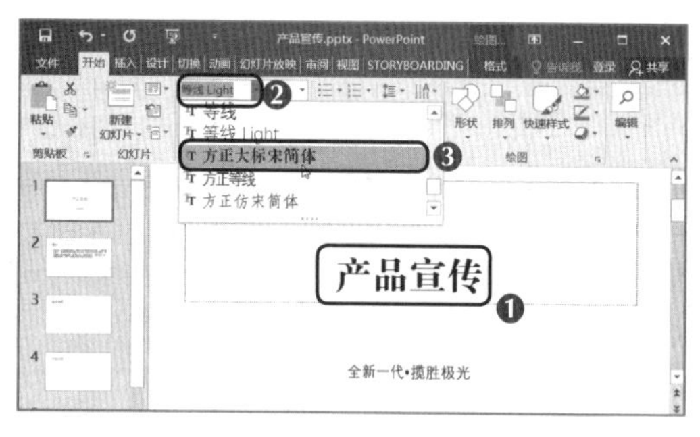

图8-14　设置字体

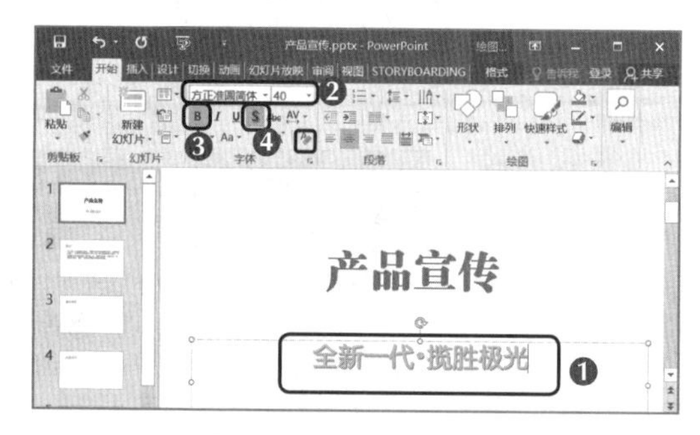

图8-15　设置字号

（3）在“字体”组中单击“字体颜色”按钮A右侧的-按钮，在弹出的下拉列表中选择“红色”选项，如图8-16所示，然后单击“加粗”按钮B。

（4）选择“全新一代 · 揽胜极光”文本，设置其字体格式为方正准圆简体、40、橙色，在“字体”组中单击“加粗”按钮B和“文字阴影”按钮S，为其设置加粗和阴影效果，如图8-17所示。

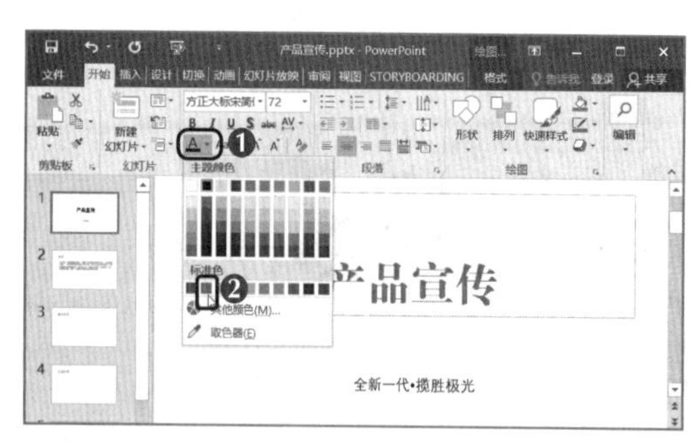

图8-16　设置字体颜色

图8-17　设置字体效果

（二）在幻灯片中插入图片

为了使幻灯片中的内容更丰富、直观，可在幻灯片中插入图片。下面在“产品宣传”演示文稿中插入并编辑图片，具体操作如下。

（1）在演示文稿中选择第1张幻灯片，在“插入”选项卡的“图像”组中单击“图片”按钮。

（2）在打开的“插入图片”对话框中选择素材文件夹中的“背景.jpg”图片，单击 插入(S) 按钮，如图8-18所示。

（3）将鼠标指针移动到插入的图片上，当鼠标指针变成✣形状时，如图8-19所示，将图片拖动到幻灯片的左上角后释放鼠标左键。

（4）插入的图片四周有8个控制点，将鼠标指针移动到图片右下角的控制点上，向右下角拖动鼠标指针，调整图片的大小，如图8-20所示。

图8-18　插入图片

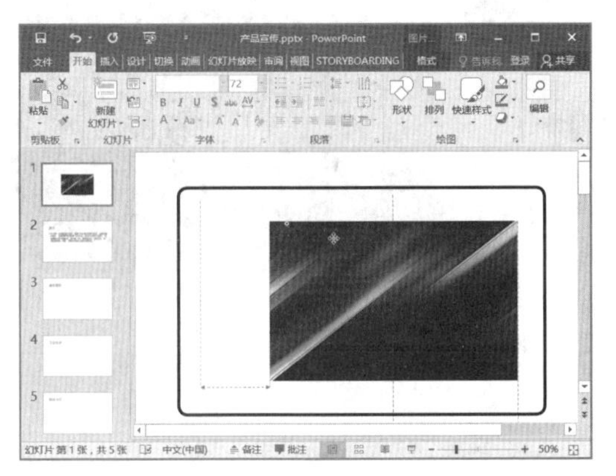

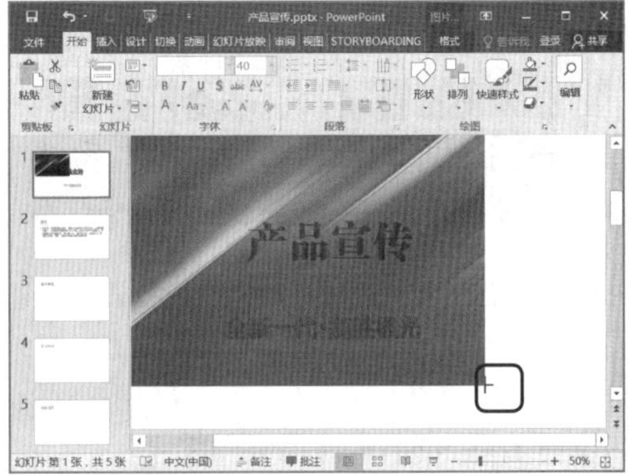

图8-19　移动图片　　　　图8-20　调整图片的大小

（5）放大图片后，图片左侧与幻灯片左侧对齐，图片底部将超出幻灯片，在“格式”选项卡的“大小”组中单击“裁剪”按钮，将鼠标指针移到图片底部的中间位置，向上拖动鼠标指针以裁剪图片，如图8-21所示，图片底部与幻灯片底部对齐后，单击“裁剪”按钮确认裁剪。

（6）在“格式”选项卡的“排列”组中单击“下移一层”按钮右侧的按钮，在弹出的下拉列表中选择“置于底层”选项，如图8-22所示。

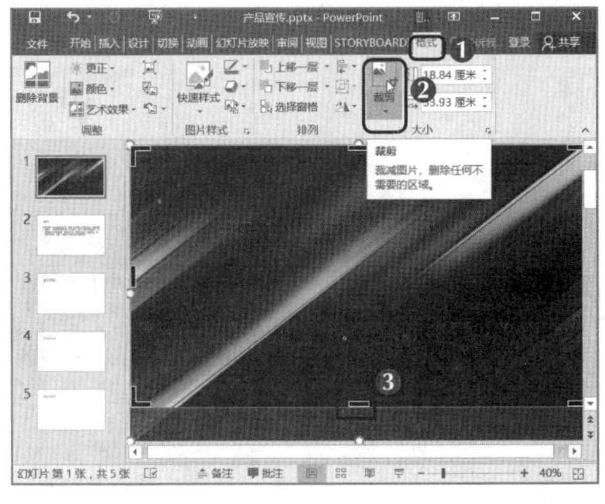

图8-21　裁剪图片

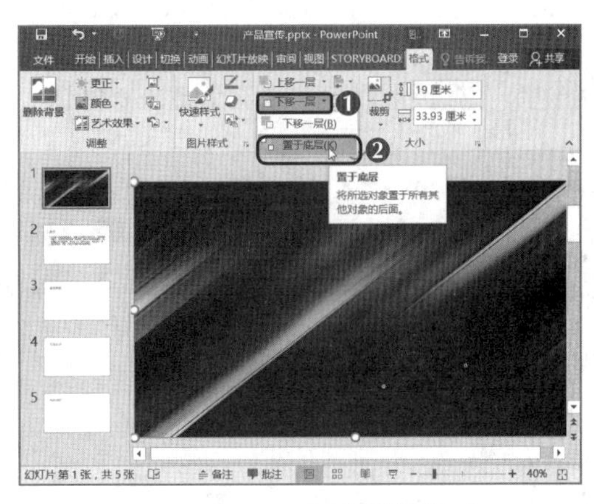

图8-22　设置图片的排列格式

多学一招 **重设图片**

在“格式”选项卡的“调整”组中单击“重设图片”按钮，在弹出的下拉列表中选择“重设图片”选项，可取消图片的所有格式设置；选择“重设图片和大小”选项，可取消图片的格式和大小设置。

（7）保持幻灯片中的图片处于选择状态，在“格式”选项卡的“调整”组中单击“颜色”按钮，在弹出的下拉列表中选择“蓝色，个性色5浅色”选项，如图8-23所示。

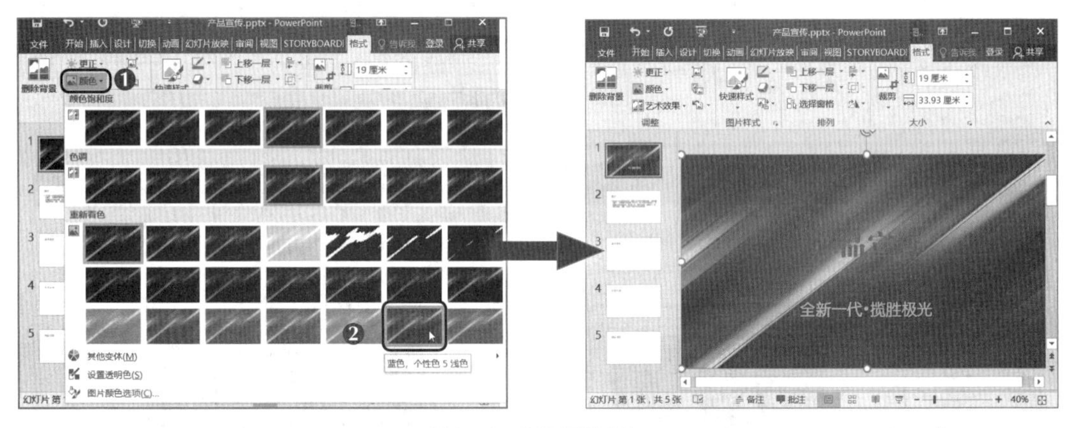

图8-23　设置图片颜色

（三）插入SmartArt图形

在幻灯片中还可以插入各种形状的图形，并通过“格式”选项卡对图形的形状、大小、线条样式、颜色及填充效果等进行设置。下面在“产品宣传”演示文稿中插入并编辑SmartArt图形，具体操作如下。

（1）选择第5张幻灯片，在“插入”选项卡的“插图”组中单击“插入SmartArt图形”按钮。

（2）在打开的“选择SmartArt图形”对话框中单击“流程”选项卡，在中间的列表框中选择“交错流程”选项，然后单击 确定 按钮，如图8-24所示。

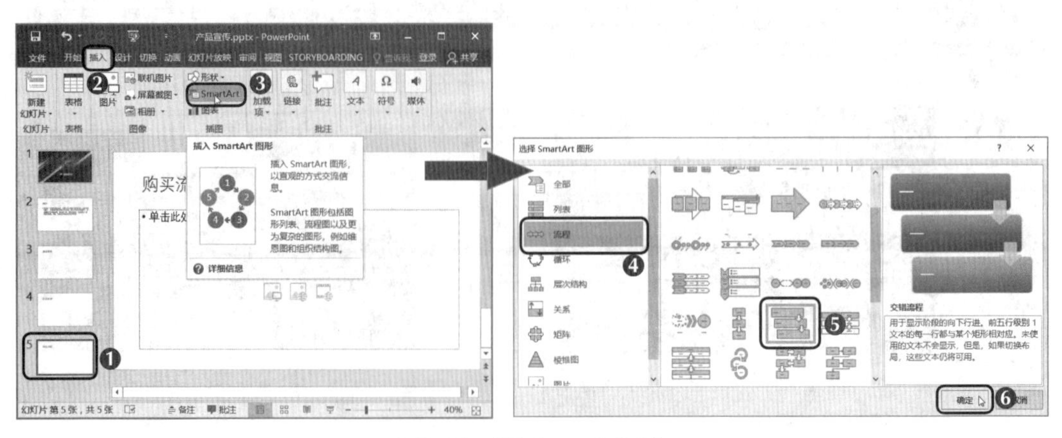

图8-24　插入SmartArt图形

多学一招　　**快速插入 SmartArt 图形**

在幻灯片的内容占位符中单击“插入 SmartArt 图形”按钮可快速打开“选择 SmartArt 图形”对话框，选择需要的 SmartArt 图形。单击内容占位符中的其他按钮可快速插入其他对象。该方法也可用于在 Word 2016 中插入 SmartArt 图形。

（3）在SmartArt图形左侧单击按钮，打开“在此处键入文字”窗格，在第一个文本框中输入“购买爱车”文本，按【Enter】键新建文本框，然后单击鼠标右键，在弹出的快捷菜单中选择“降级”命令，如图8-25所示。

（4）在降级的文本框中输入相应的文本，如图8-26所示。

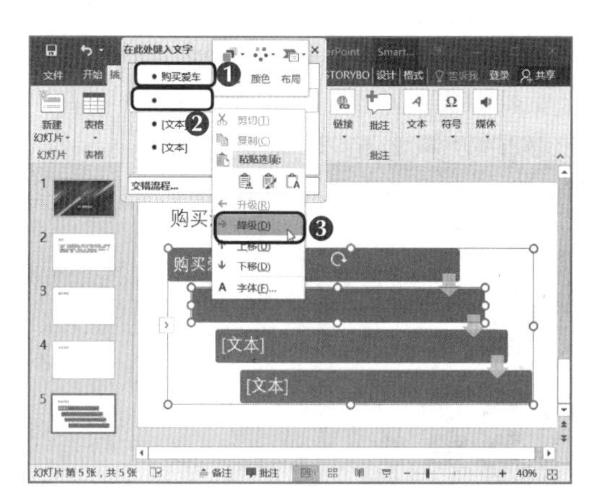

图8-25　降级文本框

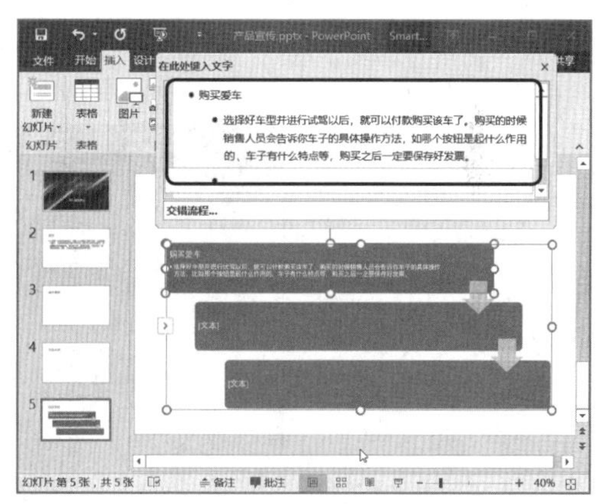

图8-26　输入文本

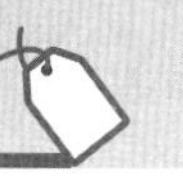

知识提示　　**插入形状**

在一级文本框中按【Enter】键，在新建文本框的同时，SmartArt 图形中将自动插入一个形状，此时降级文本框可取消插入的形状。也可在 SmartArt 图形的形状上单击鼠标右键，在弹出的快捷菜单中选择“添加形状”命令，在弹出的子菜单中选择“在后面添加形状”或“在前面添加形状”命令，在相应位置添加形状。

（5）使用相同的方法输入其他文本，如图8-27所示。

（6）选择SmartArt图形，在“设计”选项卡的“SmartArt样式”组中单击“更改颜色”按钮，在弹出的下拉列表中选择“彩色范围-个性色4至5”选项，如图8-28所示。

（7）单击“设计”选项卡，在“SmartArt样式”组中单击“快速样式”按钮，在弹出的下拉列表中选择“中等效果”选项，如图8-29所示。

多学一招　　**更改布局**

选择 SmartArt 图形，在“设计”选项卡的“版式”组的列表框中可重新选择 SmartArt 图形的类型，此时其布局结构会发生改变，但是其中的文本和格式设置将被保留。

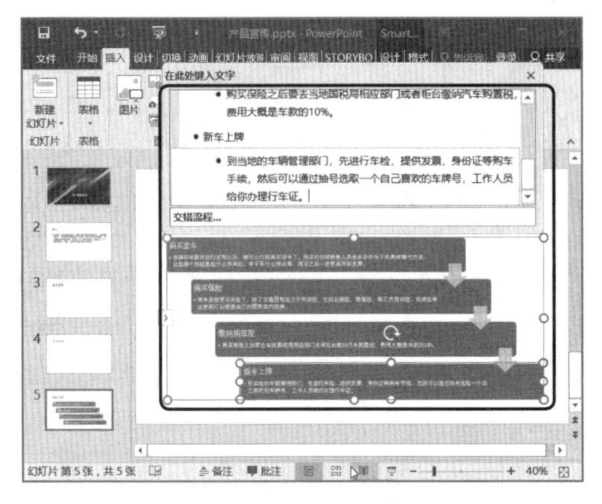

图8-27　输入其他文本

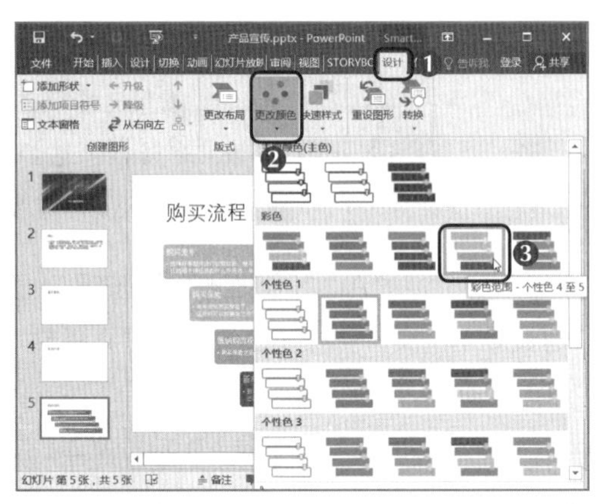

图8-28　更改SmartArt图形的颜色

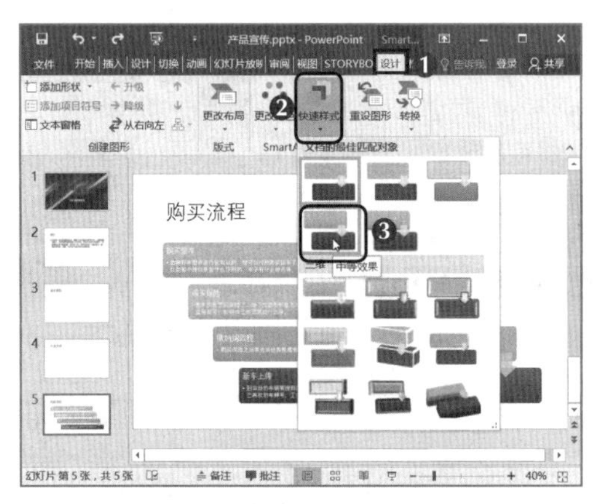

图8-29　快速设置SmartArt图形的样式

知识提示　　**重设 SmartArt 图形**

如果对SmartArt图形的格式设置不满意，但又要保留SmartArt图形的布局设置，则可在“设计”选项卡的“重置”组中单击“重设图形”按钮，取消SmartArt图形中的全部格式设置。

（四）插入艺术字

艺术字同时具有文字和图片的属性，在幻灯片中插入艺术字可以为幻灯片增添艺术效果。下面在“产品宣传”演示文稿中插入并编辑艺术字，具体操作如下。

（1）在演示文稿中选择第1张幻灯片，单击“插入”选项卡，在“文本”组中单击“艺术字”按钮，在弹出的下拉列表中选择“填充-白色，轮廓-着色1，阴影”选项，如图8-30所示。

（2）此时幻灯片中会出现“请在此放置您的文字”文本框，在其中输入对应的文本，这里输入“跨界动能 领辟天地”文本，如图8-31所示。

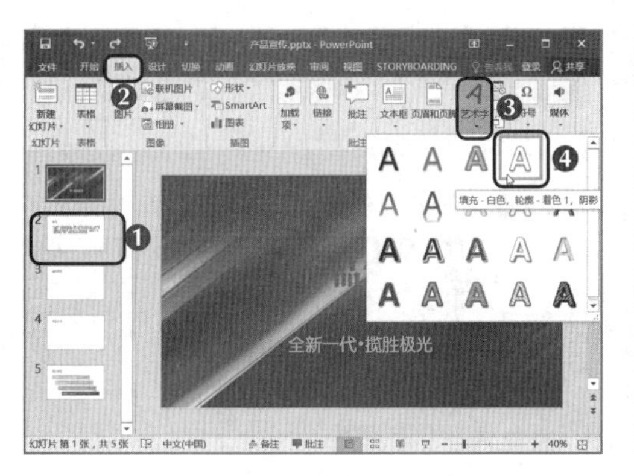

图8-30　选择艺术字的样式

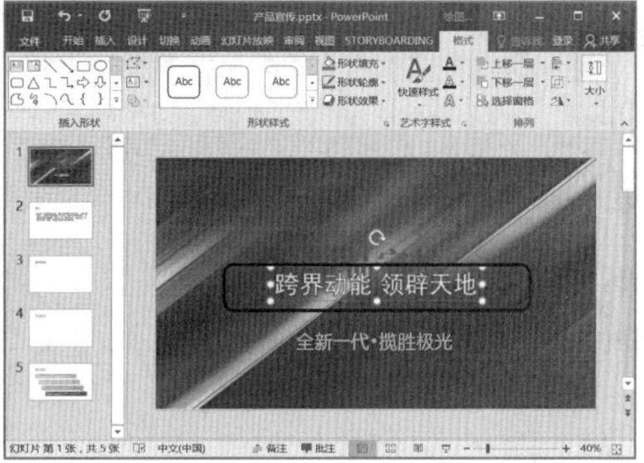

图8-31　输入文本

（3）选择艺术字文本框，在“开始”选项卡的“字体”组中设置字体格式为华文隶书、40，如图8-32所示。

（4）选择艺术字文本框，在“格式”选项卡的“艺术字样式”组中单击“文本效果”按钮A·，在弹出的下拉列表中选择“转换”选项，在弹出的子列表中选择“倒V形”选项，然后将艺术字移到幻灯片的左上角，如图8-33所示。

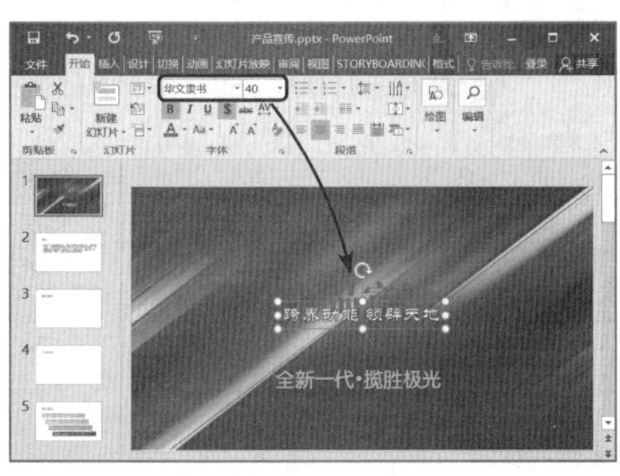

图8-32　设置字体格式

图8-33　设置文本效果

（五）插入表格与图表

在幻灯片中还可以插入表格与图表来增强数据的说服力。下面在“产品宣传”演示文稿中插入并编辑表格与图表，具体操作如下。

（1）在演示文稿中选择第3张幻灯片，在“插入”选项卡的“表格”组中单击“表格”按钮，在弹出的下拉列表中选择“插入表格”选项。在打开的“插入表格”对话框的“列数”微调框中输入“5”，在“行数”微调框中输入“10”，然后单击确定按钮，如图8-34所示。

（2）幻灯片中将插入一个具有默认格式的表格，在该表格中输入汽车的基本参数，如图8-35所示。

（3）将鼠标指针移到表格的右下角，当鼠标指针变为+形状时，拖动鼠标指针以调整表格的大小，如图8-36所示。

（4）将鼠标指针移到表格上方，当鼠标指针变为形状时，拖动鼠标指针，将表格移到幻灯片标题文本的下方，如图8-37所示。

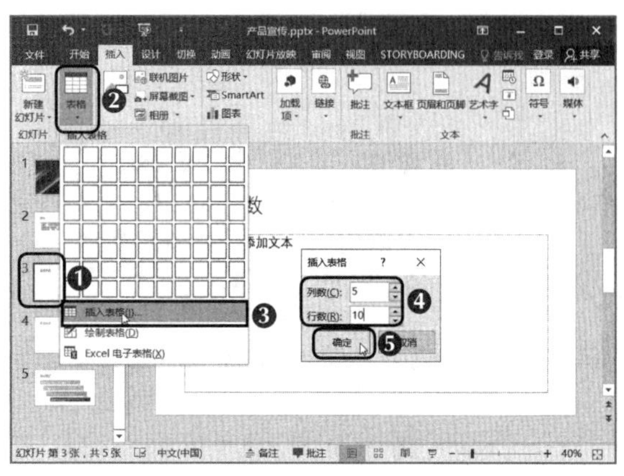

图8-34　插入表格

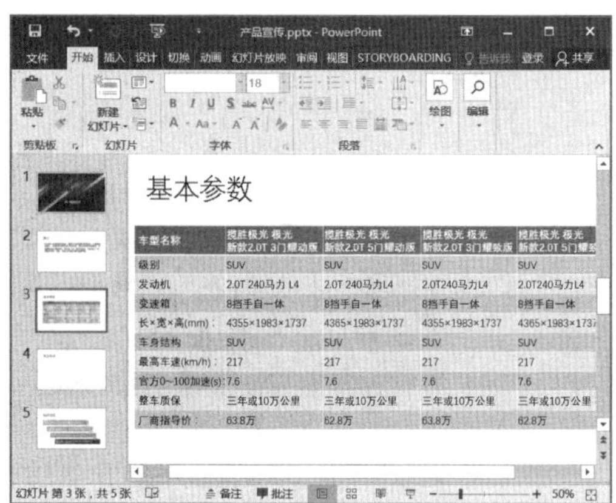

图8-35　输入表格中的数据

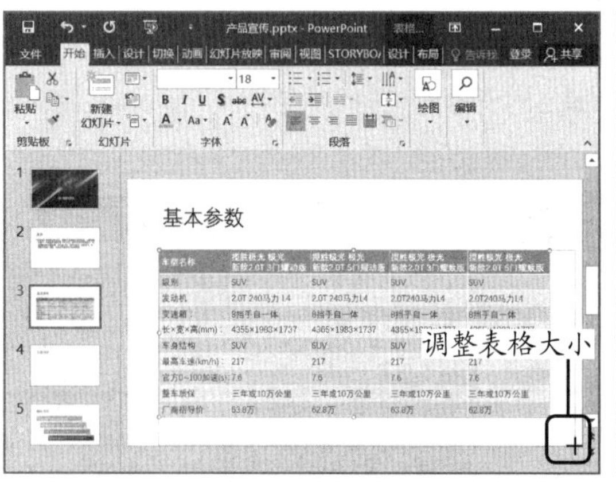

图8-36　调整表格大小

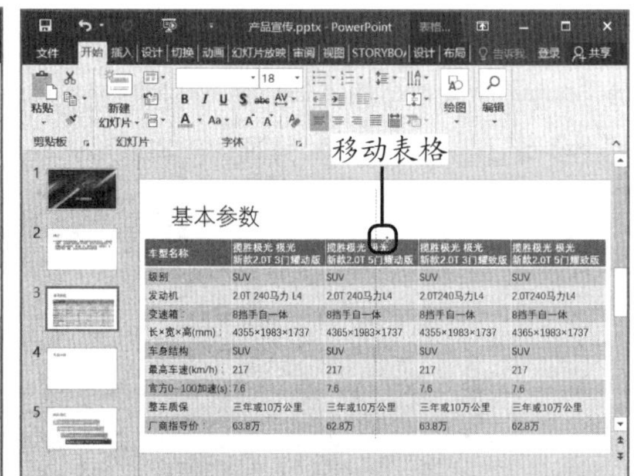

图8-37　移动表格

知识提示　　**关于表格的编辑**

在 PowerPoint 2016 中插入的表格可被看作一个整体，其格式与图片的格式类似，可以调整表格的大小和位置。在 PowerPoint 2016 中编辑表格的方法和操作与在 Word 2016 中编辑表格的方法和操作相似。

（5）选择除表头以外的其他表格数据，在“布局”选项卡的“对齐方式”组中依次单击“居中”按钮和“垂直居中”按钮，如图8-38所示；然后将表头数据的对齐方式设置为“垂直居中”。

（6）选择整张表格，单击“设计”选项卡，在“表格样式”组中单击按钮，在弹出的下拉列表中选择“中度样式1-强调6”选项，如图8-39所示。

（7）将应用样式后的表格中的数据的字号设置为“20”，设置完成后的效果如图8-40所示。

（8）选择第4张幻灯片，在“插入”选项卡的“插图”组中单击“图表”按钮，在打开的“插入图表”对话框中单击“柱形图”选项卡，在中间的列表框中选择“簇状柱形图”选项，然后单击确定按钮，如图8-41所示。

图8-38　设置对齐方式

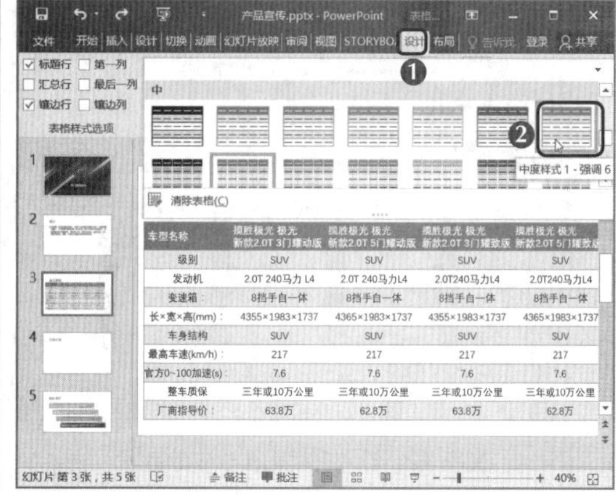

图8-39　设置表格的样式

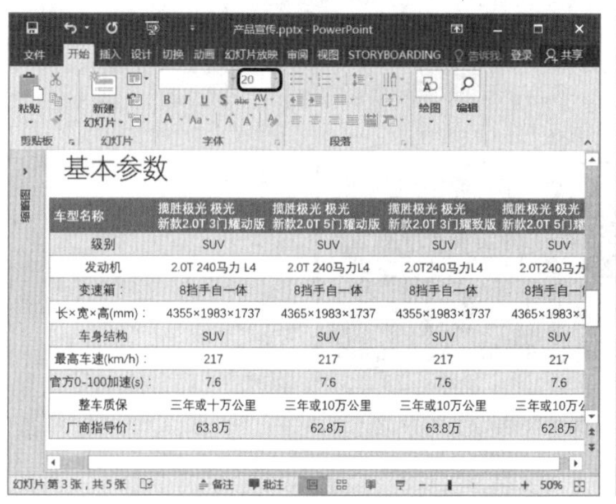

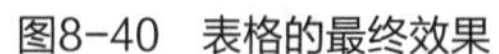

图8-40　表格的最终效果

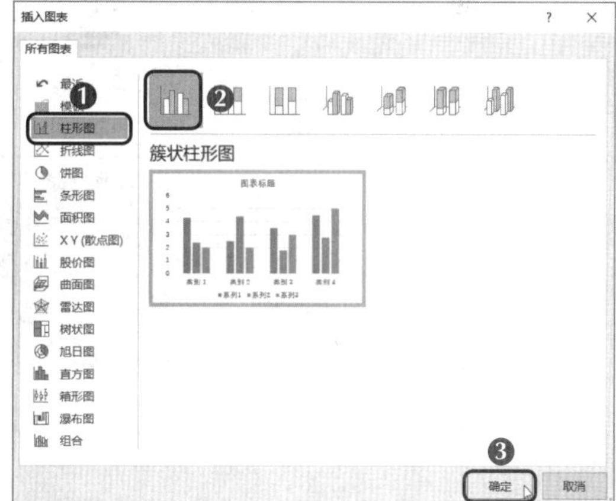

图8-41　选择图表类型

多学一招　　**在幻灯片中快速插入所需对象**

新建的幻灯片的内容占位符中包含“插入表格”“插入图表”“插入SmartArt图形”“插入来自文件的图片”等按钮，单击各按钮即可执行对应的插入操作。

（9）在打开的Excel工作表的B1单元格中输入文本“评分”，在A2:A5单元格区域中输入图表的横坐标轴数据，在B2:B5单元格区域中输入评分数据。将鼠标指针移动到D5单元格的右下角，当鼠标指针变为↘形状时，拖动鼠标指针，将边框线移到B5单元格，如图8-42所示。

（10）完成数据源的调整后，关闭Excel工作表，返回幻灯片，编辑数据源后的图表如图8-43所示。

（11）选择图表，在“图表工具”的“设计”选项卡的“图表样式”组中单击▾按钮，在弹出的下拉列表中选择“样式9”选项；单击“更改颜色”按钮，在弹出的下拉列表中选择“单色”栏下的“样式13”选项，如图8-44所示。

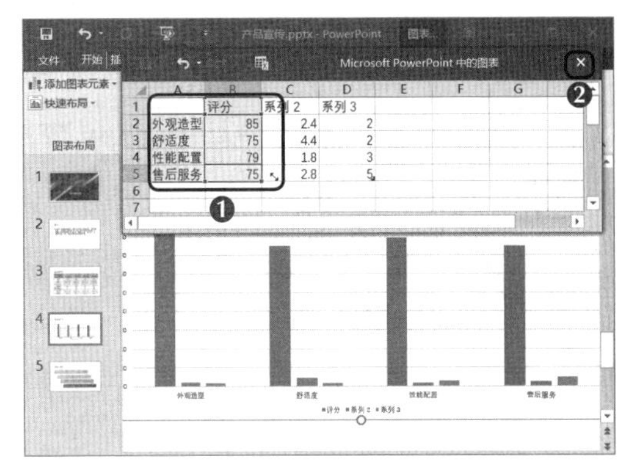

图8-42　输入并编辑图表中的数据

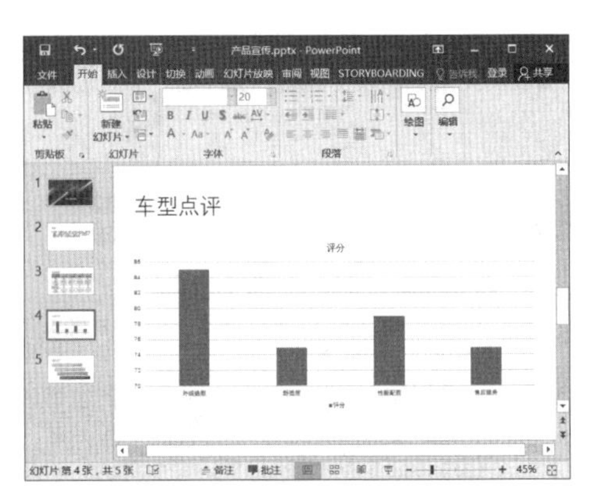

图8-43　编辑数据源后的图表

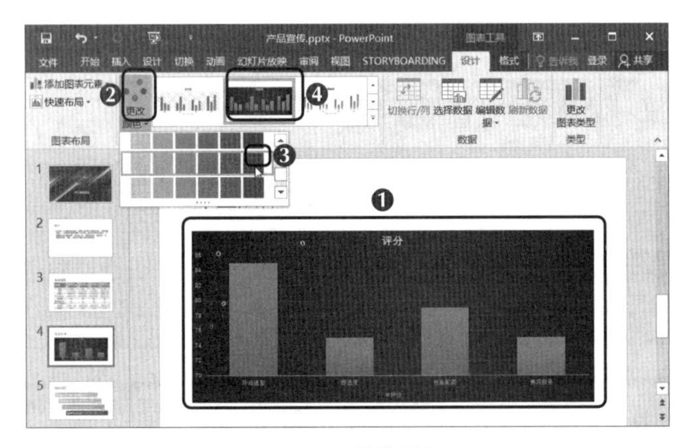

图8-44　美化图表

知识提示　　**表格与图表的美化**

在PowerPoint 2016中插入表格与图表后，在对应的“设计”“布局”“格式”选项卡中可对它们进行编辑与美化操作，其操作方法与Excel 2016中的操作方法相同。

（六）插入媒体文件

在某些演示场合下，生动有趣的演示文稿更容易吸引观众，此时可以在幻灯片中插入音频、视频等媒体文件。下面在“产品宣传”演示文稿中插入计算机中的音频和视频文件，具体操作如下。

（1）选择第1张幻灯片，单击“插入”选项卡，在“媒体”组中单击“音频”按钮下方的按钮，在弹出的下拉列表中选择“PC上的音频”选项。

（2）在打开的“插入音频”对话框中选择需要插入的音频文件，单击“插入(S)”按钮将其插入幻灯片中，如图8-45所示。此时幻灯片中会显示一个声音图标，同时打开播放控制条，单击其中的“播放”按钮即可试听插入的音频文件。

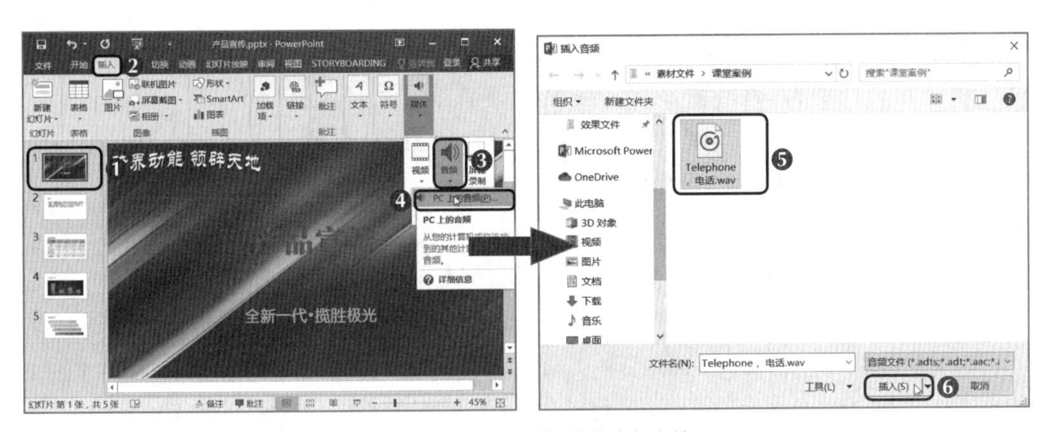

图8-45　插入计算机中的音频文件

（3）选择第5张幻灯片，按【Enter】键在其下方新建幻灯片，在“插入”选项卡的“媒体”组中单击“视频”按钮下方的▾按钮，在弹出的下拉列表中选择“PC上的视频”选项。

（4）在打开的“插入视频文件”对话框的地址栏中选择文件的保存位置，然后选择要插入的视频文件，单击插入(S)按钮，如图8-46所示。

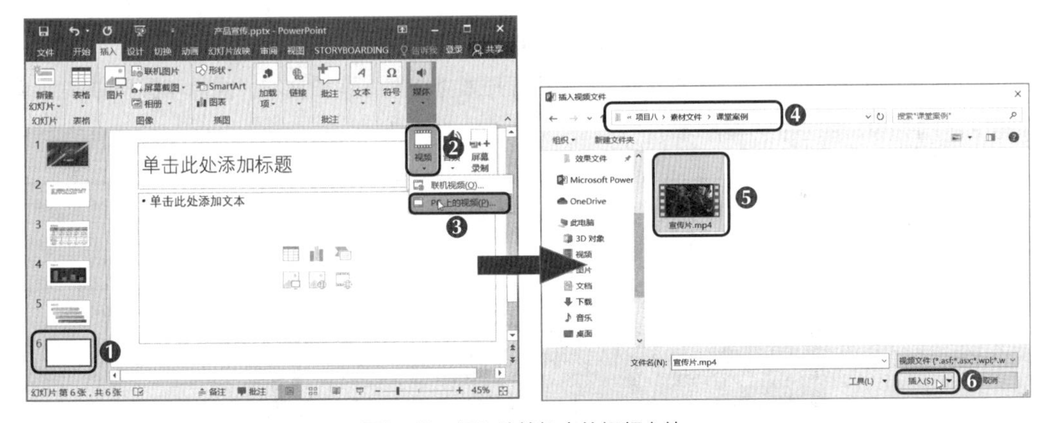

图8-46　插入计算机中的视频文件

（5）在幻灯片中插入视频文件，然后调整视频文件图标的大小和位置，单击播放控制条中的▶按钮即可预览插入的视频文件，如图8-47所示。

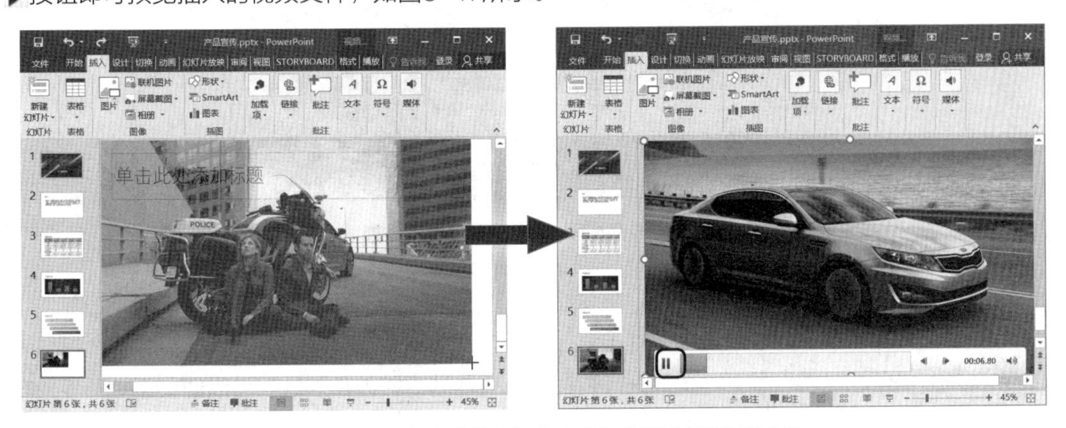

图8-47　设置视频文件图标的大小和位置并预览视频文件

知识提示　　**视频文件的播放**

在幻灯片中可插入的视频文件的格式包括常见的.mp4、.mov等。需要注意的是，只有安装了新版本的QuikeTime播放插件才能在PowerPoint 2016中正常播放视频文件。

项目实训

本项目通过制作“工作报告”演示文稿、编辑“产品宣传”演示文稿两个任务，讲解了制作与编辑PowerPoint演示文稿的相关知识。其中，添加与删除幻灯片，在幻灯片中输入并编辑文本，在幻灯片中插入图片、SmartArt图形、表格与图表等都是日常办公中经常使用的操作。下面要求读者灵活运用本项目的知识，制作“入职培训”“市场调研报告”两个演示文稿。

一、制作“入职培训”演示文稿

1. 实训目标

制作“入职培训”类演示文稿时，应该以最简洁的图形和语言对重要内容进行展示。本实训提供了“入职培训”演示文稿的模板，制作时只需打开素材文件，添加文本、图片和图形并进行编辑即可。完成后的效果如图8-48所示。

素材所在位置　素材文件\项目八\项目实训\入职培训

效果所在位置　效果文件\项目八\项目实训\入职培训.pptx

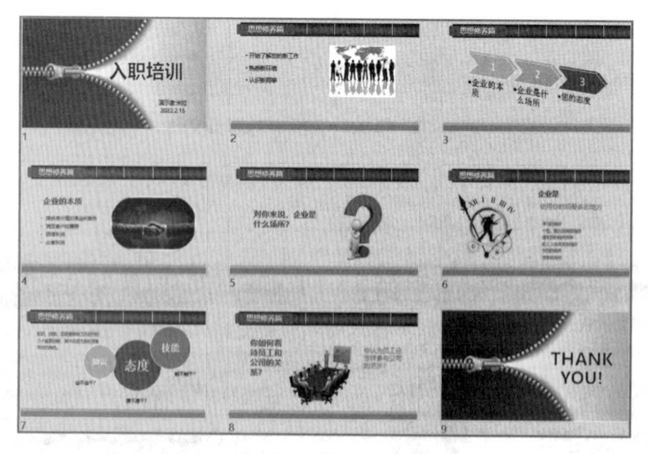

图8-48　“入职培训”演示文稿的效果

2. 专业背景

入职培训主要指公司对新进员工进行企业文化、工作态度、专业技能等方面的培训。不同行业对员工培训的重点也有所不同。对员工进行有目的、有计划的培养和训练，可以使员工更新专业知识、端正工作态度。

3. 操作思路

在演示文稿中先根据需要新建幻灯片，然后在各张幻灯片中输入文本并设置文本格式，最后插入图片、图形等对象，其操作思路如图8-49所示。

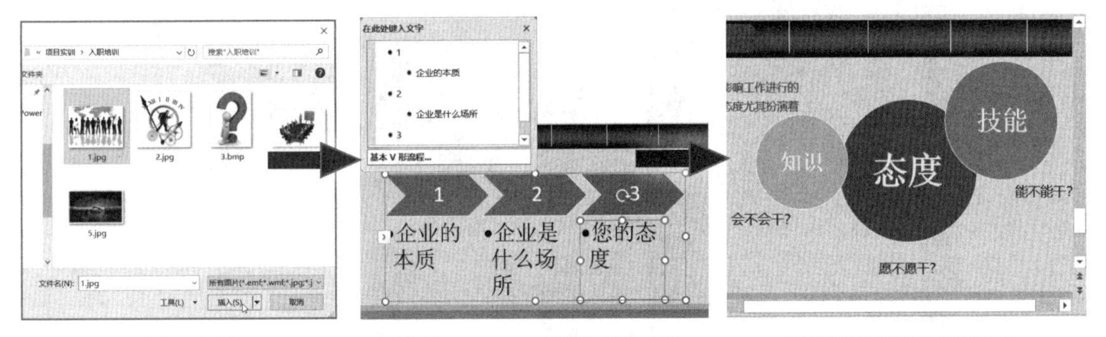

① 插入图片　② 插入 SmartArt 图形并输入内容　③ 绘制图形并设置图形样式

图8-49　制作“入职培训”演示文稿的操作思路

【步骤提示】

（1）打开“入职培训”演示文稿，新建1张幻灯片，删除标题占位符，在内容占位符中输入相应的文本，并设置其字体格式；然后插入“1.jpg”图片，将图片颜色设置为“灰度”。

（2）新建1张幻灯片，删除占位符，插入“基本V型流程”SmartArt图形，单击“设计”选项卡，选择“创建图形”组，单击“文本窗格”按钮，打开“在此处键入文字”窗格，按【Tab】键可降低文本框的级别，在其中输入相应的文本，然后编辑图形的颜色和样式。

（3）新建第3张、第4张和第5张幻灯片，输入相应的文本并设置文本的字体格式，然后分别插入“5.jpg”“3.bmp”“2.jpg”图片并设置图片的样式。

（4）新建第6张幻灯片，在其中输入相应的文本，然后绘制1个圆形，并设置其填充颜色；复制2个圆形，调整它们的位置，并设置它们的填充颜色；在绘制的图形中和下方分别输入相应的文本，并设置文本的字体格式。

（5）新建第7张幻灯片，输入相应的文本，然后插入“4.png”图片。

（6）复制第1张幻灯片并将其粘贴到第7张幻灯片之后，修改其中的文本。

二、编辑“市场调研报告”演示文稿

1. 实训目标

编辑“市场调研报告”演示文稿时，尽量使用表格、图表来展示数据。本实训主要练习图形、表格和图表的插入与编辑方法。最终效果如图8-50所示。

素材所在位置　素材文件\项目八\项目实训\市场调研报告.pptx
效果所在位置　效果文件\项目八\项目实训\市场调研报告.pptx

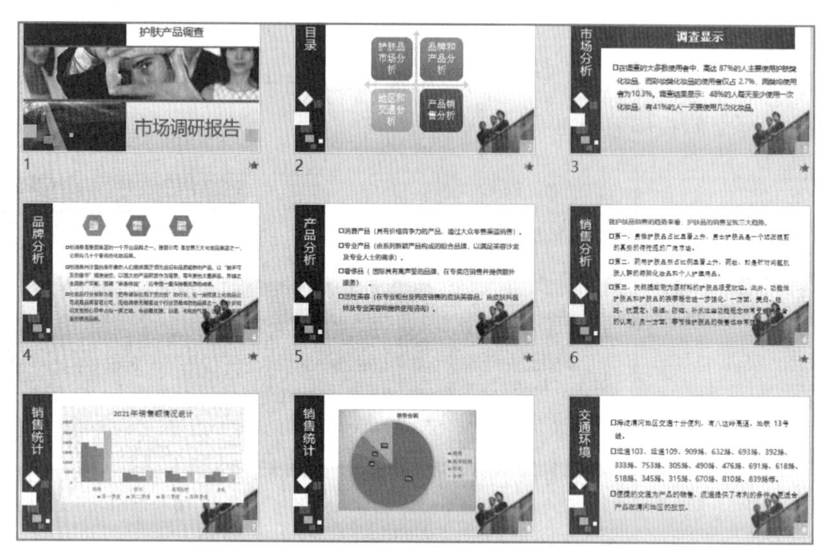

图8-50 “市场调研报告”演示文稿的最终效果

2. 专业背景

报告可以分为书面报告和口头报告两种。随着计算机信息技术的迅速发展和投影器材的普及，演示文稿在进行口头报告的过程中扮演着越来越重要的角色。市场调研是指根据特定的决策问题系统地设计、搜集、记录、整理、分析及研究市场中的各类信息与资料，并报告调研结果的工作过程，主要由市场调研人员完成。

3. 操作思路

本实训的操作过程非常简单：依次在各张幻灯片中插入图形、形状、图表，再分别对插入的对象进行编辑、美化操作。

【步骤提示】

（1）打开“市场调研报告”演示文稿，选择第2张幻灯片，在其中插入“网格矩阵”SmartArt图形，输入相应的文本并设置文本的颜色和样式。

（2）选择第4张幻灯片，插入六边形，并设置其填充颜色，然后在文本框中输入相应的文本。

（3）选择第7张幻灯片，插入柱形图并编辑其样式。

（4）选择第8张幻灯片，插入饼图并编辑其样式。

课后练习

本项目主要介绍了PowerPoint演示文稿的制作与编辑方法，读者可以通过下面两个课后练习巩固相关的操作方法。

1. 制作“国家5A级旅游景区介绍”演示文稿

本练习要求制作“国家5A级旅游景区介绍”演示文稿，在演示文稿中插入风景图片，并在文本框中输入对应的描述内容。在制作风景类演示文稿时需注意，插入的风景图片最好为实拍图片，且要保证风景图片的真实性、美观性。本练习完成后的效果如图8-51所示。

素材所在位置 素材文件\项目八\课后练习\风景图片
效果所在位置 效果文件\项目八\课后练习\国家5A级旅游景区介绍.pptx

图8-51 “国家5A级旅游景区介绍”演示文稿的效果

操作要求如下。

- 新建“国家5A级旅游景区介绍”演示文稿，在其中新建8张幻灯片。
- 在幻灯片中插入风景图片，并对风景图片进行编辑。
- 在幻灯片中插入文本框，输入对应的描述内容，并设置其字体格式。

2. 编辑“公司形象宣传”演示文稿

打开“公司形象宣传”演示文稿，在其中绘制形状并编辑图片的边框等，参考效果如图8-52所示。“公司形象宣传”演示文稿用于展示公司形象，其内容要真实可靠，切忌使用虚假和夸大的信息。

素材所在位置 素材文件\项目八\课后练习\公司形象宣传.pptx
效果所在位置 效果文件\项目八\课后练习\公司形象宣传.pptx

操作要求如下。

- 打开“公司形象宣传”演示文稿，选择第2张幻灯片，在其中绘制一个正六边形。在形状上单击鼠标右键，在弹出的快捷菜单中选择“设置形状格式”命令，打开“设置形状格式”窗格。将“三维格式”栏中的“顶部棱台”设置为“角度”，在其右侧的“宽度”和“高度”文本框中输入“3磅”。
- 将“底部棱台”设置为“角度”，在“宽度”和“高度”文本框中输入“3磅”，在“深度”选项组的“大小”文本框中输入“10磅”。将“材料”设置为“亚光效果”，在“光源”选项组的“角度”文本框中输入“15°”。
- 选择“三维旋转”栏，在其中的“X旋转”“Y旋转”“Z旋转”微调框中分别输入

"319.8°" "335.4°" "14.9°"。

- 复制6个相同的正六边形，然后将第1个正六边形更改为"椭圆"形状，再分别为形状填充颜色，并输入相应的文本。
- 分别为每张幻灯片中的图片添加边框颜色，然后在最后一张幻灯片中绘制矩形，为矩形填充颜色后，在矩形上方绘制文本框并输入"联系方式"文本等。

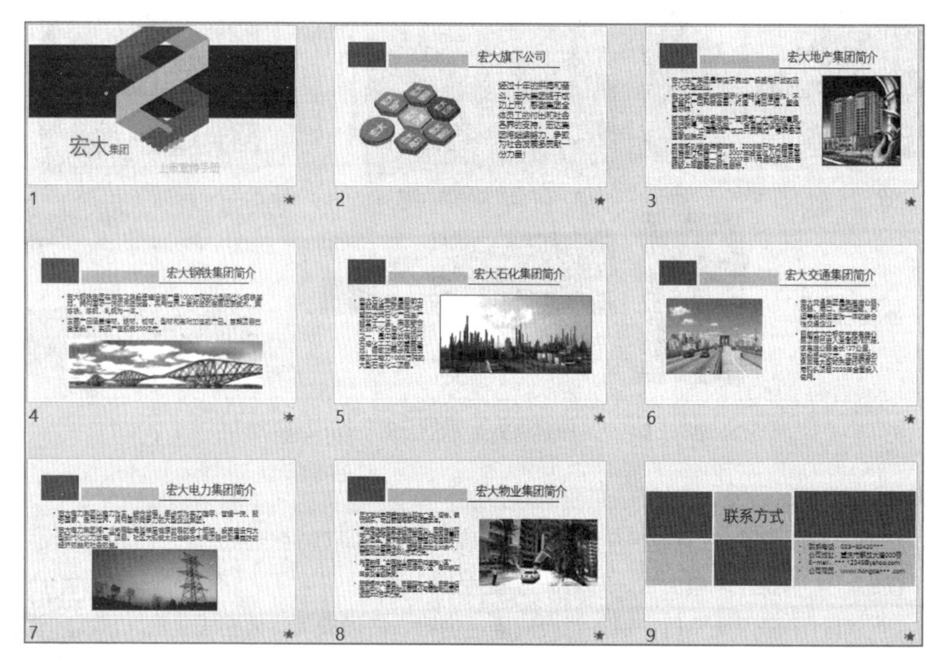

图8-52 "公司形象宣传"演示文稿的参考效果

技巧提升

1. 插入相册

PowerPoint 2016提供了插入相册功能，利用该功能可以一次性地把所有图片插入幻灯片中，将演示文稿制作成一个电子相册。插入相册的具体操作如下。

（1）在PowerPoint 2016中单击"插入"选项卡，在"图像"组中单击"相册"按钮下方的▾按钮，在弹出的下拉列表中选择"新建相册"选项，如图8-53所示。

（2）在打开的"相册"对话框中单击 文件/磁盘(F)... 按钮，打开"插入新图片"对话框，在上方的地址栏中选择图片的保存位置，然后选择需要插入的图片，并单击 插入(S) ▾ 按钮，如图8-54所示。

（3）返回"相册"对话框，在"相册中的图片"列表框中选择相应的图片，单击预览图片下方的相应按钮可以调整图片的方向或图片的亮度；在"相册版式"选项组中可以设置每张幻灯片中的图片版式及相框形状，这里保持默认设置，然后单击 创建(C) 按钮，如图8-55所示。

（4）制作的电子相册演示文稿如图8-56所示，还可以根据需要在各幻灯片中添加其他对象。

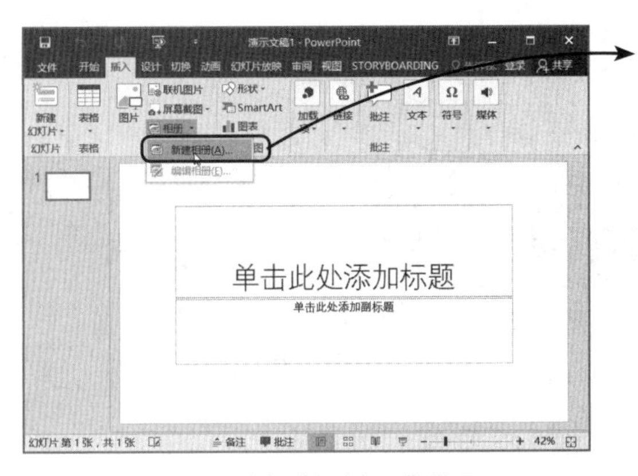

图8-53 选择“新建相册”选项

图8-54 选择所需的图片

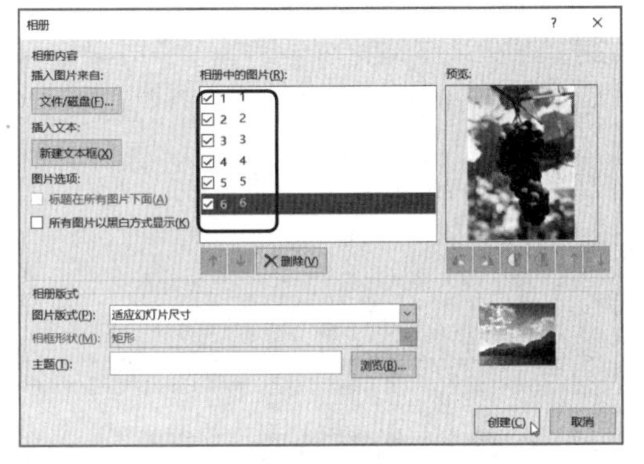

图8-55 确认相册的相关设置

图8-56 制作的电子相册演示文稿

2. 从外部导入文件

在PowerPoint 2016中可直接将外部文件导入幻灯片，其方法为：单击“插入”选项卡的“文本”组中的“对象”按钮，在打开的“插入对象”对话框中选中◉由文件创建(F)单选按钮，再单击浏览(B)...按钮，如图8-57所示；在打开的“浏览”对话框中选择需要导入的文件，单击确定按钮，返回“插入对象”对话框，单击确定按钮完成导入。

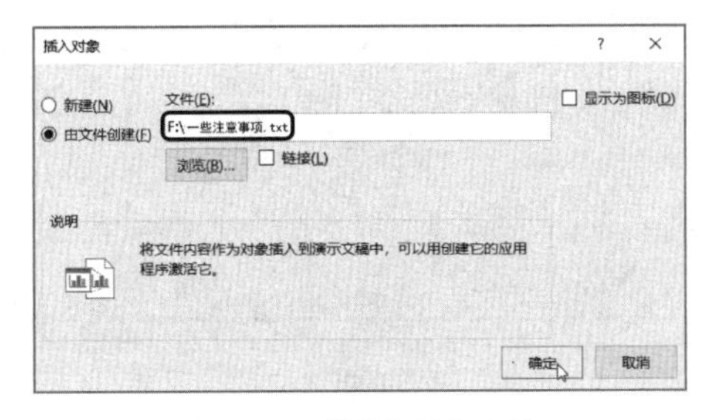

图8-57 从外部导入文件

项目九

PowerPoint演示文稿设置、放映与输出

情景导入

公司需要用“工作计划”和“环保宣传”两个演示文稿来部署工作计划，并宣传环保理念。公司领导审阅这两个演示文稿后，认为它们的视觉效果和动态效果过于简单，要求修改、完善。由于米拉已能较为熟练地使用PowerPoint 2016，因此老洪便让米拉适当优化这两个演示文稿的内容和展现效果。

学习目标

- **掌握设置幻灯片的操作方法**

掌握设置幻灯片页面大小、使用母版编辑幻灯片、为幻灯片添加切换效果、设置幻灯片对象的动画等操作。

- **掌握放映、输出幻灯片的操作方法**

掌握设置排练计时、录制旁白、设置放映方式、放映幻灯片、添加注释、将演示文稿转换为图片、将演示文稿导出为视频等操作。

素质目标

- 提升学生对PowerPoint的操作能力。
- 培养学生对演示文稿的审美能力和鉴赏能力。
- 提升学生对幻灯片放映效果的优化能力。
- 提升学生对输出幻灯片的操作能力。

任务一　设置“工作计划”演示文稿

一、任务描述

米拉在计算机上打开了老洪发来的“工作计划”演示文稿，发现其页面大小和格式不规范，

且没有设置动态放映效果。按照老洪说的规范、美观、生动等要求，米拉反复调整和修改“工作计划”演示文稿，终于完成了“工作计划”演示文稿的优化，最终效果如图9-1所示。

素材所在位置 素材文件\项目九\任务一\工作计划.docx、标题页.jpg、内容页.jpg

效果所在位置 效果文件\项目九\任务一\工作计划.docx

图9-1 “工作计划”演示文稿的最终效果

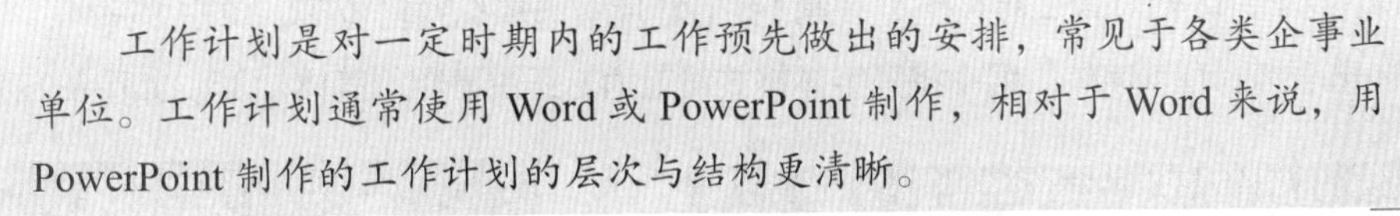

职业素养

工作计划的制作思路

工作计划是对一定时期内的工作预先做出的安排，常见于各类企事业单位。工作计划通常使用 Word 或 PowerPoint 制作，相对于 Word 来说，用 PowerPoint 制作的工作计划的层次与结构更清晰。

二、任务实施

（一）设置页面大小

PowerPoint 2016的页面大小一般默认为“宽屏（16：9）”，投影仪的显示比例主要有4：3、16：9、16：10这3种。在实际放映时，可根据投影仪的显示比例、是否全屏显示等情况对演示文稿的页面大小进行调整，具体操作如下。

（1）打开“工作计划”演示文稿，单击“设计”选项卡，在“自定义”组中单击“幻灯片大小”按钮，在弹出的下拉列表中选择“自定义幻灯片大小”选项。打开“幻灯片大小”对话框，在“幻灯片大小”下拉列表中选择“全屏显示(16：9)”选项，单击确定按钮，如图9-2所示。

（2）返回幻灯片，可查看到其页面大小发生了改变。此时，因为页面大小发生了改变，所以幻灯片中各对象的位置等略微有变化，应适当调整，如图9-3所示。

图9-2 设置页面大小

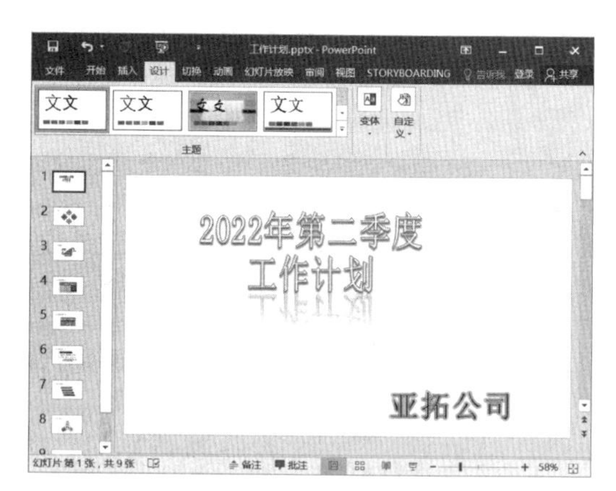

图9-3 查看页面效果

（二）使用母版编辑幻灯片

幻灯片母版通常用于制作具有统一标志、背景、占位符格式、标题文本格式等的演示文稿。制作幻灯片母版实际上就是在母版视图下设置占位符、项目符号、背景、页眉/页脚等的格式，并将这些格式应用到幻灯片中。下面在“工作计划”演示文稿中设计幻灯片母版，具体操作如下。

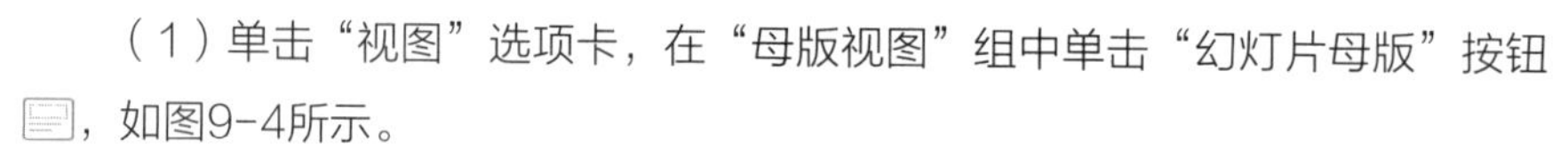

（1）单击“视图”选项卡，在“母版视图”组中单击“幻灯片母版”按钮，如图9-4所示。

（2）进入幻灯片母版视图，在第1张幻灯片中选择标题占位符，单击“开始”选项卡，在“字体”组中将其字体格式设置为方正兰亭粗黑简体、36，如图9-5所示。

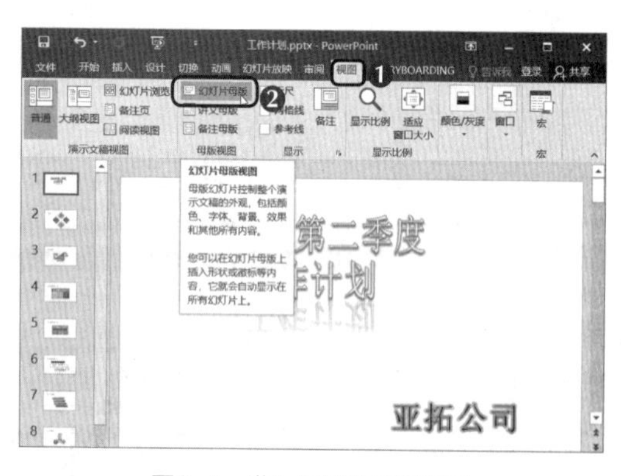

图9-4 进入幻灯片母版视图

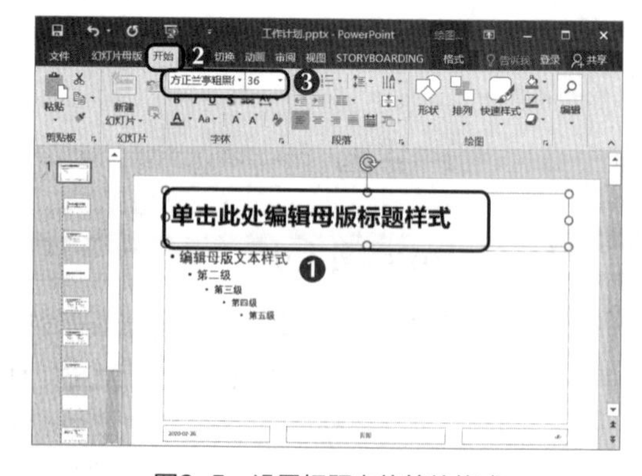

图9-5 设置标题占位符的格式

（3）保持第1张幻灯片处于选择状态，单击“幻灯片母版”选项卡，在“背景”组中单击背景样式按钮，在弹出的下拉列表中选择“设置背景格式”选项，如图9-6所示。

（4）打开“设置背景格式”窗格，在“填充”栏下选中图片或纹理填充(P)单选按钮，单击文件(F)...按钮，如图9-7所示。

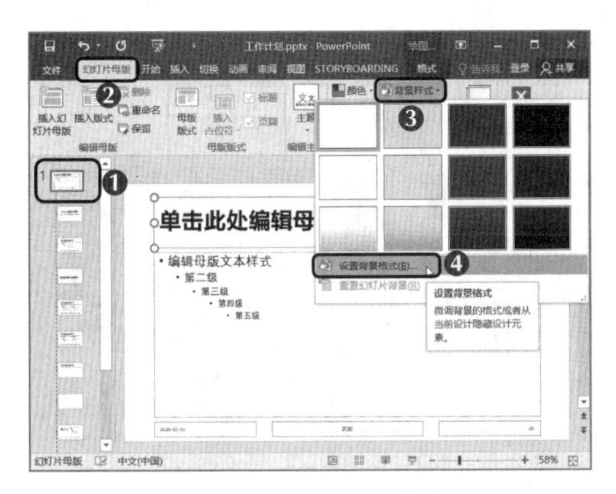

图9-6　设置背景的格式

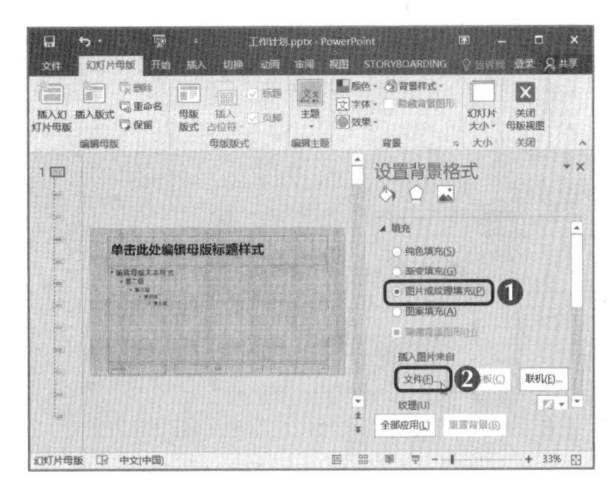

图9-7　选中“图片或纹理填充”单选按钮

知识提示　　**设置主题**

主题是幻灯片标题格式和背景样式的集合，在“主题”组中单击▾按钮，在弹出的下拉列表中可为演示文稿快速设置样式。在“变体”组中也可通过设置颜色、字体、效果、背景样式等自定义当前演示文稿的外观。

（5）打开“插入图片”对话框，在地址栏中选择图片的保存位置，然后选择“内容页.jpg”图片，单击插入(S)▾按钮，如图9-8所示。

（6）返回演示文稿，在“设置背景格式”窗格中将“透明度”设置为“50%”，单击全部应用(L)按钮，为幻灯片内容页设置背景图片，效果如图9-9所示。

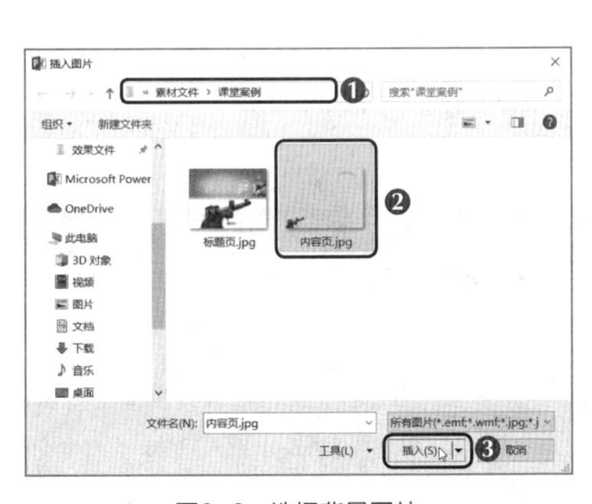

图9-8　选择背景图片

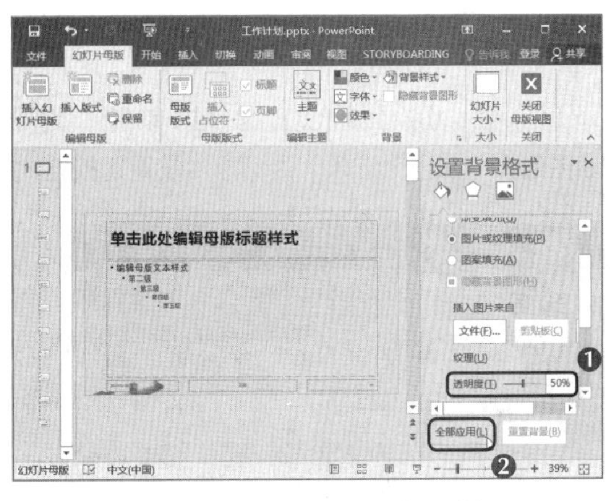

图9-9　为内容页设置背景图片

（7）选择第2张幻灯片，使用相同的方法插入“标题页.jpg”图片，将“透明度”设置为“0%”，为幻灯片标题页设置背景图片，如图9-10所示。

（8）在“关闭”组中单击“关闭母版视图”按钮☒，返回普通视图，可以看到幻灯片的首页应用了“标题页.jpg”背景图片，其他页面应用了“内容页.jpg”背景图片，设置的字体样式被应用到了每张幻灯片的标题文本中，如图9-11所示。

图9-10　为标题页设置背景图片

图9-11　查看使用母版编辑幻灯片后的效果

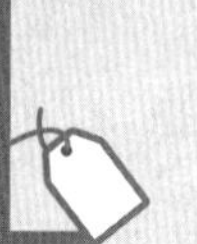

知识提示　　**输入页脚内容**

进入幻灯片母版视图后，在幻灯片下方可以看到几个文本框，用于输入页脚内容。在普通视图中单击“插入”选项卡，在“文本”组中单击“页眉和页脚”按钮，在打开的对话框中进行相应的设置即可添加页脚。

（三）添加幻灯片切换效果

幻灯片切换效果是指幻灯片从一张切换到另一张时的动态视觉效果，若应用得当能使幻灯片在放映时更加生动。下面在“工作计划”演示文稿中设置幻灯片的切换效果，具体操作如下。

（1）选择第1张幻灯片，在“切换”选项卡的“切换到此幻灯片”组中单击“切换效果”按钮，在弹出的下拉列表中选择“细微型”栏中的“形状”选项，如图9-12所示。

（2）在“切换到此幻灯片”组中单击“效果选项”按钮，在弹出的下拉列表中选择“加号”选项，为幻灯片设置切换方式，如图9-13所示。

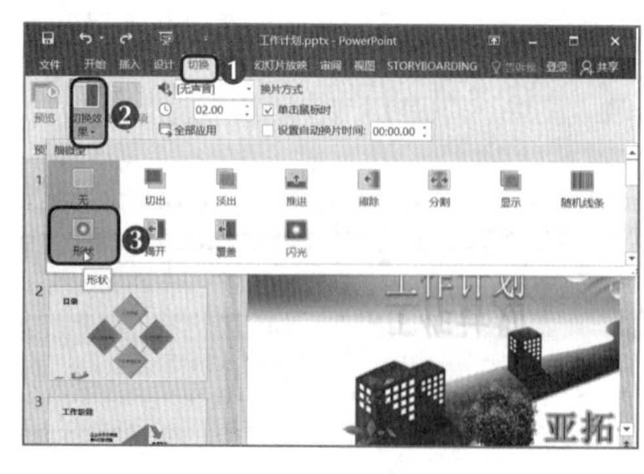

图9-12　选择切换效果

图9-13　设置切换方式

（3）在“计时”组的“声音”下拉列表中选择“风铃”选项，为幻灯片设置切换时的声音，如图9-14所示。

（4）在“持续时间”微调框中输入“02.30”，单击全部应用按钮，为所有的幻灯片应用相同的切换效果，单击“预览”按钮可预览幻灯片的切换效果，如图9-15所示。

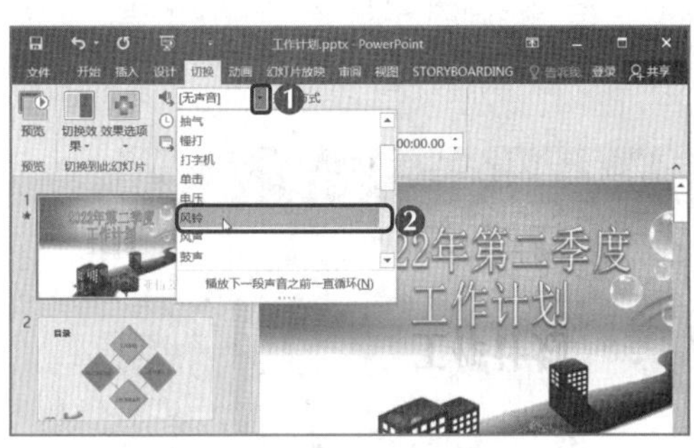

图9-14　设置切换时的声音

图9-15　设置切换时间并预览

（四）设置对象动画

为了使某些关键对象，如文字或图片，在放映演示文稿的过程中能更生动地展示在观众面前，可以为这些对象添加合适的动画。下面主要介绍设置幻灯片中对象的动画及编辑动画的操作。

1. 添加动画

PowerPoint 2016提供了丰富的内置动画，用户可以根据需要添加。下面在“工作计划”演示文稿中通过“动画”组为幻灯片中的标题对象添加动画，具体操作如下。

（1）选择第1张幻灯片中的标题文本框，在“动画”选项卡的“动画”组中单击“添加动画”按钮，在弹出的下拉列表中选择“进入”栏中的“轮子”选项，如图9-16所示。

（2）在选择动画后，系统将自动播放该动画。也可以单击“预览”组中的“预览”按钮，预览动画效果，如图9-17所示。

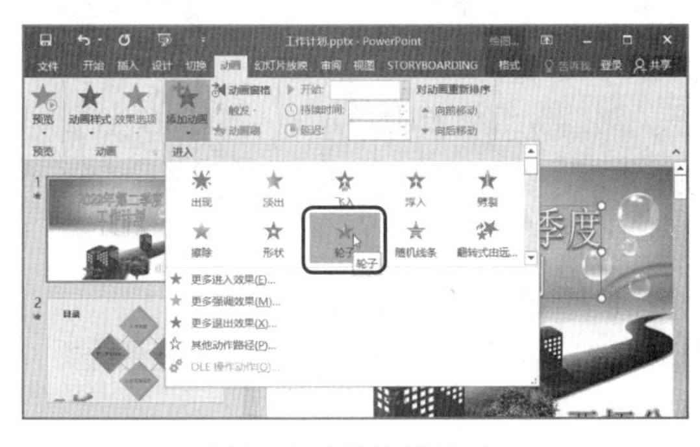

图9-16　设置标题动画

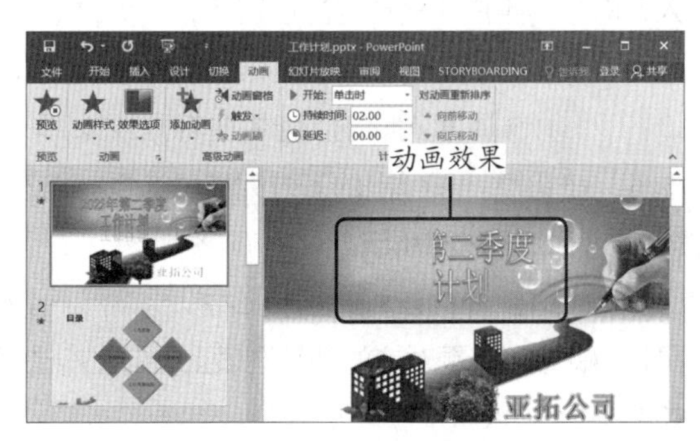

图9-17　预览动画效果

（3）选择副标题文本框，在“动画”选项卡的“动画”组中单击“添加动画”按钮，在弹出的下拉列表中选择“更多退出效果”选项。打开“添加退出效果”对话框，选择“随机线条”选项，单击确定按钮，如图9-18所示。

（4）添加动画后，在“计时”组的“开始”下拉列表中选择“上一动画之后”选项，设置动画的播放顺序；在“持续时间”微调框中输入“01.00”，将动画的持续时间设置为1秒；设置了动画的对象的左上角将显示动画的编号，如图9-19所示。然后按照相同的方法为幻灯片中的其他对象设置动画。

图9-18　选择退出动画

图9-19　设置动画的播放顺序和持续时间

知识提示　　**各种动画类型的作用**

PowerPoint 2016提供了进入、强调、退出、动作路径4种类型的动画。添加了进入动画和退出动画的对象最初并不在幻灯片的编辑区中，而会从其他位置，通过其他方式进入幻灯片；添加了强调动画的对象不是从无到有的，而是一开始就存在于幻灯片中，放映时，对象的颜色和形状会发生变化；添加了动作路径动画的对象将沿着指定的路径进入幻灯片的编辑区。动作路径动画比较灵活，能够使画面效果更加丰富。

2．更改动画的效果选项与播放顺序

为对象添加动画时，其效果选项是默认的，用户可自行更改，例如更改进入方向等。用户完成动画的设置后，可更改动画的播放顺序。下面在“工作计划”演示文稿中更改动画的效果选项与播放顺序，具体操作如下。

（1）选择第2张幻灯片中的标题文本框，在“动画”组中单击“效果选项”按钮，在弹出的下拉列表中选择“自左侧”选项，设置标题动画的进入方向，如图9-20所示。

（2）在“高级动画”组中单击动画窗格按钮，打开“动画窗格”窗格，将鼠标指针移到标题对应的动画选项上，向上拖动鼠标指针，将标题动画移到组合图形动画的上方，如图9-21所示。

（3）可以看到各对象的动画编号发生了变化，此时标题文本框的动画编号显示为“1”，组合图形的动画编号显示为“2”，如图9-22所示。

多学一招　　**动画的更多编辑操作**

在“动画窗格”窗格的动画选项上单击鼠标右键，在弹出的快捷菜单中选择“效果选项”或“计时”命令，在打开的对话框中同样可设置动画的效果选项、播放顺序、持续时间和延迟时间等。

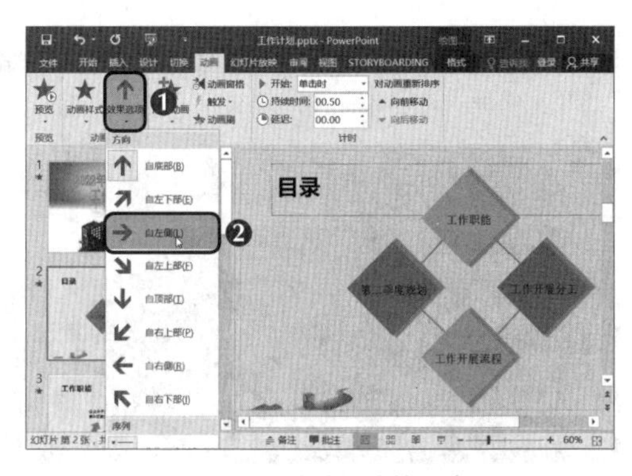

图9-20 更改动画的效果选项

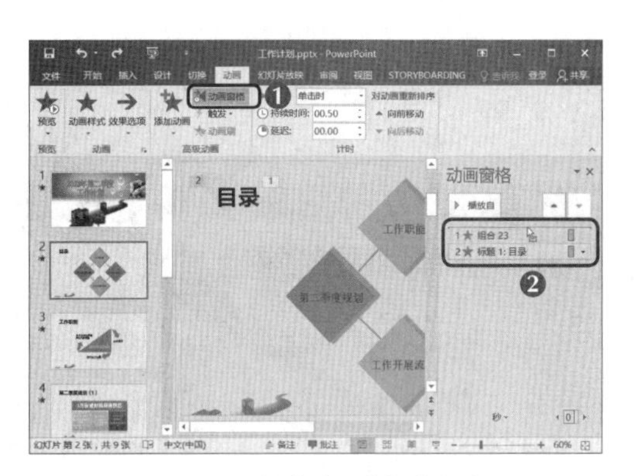

图9-21 调整动画的播放顺序

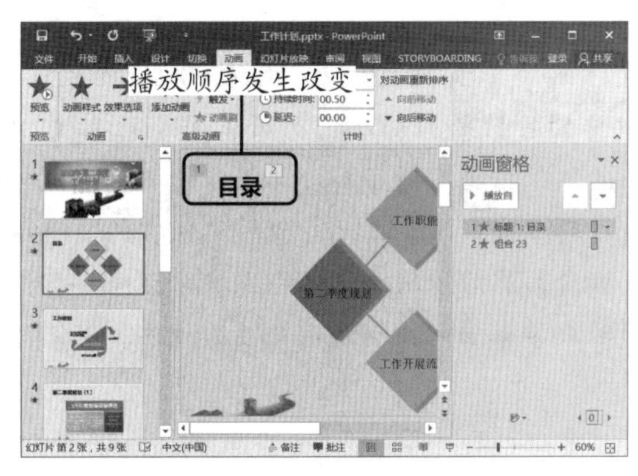

图9-22 调整动画播放顺序后的效果

知识提示 **添加多个动画**

在“高级动画”组中单击“添加动画”按钮，在弹出的下拉列表中选择动画，可为同一个对象同时添加多个动画，其选项与“动画”下拉列表中的选项相同。

任务二 放映并输出“环保宣传”演示文稿

一、任务描述

在老洪的鼓励下，米拉完成了“工作计划”演示文稿的设置工作，接下来还需对“环保宣传”演示文稿进行放映设置。除此之外，老洪还要求米拉将演示文稿输出为图片、视频等多种类型，以便用多种方式进行环保宣传。米拉经过认真研究，开始对“环保宣传”演示文稿进行放映和输出设置。该演示文稿的放映和输出效果如图9-23所示。

素材所在位置 素材文件\项目九\任务二\环保宣传.pptx
效果所在位置 效果文件\项目九\任务二\环保宣传

图9-23 “环保宣传”演示文稿的放映和输出效果

职业素养 **环保宣传类演示文稿的制作要求**

环保宣传的目的是引起人们对环保问题的重视，使人们对当前的环保现状和未来的环保措施有所了解。环保宣传类演示文稿通常是公开展示的，面向的宣传人群十分广泛，因此在制作环保宣传类演示文稿时，可以先介绍环保的相关概念，然后依次介绍环保现状、环保目标、环保效益和环保举措等内容；同时应学会如何控制演示文稿的放映，以便与宣传人群互动。

二、任务实施

（一）放映演示文稿

制作演示文稿的最终目的是放映，但演示文稿制作好后，并不是立即就能放映给观众看的，不同的放映场合对演示文稿的放映要求不同。因此，在放映之前，还需要对演示文稿进行放映设置，使其更满足放映要求，如设置排练计时、录制旁白和设置放映方式等。下面介绍放映设置的相关知识。

1. 设置排练计时

排练计时是指记录每张幻灯片的放映时间，然后在放映演示文稿时，按排练的时间和顺序进行放映，从而实现演示文稿的自动放映，演讲者则可专心演讲而不用控制幻灯片。下面在“环保宣传”演示文稿中设置排练计时，具体操作如下。

（1）打开“环保宣传”演示文稿，单击“幻灯片放映”选项卡，在“设置”组中单击“排练计时”按钮，进入放映排练状态。

（2）进入放映排练状态后，系统会打开“录制”工具栏并自动为当前幻灯片的放映计时，如图9-24所示。

（3）当前幻灯片放映完成后，在“录制”工具栏中单击“下一项”按钮➔或直接单击幻灯片，切换到下一张幻灯片，系统又将从头开始为该幻灯片的放映计时，如图9-25所示。

（4）使用相同的方法对其他幻灯片的放映进行计时，所有幻灯片放映结束后，系统会打开提示对话框，询问是否保留幻灯片的排练时间，单击 是(Y) 按钮，如图9-26所示。

图9-24　排练计时

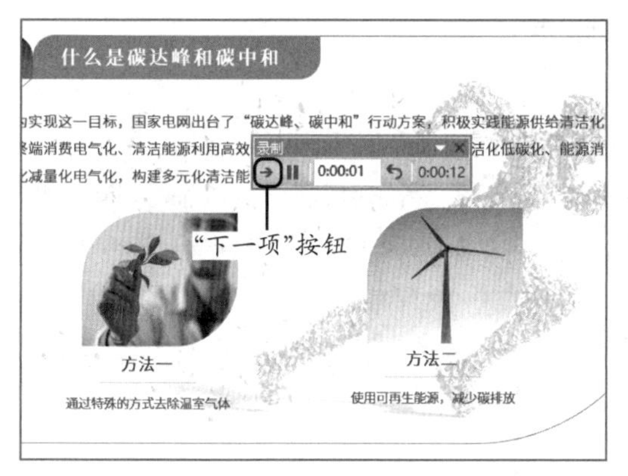

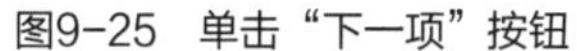

图9-25　单击“下一项”按钮

图9-26　保存排练时间

知识提示　　　　**计时的控制**

在“录制”工具栏中单击“暂停”按钮可暂停计时，单击“重复”按钮可重新计时。在计时过程中按【Esc】键可退出计时。

2. 录制旁白

可以通过录制旁白的方法事先录制好演说词，这样在放映演示文稿时会自动播放旁白。需注意的是，在录制旁白前，需要保证计算机中已安装了声卡和麦克风，且它们均处于工作状态，否则将不能成功录制有效的旁白。下面在“环保宣传”演示文稿中录制旁白，介绍与环保相关的知识，具体操作如下。

（1）选择第4张幻灯片，单击“幻灯片放映”选项卡，在“设置”组中单击 录制幻灯片演示 按钮右侧的 按钮，在弹出的下拉列表中选择“从当前幻灯片开始录制”选项。

（2）在打开的“录制幻灯片演示”对话框中撤销选中 幻灯片和动画计时(I) 复选框，单击 开始录制(R)

按钮。

（3）进入幻灯片录制状态，系统会打开“录制”工具栏并开始计时，此时可录入准备好的演说词，如图9-27所示。录制完成后，按【Esc】键退出幻灯片录制状态，返回普通视图，此时录制了旁白的幻灯片中会出现声音图标，单击该图标可试听录制的旁白。

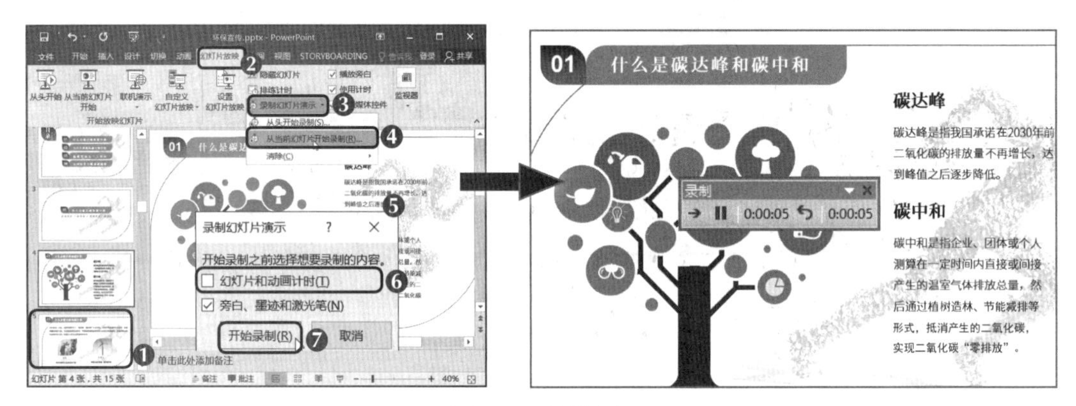

图9-27　录制旁白

多学一招　　**放映时不播放录制内容与清除录制内容的操作**

在放映演示文稿时，如果不需要使用录制的旁白和排练时间，则可单击“幻灯片放映”选项卡，在“设置”组中撤销选中☐播放旁白和☐使用计时复选框，这样不会删除录制的旁白和排练时间。若想将录制的排练时间和旁白从幻灯片中彻底删除，则可以单击录制幻灯片演示按钮右侧的▾按钮，在弹出的下拉列表中选择“清除”选项，再在弹出的子列表中选择相应的选项。

3. 设置放映方式

放映的目的和场合不同，演示文稿的放映方式也会有所不同。设置放映方式包括设置幻灯片的放映类型、放映选项、放映范围及换片方式等，这些设置都是在“设置放映方式”对话框中完成的。下面在“环保宣传”演示文稿中设置放映方式，具体操作如下。

（1）在“幻灯片放映”选项卡的“设置”组中单击“设置幻灯片放映”按钮，打开“设置放映方式”对话框，在“放映类型”选项组中可以根据需要选择不同的放映类型，这里选中◉演讲者放映(全屏幕)(P)单选按钮；在“放映选项”选项组中可以设置放映时的相关操作，如放映时不播放动画等，这里选中☑循环放映，按ESC键终止(L)复选框；在“放映幻灯片”选项组中可以设置幻灯片的放映范围，这里选中◉从(F):单选按钮，在微调框中输入“2”，在“到：”微调框中输入“14”；在“换片方式”选项组中可以设置幻灯片的切换方式，这里选中◉如果存在排练时间，则使用它(U)单选按钮，单击确定按钮。

（2）此时演示文稿将以“演讲者放映（全屏幕）”的形式放映，如图9-28所示。

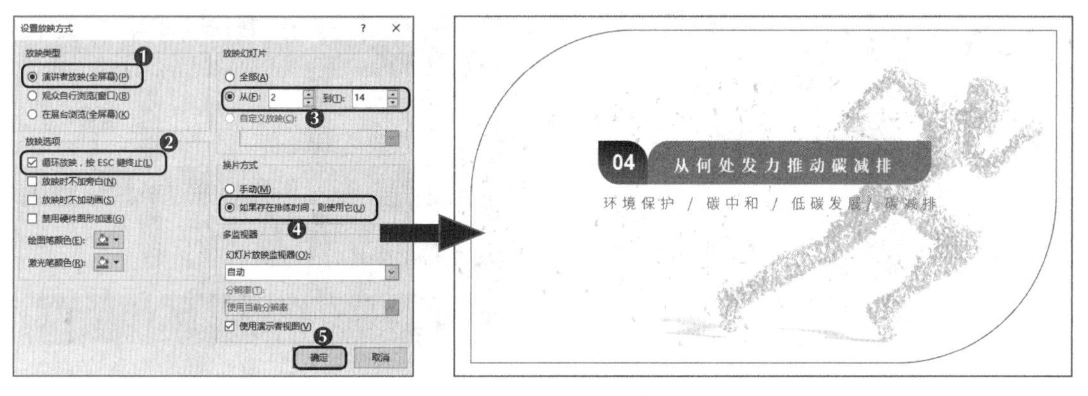

图9-28 设置放映方式

知识提示 **“演讲者放映（全屏幕）”放映方式的适用场合**

“演讲者放映（全屏幕）”放映方式是最常用的放映方式，通常用于演讲者需进行指导或演示的场合。在该放映方式下，演讲者具有对放映的完全控制权，并可用自动或人工方式放映幻灯片；演讲者可以暂停幻灯片的放映，以添加会议细节或观众的即席反应；也可以在放映过程中录下旁白；还可以将幻灯片放映投影到大屏幕上。

4. 放映幻灯片

PowerPoint 2016提供了从头开始放映和从当前幻灯片开始放映两种方式，具体如下。

- 在“幻灯片放映”选项卡的“开始放映幻灯片”组中单击“从头开始”按钮，或直接按【F5】键，可以从演示文稿的起始位置开始放映。
- 在“幻灯片放映”选项卡的“开始放映幻灯片”组中单击“从当前幻灯片开始”按钮，或直接按【Shift+F5】组合键，可以从演示文稿的当前幻灯片开始放映。

5. 定位幻灯片

在实际放映中，演讲者通常会使用快速定位功能定位幻灯片，这样可以在任意幻灯片之间进行切换，例如从第1张幻灯片切换到第5张幻灯片等。下面在“环保宣传”演示文稿中快速定位幻灯片，具体操作如下。

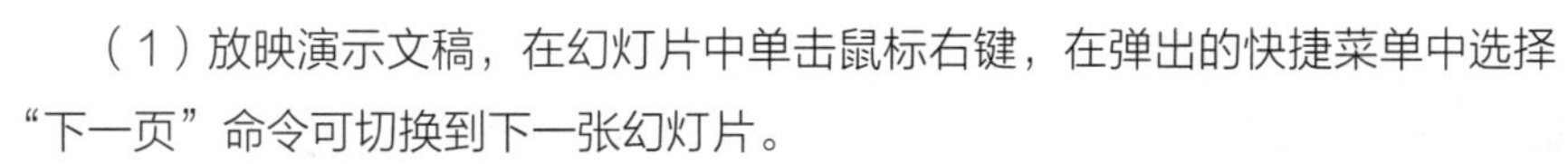

（1）放映演示文稿，在幻灯片中单击鼠标右键，在弹出的快捷菜单中选择“下一页”命令可切换到下一张幻灯片。

（2）这里选择“查看所有幻灯片”命令，弹出的窗口中显示了演示文稿中的所有幻灯片，如图9-29所示。单击需要选择的任意幻灯片，可快速跳转到对应的幻灯片。

多学一招 **通过键盘或鼠标控制放映**

在放映演示文稿的过程中，按数字键输入需定位的幻灯片的编号，再按【Enter】键，可快速切换到该幻灯片；按空格键可切换到下一张幻灯片；滚动鼠标滚轮可移动到上一张或下一张幻灯片。

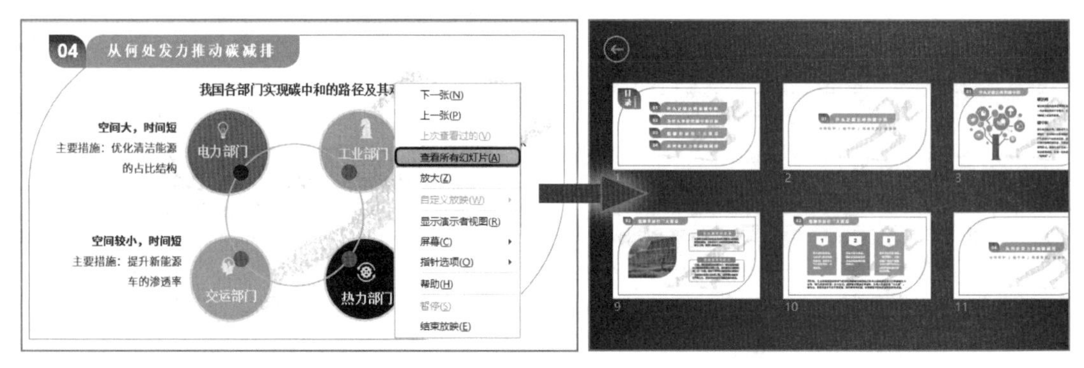

图9-29　定位幻灯片

6．添加注释

在放映演示文稿的过程中，演讲者若想突出显示幻灯片中的某些重要内容，则可以通过添加下划线和圆圈等注释来勾画出重点。下面放映“环保宣传”演示文稿，并为第3张和第6张幻灯片添加注释内容，具体操作如下。

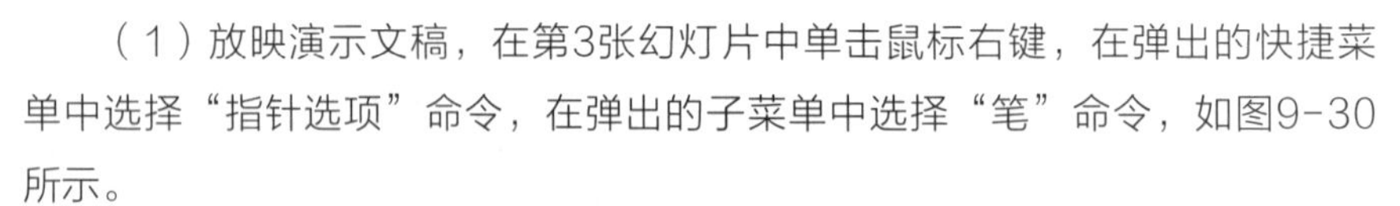

（1）放映演示文稿，在第3张幻灯片中单击鼠标右键，在弹出的快捷菜单中选择“指针选项”命令，在弹出的子菜单中选择“笔”命令，如图9-30所示。

（2）在幻灯片中单击鼠标右键，在弹出的快捷菜单中选择“指针选项”命令，在弹出的子菜单中选择“墨迹颜色”命令，再在弹出的子菜单中选择笔的颜色，这里选择“浅蓝”，如图9-31所示。

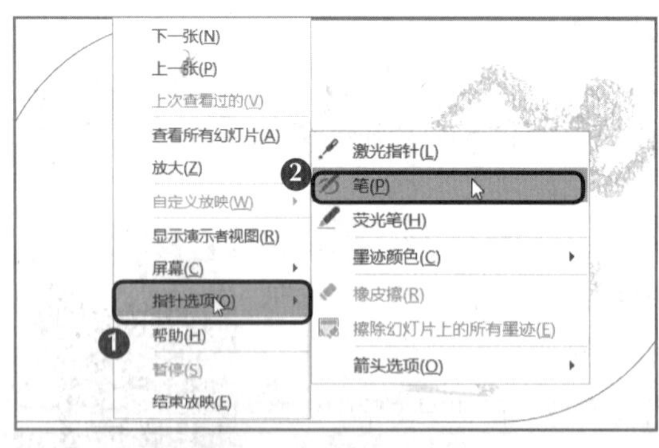

图9-30　选择“笔”命令

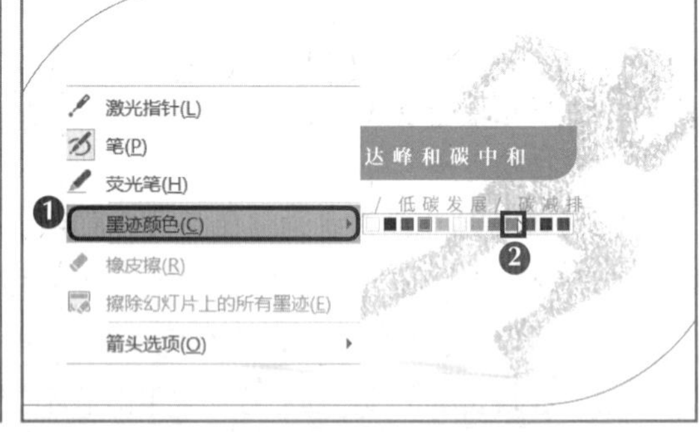

图9-31　设置笔的颜色

（3）此时鼠标指针会变为一个小圆点，拖动鼠标圈出该张幻灯片中的重点内容，如图9-32所示。

（4）绘制完成后，切换到第6张幻灯片，在左下角的工具栏中单击“笔触”按钮，在弹出的下拉列表中选择“荧光笔”选项，然后将其颜色设置为“红色”，如图9-33所示。

（5）使用荧光笔在需要突出重点的内容下方绘制下划线。放映结束后，按【Esc】键退出幻灯片放映状态，此时将打开提示对话框，提示是否保留墨迹注释，单击 保留(K) 按钮保存注释，如图9-34所示。只有保存注释后，注释才会显示在幻灯片中。

图9-32 绘制圆圈

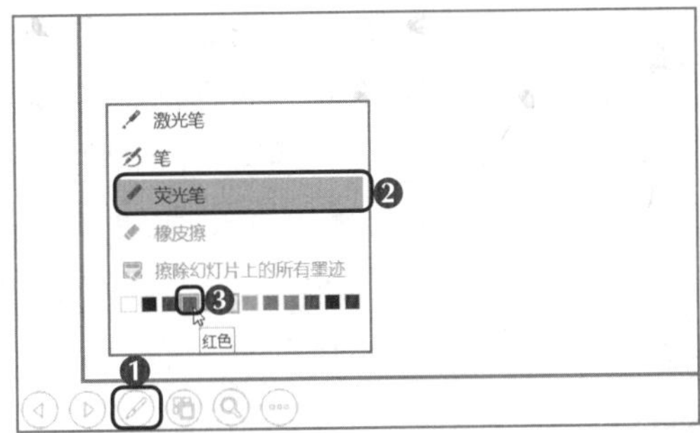

图9-33 设置荧光笔

图9-34 保存墨迹注释

知识提示

放映页面左下角的工具栏

进入放映状态后，页面左下角将显示一个工具栏，其中，◀按钮用于切换到上一张幻灯片，▶按钮用于切换到下一张幻灯片，✎按钮对应快捷菜单中的“指针选项”命令，▦按钮用于查看所有幻灯片，🔍按钮用于放大查看幻灯片中的内容，⋯按钮对应快捷菜单中除“指针选项”外的命令。

（二）输出演示文稿

演示文稿的用途不同，对应的保存格式也会不同。在PowerPoint 2016中，用户可根据不同的需要，将制作好的演示文稿导出为不同的格式，以便更好地实现输出与共享。

1. 将演示文稿转换为图片

微课视频
将演示文稿转换为图片

演示文稿制作完成后，可将其转换为.jpg、.png等格式的图片，这样浏览者能以图片的方式查看演示文稿中的内容。下面将“环保宣传”演示文稿的幻灯片转换为图片，具体操作如下。

（1）单击“文件”选项卡，在弹出的窗口中选择“导出”选项，在“导出”界面中选择“更改文件类型”选项，在右侧的“图片文件类型”选项组中选择图片的输出格式，这里双击“PNG可移植网络图形格式（*.png）”选项，如图9-35所示。

（2）打开“另存为”对话框，在地址栏中设置图片的保存位置，在“文件名”文本框中输入文本“环保宣传”，单击保存(S)按钮。此时会弹出一个提示对话框，单击所有幻灯片(A)按钮，会将演示文稿中的所有幻灯片都转换为图片；单击仅当前幻灯片(J)按钮，则只将当前幻灯片转换为图片。这里单击所有幻灯片(A)按钮，如图9-36所示。

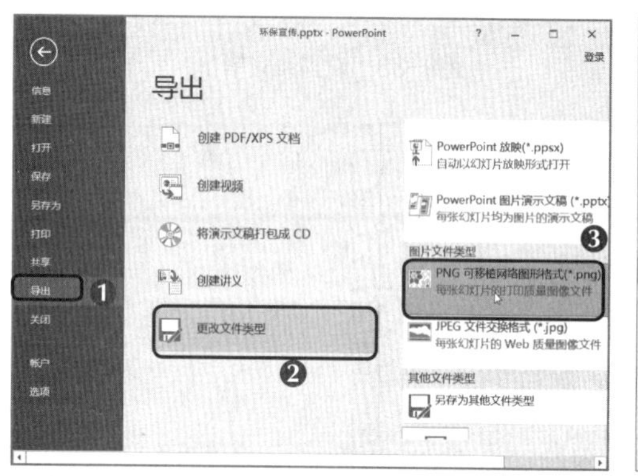

图9-35　选择图片类型

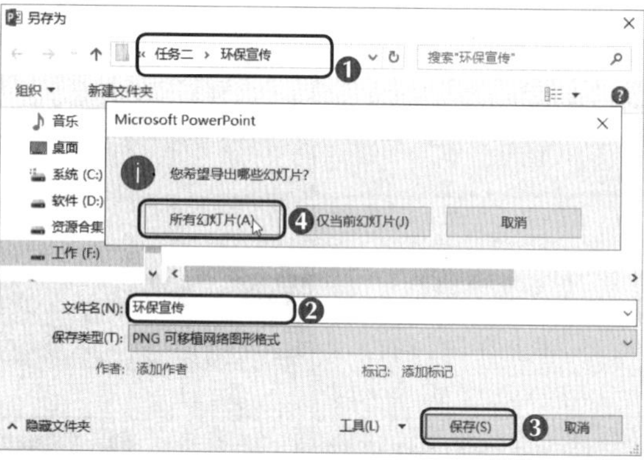

图9-36　转换所有幻灯片

（3）在弹出的提示对话框中单击确定按钮，完成幻灯片的转换。打开保存幻灯片图片的文件夹，在其中双击幻灯片图片，在Windows照片查看器中查看图片，如图9-37所示。

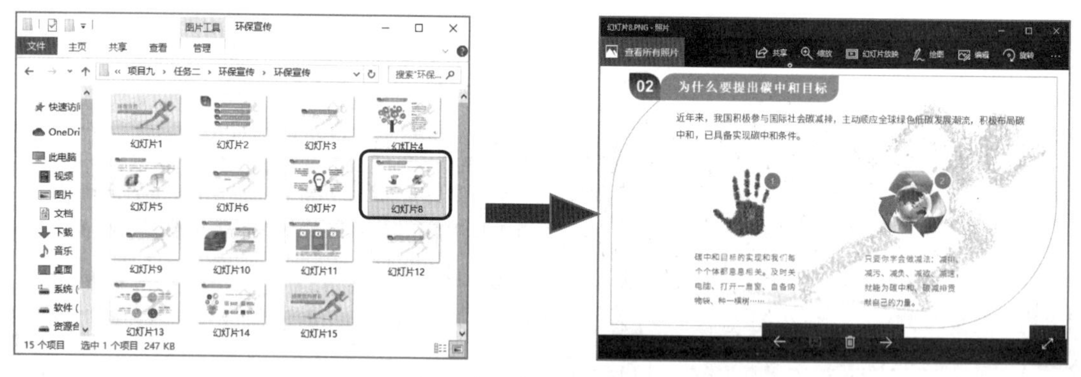

图9-37　查看转换的图片

2. 将演示文稿导出为视频

将演示文稿导出为视频，不仅可以使添加了动画和切换效果的演示文稿更加生动，还可使浏览者通过任意一款播放器查看演示文稿中的内容。下面将“环保宣传”演示文稿导出为视频，具体操作如下。

（1）单击“文件”选项卡，在弹出的窗口中选择“导出”选项，在“导出”界面中双击“创建视频”选项。

（2）打开“另存为”对话框，在地址栏中设置视频的保存位置，在“文件名”文本框中输入文本“环保宣传”，单击保存(S)按钮。

（3）开始导出视频，导出完成后，双击导出的视频即可播放该视频，如图9-38所示。

图9-38 将演示文稿导出为视频

多学一招 **设置导出视频的参数**

单击“文件”选项卡，在弹出的窗口中选择“导出”选项，在“导出”界面中选择“创建视频”选项，在右侧打开的“创建视频”栏中可设置视频的相关参数。

3. 将演示文稿打包成CD

将演示文稿打包成CD实际上是将演示文稿以视频的方式刻录到光盘中，但前提是，打包演示文稿的计算机上必须安装有刻录机。下面将“环保宣传”演示文稿打包成CD，具体操作如下。

（1）单击“文件”选项卡，在弹出的窗口中选择“导出”选项，在“文件类型”界面中双击“将演示文稿打包成CD”选项。

（2）打开“打包成CD”对话框，在“将CD命名为”文本框中输入文本“环保宣传”，单击 复制到 CD(C) 按钮，如图9-39所示，然后按照提示进行操作。

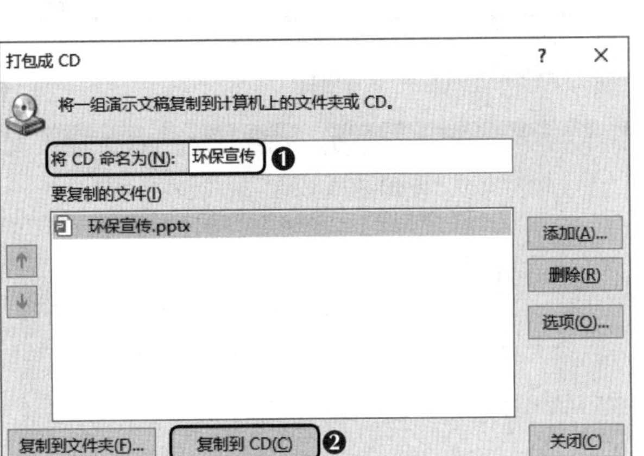

图9-39 将演示文稿打包成CD

项目实训

本项目通过设置“工作计划”演示文稿、放映并输出“环保宣传”演示文稿两个任务，讲解了设置、放映、输出演示文稿的相关知识。其中，使用母版编辑幻灯片、添加幻灯片的切换效果、设置对象的动画、放映演示文稿、输出演示文稿等是日常办公中经常使用的操作，读者应重点学习和把握。下面通过两个项目实训帮助读者灵活运用本项目的知识。

一、制作“楼盘投资策划书”演示文稿

1. 实训目标

本实训的目标是制作“楼盘投资策划书”演示文稿，制作策划书时需要对实际情况进行分析。本实训要求读者掌握幻灯片母版的设计、幻灯片切换效果和动画的设置等。本实训完成后的效果如图9-40所示。

素材所在位置 素材文件\项目九\项目实训\楼盘投资策划书
效果所在位置 效果文件\项目九\项目实训\楼盘投资策划书.pptx

图9-40 “楼盘投资策划书”演示文稿的效果

2. 专业背景

楼盘投资策划书是房地产公司等为了招商融资或实现阶段性发展目标，在前期对项目进行调研，搜集、整理与分析有关资料的基础上，根据一定的格式和具体要求编辑、整理的全面展示公司的项目状况、未来发展潜力与执行策略的书面材料。

3. 操作思路

先通过幻灯片母版制作幻灯片的统一模板，然后设置幻灯片的切换效果，并为其中的文本和图形对象设置动画，其操作思路如图9-41所示。

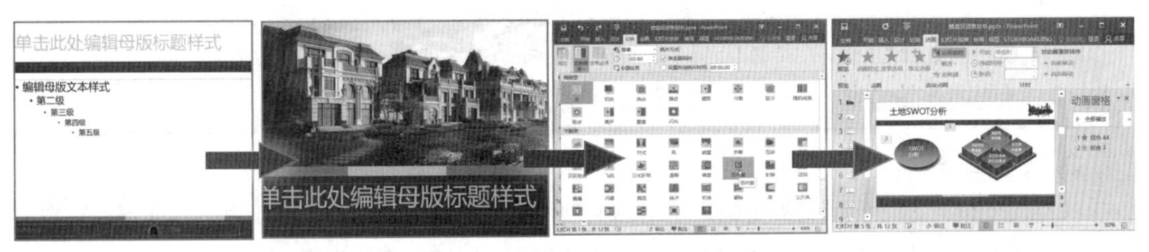

① 设置幻灯片母版　　② 设置切换效果　　③ 设置动画

图9-41　制作“楼盘投资策划书”演示文稿的操作思路

【步骤提示】

（1）打开“楼盘投资策划书”演示文稿，进入幻灯片母版视图，选择第1张幻灯片，在幻灯片下方绘制一个矩形，取消其轮廓，为其填充“蓝色，个性色5，淡色50%”，并将其置于底层。然后使用相同的方法绘制其他形状。

（2）插入“2.jpg”图片，将其移动到幻灯片的右上角，调整标题占位符的位置，将其字体格式设置为微软雅黑、44，将内容占位符的字体设置为“微软雅黑”。

（3）选择第2张幻灯片，单击“幻灯片母版”选项卡，选择“背景”组，选中☑ 隐藏背景图形复选框，复制第1张幻灯片下方的4个形状，将它们粘贴到第2张幻灯片中，并适当调整它们的大小和位置；然后插入“1.jpg”图片并对图片进行设置，调整占位符的位置，将标题的字体颜色设置为“金色（255、204、3）”。

（4）设置幻灯片的切换效果及各张幻灯片中对象的动画。

二、放映并输出“年度工作计划”演示文稿

1. 实训目标

本实训的目标是放映并输出“年度工作计划”演示文稿。在放映前，放映者需要确定演示文稿的放映场合，再进行放映设置，然后将其导出为视频。通过本实训，读者能熟练掌握演示文稿的放映和输出方法。本实训的最终效果如图9-42所示。

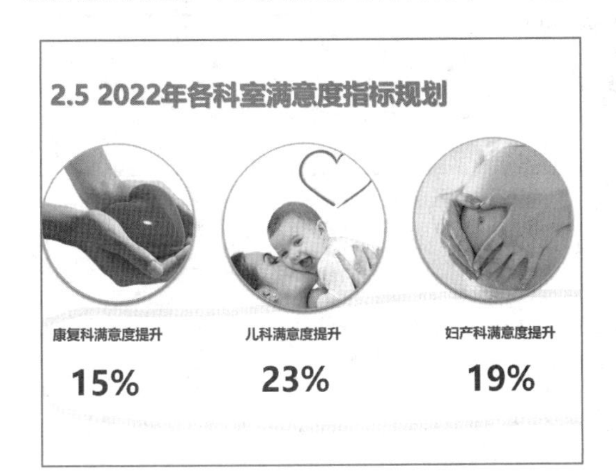

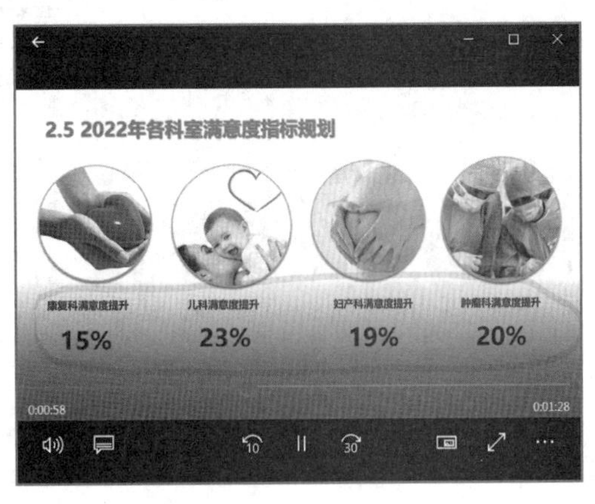

图9-42　“年度工作计划”演示文稿的最终效果

素材所在位置 素材文件\项目九\项目实训\年度工作计划.pptx
效果所在位置 效果文件\项目九\项目实训\年度工作计划

2. 专业背景

“年度工作计划”演示文稿是公司经常需要制作的演示文稿，它对下一年度的工作具有指导意义。年度工作计划应建立在可行的基础上，拒绝虚假的、不切实际的空想，因此，演示文稿涉及的数据应该是具体的，并且要说明实现预期目标应采取的方法。

3. 操作思路

先设置放映方式，然后放映演示文稿，最后将演示文稿导出为视频。

【步骤提示】

（1）打开“年度工作计划”演示文稿，将放映方式设置为“演讲者放映（全屏幕）”。

（2）放映演示文稿，在第12张幻灯片中使用荧光笔添加指标数据的注释。

（3）放映完后，退出放映状态，将演示文稿导出为视频并观看视频。

课后练习

本项目主要介绍了设置、放映、输出演示文稿的方法，下面通过两个课后练习帮助读者巩固相关知识的应用方法。

1. 制作“财务工作总结”演示文稿

打开“财务工作总结”演示文稿，通过幻灯片母版设计演示文稿，然后添加动画等，完成后的效果如图9-43所示。

素材所在位置 素材文件\项目九\课后练习\财务工作总结
效果所在位置 效果文件\项目九\课后练习\财务工作总结.pptx

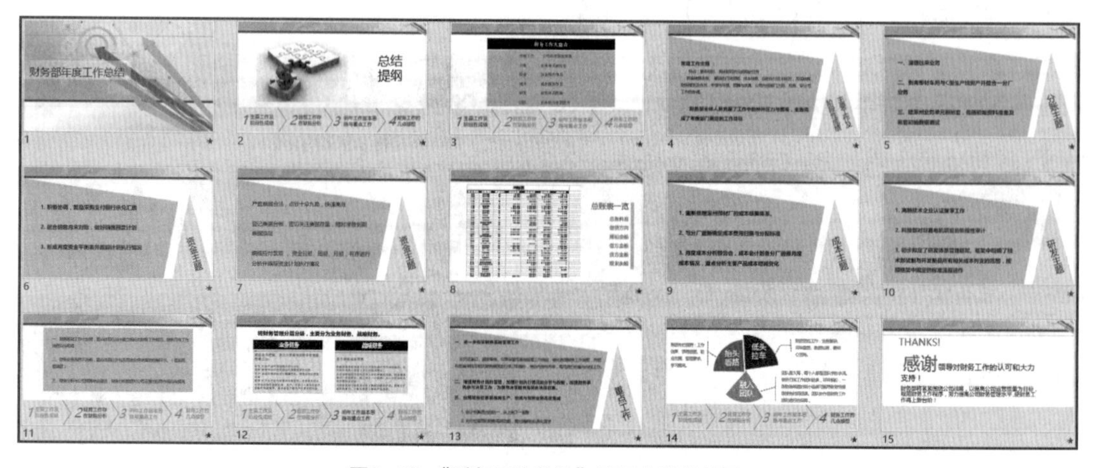

图9-43 “财务工作总结”演示文稿的效果

操作要求如下。

- 打开“财务工作总结”演示文稿，进入幻灯片母版视图，设置标题页和内容页的背景图片。
- 为每张幻灯片设置不同的切换效果和持续时间。
- 为幻灯片中的对象添加动画并对动画进行编辑。

2. 输出“品牌构造方案”演示文稿

打开“品牌构造方案”演示文稿，将其分别导出为图片和视频，如图9-44所示。

素材所在位置 素材文件\项目九\课后练习\品牌构造方案.pptx
效果所在位置 效果文件\项目九\课后练习\品牌构造方案

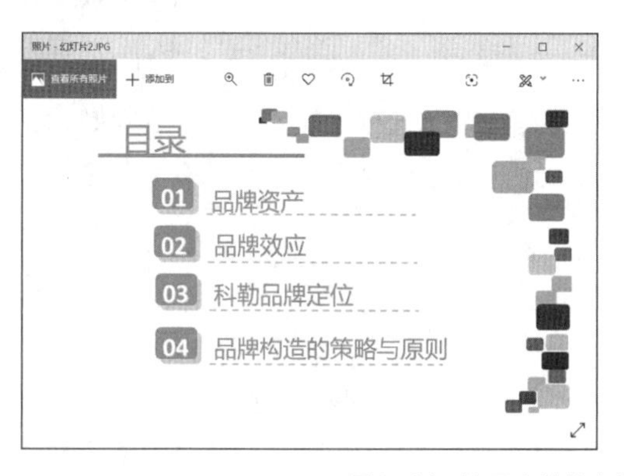

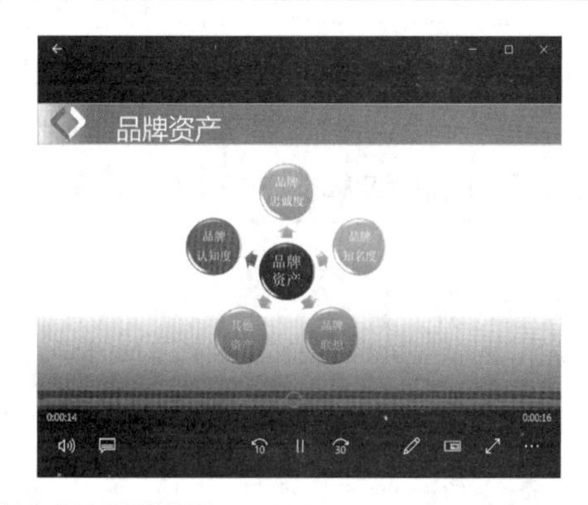

图9-44 演示文稿输出为图片和视频后的效果

操作要求如下。

- 打开“品牌构造方案”演示文稿，将每张幻灯片以JPG格式导出。
- 将演示文稿导出为MP4视频。

微课视频

输出“品牌构造方案”演示文稿

技巧提升

1. 使用动画刷复制动画

如果需要为演示文稿中的多个幻灯片对象应用相同的动画，依次添加动画会非常麻烦，而且浪费时间，这时可以使用动画刷快速复制动画，将动画应用于多个幻灯片对象。使用动画刷的方法是：在幻灯片中选择已设置动画的对象，单击“动画”选项卡，选择“高级动画”组，单击“动画刷”按钮，此时，鼠标指针将变成形状，将鼠标指针移动到需要应用动画的对象上，单击即可为该对象应用复制的动画。

2. 放映时隐藏鼠标指针

在放映幻灯片的过程中，如果鼠标指针一直显示在屏幕上，则会影响放映效果。若放映幻灯片时不使用鼠标进行控制，则可隐藏鼠标指针。其方法是：在放映的幻灯片上单击鼠标右键，在弹出的快捷菜单中选择“指针选项”命令，在弹出的子菜单中选择“箭头选项”命令，再在弹出的子菜单中选择“永远隐藏”命令。

项目十

综合案例

情景导入

到了年底，不仅米拉个人要做总结，公司也要做总结。公司每个部门都需要在年终总结会议上对部门工作进行汇报。米拉负责整理年终总结的资料，米拉需要结合Word 2016、Excel 2016和PowerPoint 2016制作年终总结中可能用到的文档、表格和演示文稿，并将制作好的文档、表格和演示文稿发送给公司领导审阅。

学习目标

- **巩固Word 2016、Excel 2016、PowerPoint 2016的操作方法**

掌握新建文件，保存文件，输入文本，编辑文本格式，美化文档、表格和演示文稿等操作。

- **掌握协同制作的操作方法**

掌握在不同文档中复制内容、在PowerPoint 2016中粘贴Word文档中的文本和在PowerPoint 2016中插入并编辑表格等操作。

素质目标

- 遵守职业道德，不随意泄露公司的资料，不损害公司的利益。
- 努力提高自身的业务水平，维护公司的形象。
- 培养认真负责的职业操守，切实履行自身的责任和义务。
- 强化业务技能，按时、按质和按量完成公司安排的各项任务。
- 努力提升综合素养，锻炼将理论知识运用到实际工作中的能力。
- 培养合作意识和合作能力，重视团队合作。

任务一　案例分析

一、实训目标

米拉接到公司安排的任务后，立即着手准备，老洪从旁指导。要完成“年终总结”演示文稿，可以使用Word 2016编辑文档内容，使用Excel 2016制作专业表格，然后将文档和表格嵌入或链接到演示文稿中，从而提高制作效率和准确性。米拉听从老洪的建议后开始制作演示文稿，经过不懈地努力及老洪热忱的帮助，米拉完成了演示文稿的制作。完成后的参考效果如图10-1所示。

素材所在位置　素材文件\项目十\综合实例\年终总结
效果所在位置　效果文件\项目十\综合实例\年终总结

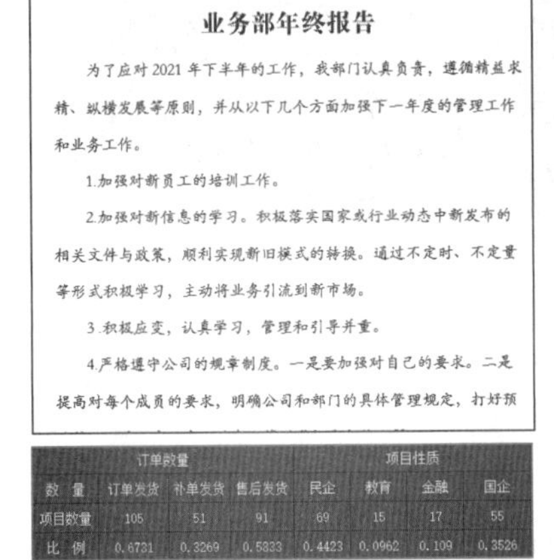

业务部年终报告

为了应对2021年下半年的工作，我部门认真负责，遵循精益求精、纵横发展等原则，并从以下几个方面加强下一年度的管理工作和业务工作。

1.加强对新员工的培训工作。

2.加强对新信息的学习。积极落实国家或行业动态中新发布的相关文件与政策，顺利实现新旧模式的转换。通过不定时、不定量等形式积极学习，主动将业务引流到新市场。

3.积极应变，认真学习，管理和引导并重。

4.严格遵守公司的规章制度。一是要加强对自己的要求。二是提高对每个成员的要求，明确公司和部门的具体管理规定，打好预

	订单数量			项目性质			
数　量	订单发货	补单发货	售后发货	民企	教育	金融	国企
项目数量	105	51	91	69	15	17	55
比　例	0.6731	0.3269	0.5833	0.4423	0.0962	0.109	0.3526

图10-1　“年终总结”演示文稿的参考效果

二、专业背景

“年终总结”演示文稿是公司对当年度公司整体运营情况的汇总报告，概括性极强，其重点一般包括产品的生产状况、质量状况、销售情况及来年的计划。在实际工作中，这类演示文稿通常包含文本、表格及图片等对象。在PowerPoint 2016中调用Word文档、Excel表格中的内容，可有效提高工作效率。

三、制作思路分析

在制作演示文稿之前，先收集相关资料，做好前期准备。可以使用Word 2016和Excel 2016制作出演示文稿中需要的文档和表格，然后利用整合的信息和收集的图片制作演示文稿。下面介绍在Office各个组件之间调用资源的几种方法。

- **复制和粘贴对象：**在Word 2016、Excel 2016、PowerPoint 2016中制作好的文档、表格、幻灯片等都可以通过复制、粘贴操作相互调用。复制与粘贴对象的方法很简单，只需要选择相应的对象并复制，再切换到另一个Office组件中粘贴复制的对象即可。
- **插入对象：**复制与粘贴操作实际上是将Word 2016、Excel 2016和PowerPoint 2016这3个组件中的部分对象嵌入另一个组件中使用，也可以直接将整个文件作为对象插入其他组件中使用。
- **超链接对象：**在放映幻灯片时，如果要展示Word或Excel文件中的相关数据，则可以创建相应的超链接，便于在放映时打开。在制作教学课件、报告和论文等演示文稿时，可以使用该功能来链接数据。

本实训的操作思路如图10-2所示。

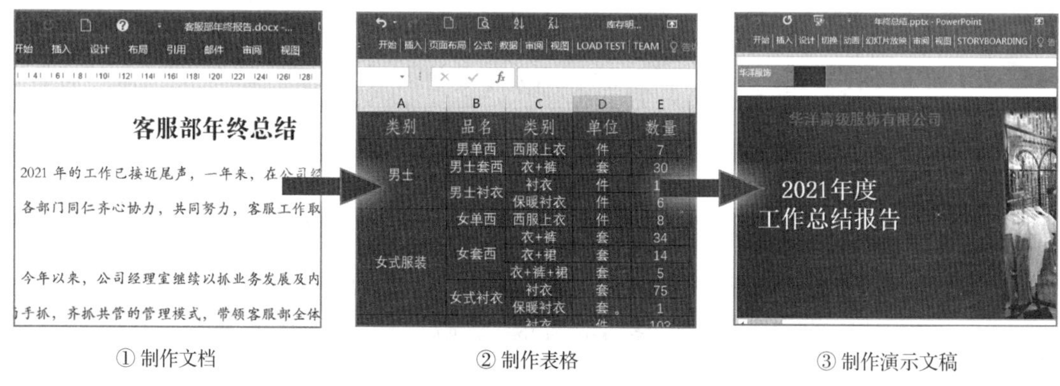

图10-2　制作“年终总结”演示文稿的操作思路

任务二　操作过程

拟定好制作思路后，即可按照制作思路逐步进行操作，下面开始制作所需的文档、表格和演示文稿。

一、使用Word制作年终报告文档

在Word 2016中制作的文档不仅层次、结构清晰，而且对文本的编辑和设置也能快速进行。下面在Word 2016中制作“业务部年终报告”“客服部年终报告”“财务部年终报告”文档，具体操作如下。

（1）启动Word 2016，新建一个文档并将其名称保存为“客服部年终报告”，在该文档中输入“客服部年终总结”文本，并将其字体格式设置为方正大标宋简体、二号、居中，在标题文本下面输入其他文本，如图10-3所示。

（2）选择正文文本，在“开始”选项卡的“段落”组中单击对话框扩展按钮，打开“段落”对话框，在“对齐方式”下拉列表中选择“左对齐”选项，在“特殊格式”下拉列表中选择“首行缩进”选项，在“缩进值”微调框中输入“2字符”，在“行距”下拉列表中选择“多倍行距”选项，在“设置值”微调框中输入“2”，然后单击确定按钮，如图10-4所示。

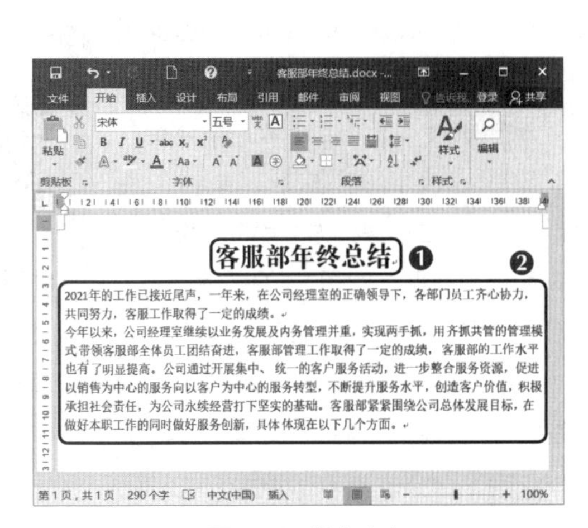

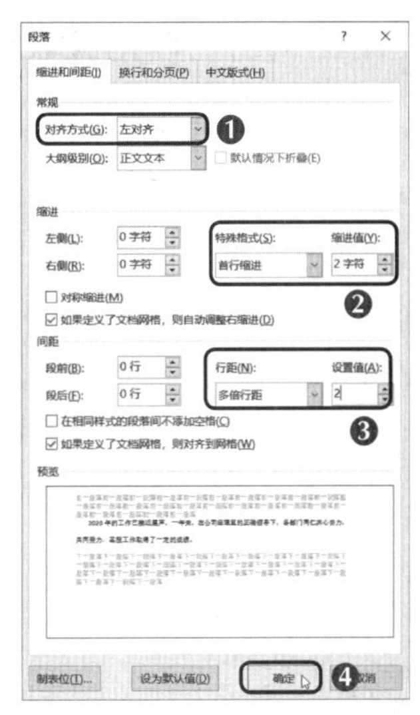

图10-3　输入文本　　　　图10-4　设置段落格式

（3）在页面中依次输入4个总结标题，设置标题文本的字体格式为宋体、四号、加粗，如图10-5所示。

（4）在各个标题下输入总结的正文文本，为它们设置与第一段正文相同的段落格式，并将各标题下的正文文本的字体格式都设置为华文楷体、四号，如图10-6所示。

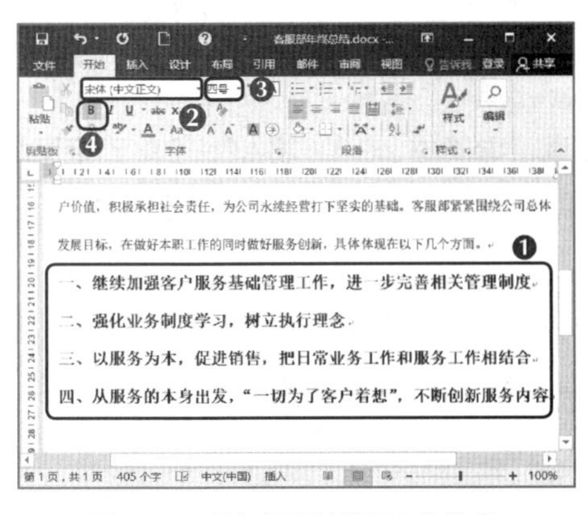

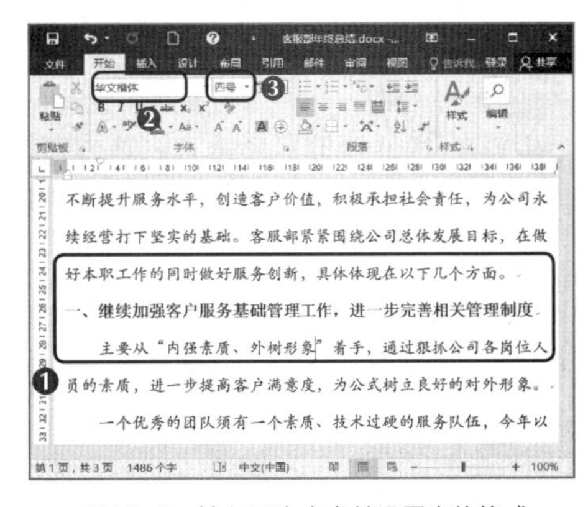

图10-5　输入标题并设置字体格式　　　　图10-6　输入正文内容并设置字体格式

（5）使用相同的方法制作“财务部年终报告”文档，并设置相同的字体格式和段落格式，效果如图10-7所示。

（6）使用相同的方法制作“业务部年终报告”文档，并设置相同的字体格式和段落格式，效果如图10-8所示。

财务部年终总结

财务部在公司领导的正确指引下，厘清思路、不断学习、求实奋进，财务部的各位成员实现了阶段性的成长。下面就将财务部所做的各项工作在这里向各位领导和同事一一汇报。

一、会计核算工作

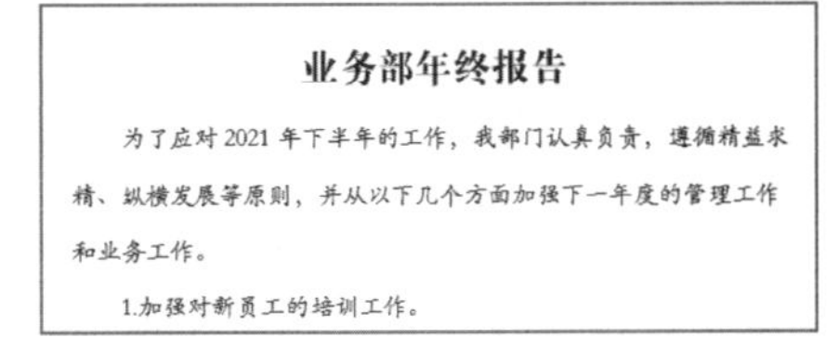

业务部年终报告

为了应对2021年下半年的工作，我部门认真负责，遵循精益求精、纵横发展等原则，并从以下几个方面加强下一年度的管理工作和业务工作。

1.加强对新员工的培训工作。

图10-7　制作“财务部年终报告”文档　　　　图10-8　制作“业务部年终报告”文档

二、使用Excel制作相关表格

在Excel 2016中制作表格不仅可以方便地输入数据，而且可以对数据进行快速计算，并可为表格中的单元格设置边框和底纹等效果。下面在Excel 2016中制作“库存明细”“订单明细”“发货统计”3个工作簿，具体操作如下。

微课视频

使用Excel制作相关报告表格

（1）启动Excel 2016，新建一个工作簿，将其名称保存为“库存明细”，在A1:F14单元格区域中输入表格的表头文本和相关数据，如图10-9所示。

（2）分别选择A1:F1、A3:A6、A7:A12、A13:A14、B5:B6、B8:B10、B11:B12、B13:B14、F3:F6、F7:F12、F13:F14单元格区域，单击“开始”选项卡的“对齐方式”组中的“合并后居中”按钮；选择其他单元格，单击“居中”按钮进行居中对齐，如图10-10所示。

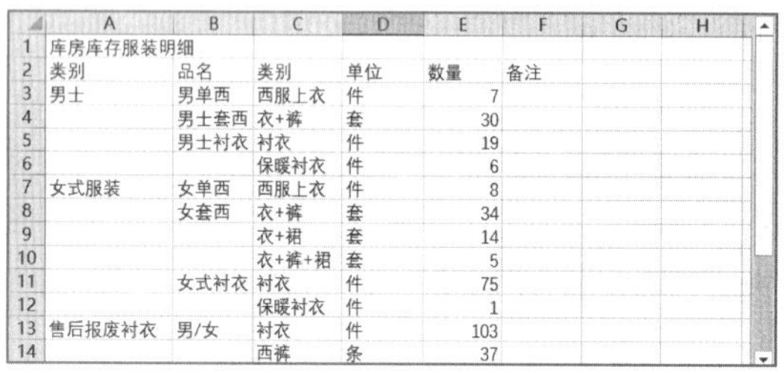

库房库存服装明细					
类别	品名	类别	单位	数量	备注
男士	男单西	西服上衣	件	7	
	男士套西	衣+裤	套	30	
	男士衬衣	衬衣	件	19	
		保暖衬衣	件	6	
女式服装	女单西	西服上衣	件	8	
	女套西	衣+裤	套	34	
		衣+裙	套	14	
		衣+裤+裙	套	5	
	女式衬衣	衬衣	件	75	
		保暖衬衣	件	1	
售后报废衬衣	男/女	衬衣	件	103	
		西裤	条	37	

图10-9　输入表格内容后的效果

库房库存服装明细					
类别	品名	类别	单位	数量	备注
男士	男单西	西服上衣	件	7	
	男士套西	衣+裤	套	30	
	男士衬衣	衬衣	件	19	
		保暖衬衣	件	6	
女式服装	女单西	西服上衣	件	8	
	女套西	衣+裤	套	34	
		衣+裙	套	14	
		衣+裤+裙	套	5	
	女式衬衣	衬衣	件	75	
		保暖衬衣	件	1	
售后报废衬衣	男/女	衬衣	件	103	
		西裤	条	37	

图10-10　合并并居中单元格后的效果

（3）将A1单元格的字体格式设置为方正兰亭粗黑简体、16，将A2:F2单元格区域的字体格式设置为华文仿宋、14，并设置单元格的列宽和行高以完整地显示数据，如图10-11所示。

（4）选择A1:F14单元格区域，在“开始”选项卡的“对齐方式”组中单击对话框扩展按钮，打开“设置单元格格式”对话框，在“边框”选项卡中单击“外边框”按钮和“内部”按钮，为表格添加边框效果，如图10-12所示。

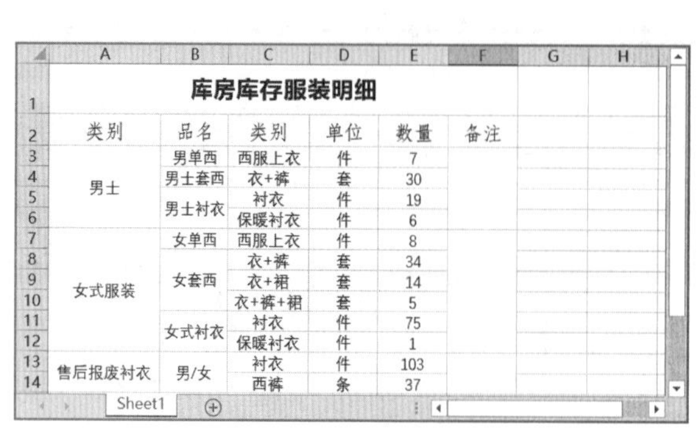

库房库存服装明细					
类别	品名	类别	单位	数量	备注
男士	男单西	西服上衣	件	7	
	男士套西	衣+裤	套	30	
	男士衬衣	衬衣	件	19	
		保暖衬衣	件	6	
女式服装	女单西	西服上衣	件	8	
	女套西	衣+裤	套	34	
		衣+裙	套	14	
		衣+裤+裙	套	5	
	女式衬衣	衬衣	件	75	
		保暖衬衣	件	1	
售后报废衬衣	男/女	衬衣	件	103	
		西裤	条	37	

图10-11　设置字体格式后的效果

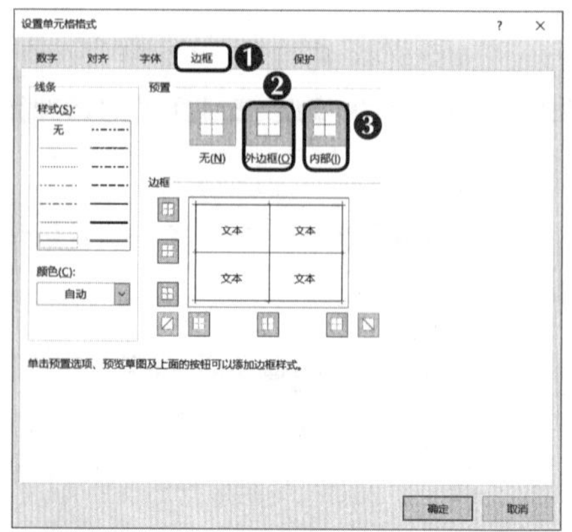

图10-12　设置单元格的边框效果

（5）在“设置单元格格式”对话框中单击“填充”选项卡，单击 其他颜色(M)... 按钮，打开“颜色”对话框，单击“自定义”选项卡，在“颜色模式”下拉列表中选择“RGB”选项，在“红色”“绿色”“蓝色”微调框中分别输入“3”“101”“100”，依次单击 确定 按钮，如图10-13所示。

（6）返回工作表，可以看到为单元格设置的边框和底纹效果，如图10-14所示。将所有文本的颜色设置为白色。

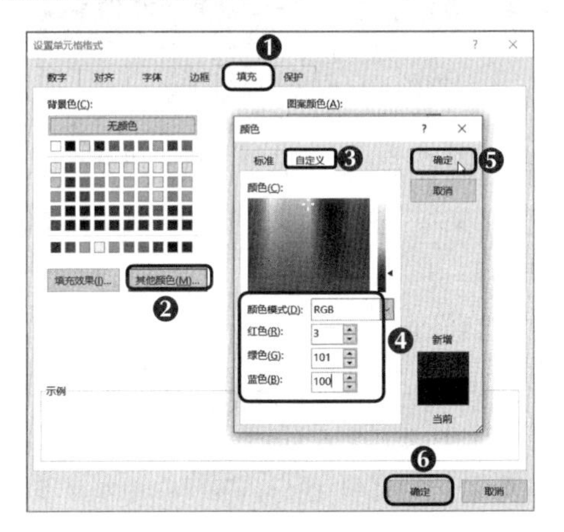

图10-13　设置单元格的底纹效果

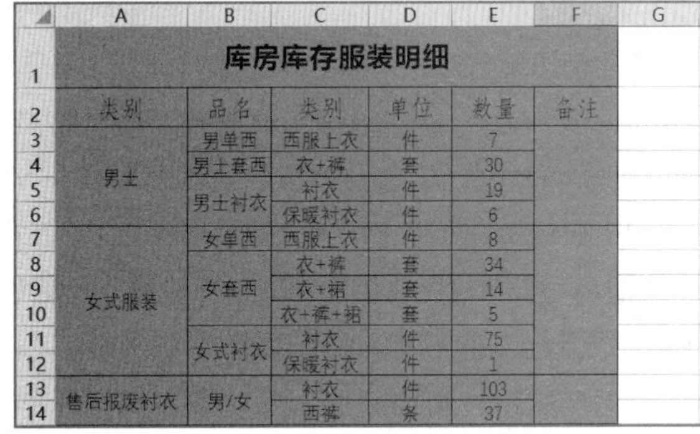

库房库存服装明细					
类别	品名	类别	单位	数量	备注
男士	男单西	西服上衣	件	7	
	男士套西	衣+裤	套	30	
	男士衬衣	衬衣	件	19	
		保暖衬衣	件	6	
女式服装	女单西	西服上衣	件	8	
	女套西	衣+裤	套	34	
		衣+裙	套	14	
		衣+裤+裙	套	5	
	女式衬衣	衬衣	件	75	
		保暖衬衣	件	1	
售后报废衬衣	男/女	衬衣	件	103	
		西裤	条	37	

图10-14　查看设置的边框与底纹效果

（7）使用相同的方法制作“订单明细”和“发货统计”工作簿，并在其中输入文本，设置文本的格式、单元格的边框和底纹效果，制作完成后的效果分别如图10-15和图10-16所示。

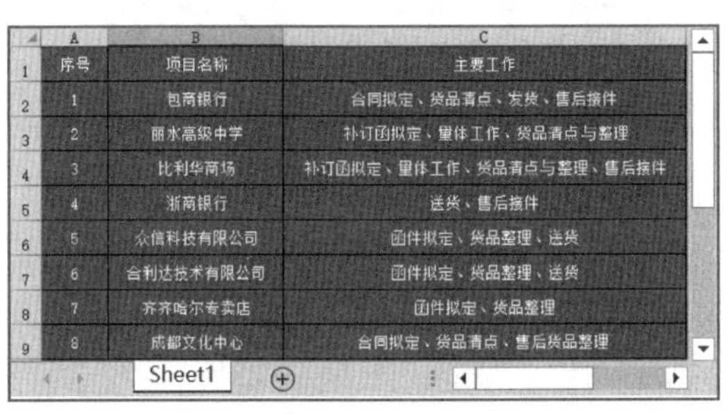

序号	项目名称	主要工作
1	包商银行	合同拟定、货品清点、发货、售后接件
2	丽水高级中学	补订函拟定、量体工作、货品清点与整理
3	比利华商场	补订函拟定、量体工作、货品清点与整理、售后接件
4	浙商银行	送货、售后接件
5	众信科技有限公司	函件拟定、货品整理、送货
6	合利达技术有限公司	函件拟定、货品整理、送货
7	齐齐哈尔专卖店	函件拟定、货品整理
8	成都文化中心	合同拟定、货品清点、售后货品整理

图10-15　制作“订单明细”工作簿

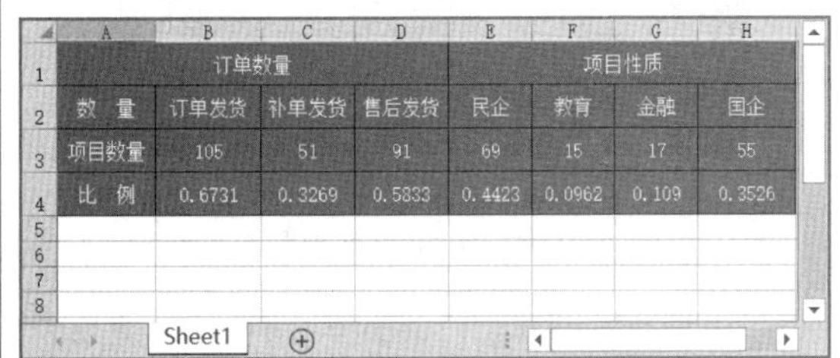

	订单数量			项目性质			
数　量	订单发货	补单发货	售后发货	民企	教育	金融	国企
项目数量	105	51	91	69	15	17	55
比　例	0.6731	0.3269	0.5833	0.4423	0.0962	0.109	0.3526

图10-16　制作“发货统计”工作簿

三、使用PowerPoint创建年终报告演示文稿

文档和表格制作完成后，可以开始制作最重要的演示文稿。在演示文稿中创建多张幻灯片，并设置幻灯片的切换效果和对象的动画；然后将之前创建的文档链接到幻灯片中，将制作的表格嵌入幻灯片中，具体操作如下。

（1）打开“年终总结”演示文稿，在第1张幻灯片中输入演示文稿的标题文本并设置文本的字体格式，在其右侧插入一张图片并设置图片的格式，如图10-17所示。

（2）新建“标题和内容”幻灯片，输入标题文本“目录”，以及目录中的相关文本，然后在幻灯片左侧插入图片，如图10-18所示。使用相同的方法制作第3张幻灯片。

图10-17　输入标题文本

图10-18　创建目录幻灯片

（3）创建第4张幻灯片，将标题文本设置为“2021年年终总结”，在标题下方创建多个文本框，在文本框中分别输入业务部、客户部、财务部的年终总结文本，并设置文本框的格式和文本的格式，如图10-19所示。使用同样的方法创建第5～第8张幻灯片。

（4）在新建的第9张幻灯片中输入标题文本，在标题下方创建一个名为“水平项目符号列表”的SmartArt图形，并在其中输入相应的文本，然后设置SmartArt图形的样式及文本的格式，如图10-20所示。新建第10～第13张幻灯片，按照同样的方法在幻灯片中添加内容，在第11张幻灯片和第13张幻灯片中分别插入“射线循环”和“垂直框列表”SmartArt图形，在其中输入文本，设置SmartArt图形的样式及文本的格式等。

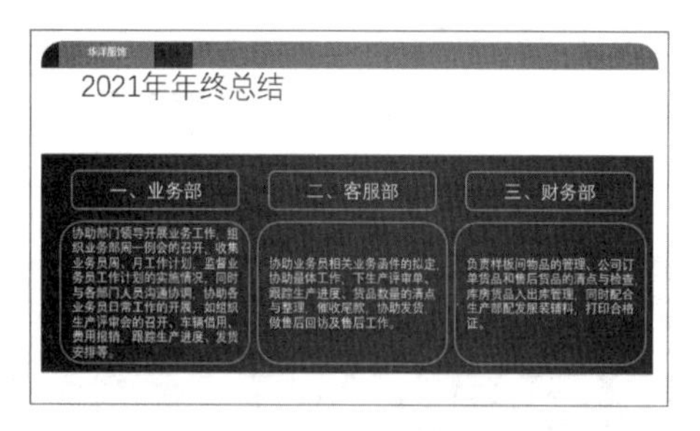

图10-19　创建文本框

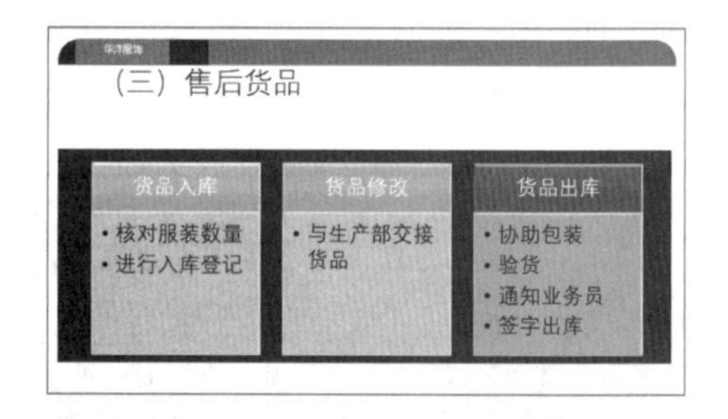

图10-20　创建SmartArt图形

（5）在第14张幻灯片中输入幻灯片标题并在其中输入相关的文本，如图10-21所示。

（6）创建最后一张幻灯片，在其中输入“年终总结 到此结束 谢谢！”文本，并设置文本的格式，如图10-22所示。

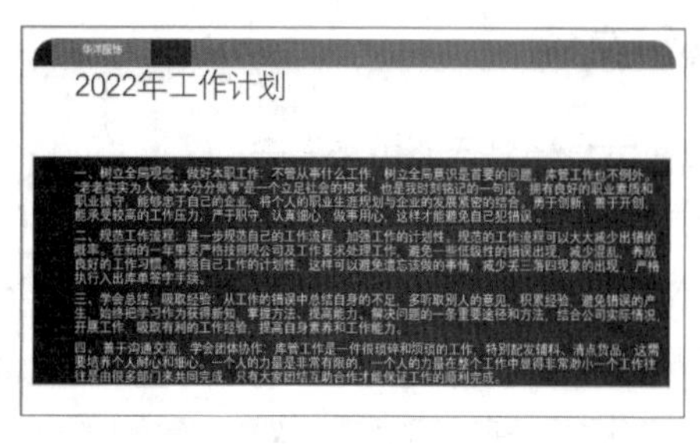

图10-21　输入文本

图10-22　制作结尾幻灯片

（7）选择第1张幻灯片，为幻灯片设置“形状”切换效果，在“持续时间”微调框中输入“02.00”，单击“全部应用”按钮，为所有幻灯片设置切换效果，如图10-23所示。

（8）选择第1张幻灯片中的标题占位符，在“动画”选项卡的“动画”组的“动画样式”列表框中选择“进入”栏中的“浮入”动画。为第2个标题占位符设置“随机线条”动画，如图10-24所示。

（9）使用相同的方法为幻灯片中的其他对象设置相应的动画。

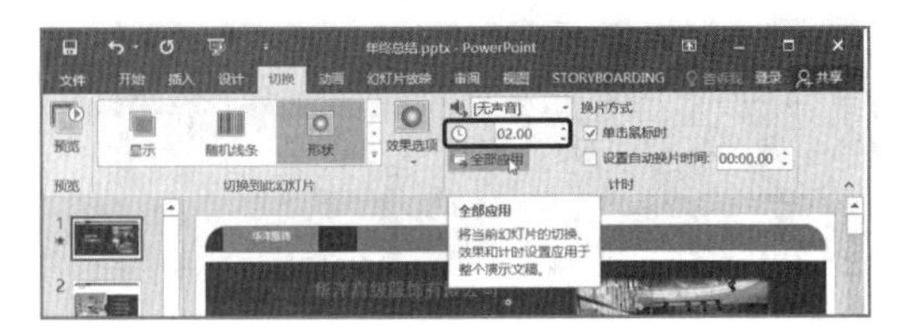

图10-23　设置幻灯片的切换效果

图10-24　设置幻灯片对象的动画

四、在PowerPoint中插入文档和表格

为了减少在演示文稿中创建幻灯片的各种操作，可以先将一些制作好的文档或表格以链接或嵌入的方式显示在幻灯片中，这样在放映幻灯片时，同样可以查看文档和表格中的内容。下面在演示文稿中插入表格和文档，具体操作如下。

微课视频
在PowerPoint中插入文档和表格

（1）选择第6张幻灯片，在“插入”选项卡的“文本”组中单击“对象”按钮。

（2）在打开的“插入对象”对话框中，选中“由文件创建(F)”单选按钮，然后单击“浏览(B)...”按钮，在打开的对话框中选择“订单明细”表格，返回“插入对象”对话框，单击“确定”按钮，如图10-25所示。

（3）在幻灯片中插入“订单明细”表格，根据幻灯片的大小调整表格的大小，如图10-26所示。使用同样的方法在第10张和第12张幻灯片中分别插入“发货统计”和“库存明细”表格。

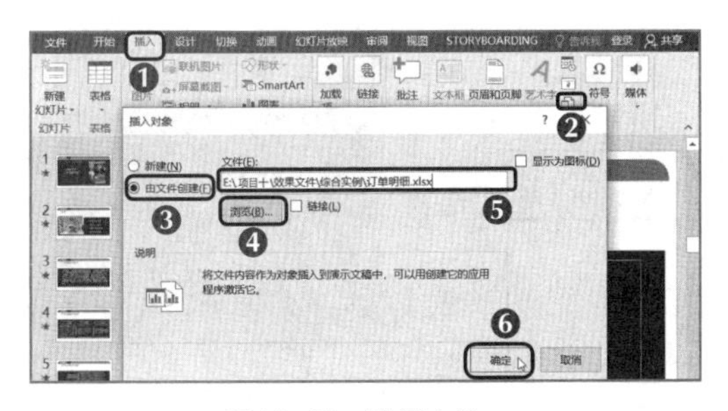

图10-25　选择文件

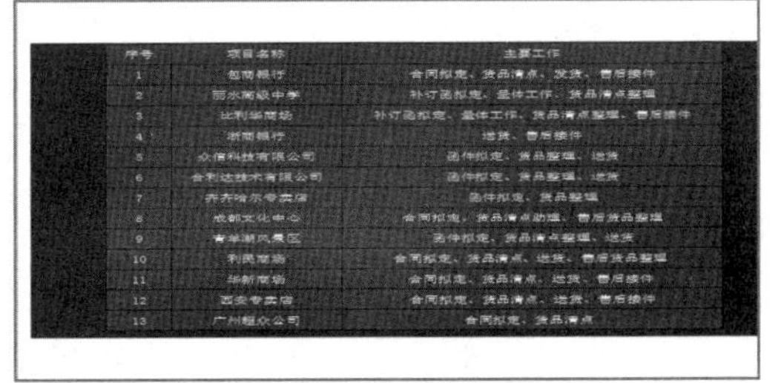

序号	项目名称	主要工作
1	包商银行	合同拟定、货品清点、发货、售后操作
2	丽水高级中学	补订函拟定、整体工作、货品清点整理
3	比利华商场	补订函拟定、整体工作、货品清点整理、售后操作
4	浙商银行	送货、售后操作
5	众信科技有限公司	函件拟定、货品整理、送货
6	合利达技术有限公司	函件拟定、货品整理、送货
7	齐齐哈尔专卖店	函件拟定、货品整理
8	成都文化中心	合同拟定、货品清点助理、售后货品整理
9	青羊湖风景区	函件拟定、货品清点整理、送货
10	利民商场	合同拟定、货品清点、送货、售后货品整理
11	华新商场	合同拟定、货品清点、送货、售后操作
12	西安专卖店	合同拟定、货品清点、送货、售后操作
13	广州耀众公司	合同拟定、货品清点

图10-26　在幻灯片中插入表格

（4）选择第4张幻灯片，分别在3个文本框下面创建一个文本框，在其中输入文本“单击查看总结”。选择“单击查看总结”文本，单击“插入”选项卡的“链接”组中的“超链接”按钮。

（5）打开“插入超链接”对话框，在“链接到”列表框中选择“现有文件或网页”选项，在“查找范围”下拉列表中选择保存文件的文件夹，在下面的列表框中选择“业务部年终报告.docx”选项，单击“确定”按钮，为该文本创建一个链接，如图10-27所示。放映演示文稿时，单击该链接将启动Word 2016并打开“业务部年终报告.docx”文档。

（6）使用同样的方法为幻灯片中的另外2个“单击查看总结”文本创建链接，分别链接到“客户部年终报告.docx”和“财务部年终报告.docx”文档，如图10-28所示。

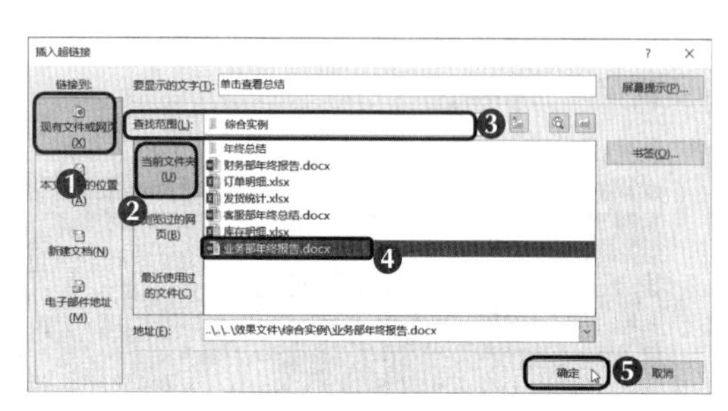
图10-27　选择链接文件

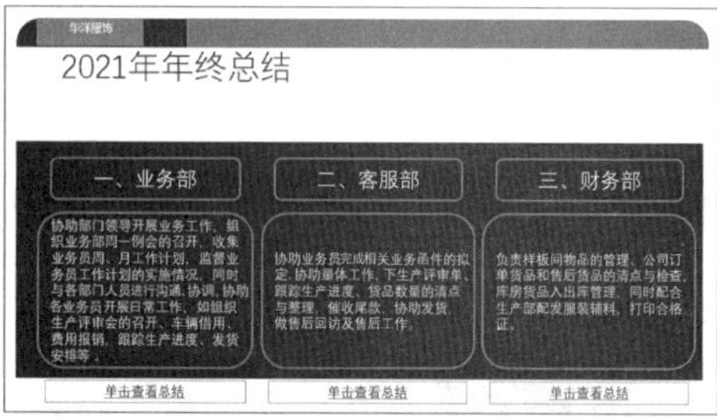

图10-28　创建链接后的效果

五、文档共享与在线操作

制作好的文档可以通过移动通信软件（如QQ、微信等）进行传输，便于他人在其他地方接收文档，实现远程办公。下面将制作好的“年终总结”演示文稿通过QQ的PC端传输到移动端，再通过QQ的腾讯文档对其进行在线操作，具体操作如下。

（1）在计算机中登录QQ，双击“我的Android手机”选项，打开PC端与移动端的传输窗口。将“年终总结.pptx”演示文稿拖动到“我的Android手机”窗口中，待文件传输完成后，移动端的“我的电脑”窗口中将显示成功接收到的文件，这里为“年终总结.pptx”。

（2）在手机QQ中点击“年终总结.pptx”演示文稿，在打开的界面中点击右上角的“…”按钮，在弹出的界面中点击“安全分享”选项，如图10-29所示。

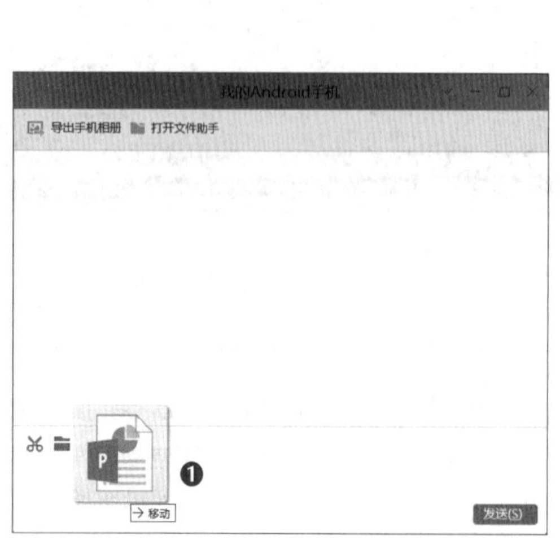

图10-29　共享文档

（3）打开“发送给”界面，在该界面中点击“选择好友”选项，在打开的“选择好友”界面中选择需要共享文件的好友，然后输入留言内容，点击“发送”按钮，如图10-30所示。

图10-30　选择要分享的好友

（4）好友收到文件后，单击该文件即可通过腾讯文档在线查看该文件。若需要编辑该文件，则单击文件名称右侧的 只能查看 按钮，在弹出的界面中选择“编辑文档”选项即可，如图10-31所示。

图10-31　在线查看文件

（5）打开“申请权限”对话框，在文本框中输入申请信息，单击 确定 按钮。此时将提示申请者“已申请编辑权限”，分享者将收到申请信息，并可以在“腾讯文档助手”对话框中单击 同意 按钮，同意申请者的申请，如图10-32所示。

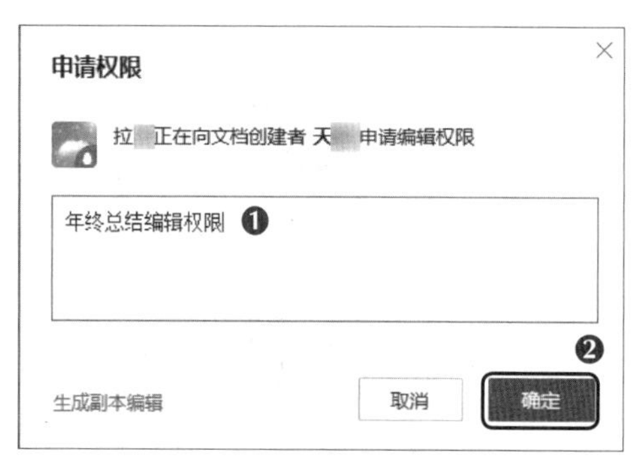

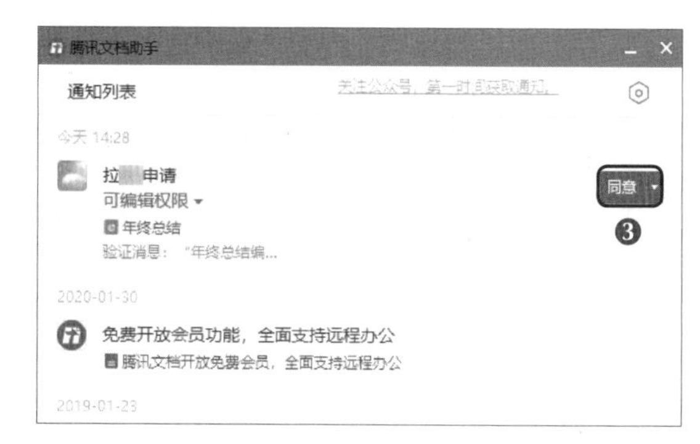

图10-32　提交申请并同意申请

（6）申请同意后，申请者的申请界面中将显示“你的权限已发生变化”，单击“刷新”选项，将刷新申请界面并重新打开文件，此时即可对文件进行编辑操作，并且所有编辑内容都将全部自动保存到云端，如图10-33所示。

图10-33　获得编辑权限

项目实训

本项目使用Word 2016、Excel 2016、PowerPoint 2016制作了“年终总结”演示文稿，可帮助读者进一步熟悉使用Word 2016制作文档、使用Excel 2016制作表格和在 PowerPoint 2016中使用文档和表格的方法。下面通过项目实训帮助读者灵活运用Word 2016、Excel 2016和PowerPoint 2016的相关知识。

一、使用Word制作“员工工作说明书”文档

1. 实训目标

本实训的目标是制作“员工工作说明书”文档。通过本实训，读者可巩固Word文档的输入、编辑、美化和编排等操作知识。本实训的最终效果如图10-34所示。

效果所在位置　效果文件\项目十\项目实训\员工工作说明书.docx

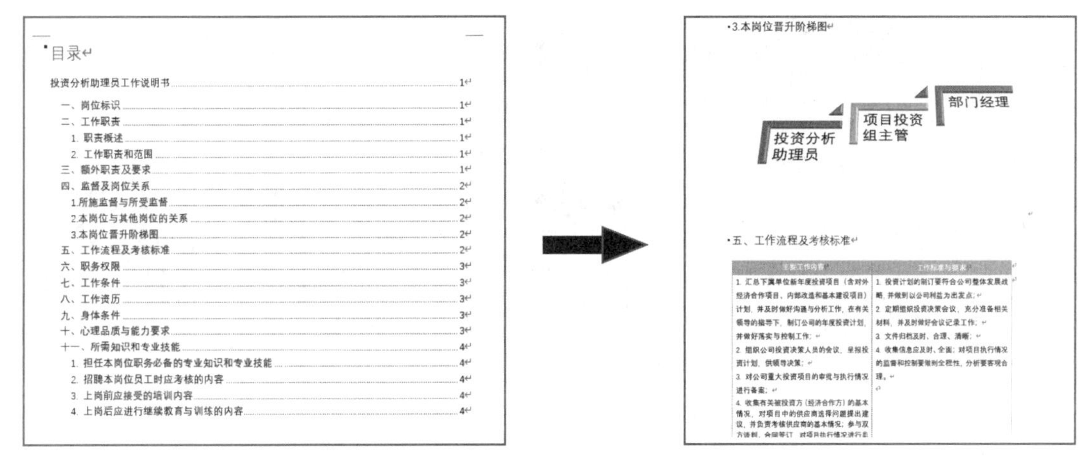

图10-34 “员工工作说明书”文档的最终效果

2. 专业背景

“员工工作说明书”是公司用于指导员工工作的手册，其框架要清晰，包括主要条款及具体的执行内容。其内容一般包括工作职责和范围、额外职责要求、监督及岗位关系、工作流程及考核标准、职务权限、工作条件、工作资历、所需知识和专业技能等。

3. 操作思路

先新建文档并保存，输入文本并设置文本的字体格式，然后在文档中插入SmartArt图形和表格对象，最后添加目录和页眉、页脚等。

【步骤提示】

（1）启动Word 2016，新建空白文档，插入并编辑封面，在其后输入员工工作说明书的具体内容，并设置文本的字体格式，然后为文档的各个标题应用标题样式。

（2）在文档的“本岗位晋升阶梯图”板块中插入SmartArt图形，并输入相关内容，然后更改SmartArt图形的颜色并为SmartArt图形应用样式。

（3）在文档的“工作流程及考核标准”板块中插入并编辑表格。

（4）为文档添加目录和页眉、页脚，并进行拼写与语法检查，完成后保存并关闭文档。

二、使用Excel制作“楼盘销售分析表”工作簿

1. 实训目标

本实训的目标是使用Excel 2016制作“楼盘销售分析表”工作簿。通过本实训，读者可掌握Excel表格的制作方法与管理数据的方法。本实训的最终效果如图10-35所示。

效果所在位置 效果文件\项目十\项目实训\楼盘销售分析表.xlsx

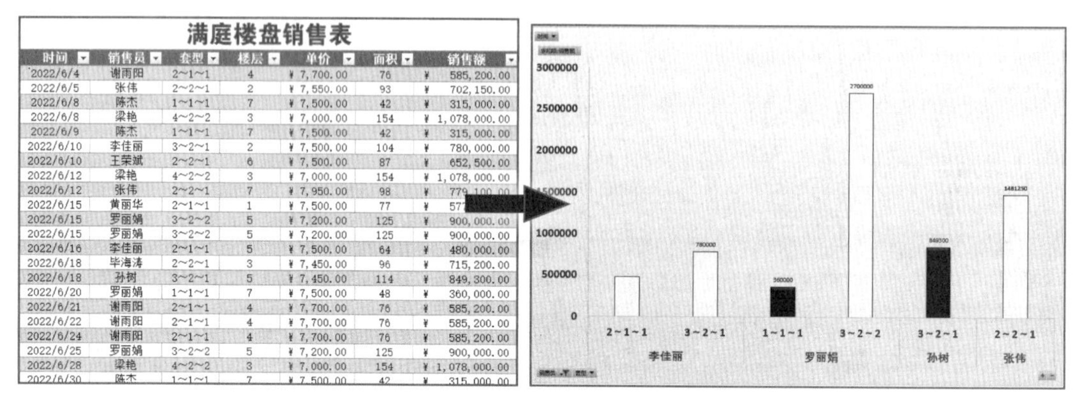

满庭楼盘销售表

时间	销售员	套型	楼层	单价	面积	销售额
2022/6/4	谢雨阳	2~1~1	4	¥ 7,700.00	76	¥ 585,200.00
2022/6/5	张伟	2~2~1	2	¥ 7,550.00	93	¥ 702,150.00
2022/6/8	陈杰	1~1~1	7	¥ 7,500.00	42	¥ 315,000.00
2022/6/8	梁艳	4~2~2	3	¥ 7,000.00	154	¥ 1,078,000.00
2022/6/9	陈杰	1~1~1	7	¥ 7,500.00	42	¥ 315,000.00
2022/6/10	李佳丽	3~2~1	2	¥ 7,500.00	104	¥ 780,000.00
2022/6/10	王荣斌	2~2~1	6	¥ 7,500.00	87	¥ 652,500.00
2022/6/12	梁艳	4~2~2	3	¥ 7,000.00	154	¥ 1,078,000.00
2022/6/12	张伟	2~2~1	7	¥ 7,950.00	98	¥ 779,100.00
2022/6/15	黄丽华	2~1~1	1	¥ 7,500.00	77	¥ 577[illegible]
2022/6/15	罗丽娟	3~2~2	5	¥ 7,200.00	125	¥ 900,000.00
2022/6/15	罗丽娟	3~2~2	5	¥ 7,200.00	125	¥ 900,000.00
2022/6/16	李佳丽	2~1~1	5	¥ 7,500.00	64	¥ 480,000.00
2022/6/18	毕海涛	2~2~1	3	¥ 7,450.00	96	¥ 715,200.00
2022/6/18	孙树	3~2~1	5	¥ 7,450.00	114	¥ 849,300.00
2022/6/20	罗丽娟	1~1~1	7	¥ 7,500.00	48	¥ 360,000.00
2022/6/21	谢雨阳	2~1~1	4	¥ 7,700.00	76	¥ 585,200.00
2022/6/22	谢雨阳	2~1~1	4	¥ 7,700.00	76	¥ 585,200.00
2022/6/24	谢雨阳	2~1~1	4	¥ 7,700.00	76	¥ 585,200.00
2022/6/25	罗丽娟	3~2~2	5	¥ 7,200.00	125	¥ 900,000.00
2022/6/28	梁艳	4~2~2	3	¥ 7,000.00	154	¥ 1,078,000.00
2022/6/30	陈杰	1~1~1	7	¥ 7,500.00	42	¥ 315,000.00

图10-35 “楼盘销售分析表”工作簿的最终效果

2. 专业背景

“楼盘销售分析表”常用于统计和分析楼盘的销售情况，其中楼层、单价、面积和销售额是必不可少的数据。将销售数据通过图表进行展示和分析，能够使用户直观地看到销售情况的对比，例如什么样的楼层售卖情况较好，什么样的价格消费者容易接受等。

3. 操作思路

先新建工作簿，对数据进行输入、填充和设置等操作；然后设置表格的边框与底纹，并利用公式计算出销售额；再对表格数据进行排序、筛选等操作；最后创建数据透视图，并通过数据透视图筛选数据。

【步骤提示】

（1）新建空白工作簿，将其以“楼盘销售分析表.xlsx”为名进行保存，将“Sheet1”工作表重命名为“销售数据”。

（2）选择“销售数据”工作表，在其中输入所需的数据，并设置数据的格式。

（3）使用公式计算出“销售额”列中的数据，然后选择除标题外的所有包含数据的单元格，为其套用表格样式。

（4）选择所有包含数据的单元格，单击“开始”选项卡，在“单元格”组中单击“格式”按钮，在弹出的下拉列表中选择“自动调整列宽”选项，自动调整列宽。

微课视频

使用Excel制作“楼盘销售分析表”工作簿

（5）在“销售数据”工作表中选择数据区域，插入数据透视表和数据透视图，并将数据透视图移动到名为“数据透视图”的新工作表中，然后对其进行编辑和美化。

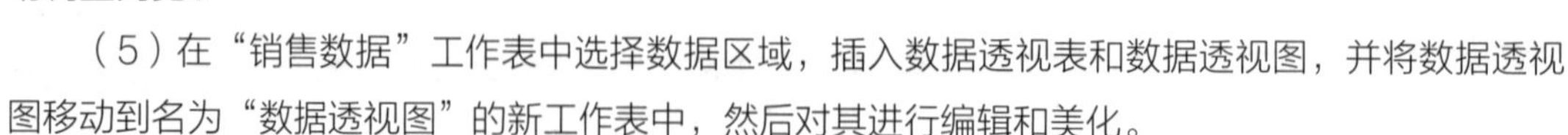

三、协同制作“营销计划”演示文稿

1. 实训目标

本实训的目标是协同制作“营销计划”演示文稿，要求读者掌握协同使用Office中各个组件的方法。本实训的最终效果如图10-36所示。

效果所在位置 效果文件\项目十\项目实训\营销计划

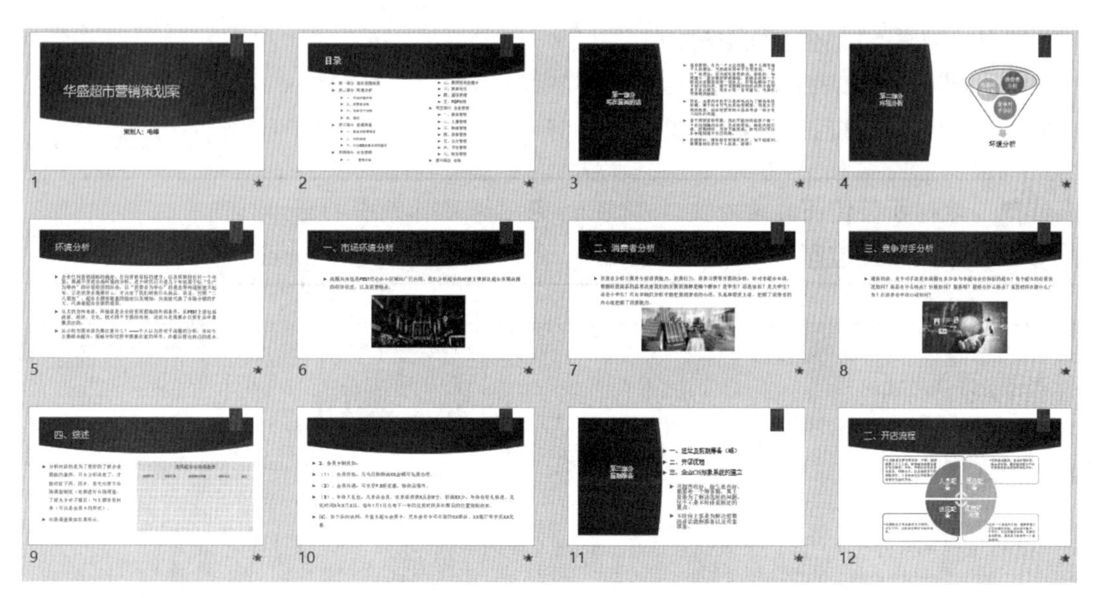

图10-36 “营销计划”演示文稿的效果

2. 专业背景

一份有效的营销计划是营销成功的基础。那么如何制订出有效的营销计划呢？答案是将营销计划制作成演示文稿。制订营销计划的主要步骤如下。

- 了解市场和产品的竞争状况。
- 认识客户，选择合适的地点。
- 设计有创意的营销方案。
- 确定营销媒介。
- 设定销售和营销目标。
- 制定营销预算。

3. 操作思路

先使用Word 2016制作文档，再使用Excel 2016制作表格，最后使用PowerPoint 2016制作演示文稿，并将文档和表格嵌入其中。

【步骤提示】

（1）启动Word 2016，创建一个名为“营销计划”的大纲。

（2）使用Excel 2016制作“营销计划”演示文稿中需要的各个表格。

（3）在PowerPoint 2016中通过“营销计划”大纲创建幻灯片。

（4）将文档中的文本复制到幻灯片中。

微课视频

协同制作“营销计划”演示文稿

课后练习

本项目的目标是帮助读者巩固Word 2016、Excel 2016和PowerPoint 2016的相关操作与知识。下面通过两个课后练习帮助读者进一步掌握使用Word 2016、Excel 2016、PowerPoint 2016制作各类文件的操作方法。

1. 协同制作“市场分析”演示文稿

根据提供的文档和表格，在PowerPoint 2016中粘贴文档和表格中的内容，协同制作“市场分析”演示文稿。完成后的参考效果如图10-37所示。

素材所在位置 素材文件\项目十\课后练习\市场分析.pptx
效果所在位置 效果文件\项目十\课后练习\市场分析.pptx

图10-37 “市场分析”演示文稿的参考效果

操作要求如下。

- 在提供的“市场分析”文档中复制相关文本。
- 在幻灯片中按【Ctrl+V】组合键进行粘贴操作。
- 选择需创建图表的幻灯片，单击“插入”选项卡，在“文本”组中单击“对象”按钮，打开“插入对象”对话框，在其中选择需要插入的“开发情况”和“投资情况”表格。

2. 协同制作“年终销售总结”演示文稿

根据提供的素材文件“年终销售总结.pptx”“销售情况统计.xlsx”“销售工资统计.xlsx”“销售总结草稿.docx”，协同制作“年终销售总结”演示文稿，并设计动画。完成后的参考效果如图10-38所示。

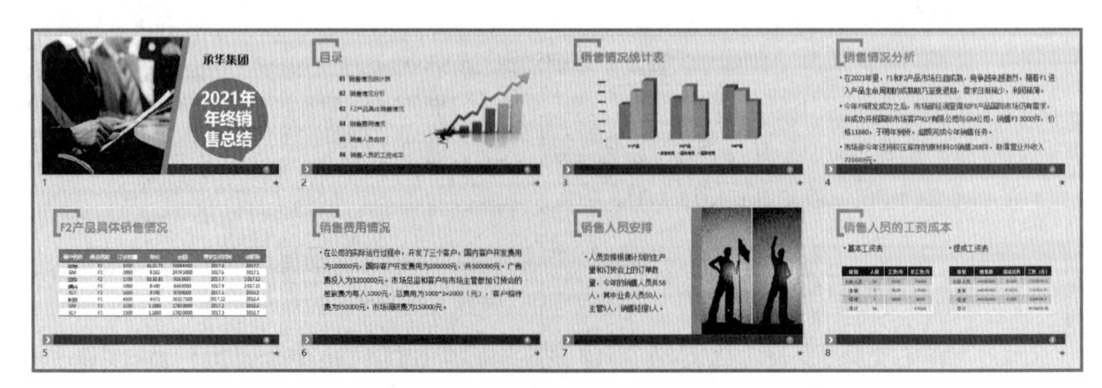

图10-38 “年终销售总结”演示文稿的参考效果

素材所在位置 素材文件\项目十\课后练习\年终销售总结
效果所在位置 效果文件\项目十\课后练习\年终销售总结.pptx

操作要求如下。

- 将"销售总结草稿"文档的正文内容粘贴到演示文稿的第4张、第6张、第7张幻灯片中。
- 将"销售情况统计"工作簿中的销售情况图表粘贴到演示文稿的第3张幻灯片中。
- 将"销售情况统计"工作簿中的F2产品销售表格链接到第5张幻灯片中。
- 在第8张幻灯片中插入"销售工资统计"工作簿中的"基本工资表"和"提成工资表"工作表。
- 为幻灯片中的对象设置动画，并为每张幻灯片设置切换效果。

技巧提升

1. Word文档的制作流程

Word 2016常用于制作和编辑办公文档，如通知、说明书等。在制作这些文档时，只要掌握了使用Word 2016制作文档的流程，制作起来就会非常方便、快捷。虽然使用Word 2016可制作的文档非常多，但它们的制作流程基本相同，图10-39所示为Word 2016文档的制作流程。

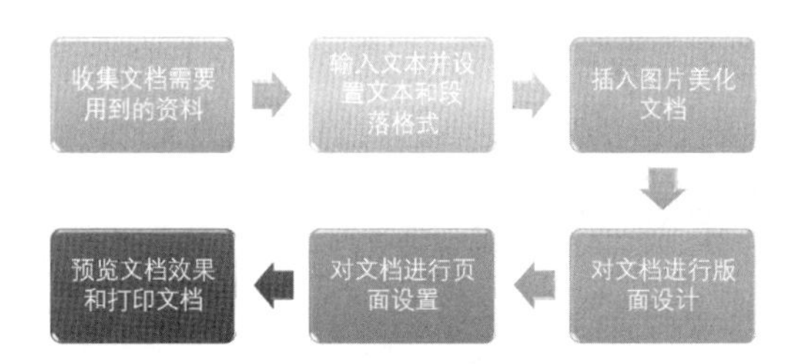

图10-39 Word 2016文档的制作流程

2. Excel表格的制作流程

Excel 2016用于创建和管理表格，使用它不仅可以制作各种类型的表格，还能对其中的数据进行计算、统计。Excel 2016的应用范围比较广，如制作日常办公表格、财务表格等。在制作这些表格前，需要掌握使用Excel 2016制作表格的流程，如图10-40所示。

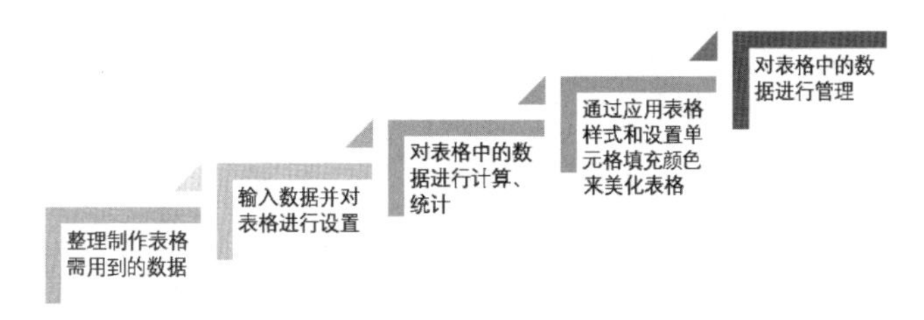

图10-40 Excel 2016表格的制作流程

3. PowerPoint演示文稿的制作流程

PowerPoint 2016用于制作和放映演示文稿，是现在日常办公中应用最广泛的多媒体软件之一。使用PowerPoint 2016可制作培训讲义、宣传文稿、课件及会议报告等各种类型的演示文稿。图10-41所示为使用PowerPoint 2016制作演示文稿的流程。

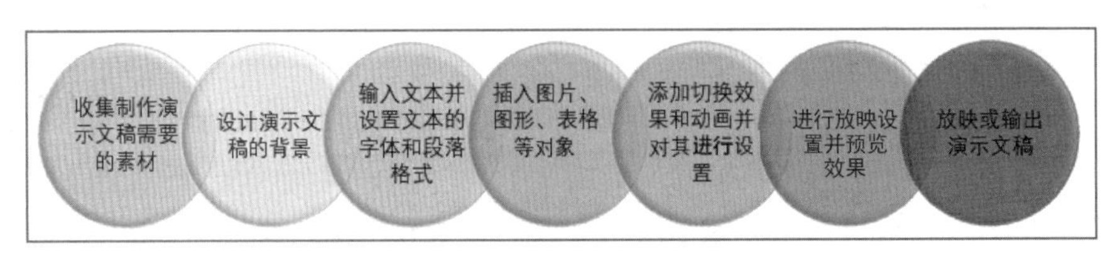

图10-41　PowerPoint 2016演示文稿的制作流程